高等职业教育"十二五"规划教材

# 高等数学

## （建筑与经济类）

## 第 2 版

主 编 刘之林 鲁韦昌 李元红（重庆房地产职业学院）

副主编 李兴莉 谭启军 杨凤勤（重庆房地产职业学院）

参 编 孙 佳 屠 娟 陈万清（重庆房地产职业学院）

主 审 陈锦连（重庆房地产职业学院）

北京理工大学出版社

BEIJING INSTITUTE OF TECHNOLOGY PRESS

**图书在版编目（CIP）数据**

高等数学：建筑与经济类/刘之林，鲁韦昌，李元红主编．—2 版．—北京：北京理工大学出版社，2015.1（2017.9重印）

ISBN 978 - 7 - 5640 - 9852 - 0

Ⅰ．①高…　Ⅱ．①刘…　②鲁…　③李…　Ⅲ．①高等数学-高等职业教育-教材　Ⅳ．①O13

中国版本图书馆 CIP 数据核字（2014）第 239858 号

出版发行 / 北京理工大学出版社有限责任公司
社　　址 / 北京市海淀区中关村南大街 5 号
邮　　编 / 100081
电　　话 / （010）68914775（总编室）
　　　　　　82562903（教材售后服务热线）
　　　　　　68948351（其他图书服务热线）
网　　址 / http：//www.bitpress.com.cn
经　　销 / 全国各地新华书店
印　　刷 / 北京九州迅驰传媒文化有限公司
开　　本 / 787 毫米×1092 毫米　1/16
印　　张 / 21
字　　数 / 485 千字
版　　次 / 2015 年 1 月第 2 版　2017 年 9 月第 7 次印刷
定　　价 / 41.80 元

责任编辑 / 张慧峰
文案编辑 / 张慧峰
责任校对 / 周瑞红
责任印制 / 马振武

# 前 言

21世纪，世界进入了经济全球化和技术激烈竞争的崭新时代，为了适应这一形势，国家制定了《国家中长期教育改革和发展规划纲要（2010—2020年)》，明确提出大力发展职业教育，并把职业技能和就业创业能力作为提高教育质量的重点，以适应走新型工业化道路和产业化结构优化升级的需要。本教科书本着这个精神，并结合房地产行业发展需要，通过高等数学教学着力发展学生获得知识及知识转向技能的能力，发展学生思维及适应行业技术变革的能力，提升学生的实作水平及职业技术的创新力，把本门课程整合为房地产职业技术系列课程的有机组成部分。通过本课程的学习，应使学生初步掌握函数及分析方法，运用微积分的基本思想与方法，科学地解决房地产行业发展中出现的数量关系问题，以求得实际问题的解决。

本书在编写过程中融入了编者对课程教学经验和相关教研的体会，将房地产行业实际问题的研究，融会贯通于基本理论与方法中，既考虑行业发展和学生学业发展的前瞻性，又考虑知识、文化继承发展的教育公益性，满足了房地产行业对高等数学的基本要求，其特点为：行业特色突出、理论系统、举例翔实、讲解透彻、言简易懂、难度适宜。

编者希望读者能有开卷有益之收获，给出以下建议。

致教师：教科书数学知识脉络清晰，知识点剖析透彻，提纲挈领，采用多种教学手段逐步渗透，方便学生领会及运用。课本中的参考阅读材料是学生打开视野的一个窗口，引导阅读，辅助数学学习以达到事半功倍的效果。本教材基本结构为：第一章、第二章、第三章、第四章、第五章为基本模块，建议教学时数为64学时；第六章为应用模块1，建议教学时数8学时；第七章为应用模块2，建议教学时数10学时；第八章、第九章、第十章为应用模块3，建议教学时数20学时，各应用模块基本独立。根据各专业要求及学生实际情况可采取基础模块加应用模块组合教学。

致学生：教科书有丰富有趣的实例，有大量多变的练习，所论知识主线清楚，分析易懂，课堂学习把握关键点，课后温习教材，做到课后练习巩固。若要参加专升本考试，认真研读课本，吃透知识点，也就足矣。若要深入学习房地产专业相关知识与技能，毕业后就业，就要多动脑动手，才有足够的底气应对专业技能中的问题。

致参阅者：教科书详尽的微积分及应用知识、线性代数方法、概率统计理论及方法是学习了解这些方面的好教材，也是在生活工作中遇到问题备查的好资料，同时也可以了解有关房地产专业中所遇到问题的数学解决办法，当然也有数学与建筑的有趣话题。

本书由重庆房地产职业学院教师刘之林、鲁韦昌、李元红、谭启军、杨凤勤、李兴莉、屠娟、孙佳、陈万清编写。具体分工：

第一、二章由重庆房地产职业学院的李元红执笔；

第三、四章由重庆房地产职业学院的刘之林执笔；

第五、六章由重庆房地产职业学院的鲁韦昌执笔；

第七章由重庆房地产职业学院的杨凤勤、刘之林执笔；

第八、九、十章由重庆房地产职业学院的谭启军、刘之林执笔；

数学实验由重庆房地产职业学院的刘之林、李兴莉执笔；

阅读材料由刘之林、鲁韦昌、谭启军、屠娟、孙佳、陈万清执笔。

最后由谭启军、杨凤勤、李兴莉校对，刘之林对各章初稿统稿，刘之林、鲁韦昌审稿，陈锦连主审。

本书在编写过程中，得到了重庆房地产职业学院何培斌院长的亲切关怀，也得到了何大同书记的大力支持，同时感谢钱燕助理的具体指导，以及房地产研发设计系、房地产建设工程系、房地产成本控制系、房地产设备工程系、房地产营销系、房地产金融系、房地产管理系等部门的热心帮助，特此表示诚挚的谢意！

由于时间仓促及编者水平所限，书中难免有一些错误与不足之处，恳请同行专家和广大读者给予批评指正，我们将不胜感谢。

编　者

# 目 录

# 第一章 函 数

初等数学的研究对象基本上是常量及其运算，而高等数学的研究对象主要是变量及变量之间的依赖关系．这种依赖关系的主要表现形式就是函数．函数是近代数学的基本概念之一．本章将介绍函数的概念、初等函数及其性质．

## 第一节 函数概述

### 一、集合 区间 邻域

**1. 集合**

集合是现代数学中一个重要的基本概念．所谓**集合**，就是指具有某种共同属性的事物的全体．构成集合的每一个事物称为该集合的**元素**．

例如：

(1) 某工厂生产的全部产品；

(2) 某班级的全体同学；

(3) 某小区的全体楼盘；

(4) 全体偶数；

(5) 方程 $x^2-4x+3=0$ 的根．

习惯上，用大写字母 $A$，$B$，$C$，…表示集合，而用小写字母 $a$，$b$，$c$，…表示集合中的元素．若 $x$ 是集合 $A$ 中的元素，那么记作 $x \in A$，读作"$x$ 属于 $A$"或"$x$ 在 $A$ 中"；若 $x$ 不是集合 $A$ 中的元素，记作 $x \notin A$，读作"$x$ 不属于 $A$"或"$x$ 不在 $A$ 中"．

由有限个元素组成的集合称为**有限集**．有限集可用列举法表示，即列举出它的全体元素，并用大括号括起来．例如：由 1，3，5，7 组成的集合 $A$，可表示为 $A=\{1, 3, 5, 7\}$．

用列举法表示集合时，应当注意：

(1) 集合中的元素必须是确定的．

(2) 相同元素只能算做一个元素，例如，集合 $\{1, 2, 3, 1\}=\{1, 2, 3\}$．

(3) 集合中的元素与顺序无关，例如，集合 $\{1, 3, 5\}=\{5, 1, 3\}$．对于两个集合，只要它们的元素相同，就是相同的集合．

由无穷多个元素组成的集合称为**无限集**．无限集可用描述法表示，一般形式为：

$$A=\{x\mid x \text{ 所具有的共同属性}\}$$

例如，$M=\{x\mid x^2-4x+3\geqslant0\}$ 表示由满足不等式 $x^2-4x+3\geqslant0$ 的全体实数所组成的集合，其元素所具有的属性是满足不等式 $x^2-4x+3\geqslant0$.

以后用到的集合主要是数集，即元素都是数的集合．如果没有特别声明，以后提到的数都是实数．

全体自然数的集合记作 **N**；正整数集记作 **N**$^+$；整数集记作 **Z**；有理数集记作 **Q**；实数集记作 **R**；不含任何元素的集合称为空集，记作 $\varnothing$.

### 2. 区间

区间是用得较多的一类数集的表示法．下面介绍一些常用的区间记号．

开区间：$\quad(a,b)=\{x\mid a<x<b\}$；

闭区间：$\quad[a,b]=\{x\mid a\leqslant x\leqslant b\}$；

半开半闭区间：$\quad(a,b]=\{x\mid a<x\leqslant b\}$，$[a,b)=\{x\mid a\leqslant x<b\}$；

无穷区间：$\quad(a,+\infty)=\{x\mid x>a\}$，$(-\infty,b)=\{x\mid x<b\}$，

$\qquad\qquad[a,+\infty)=\{x\mid x\geqslant a\}$，$(-\infty,b]=\{x\mid x\leqslant b\}$，

$\qquad\qquad(-\infty,+\infty)=\{x\mid-\infty<x<+\infty\}$.

**注意** "$\infty$"（读作无穷大）不是数，它是一个符号．

由于实数与数轴上的点一一对应，所以，有限区间可用数轴上从点 $a$ 到点 $b$ 的有限线段来表示，无穷区间可用射线或整个数轴来表示．其中 $a$，$b$ 称为区间的端点（$a$ 称为左端点，$b$ 称为右端点），端点依照区间类型，有时包含在线段内，有时不包含在线段内．在区间内而不是端点的点称为区间的内点．如图 1-1（a）、图 1-1（b）分别表示开区间 $(a,b)$ 及闭区间 $[a,b]$，图 1-1（c）、图 1-1（d）分别表示 $[a,+\infty)$ 和 $(-\infty,b)$.

图 1-1

### 3. 邻域

邻域是开区间的又一种记法．我们知道区间是由两个端点确定的．除此之外，我们还可以把区间记为对称的两部分，这时，确定区间的两个因素是中心和半径．

例如：区间 $(2,9)$，它的中心是 $\dfrac{2+9}{2}=\dfrac{11}{2}$，半径是 $\dfrac{9-2}{2}=\dfrac{7}{2}$．所以

$$(2,9)=\left\{x\mid\left|x-\frac{11}{2}\right|<\frac{7}{2}\right\}=\left(\frac{11}{2}-\frac{7}{2},\ \frac{11}{2}+\frac{7}{2}\right)$$

一般地，设 $a$，$\delta$ 为二实数，且 $\delta>0$，称数集 $\{x\mid|x-a|<\delta\}$ 为**点 $a$ 的 $\delta$ 邻域**，记为 $U(a,\delta)$，点 $a$ 称为**邻域的中心**，$\delta$ 为半径，这样，$U(a,\delta)$ 就表示一个以 $a$ 为中心，长度为 $2\delta$ 的区间 $(a-\delta,a+\delta)$（图 1-2（a）），即

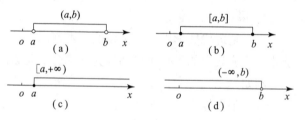

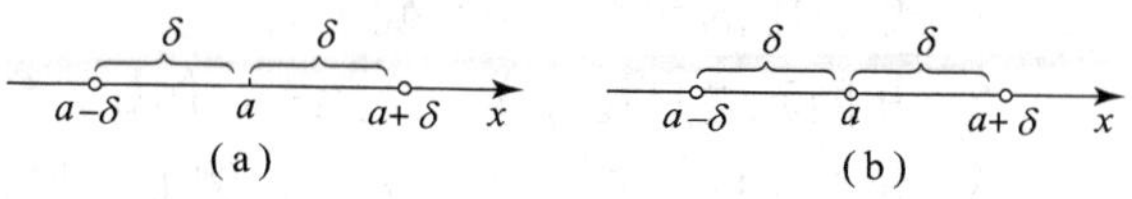

图 1-2

$$U(a, \delta) = (a - \delta, a + \delta) = \{x \mid |x - a| < \delta\}$$

不包含中心的邻域，称为**去心邻域**（图 1-2 (b)），记为 $U(\hat{a}, \delta)$，即

$$U(\hat{a}, \delta) = \{x \mid 0 < |x - a| < \delta\}$$

这里 $0 < |x - a|$ 就表示 $x \neq a$，这时，

$$U(\hat{a}, \delta) = \{x \mid 0 < |x - a| < \delta\} = (a - \delta, a) \bigcup (a, a + \delta)$$

一般地，开区间 $(a - \delta, a)$ 称为 $a$ 的**左邻域**，开区间 $(a, a + \delta)$ 称为 $a$ 的**右邻域**.

## 二、函数的概念

在自然界或工程技术中，存在着各种各样的量. 有些量在研究的过程中可以相对地保持一定的数值而不发生变化，这种保持一定数值而不变的量，数学上称为**常量**. 习惯上用字母 $a$，$b$，$c$，…来表示常量. 但是，在自然界和工程技术中还大量存在着另一类量——**变量**，它们是在所研究的过程中要发生变化，可以取得不同数值的量. 常用字母 $x$，$y$，$z$，…表示变量.

然而，在事物的运动过程中，发生变化的量往往不止一个，并且这些变量的变化也不是孤立的，而是相互影响的，常常存在着某种确定的依赖关系. 正如恩格斯所说："在自然界里，同样的辩证法的运动规律在无数错综复杂的变化中发生作用."（恩格斯：《反杜林论》）. 变量与变量之间的依赖关系正是高等数学研究的主要问题. 现在我们就两个变量的情形考察几个例子.

**例 1** 记圆的面积为 $A$，半径为 $r$，则 $r$ 与 $A$ 之间的依赖关系可由公式 $A = \pi r^2$ 给定. 若 $r$ 发生变化，则 $A$ 也相应地发生变化. 一般地，当半径 $r$ 在区间 $(0, +\infty)$ 内任意取定一个数值时，由上式就可以确定圆面积 $A$ 的相应数值.

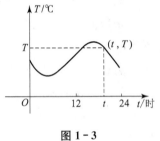

图 1-3

**例 2** 某气象台用自动温度记录仪把一天的气温变化情况自动描绘在记录纸上，得到如图 1-3 所示的曲线. 由这条曲线可以看出，对于一天 $[0, 24)$ 时内的每一时刻 $t$，都有唯一确定的气温 $T$ 与之对应.

**例 3** 根据住建部公开的信息监测数据，某房地产集团从 2008—2013 年完成全国保障房工程开工量数据如表 1-1 所示.

表 1-1

| 年份 $t$ | 2008 | 2009 | 2010 | 2011 | 2012 | 2013 |
|---|---|---|---|---|---|---|
| 开工量 $Q$/万套 | 230 | 480 | 590 | 1000 | 700 | 600 |

由该表可看出，在开工量 $Q$ 与年份 $t$ 之间存在明确的对应关系，当年份 $t$ 在 $[2008, 2013]$ 内每取一个整数值时，由上表即可得到开工量 $Q$ 的唯一一个对应值.

以上三例的实际意义虽不相同，但却具有共同之处：在所描述的变化过程中都有两个变量，当其中的一个变量在**一定的变化范围**内取定一个数值时，按照**某个确定的**法则，另一个变量有**唯一确定**的数值与之对应. 变量之间的这种**对应关系**就是函数概念的实质.

### 1. 函数的定义

**定义 1.1** 设 $x$，$y$ 是两个变量，$D$ 是一个给定的数集. 若对于任意的 $x \in D$，变量 $y$ 按

照一定的法则 $f$ 总有唯一确定的数值与之对应，则称变量 $y$ 是变量 $x$ 的**函数**，记作

$$y = f(x), \quad x \in D$$

其中 $x$ 称为**自变量**，$y$ 称为**因变量**. 自变量 $x$ 的变化范围——集合 $D$ 称为函数的**定义域**.

当 $x$ 取数值 $x_0 \in D$ 时，与 $x_0$ 对应的 $y$ 的数值称为函数 $y = f(x)$ 在点 $x_0$ 处的**函数值**，记作 $f(x_0)$ 或 $y_0$，也可记作 $y|_{x=x_0}$，此时称函数 $y = f(x)$ 在点 $x_0$ 处有定义. 当 $x$ 遍取 $D$ 中的每一个数值时，对应的函数值的全体组成的数集 $W = \{y \mid y = f(x), x \in D\}$ 称为函数 $y = f(x)$ 的**值域**.

在函数的定义中，表示对应法则的记号是可以任意选取的，除了常用的 $f$ 外，还可用其他的字母，如 $F$，$\varphi$，$g$ 等.

在函数的定义中，函数的定义域和对应法则是**函数的两要素**. 之所以把它们称为两要素，是因为，一方面函数由其定义域和对应法则完全确定；另一方面，如果两个函数的定义域和对应法则都分别相同，那么这两个函数就是相同的函数，否则就是不同的函数.

**例 4** 设有函数 $f(x) = x - 1$ 和 $g(x) = \dfrac{x^2 - 1}{x + 1}$，二者是否为同一函数？

**解** 当 $x \neq -1$ 时，函数值 $f(x) = g(x)$，但 $f(x)$ 的定义域为 $(-\infty, +\infty)$，而 $g(x)$ 的定义域为 $(-\infty, -1) \cup (-1, +\infty)$. 由于二者的定义域不同，所以它们不是同一函数.

**例 5** 设有函数 $f(x) = 1$ 和 $g(x) = \sin^2 x + \cos^2 x$，二者是否为同一函数？

**解** $f(x)$ 与 $g(x)$ 的定义域都为 $(-\infty, +\infty)$，且对每一个 $x \in (-\infty, +\infty)$，它们都有函数值 1 与之对应，因此它们的对应法则也相同. 所以，$f(x)$ 与 $g(x)$ 是相同的函数.

**例 6** 函数 $y = \sqrt{x}$ 和函数 $u = \sqrt{v}$ 是否为同一函数？

**解** 函数 $y$ 和 $u$ 的定义域相同，都是 $[0, +\infty)$；对于自变量的每一个取值，它们对应的函数值都是自变量的算术平方根，因此，它们的对应法则也相同. 所以，它们是相同的函数.

由以上各例可以清楚地看到，函数由它的定义域和对应法则完全确定，而与它的自变量和因变量用什么符号表示没有关系，因此，在必要时可对函数的变量名称进行更换.

**2. 函数的定义域**

关于函数的定义域，通常按以下两种方式确定：一种是有实际背景的函数，应根据实际背景中变量的实际意义来确定. 另一种是抽象地用代数式表达的函数，通常约定这种函数的定义域是使得代数式有意义的一切自变量的取值组成的集合. 这种定义域称为函数的**自然定义域**. 定义域可以用集合表示，也可以用区间表示.

确定函数的定义域一般应满足以下基本原则：

(1) 分式的分母不能为 0；

(2) 负数不能开偶次方；

(3) 对数的底数要大于 0 且不等于 1，真数要大于 0；

(4) 三角函数以及反三角函数要满足各自的定义域.

**例 7** 求函数 $y = \sqrt{16 - x^2} + \lg x$ 的定义域.

**解** 要使函数有意义，必须使

$$\begin{cases} 16-x^2 \geqslant 0 \\ x > 0 \end{cases}$$

成立，解此不等式组得

$$\begin{cases} -4 \leqslant x \leqslant 4 \\ x > 0 \end{cases}$$

即

$$0 < x \leqslant 4$$

从而，函数的定义域为 $\{x \mid 0 < x \leqslant 4\}$.

**例 8** 求函数 $y = \arcsin \dfrac{x}{7} + \dfrac{x-1}{\sqrt{x^2-4}}$ 的定义域.

**解** 要使函数有意义，必须使

$$\begin{cases} -1 \leqslant \dfrac{x}{7} \leqslant 1 \\ x^2 - 4 > 0 \end{cases}$$

成立，解此不等式组得

$$\begin{cases} -7 \leqslant x \leqslant 7 \\ x > 2 \quad \text{或} \quad x < -2 \end{cases}$$

即

$$-7 \leqslant x < -2 \quad \text{或} \quad 2 < x \leqslant 7$$

从而，函数的定义域为 $\{x \mid -7 \leqslant x < -2, 2 < x \leqslant 7\}$.

在实际问题中，有时会遇到一个函数在定义域的不同范围内用不同的解析式表示的情形，这样的函数称为**分段函数**.

如符号函数

$$y = \operatorname{sgn} x = \begin{cases} 1 & x > 0 \\ 0 & x = 0 \\ -1 & x < 0 \end{cases}$$

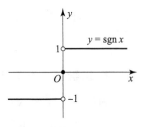

图 1-4

它的定义域 $D = (-\infty, +\infty)$，值域 $W = \{-1, 0, 1\}$（如图 1-4 所示），但是它的定义域被分成三部分，在每一部分有不同的对应法则.

又如绝对值函数

$$y = |x| = \begin{cases} x & x \geqslant 0 \\ -x & x < 0 \end{cases}$$

它的定义域 $D = (-\infty, +\infty)$，值域 $W = [0, +\infty)$（如图 1-5 所示）.

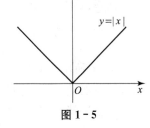

图 1-5

**注意**

(1) 分段函数在整个定义域上是一个函数而不是几个函数；

(2) 求分段函数的定义域时只需将后面的分段区间合并起来即可.

**3. 函数值**

关于函数值的计算，我们应将函数表达式中自变量的位置理解为一个空位. 例如，函数

$f(x)=x^2-5x-9$，可理解为 $f(\quad)=(\quad)^2-5(\quad)-9$，这三个空位应填入相同的对象，它可以是一个数，也可以是一个代数式，甚至可以是一个抽象的函数符号．

**例 9** 设 $f(x)=\sqrt{4+x^2}$，求下列函数值：$f(0)$，$f(1)$，$f(-1)$，$f\left(\dfrac{1}{a}\right)$，$f(x_0)$，$f(x_0+h)$，$f[f(x)]$．

**解** $f(0)=\sqrt{4+0^2}=2$；

$\qquad f(1)=\sqrt{4+1^2}=\sqrt{5}$；

$\qquad f(-1)=\sqrt{4+(-1)^2}=\sqrt{5}$；

$\qquad f\left(\dfrac{1}{a}\right)=\sqrt{4+\left(\dfrac{1}{a}\right)^2}=\dfrac{\sqrt{4a^2+1}}{|a|}$；

$\qquad f(x_0)=\sqrt{4+x_0^2}$；

$\qquad f(x_0+h)=\sqrt{4+(x_0+h)^2}$；

$\qquad f[f(x)]=\sqrt{4+[f(x)]^2}=\sqrt{4+(\sqrt{4+x^2})^2}=\sqrt{8+x^2}$．

**例 10** 设 $\varphi(x)=\begin{cases}|\sin x| & |x|<\dfrac{\pi}{3}\\[2mm] 0 & |x|\geqslant\dfrac{\pi}{3}\end{cases}$，求 $\varphi\left(\dfrac{\pi}{6}\right)$，$\varphi\left(-\dfrac{\pi}{4}\right)$，$\varphi(-2)$．

**解** $\varphi\left(\dfrac{\pi}{6}\right)=\left|\sin\dfrac{\pi}{6}\right|=\dfrac{1}{2}$；

$\qquad \varphi\left(-\dfrac{\pi}{4}\right)=\left|\sin\left(-\dfrac{\pi}{4}\right)\right|=\left|-\dfrac{\sqrt{2}}{2}\right|=\dfrac{\sqrt{2}}{2}$；

$\qquad \varphi(-2)=0$．

**4. 函数的主要表示方法**

函数的主要表示方法有三种：表格法、图像法、解析法．

**表格法**就是将函数的自变量和它对应的函数值用表格的形式表示出来．其优点是可以直接由表格得出自变量所对应的函数值，缺点是函数的变化趋势不直观，而且表格法有时不能穷尽一切函数值．

**图像法**就是将函数在平面上用图形表示出来．所谓函数 $y=f(x)$，$x\in D$ 的图形，即坐标平面上的点集

$$\{(x,\ y)\,|\,y=f(x),\ x\in D\}$$

如图 1-6 所示．其优点是函数的变化趋势直观形象，缺点是不能穷尽一切函数值，而且不能由图形得到精确的函数值．

**解析法**就是将函数用数学表达式表示出来，它的好处是对于任意一个自变量的取值，可以通过计算得到精确的函数值．通过函数的计算，可以由一个或几个函数构成新的函数，同时还可以预测新函数的性质．例如，海王星和冥王星的发现就不是首先被天文学家看到的，而是先被科学家计算出来，

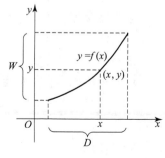

图 1-6

然后"按图索骥",在茫茫星海中大海捞针一般搜索出来的. 函数计算的优点可见一斑. 解析法的缺点是不直观,有些函数的计算很复杂,而且不是所有的函数关系都能用解析式来表达.

### 三、函数的几何特性

#### 1. 有界性

**定义 1.2** 设函数 $f(x)$ 在区间 $I$ 上有定义,如果存在正数 $M$,使得对于任意 $x \in I$,都有

$$|f(x)| \leqslant M$$

则称函数 $f(x)$ 在区间 $I$ 上**有界**;如果这样的 $M$ 不存在,就称函数 $f(x)$ 在 $I$ 上**无界**.

例如,$y = \sin x$ 在 $(-\infty, +\infty)$ 内都有 $|\sin x| \leqslant 1$,所以函数 $y = \sin x$ 在 $(-\infty, +\infty)$ 内是有界的.

又如,函数 $y = \dfrac{1}{x}$ 在区间 $[1, +\infty)$ 上有界,这是因为,当 $x \in [1, +\infty)$ 时,$\left|\dfrac{1}{x}\right| \leqslant 1$,但它在 $(0, 1)$ 内是无界的.

#### 2. 单调性

从直观上看,对于单调增加(或减少)的函数,其图形自左向右是上升(或下降)的曲线(图 1-7 (a)、图 1-7 (b)).

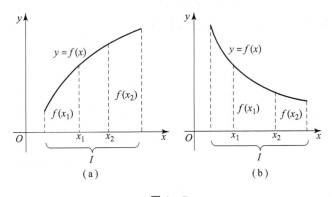

图 1-7

**定义 1.3** 设函数 $y = f(x)$ 在区间 $I$ 上有定义,若对于区间 $I$ 内任意两点 $x_1$, $x_2$,当 $x_1 < x_2$ 时,恒有

$$f(x_1) < f(x_2) \qquad (\text{或 } f(x_1) > f(x_2))$$

则称函数 $y = f(x)$ 在区间 $I$ 上是**单调增加**(或**单调减少**)的. 单调增加(或单调减少)的函数又称为**递增**(或**递减**)函数,单调增加函数和单调减少函数统称为**单调函数**. 使函数保持单调性的自变量的取值区间称为该函数的**单调区间**.

例如,函数 $y = x^3$ 在区间 $(-\infty, +\infty)$ 内是单调增加的(图 1-8(a)).

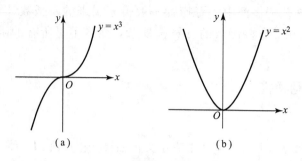

图 1-8

有些函数在整个定义区间上没有单调性，但是，它在部分区间上却具有单调性．例如，函数 $y=x^2$ 在整个定义域 $(-\infty, +\infty)$ 内不是单调的，但是在部分区间 $[0, +\infty)$ 上是单调增加的，在部分区间 $(-\infty, 0]$ 上是单调减少的（图 1-8(b)）．

### 3. 奇偶性

函数的奇偶性是指函数的某种对称性．

**定义 1.4** 设函数 $f(x)$ 的定义域 $D$ 关于原点对称（即当 $x \in D$ 时有 $-x \in D$），如果对于任意 $x \in D$，恒有

$$f(-x)=f(x) \quad (或 f(-x)=-f(x))$$

则称函数 $y=f(x)$ 为偶（或奇）函数．

例如，$f(x)=x^2$ 是偶函数，因为 $f(-x)=(-x)^2=x^2=f(x)$；$f(x)=x^3$ 是奇函数，因为 $f(-x)=(-x)^3=-x^3=-f(x)$；而函数 $y=x^3+x^2$ 既非奇函数，也非偶函数．

奇函数和偶函数都具有对称性．从函数的图像上看，奇函数关于原点对称（图 1-9(a)），偶函数关于 $y$ 轴对称（图 1-9(b)）．

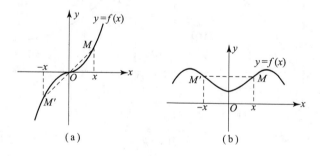

图 1-9

函数的奇偶性满足以下性质：

（1）奇函数 $\pm$ 奇函数＝奇函数；

（2）偶函数 $\pm$ 偶函数＝偶函数；

（3）偶函数 $\pm$ 奇函数＝非奇非偶函数；

（4）偶函数 $\times$ 奇函数＝奇函数；

（5）奇函数 $\times$ 奇函数＝偶函数；

（6）偶函数 $\times$ 偶函数＝偶函数．

**4. 周期性**

周期性是指函数的自变量经过一个相同的间隔，函数的图像又重复一次.

**定义 1.5** 设函数 $y=f(x)$ 的定义域为 $D$，如果存在正数 $T$，使得对于任意 $x\in D$，有 $x\pm T\in D$ 且

$$f(x\pm T)=f(x)$$

恒成立，则称函数 $y=f(x)$ 是以 $T$ 为周期的**周期函数**. $T$ 称为函数 $y=f(x)$ 的**周期**.

若函数 $f(x)$ 的周期为 $T$，则 $kT$ （$k\in \mathbf{Z}$）也是函数 $f(x)$ 的周期. 通常我们所说的周期是指函数的**最小正周期**.

例如，$\sin x$ 和 $\cos x$ 都是以 $2\pi$ 为周期的周期函数，$\tan x$ 和 $\cot x$ 都是以 $\pi$ 为周期的周期函数.

# 习题 1-1

1. 用邻域符号和区间表示下列数集，并将它们表示在数轴上：

(1) $|x-2|<1$；

(2) $0<|x+2|<1$；

(3) $\left|x-\dfrac{1}{2}\right|<\dfrac{1}{4}$；

(4) $0<|2x+1|<2$；

(5) $|x-a|<\varepsilon$ （$a$ 为常数，$\varepsilon>0$）；

(6) $0<|x-x_0|<\delta$ （$x_0$ 为常数，$\delta>0$）.

2. 下列各题中，函数 $f(x)$ 与 $g(x)$ 是否相同？为什么？

(1) $f(x)=\dfrac{x^2-1}{x-1}$，$g(x)=x+1$；

(2) $f(x)=\sqrt{x^2}$，$g(x)=|x|$；

(3) $f(x)=\sqrt[3]{x^4-x^3}$，$g(x)=x\sqrt[3]{x-1}$；

(4) $f(x)=\sqrt{1-\cos^2 x}$，$g(x)=\sin x$.

3. 已知 $f(x)=\dfrac{x-1}{x+1}$，求 $f(0)$，$f(-a)$，$f\left(\dfrac{1}{a}\right)$，$f(a+h)$，$f(x^2)$，$f[f(x)]$.

4. 设 $f(x)=1+x^2$，$\varphi(x)=\sin 3x$，求 $f(0)$，$f\left(\dfrac{1}{a}\right)$，$f(t^2-1)$，$f[\varphi(x)]$，$\varphi[f(x)]$.

5. 设 $f(x)=\begin{cases} 2x+5 & x>0 \\ 1 & x=0 \\ x^3 & x<0 \end{cases}$，求 $f(0)$，$f\left(\dfrac{1}{2}\right)$，$f(-1)$，$f[f(0)]$.

6. 求下列函数的定义域：

(1) $y=\dfrac{1}{1-x}$；

(2) $y=\sqrt{3x+2}$；

(3) $y=\sqrt{x^2-4}$；

(4) $y=\dfrac{2x}{x^2-3x+2}$；

(5) $y=\dfrac{1}{\sqrt{4-x^2}}+\dfrac{1}{\sqrt{x+1}}$；

(6) $y=\arcsin \dfrac{x-1}{2}$；

(7) $y=\dfrac{1}{x}-\sqrt{1-x^2}$;　　　　　　　(8) $y=\ln\cos x$.

7. 如果 $f(x)=a^x$，证明 $f(x)f(y)=f(x+y)$，$\dfrac{f(x)}{f(y)}=f(x-y)$.

8. 将函数 $y=9-|3x-1|$ 用分段函数的形式表示，并作出函数图形.

9. 指出下列函数的单调性：

(1) $y=2x+1$;　　　　　　　　　(2) $y=\left(\dfrac{1}{2}\right)^x$;

(3) $y=\log_a x$;　　　　　　　　　(4) $y=\sin x$.

10. 判断下列函数的奇偶性：

(1) $f(x)=x^2\cos x$;　　　　　　　(2) $f(x)=3x^2-x^3$;

(3) $f(x)=\dfrac{1-x^2}{1+x^2}$;　　　　　　　(4) $f(x)=x(x-1)(x+1)$;

(5) $f(x)=\dfrac{a^x+a^{-x}}{2}$;　　　　　　(6) $f(x)=\sin x-\cos x+1$.

# 第二节　反函数与复合函数

## 一、反函数

在函数的定义中有两个变量，一个是自变量，一个是因变量，因变量也称为自变量的函数. 但是在实际问题中，哪个是自变量，哪个是自变量的函数，并不是绝对的，要根据具体情况来决定.

例如，某物体作匀速直线运动，其路程 $S$ 与时间 $t$ 满足关系式

$$S(t)=20t+5$$

它的定义域为 $\{t\,|\,0\leqslant t<+\infty\}$，值域为 $\{S\,|\,5\leqslant S<+\infty\}$.

根据 $S(t)=20t+5$，对于时间 $t$ 的每一个值，相应的路程 $S$ 都有唯一确定的值与之对应；反之，已知路程 $S$ 的每一个值，时间 $t$ 也有唯一确定的值与之对应.

这个函数可以由 $S(t)=20t+5$ 解出，即 $t=\dfrac{S-5}{20}$，它的定义域为 $[5，+\infty)$，值域为 $[0，+\infty)$.

一般地，设函数 $y=f(x)$ 的定义域为 $D$，值域为 $W$，若对于任一 $y\in W$，都有确定的且满足 $f(x)=y$ 的数值 $x\in D$ 与之对应，其对应法则记为 $f^{-1}$，这时若将 $y$ 视为自变量，$x$ 视为因变量，可得到一个定义在 $W$ 上的新的函数 $x=f^{-1}(y)$，这个新的函数称为 $y=f(x)$ 的**反函数**.

在上面的例子里，$t=\dfrac{S-5}{20}$ 就是 $S(t)=20t+5$ 的反函数.

相对于反函数 $x=f^{-1}(y)$ 来说，原来的函数 $y=f(x)$ 称为**直接函数**. 它们在同一个坐标平面上是同一条曲线，所以，它们是完全相同的函数. 而函数 $x=f^{-1}(y)$ 是以 $y$ 为自变

量的，但习惯上函数都是以 $x$ 表示自变量，所以，常将 $y=f(x)$ 的反函数记作 $y=f^{-1}(x)$，这个函数叫做函数 $y=f(x)$ 的**矫形反函数**. 由于将函数的自变量和因变量作了交换，所以，函数 $y=f(x)$ 与其矫形反函数 $y=f^{-1}(x)$ 的图形在同一平面直角坐标系内是关于直线 $y=x$ 对称的两条曲线，如图 1-10 所示.

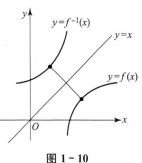

图 1-10

以后所说的反函数都是指矫形反函数. 因此一个函数的定义域是其反函数的值域，而它的值域是其反函数的定义域.

在求已知函数的反函数时，可以先由已知函数反解出 $x=f^{-1}(y)$，再将字母 $x$ 与 $y$ 互换，就得到以 $x$ 为自变量的反函数 $y=f^{-1}(x)$.

**例 1** 求下列函数的反函数：

(1) $y=x^3$；    (2) $y=\dfrac{x-1}{x+1}$.

**解** （1）由 $y=x^3$ 可得 $x=\sqrt[3]{y}$，所以，函数 $y=x^3$ 的反函数为 $y=\sqrt[3]{x}$.

（2）由 $y=\dfrac{x-1}{x+1}$ 可得 $x=\dfrac{1+y}{1-y}$，所以，函数 $y=\dfrac{x-1}{x+1}$ 的反函数为 $y=\dfrac{1+x}{1-x}$.

由于我们只研究单值函数，故当反函数为多值函数时，应根据需要取它的一个分支. 例如，$y=x^2$ 在整个定义域（$-\infty$，$+\infty$）中没有反函数，但是当 $x$ 被限制在单调区间 $[0,+\infty)$ 时，可得反函数 $y=\sqrt{x}$，而当 $x$ 被限制在单调区间 $(-\infty,0]$ 时，可得反函数 $y=-\sqrt{x}$.

## 二、复合函数

在很多实际问题中，两个变量的联系有时不是直接的. 例如：运动物体的动能为 $E=\dfrac{1}{2}mv^2$，而作自由落体运动的物体的运动速度为 $v=gt$，所以作自由落体运动的物体在 $t$ 时刻的动能为 $E=\dfrac{1}{2}m(gt)^2$，这样，动能 $E$ 就成为 $t$ 的函数. 这种由较简单函数结合成的较复杂的函数称为复合函数.

对于函数 $y=f(u)$，$u=\varphi(x)$ 而言，$u$ 既是函数 $\varphi(x)$ 的因变量，又是函数 $f(u)$ 的自变量，因此，$u$ 要能成为联系这两个函数的中间变量，它必须既在函数 $\varphi(x)$ 的值域 $W_\varphi$ 中，又在函数 $f(u)$ 的定义域 $D_f$ 中，那么，$\varphi(x)$ 的值域 $W_\varphi$ 就全部或者部分包含在 $f(u)$ 的定义域 $D_f$ 中，即 $W_\varphi \cap D_f \neq \varnothing$.

**定义 1.6** 设 $y$ 是 $u$ 的函数 $y=f(u)$，其定义域为 $D_f$，而 $u$ 是 $x$ 的函数 $u=\varphi(x)$，其值域为 $W_\varphi$，若 $D_f \cap W_\varphi \neq \varnothing$，则变量 $y$ 通过 $u$ 的联系成为 $x$ 的函数，称为由 $y=f(u)$ 及 $u=\varphi(x)$ 复合而成的**复合函数**，记为 $y=f[\varphi(x)]$，其中 $u$ 称为**中间变量**.

通俗地说，复合函数就是函数套函数，即函数的嵌套运算. 由此定义可知，函数 $y=f(u)$ 和 $u=\varphi(x)$ 能否构成复合函数的关键是内层函数的值域是否与外层函数的定义域有公共部分，故为了使复合有意义，有时复合函数的定义域要比内层函数的定义域缩小一些.

例如，函数 $y=\sin x^2$ 可以看成由 $y=\sin u$（定义域为（$-\infty$，$+\infty$））与 $u=x^2$（定义域为（$-\infty$，$+\infty$），值域为 $[0,+\infty)$）复合而成. 该函数的定义域为（$-\infty$，$+\infty$）.

又如，函数 $y=\sqrt{1-x}$ 可以看成由 $y=\sqrt{u}$（定义域为 $[0,+\infty)$）与 $u=1-x$（定义域为 $(-\infty,+\infty)$，值域为 $(-\infty,+\infty)$）复合而成. 其定义域为 $(-\infty,1]$，它是内层函数 $u=1-x$ 的定义域 $(-\infty,+\infty)$ 的子集.

应当指出，不是任意两个函数都能复合成一个函数. 例如 $y=\arcsin u$ 与 $u=2+x^2$ 就不能复合成一个函数，这是因为内层函数 $u=2+x^2$ 的值域 $[2,+\infty)$ 和外层函数 $y=\arcsin u$ 的定义域 $[-1,1]$ 没有公共部分. 即对于 $u=2+x^2$ 的值域中的每一个 $u$ 值，都不可能使 $y=\arcsin u$ 有意义.

复合函数也可以由两个以上的函数复合而成. 例如，函数 $y=\ln\sqrt{2+x^2}$ 就是由 $y=\ln u$，$u=\sqrt{v}$，$v=2+x^2$ 三个函数复合而成的，这里的 $u$ 和 $v$ 都是中间变量.

由以上说明可知，复合函数是说明函数对应法则的某种表达方式的一个概念. 利用这一概念，有时可以把一个较复杂的函数分解成几个较简单的函数，同时也可利用它来产生新的函数.

**例2** 设 $f(x)=\dfrac{1}{1-x}$，求 $f[f(x)]$，$f\{f[f(x)]\}$.

**解** $f[f(x)]=\dfrac{1}{1-f(x)}=\dfrac{1}{1-\dfrac{1}{1-x}}=1-\dfrac{1}{x}$ $(x\neq 1,0)$；

$$f\{f[f(x)]\}=\dfrac{1}{1-f[f(x)]}=\dfrac{1}{1-\left(1-\dfrac{1}{x}\right)}=x \quad (x\neq 1,0).$$

**例3** 设 $f(x)=\dfrac{1}{1+x}$，$g(x)=1+x^2$，求 $f[g(x)]$，$g[f(x)]$.

**解** $f[g(x)]=\dfrac{1}{1+g(x)}=\dfrac{1}{1+(1+x^2)}=\dfrac{1}{2+x^2}$；

$$g[f(x)]=1+[f(x)]^2=1+\left(\dfrac{1}{1+x}\right)^2=\dfrac{2+2x+x^2}{1+2x+x^2}.$$

复合函数的形成，是比较容易实现的.

**例4** 求由函数 $y=2u^2$，$u=\sin v$，$v=3x$ 复合而成的复合函数.

**解** 把三个函数从内依次往外代入得 $y=2\sin^2 3x$.

对一个复合函数进行分解时，应当将其分解到每个函数都是简单函数为止. 那么，什么是简单函数？以下这些函数都称为简单函数：

(1) 幂函数 $y=x^\mu$（$\mu$ 为常数）；

(2) 多项式函数 $y=a_0+a_1x+a_2x^2+\cdots+a_nx^n$；

(3) 指数函数 $y=a^x$（$a>0$ 且 $a\neq 1$）；

(4) 对数函数 $y=\log_a x$（$a>0$ 且 $a\neq 1$）；

(5) 三角函数 $y=\sin x$，$y=\cos x$，$y=\tan x$，$y=\cot x$，$y=\sec x$，$y=\csc x$；

(6) 反三角函数 $y=\arcsin x$，$y=\arccos x$，$y=\arctan x$，$y=\text{arccot}\,x$.

之所以把以上这些函数称为简单函数，是因为在它们的自变量的位置上只有一个单一的字母.

**例5** 分解下列复合函数：

（1）$y=\sqrt{-x}$；　（2）$y=\ln\cos\dfrac{1}{x}$；　（3）$y=\sqrt{\log_a\left(1+\dfrac{1}{x}\right)}$.

**解**　（1）函数 $y=\sqrt{-x}$ 由 $y=\sqrt{u}$ 和 $u=-x$ 复合而成.

（2）分析：最外层是对数函数，其简单函数形式是 $y=\ln u$，因此可令 $u=\cos\dfrac{1}{x}$，这时 $u$ 仍然不是简单函数的形式，它还需再分解，余弦函数的简单形式是 $u=\cos v$，因此，再令 $v=\dfrac{1}{x}$. 所以，函数 $y=\ln\cos\dfrac{1}{x}$ 是由 $y=\ln u$，$u=\cos v$，$v=\dfrac{1}{x}$ 复合而成的.

（3）分析：最外层是开方运算，也就是幂函数，其简单形式为 $y=\sqrt{u}$，因此令 $u=\log_a\left(1+\dfrac{1}{x}\right)$，这时，对数函数 $u$ 不是简单函数，需进一步分解，对数函数的简单形式为 $u=\log_a v$，这时令 $v=1+\dfrac{1}{x}$，所以，函数 $y=\sqrt{\log_a\left(1+\dfrac{1}{x}\right)}$ 是由 $y=\sqrt{u}$，$u=\log_a v$，$v=1+\dfrac{1}{x}$ 复合而成的.

可见，复合函数的分解可由最外层开始，逐层分解，分解到每个函数都是简单函数为止.

## 习题 1－2

1. 在下列各题中，求由所给函数构成的复合函数：

（1）$y=u^3$，$u=\tan x$；　（2）$y=\sin u$，$u=1+x^2$；

（3）$y=u^3$，$u=\arcsin v$.

2. 指出下列函数的复合过程：

（1）$y=\ln(x+2)$；　（2）$y=e^{\cos 5x}$；

（3）$y=\sqrt{\cot\dfrac{x}{2}}$；　（4）$y=\sin(1-3x)^2$.

3. 求下列函数的反函数：

（1）$y=\sqrt[3]{x+1}$；　（2）$y=\dfrac{2x+3}{3x-1}$；

（3）$y=1+\ln(x+1)$；　（4）$y=e^{x+2}$.

# 第三节　初等函数

## 一、基本初等函数

基本初等函数是指：常值函数、幂函数、指数函数、对数函数、三角函数和反三角函数. 下面列出这些函数的简单性质和图形.

**1. 常值函数 $y=C$**

常值函数的图形是一条平行于 $x$ 轴的直线.

常值函数的定义域为 $(-\infty, +\infty)$；值域为单点集 $\{C\}$.

它是有界函数、偶函数、周期函数，它的周期是任意实数，没有最小正周期.

**2. 幂函数 $y=x^{\mu}$（$\mu$ 为常数）**

幂函数的定义域及其性质随 $\mu$ 的不同而不同，因而情况比较复杂. 但不论 $\mu$ 为何值，它在 $(0, +\infty)$ 内都有定义，而且图形都要经过 $(1, 1)$ 点.

（1）当 $\mu$ 为正整数或零时，定义域为 $(-\infty, +\infty)$，例如 $y=x$，$y=x^2$（图 1-11）等. 在第 I 象限内是单调递增曲线；

（2）当 $\mu$ 为负整数时，定义域为 $(-\infty, 0) \bigcup (0, +\infty)$，例如 $y=\dfrac{1}{x}$（图 1-12）等. 在第 I 象限内是单调递减曲线；

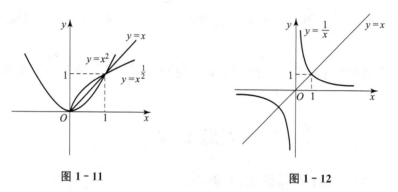

图 1-11　　　　　　　　　　　图 1-12

（3）当 $\mu$ 为分数 $\dfrac{p}{q}$（$p$，$q$ 互质）时，若 $\dfrac{p}{q}>0$，且 $q$ 为偶数，则定义域为 $[0, +\infty)$，例如 $y=x^{\frac{1}{2}}$（图 1-11），若 $q$ 为奇数，定义域为 $(-\infty, +\infty)$，例如 $y=x^{\frac{2}{3}}$（图 1-13）；若 $\dfrac{p}{q}<0$，这时还需要去掉点 $x=0$，例如 $y=x^{-\frac{1}{2}}$（图 1-13）.

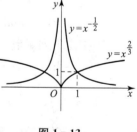

图 1-13

此外，当 $\mu$ 为偶（奇）数时，$x^{\mu}$ 为偶（奇）函数.

**3. 指数函数 $y=a^x$（$a>0$ 且 $a\neq 1$）**

指数函数的定义域为 $(-\infty, +\infty)$，值域为 $(0, +\infty)$.

因为对于任何实数值 $x$，总有 $a^x>0$，又 $a^0=1$，所以指数函数的图形总在 $x$ 轴的上方，且通过点 $(0, 1)$.

（1）若 $a>1$，$a^x$ 是单调增加的. 当 $x\in(-\infty, 0)$ 时，有 $0<a^x<1$；当 $x\in(0, +\infty)$ 时，有 $a^x>1$.

（2）若 $0<a<1$，$a^x$ 是单调减少的. 当 $x\in(-\infty, 0)$ 时，有 $a^x>1$；当 $x\in(0, +\infty)$ 时，有 $0<a^x<1$（图 1-14）.

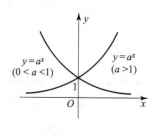

图 1-14

以无理数 $e=2.718\ 281\ 8\cdots$ 为底数的指数函数 $y=e^x$ 是科学技术中常用的指数函数.

**4. 对数函数** $y=\log_a x$ $(a>0$ 且 $a\neq1)$

对数函数是指数函数的反函数，定义域为 $(0,+\infty)$，值域为 $(-\infty,+\infty)$.

$y=\log_a x$ 的图形总在 $y$ 轴的右方，且通过点 $(1,0)$，见图 1-15.

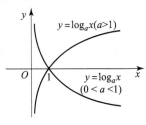

图 1-15

(1) 若 $a>1$，它是单调增加的. 当 $x\in(0,1)$ 时，$\log_a x<0$；当 $x\in(1,+\infty)$ 时，$\log_a x>0$.

(2) 若 $0<a<1$，它是单调减少的. 当 $x\in(0,1)$ 时，$\log_a x>0$；当 $x\in(1,+\infty)$ 时，$\log_a x<0$.

在科学技术中将以常数 e 为底数的对数函数

$$y=\log_e x$$

叫做**自然对数函数**，简记为

$$y=\ln x$$

**5. 三角函数**

常用的三角函数有：

(1) 正弦函数 $y=\sin x$（图 1-16）；

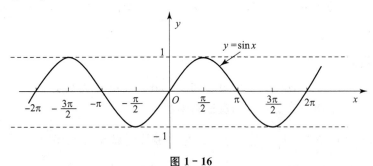

图 1-16

(2) 余弦函数 $y=\cos x$（图 1-17）；

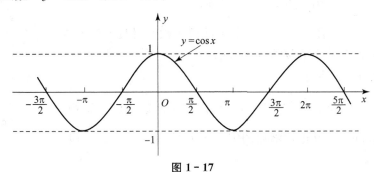

图 1-17

（3）正切函数 $y=\tan x$（图 1-18）；

（4）余切函数 $y=\cot x$（图 1-19）.

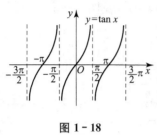

图 1-18

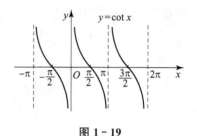

图 1-19

其中自变量 $x$ 以弧度作为单位来表示. 它与角度的换算关系是：

$$1\ \text{弧度}=\frac{180°}{\pi}=57.3°\qquad 1°=\frac{\pi}{180}=0.017\ \text{弧度}$$

$y=\sin x$ 与 $y=\cos x$ 的定义域均为 $(-\infty,+\infty)$，值域都是 $[-1,1]$，且都是以 $2\pi$ 为周期的周期函数. $\sin x$ 是奇函数，$\cos x$ 是偶函数.

$y=\tan x=\dfrac{\sin x}{\cos x}$ 的定义域为 $D=\left\{x\mid x\in\mathbf{R},x\neq n\pi+\dfrac{\pi}{2},\ n\in\mathbf{Z}\right\}$.

$y=\cot x=\dfrac{\cos x}{\sin x}$ 的定义域为 $D=\{x\mid x\in\mathbf{R},\ x\neq n\pi,\ n\in\mathbf{Z}\}$.

这两个函数的值域都是 $(-\infty,+\infty)$，且都是以 $\pi$ 为周期的周期函数. 它们都是奇函数. 正切函数 $\tan x$ 在每个周期内是单调递增函数，余切函数 $\cot x$ 在每个周期内是单调递减函数.

此外，三角函数还包括正割函数 $y=\sec x=\dfrac{1}{\cos x}$，余割函数 $y=\csc x=\dfrac{1}{\sin x}$，它们都是以 $2\pi$ 为周期的周期函数.

**6. 反三角函数**

三角函数 $y=\sin x$，$y=\cos x$，$y=\tan x$ 和 $y=\cot x$ 的反函数都是多值函数，取其中一个单值分支，称为**反三角函数**.

正弦函数 $y=\sin x$ 在区间 $\left[-\dfrac{\pi}{2},\dfrac{\pi}{2}\right]$ 上的反函数叫做**反正弦函数**，记作 $y=\arcsin x$. 反正弦函数 $y=\arcsin x$ 的定义域是 $[-1,1]$，值域是 $\left[-\dfrac{\pi}{2},\dfrac{\pi}{2}\right]$，其图形如图 1-20 所示.

余弦函数 $y=\cos x$ 在区间 $[0,\pi]$ 上的反函数叫做**反余弦函数**，记作 $y=\arccos x$. 反余弦函数的定义域是 $[-1,1]$，值域是 $[0,\pi]$，其图形如图 1-21 所示.

正切函数 $y=\tan x$ 在区间 $\left(-\dfrac{\pi}{2},\dfrac{\pi}{2}\right)$ 内的反函数叫做**反正切函数**，记作 $y=\arctan x$. 反正切函数的定义域为 $(-\infty,+\infty)$，值域

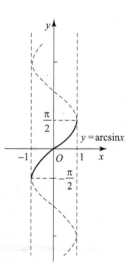

图 1-20

为 $\left(-\dfrac{\pi}{2},\ \dfrac{\pi}{2}\right)$，其图形如图 1-22 所示.

余切函数 $y=\cot x$ 在区间 $(0，\pi)$ 内的反函数叫做**反余切函数**. 记作 $y=\operatorname{arccot}x$. 反余切函数的定义域是 $(-\infty，+\infty)$，值域是 $(0，\pi)$，其图形如图 1-23 所示.

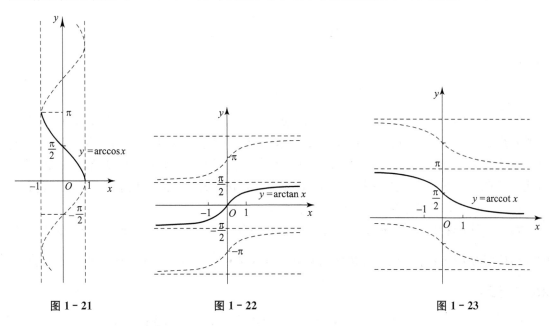

图 1-21                图 1-22                图 1-23

## 二、初等函数的定义

由六类基本初等函数经过有限次的四则运算或有限次复合步骤所构成的且能由一个式子表示的函数称为**初等函数**.

例如 $y=\sqrt{1-x^2}$，$y=\sin^2 x$，$y=\ln(x+\sqrt{1+x^2}\,)$ 等都是初等函数. 在本课程中所讨论的函数绝大多数都是初等函数. 读者应注意，诸如 $y=\begin{cases} x^2 & x>0 \\ \sin x+2 & x\leqslant 0 \end{cases}$ 这种分段表示的函数往往不是初等函数.

## 三、建立函数关系举例

用数学方法解决实际问题时，首先要建立数学模型，即建立函数关系. 为此需明确问题中的因变量与自变量，根据题意建立等式，从而得出函数关系，再根据实际问题的要求，确定函数的定义域.

**例 1** 某城市出租车收费标准规定，3 公里内收费为起步价 10 元，超过 3 公里时，每增加 1 公里收费 2 元，试建立出租车收费与里程的函数关系.

**解** 设乘客的行程为 $x$ 公里，车费为 $y$ 元，则由规定知：

$$y=f(x)=\begin{cases} 10 & 0<x\leqslant 3 \\ 10+(x-3)\times 2 & x>3 \end{cases}$$

**例 2** 某房地产公司有 50 套房屋可供出租，当每套房屋租金是 300 元时，能全部租出去，若租金每上涨 50 元，就有一套租不出去，求收入函数（假设租金大于等于 300 元，且只能为 50 的倍数).

**解**　设租金为 $x$ 元，收入为 $R$，则租出去的房屋数量为 $50-\dfrac{x-300}{50}$ 套，于是根据题意可得收入函数为：

$$R(x)=x\left(50-\frac{x-300}{50}\right)$$

化简得

$$R(x)=-\frac{1}{50}x^2+56x \quad (x\geqslant 300)$$

**例 3**　某牧场要建造占地 100 平方米的矩形围墙，现有一排长 20 米的旧墙可供利用，为了节约投资，矩形围墙的一边直接用旧墙改建，另外三边尽量用从旧墙拆下的旧砖来修建（从一米旧墙拆下的旧砖可建一米新墙），不足部分用购置的新砖修建. 已知整修一米旧墙需 24 元，拆除一米旧墙改建成一米围墙需 100 元，用新砖修建一米围墙需 200 元，试建立总投资费用与旧墙保留部分的长度之间的函数关系.

**解**　设旧墙保留部分的长度为 $x$ 米，总投资费用为 $y$ 元，则用从旧墙拆下的旧砖修建的围墙长度为 $20-x$ 米，用新砖建成的围墙长度为 $2\cdot\dfrac{100}{x}+x-(20-x)$，即 $\dfrac{200}{x}+2x-20$ 米，于是由题意得

$$y=24x+(20-x)\cdot 100+\left(\frac{200}{x}+2x-20\right)\cdot 200$$

化简得

$$y=324+\frac{40\,000}{x}-2\,000 \quad (0<x\leqslant 20)$$

由上述各例看出，在建立函数关系时，首先应分析问题中有哪些变量以及常量，再根据所学的数学、物理或经济等学科的知识，建立变量之间关系即函数关系.

# 习题 1-3

1. 用铁皮做一个容积为 $V$ 的圆柱形罐头筒，将它的表面积表示成底面半径的函数，并确定此函数的定义域.

2. 一种 U 盘每个售价 90 元，成本为 60 元. 厂方为鼓励销售商大量采购，决定凡是订购量超过 100 个以上的，每多订购 1 个，售价就降低 1 元，但最低价为每个 75 元.

　(1) 将每个 U 盘的实际售价 $p$ 表示成订购量 $x$ 的函数；

　(2) 将厂方所获得的利润 $L$ 表示成订购量 $x$ 的函数；

　(3) 某一商行订购了 1 000 个 U 盘，则厂方可获利润多少？

3. 火车站收取行李费的规定如下：当行李不超过 50 kg 时，按基本运费计算，如从重庆到某地，行李每千克收 0.15 元；当超过 50 kg 时，超重部分按 0.25 元/kg 收费. 试求重庆到该地的行李费与行李重量之间的函数关系.

4. 一汽车租赁公司出租某种汽车的收费标准为：每天基本租金为 200 元，另外每行驶

一千米收费 15 元.

    (1) 试建立每天的租车费与行驶里程之间的函数关系；

    (2) 若某人某天付了 400 元租车费，问他行驶了多少千米？

# 第四节　经济中的常用函数

在经济领域中，数学有着非常直接和广泛的应用，其作用是非常巨大的. 本节将介绍几个常用的经济函数.

## 一、需求函数

**需求量**是指在特定的时间内，消费者打算购买并且能够购买到的某种商品的数量. 影响某种商品的需求量的因素很多，如消费者的人数、收入、消费习惯，以及季节、商品的价格等，但最主要的影响因素是价格. 为了简化问题的分析，我们只考虑商品的价格对商品需求量的影响. 通常把商品需求量 $Q$ 与该商品价格 $p$ 的函数关系称为**需求函数**，并记为 $Q=Q(p)$. 这里，价格 $p$ 为自变量且 $p>0$.

通常情况下，需求量会随着价格的上涨而减少，所以需求函数是关于价格的单调递减函数.

    **例 1**　某音像店销售某种唱片，当唱片价格定为 15 元/张时，每天销售 100 张，价格每提高 1 元，销量减少 5 张，试求这种唱片的需求函数.

    **解**　设这种唱片的需求量为 $Q$，价格为 $p$ 元/张，由题意得

$$Q=100-(p-15)\times 5=-5p+175$$

令 $Q=0$，解得 $p=35$. 可见，这种唱片的价格不能超过 35 元，否则，唱片就没有销路.

故这种唱片的需求函数为：

$$Q=-5p+175,\ p\in(0,35)$$

常见的需求函数有以下几种：

    (1) 线性需求函数 $Q=a-bp$ $(a>0,\ b>0)$；

    (2) 二次需求函数 $Q=a-bp-cp^2$ $(a>0,\ b>0,\ c>0)$；

    (3) 指数需求函数 $Q=ae^{-bp}$ $(a>0,\ b>0)$.

## 二、供给函数

**供给量**是在指特定时间内，厂商愿意出售并且能够出售的某种商品的数量. 影响供给量的主要因素是商品的价格. 记商品的供给量为 $S$，价格为 $p$，如果忽略次要因素的影响，那么商品的供给量 $S$ 可以看作是价格 $p$ 的函数，称为**供给函数**，记为 $S=S(p)$.

通常情况下，商品价格越低，生产者就越不愿意生产，因而供给量就会越少；反之，商品的价格越高，供给量就会越多. 所以，供给函数是关于价格的单调递增函数.

常见的供给函数有

    (1) 线性函数：$S=ap-b$ $(a>0,\ b>0)$；

    (2) 幂函数：$S=kp^a$ $(a>0,\ k>0)$；

    (3) 指数函数：$S=ae^{bp}$ $(a>0,\ b>0)$.

一种商品的市场需求量与供给量相等时的价格称为**均衡价格**，即均衡价格是使 $Q(p) = S(p)$ 时的价格，记为 $p_0$．显然，此时的市场处于均衡状态．当 $p > p_0$ 时，销售这种商品会有利可图，从而导致这种商品的供给量增加，但需求量会相应地减少，这时就会产生"供过于求"的现象；当 $p < p_0$ 时，销售这种商品会无利可图，从而导致这种商品的供给量下降，但需求量会上升，这时就会产生"供不应求"的现象．可见，市场上商品价格的变化是按照需求量与供给量来实现的，即当需求量大于供给量时价格就会上涨，反之，价格就会降低．所以在市场调节下，商品的价格总是围绕着均衡价格上下波动．这就是市场经济条件下，价格的杠杆调节作用．

**例 2** 已知商品的供给函数为 $S = -5 + 2p$，需求函数是 $Q = 10 - 3p$，求该商品的均衡价格．

**解** 由供需均衡条件得

$$10 - 3p_0 = -5 + 2p_0$$

由此可得，均衡价格为 $p_0 = 3$．

### 三、成本函数

某种产品的总成本是指生产一定数量的该产品所需的费用（劳动力、原材料、机器设备等）总额．总成本可分为两类：第一类是厂房、机器设备、运输工具等固定资产的折旧费用，以及企业管理者的工资福利费用等．这一类成本的特点是短期内不会发生变化，即不会随着生产量的变化而变化，称为**固定成本**，用 $C_1$ 来表示．第二类是能源费用、原材料费用、生产工人的工资福利费用等．这一类成本的特点是会随生产量的变化而变化，称为**可变成本**，用 $C_2(Q)$ 来表示．固定成本与可变成本的总和就是**总成本**，用 $C(Q)$ 来表示，所以

$$C(Q) = C_1 + C_2(Q)$$

固定成本与产量无关，可变成本随着产量的增加而增加．因此，总成本函数是一个增函数．常见的成本函数有线性函数、二次函数、三次函数等．

平均成本是生产一定数量的产品，平均每单位产品的成本，记为 $\overline{C}(Q)$，即

$$\overline{C}(Q) = \frac{C(Q)}{Q} = \frac{C_1}{Q} + \frac{C_2(Q)}{Q}$$

**例 3** 已知生产某商品的总成本函数为 $C(Q) = 10 + 6Q + 0.1Q^2$（单位：万元），求生产 10 件该商品所需的总成本和平均成本．

**解** 生产 10 件该商品所需的总成本和平均成本分别为

$$C(10) = 10 + 6 \times 10 + 0.1 \times (10)^2 = 80 \ （万元）$$

$$\overline{C}(10) = \frac{80}{10} = 8 \ （万元/件）$$

### 四、收益函数

**总收益**是企业销售一定数量的商品所得到的全部收入．用 $p$ 表示商品的价格，$Q$ 表示销售量，$R$ 表示总收益，$\overline{R}$ 表示平均收益，需求函数为 $Q = Q(p)$，则总收益函数为：

$$R = R(Q) = Q \cdot p(Q)$$

平均收益函数为：

$$\overline{R}=\overline{R}(Q)=\frac{R(Q)}{Q}=\frac{Q \cdot p(Q)}{Q}=p(Q)$$

**例 4** 设某种商品的价格为 $p$（万元/台），销售量为 $Q$（台），需求函数为 $Q=100-5p$，求销售量为 30 台时的总收益和平均收益.

**解** 由需求函数 $Q=100-5p$ 可得：

$$p=\frac{100-Q}{5}$$

于是，总收益函数为：

$$R(Q)=p \cdot Q=\frac{1}{5}(100-Q)Q=20Q-\frac{1}{5}Q^2$$

平均收益函数为：

$$\overline{R}(Q)=\frac{20Q-\frac{1}{5}Q^2}{Q}=20-\frac{1}{5}Q$$

当 $Q=30$ 时，$R(30)=20 \cdot 30-\frac{1}{5} \cdot 30^2=420$（万元），$\overline{R}(30)=20-\frac{1}{5} \cdot 30=14$（万元）.

故销售量为 30 台时，总收益为 420 万元，平均收益为 14 万元.

## 五、利润函数

**利润**是收益扣除成本后的剩余部分，用 $L$ 来表示. 当生产量与销售量一致时，利润是生产量（销售量）$Q$ 的函数，且利润函数等于收益函数与成本函数之差，即

$$L=L(Q)=R(Q)-C(Q)$$

平均利润函数为：

$$\overline{L}=\frac{L(Q)}{Q}$$

一般地，收益随着销售量的增加而增加，但利润并不总是如此. 利润函数通常有以下三种情况：

(1) 有盈余生产，此时 $L(Q)=R(Q)-C(Q)>0$，生产利润为正；

(2) 有亏损生产，此时 $L(Q)=R(Q)-C(Q)<0$，生产利润为负；

(3) 无盈亏生产，此时 $L(Q)=R(Q)-C(Q)=0$，生产利润为零. 把无盈亏生产时的产量记为 $Q_0$，称为**盈亏平衡点**.

**例 5** 某商品的成本函数为 $C(Q)=3+4Q+Q^2$，若销售价格定为 8 元/件，求：

(1) 该商品的盈亏平衡点.

(2) 若每天生产 10 件，为了不亏本，价格应定为多少才合适？

**解** (1) 利润函数为：

$$L(Q)=R(Q)-C(Q)=8Q-(3+4Q+Q^2)=-Q^2+4Q-3$$

令 $L(Q)=0$，得两个盈亏平衡点 $Q_1=1$ 和 $Q_2=3$，显然，当 $Q<1$ 或 $Q>3$ 时，经营亏损，当 $1<Q<3$ 时，经营盈利，因此 $Q_1=1$ 和 $Q_2=3$ 分别是盈利的最低产量和最高产量.

（2）设销售价格定为 $p$ 元/件，此时利润为：

$$L=R(Q)-C(Q)=10p-(3+4\times10+100)=10p-143$$

为了使经营不亏本，必须使 $L=10p-143\geqslant0$，即 $p\geqslant14.3$，所以销售价格应不低于 14.3 元/件.

# 习题 1-4

1. 生产某种产品的固定成本为 1 万元，可变成本与产量（单位：吨）的立方成正比，已知产量为 2 吨时，总成本为 1.004 万元，求总成本函数和平均成本函数.

2. 某市场鸡蛋的售价为 5.2 元/kg 时，销售量为每天 3 000 kg，每提价 0.1 元，少销售 200 kg，试求鸡蛋的线性需求函数.

3. 某企业向市场提供某种商品的供给函数为 $S=-96+\dfrac{1}{2}p$，而该商品的需求函数为 $Q=204-p$，求该商品的市场均衡价格.

4. 某企业生产一种产品，其固定成本为 160 元，每生产一件产品成本增加 8 元，又知产品的单价为 15 元，试写出：

（1）总成本与产量的函数关系.

（2）总收益与产量的函数关系.

（3）利润与产量的函数关系.

5. 某工厂生产某种产品，年产量为 $Q$ 台，每台售价为 250 元，当年产量在 600 台以内时，可以全部售出. 经广告宣传后又可多售出 200 台，每台平均广告费为 20 元. 若再生产，本年就卖不出去了. 试建立本年度销售总收入 $R$ 与年产量 $Q$ 之间的函数关系.

6. 某商店以每条 100 元的进价购进一批牛仔裤，设牛仔裤的需求函数为 $Q=400-2p$，求收益函数与利润函数.

7. 某工厂生产某种产品，固定成本为 40 000 元，每多生产一单位产品，成本增加 100 元. 已知产品的最大销售量为 400 单位，总收益 $R$ 是年产量 $Q$ 的函数，$R=400Q-\dfrac{1}{2}Q^2$，$0\leqslant Q\leqslant400$. 求利润函数和盈亏平衡点.

# 复习题一

1. 选择题

（1）函数 $f(x)=\sqrt{\dfrac{3-x}{x+2}}$ 的定义域为（　　）.

(A) $[-2,3]$      (B) $(-2,+\infty)$      (C) $(-\infty,-2)$      (D) $(-2,3]$

（2）函数 $y=\ln x^2$ 与函数 $y=2\ln x$ 表示同一个函数，则 $x$ 应满足（　　）.

(A) $-\infty<x<+\infty$      (B) $x\geqslant0$      (C) $x>0$      (D) $x\geqslant1$

（3）在下列四对函数中，相同的是（　　）.

(A) $f(x)=|x+1|$，$g(x)=|x|+1$；

(B) $f(x)=2\lg(1-x)$，$g(x)=\lg(1-x)^2$；

(C) $f(x)=[\,|1-x|+x\,]$，$g(x)=\begin{cases}1 & x<1\\2x-1 & x\geqslant1\end{cases}$；

(D) $f(x)=x-2$，$g(x)=\dfrac{x^2-4}{x+2}$.

(4) 设 $f(x)=\arccos(\lg x)$，则 $f\left(\dfrac{1}{10}\right)=($ 　　$)$.

(A) 0　　　　　(B) $-1$　　　　　(C) $\pi$　　　　　(D) $\dfrac{\pi}{2}$

(5) 函数 $y=\log_4\sqrt{x}-\log_4 2$ 的反函数为（　　　）.

(A) $y=4^{x-1}$　　(B) $y=4x-1$　　(C) $y=4^{x+1}$　　(D) $y=4^{2x+1}$

(6) 下列四个函数中为有界函数的是（　　　）.

(A) $x\sin x$　　(B) $x\sin\dfrac{1}{x}$　　(C) $\dfrac{\sin x}{x}$　　(D) $\sin(2x)$

(7) 下列四个函数中为偶函数的是（　　　）.

(A) $f(x)=x^3+\dfrac{1}{\sqrt[3]{x}}$　　　　　　(B) $f(x)=\ln\sqrt{x+(1+x)^2}$

(C) $f(x)=x^2+|\sin x|$　　　　　　(D) $f(x)=\dfrac{[x(e-1)]^x}{(e+1)^x}$

(8) 下列四个函数中为周期函数的是（　　　）.

(A) $y=x\sin x$　　　　　　(B) $y=\sin x\cos x$

(C) $y=x\cos x$　　　　　　(D) $y=\sin\dfrac{1}{x}$

2. 求下列函数的定义域：

(1) $y=\dfrac{2x}{x^2-3x+2}$；　　　　(2) $y=\sqrt{16-x^2}+\dfrac{x-1}{\ln x}$；

(3) $y=\dfrac{\sqrt{4x-x^2}}{1-|x-1|}$；　　　　(4) $y=\begin{cases}\sin x & 0\leqslant x<\dfrac{\pi}{2}\\ x & \dfrac{\pi}{2}\leqslant x<\pi\end{cases}$.

3. 已知 $f(x)=\dfrac{1}{1-x}$，求 $f[f(x)]$，$f\left[\dfrac{1}{f(x)}\right]$.

4. 已知 $f(x)=\dfrac{1}{x+1}$，$g(x)=1+x^2$，求 $f[g(x)]$，$g[f(x)]$，$f[f(x)]$，$g[g(x)]$.

5. 若 $f\left(x+\dfrac{1}{x}\right)=x^2+\dfrac{1}{x^2}$，求 $f(x)$.

6. 若 $f(x)=\begin{cases}1 & |x|<1\\0 & |x|=1\\-1 & |x|>1\end{cases}$，$g(x)=e^x$，求 $f[g(x)]$，$g[f(x)]$.

7. 设 $f(x)=x+3$，求一个函数 $g(x)$，使 $f[g(x)]=\sqrt{\dfrac{5x+1}{3}}$.

8. 设 $f(x)=ax^2+bx+5$，且 $f(x+1)-f(x)=8x+3$，试确定 $a$，$b$ 的值.

9. 设 $f(x)$ 为定义在 $[-a，a]$ 上的任意函数，证明：

(1) $f(x)+f(-x)$ 为偶函数；

(2) $f(x)-f(-x)$ 为奇函数.

10. 判断函数 $f(x)=\dfrac{x(\mathrm{e}^x-1)}{\mathrm{e}^x+1}$ 的奇偶性.

11. 分解下列复合函数：

(1) $y=\cos\dfrac{1}{x+1}$；

(2) $y=2^{\arctan\sqrt{x^2+1}}$；

(3) $y=\ln\arccos x^5$；

(4) $y=\sqrt{\tan x^2}$；

(5) $y=\ln\sin^2(3x+1)$；

(6) $y=\left(\dfrac{1+\sin x}{1-\sin x}\right)^2$；

(7) $y=\cos^2[\sin(x^2-1)]$；

(8) $y=\sqrt{\ln(\ln\sqrt{x})}$.

12. 某工厂生产一种产品，每天最多生产 500 件，固定成本为 2 000 元，每多生产一件产品，成本增加 5 元，求该厂每天的总成本函数以及平均成本函数.

13. 已知某种产品的需求函数为 $Q=100-4p$（$0\leqslant Q\leqslant100$），总成本函数为 $C(Q)=40+5Q$，其中 $Q$ 为产品数量，求利润函数和盈亏平衡点.

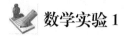 **数学实验 1**

## MATLAB 基础知识

### 一、MATLAB 简介

MATLAB 是 Matrix Laboratory（矩阵实验室）的缩写，是由美国 Mathworks 公司于 1984 年发布的集数值计算、符号计算和图形可视化三大基本功能于一体的、功能强大、操作简单的语言.

现在，MATLAB 已经发展成为适合多学科的大型软件. 在世界各高校，MATLAB 已经成为线性代数、数值分析、数理统计、优化方法、自动控制、数字信号处理、动态系统仿真等高级课程的基本教学工具. 现在 MATLAB 在我国大学生数学建模竞赛中的普遍使用，为参赛者在有限的时间内准确、有效地解决问题提供了有力的保证. 它完备的图形处理功能，使学生在学习的过程中，对函数图像形象化，让学生在学习中更容易理解，同时高效的计算功能，使学生从繁杂的数学运算中解脱出来.

### 二、MATLAB 工作界面

启动 MATLAB 后，将打开一个 MATLAB 的欢迎界面，随后打开 MATLAB 的工作界面（Desktop），其默认形式如图 1-24 所示.

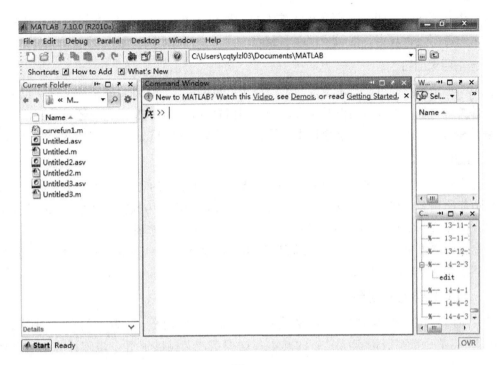

图 1 - 24

第一行为标题栏，第二行为菜单栏，第三行为工具栏，下面是四个最常用的窗口：命令窗口（Command Window）、工作空间管理窗口（Workspace）、当前目录窗口（Current Directory）、历史窗口（Command History）.

### 1. 命令窗口

命令窗口是对 MATLAB 进行操作的主要载体，默认情况下，启动 MATLAB 时就会打开命令窗口. 命令窗口用于输入命令并显示除图形以外的所有执行结果. MATLAB 命令窗口中的 ">>" 为命令提示符，表示 MATLAB 已经准备好. 在命令提示符后键入命令并按下回车键后，MATLAB 就会解释、执行所输入的命令，并在命令后面给出计算结果. 当命令窗口中执行过许多命令后，窗口会被占满，为了方便阅读，可以将其清除. 清除命令窗口中的显示内容通常有两种方法：一是执行 MATLAB 窗口的 Edit→Clear Command Window 命令；二是在命令窗口提示符后直接输入 clc 语句.

**例 1** 计算 $\sin\dfrac{\pi}{2}$ 的值.

>>sin(pi/2)    % 在命令窗口中输入 sin(π/2)，然后单击回车键，sin（）是 MATLAB 的内部函数，pi 代表 π；

ans =

　　1 % 屏幕显示的结果，系统默认的变量名为 ans.

### 2. 工作空间管理窗口

工作空间管理窗口显示所有当前保存在内存中的 MATLAB 变量的变量名、数据结构、字节数以及类型，不同的变量类型分别对应不同的变量名图标. 这些直到使用了 "clear" 命令清除工作空间或者关闭 MATLAB 系统为止. 通过工作空间可以观察数据名称及数据类型，可以对数据进行观察、编辑、保存和删除.

### 3. 当前目录窗口

在当前目录窗口中可以显示或改变当前目录，也可以显示当前目录下的文件，包括文件名、文件类型、最后修改时间以及该文件的说明信息等，在当前目录窗口还可以直接进行复制、编辑和运行. 此外，对于该窗口中的子目录，可以进行 Windows 平台的各种标准操作.

### 4. 历史窗口

历史命令窗口在默认设置下会保留自安装时起所有命令的历史记录，并记录了使用时间，以方便使用者查询. 而且双击某一行命令，即在命令窗口中执行该命令. 如果要清除这些记录，只要选择 Edit 菜单中的"Clear Command History"选项即可.

在命令窗口中单击方向键"↑"，可以调出已经输入的前一条命令，单击方向键"↓"可调出当前命令之后的一条命令.

### 三、MATLAB 数据类型

计算机语言用不同类型的变量来描述不同类型的对象. 作为一门科学计算语言，MATLAB 既有一般高级语言所具备的基本数据类型，又提供了适合矩阵计算的特殊数据类型.

### 1. 变量与常量

变量是任何程序设计语言的基本要素之一，MATLAB 语言自动依据所赋予变量的值或对变量所进行的操作来识别变量的类型. 在赋值过程中如果赋值变量已存在，MATLAB 语言将使用新值代替旧值，并以新值类型代替旧值类型.

在 MATLAB 语言中变量的命名应遵循如下规则：

（1）变量名区分大小写；

（2）变量名长度不超 31 位，第 31 个字符之后的字符将被 MATLAB 语言所忽略；

（3）变量名以字母开头，可以由字母、数字、下划线组成，但不能使用标点.

MATLAB 语言本身也具有一些预定义的变量，这些特殊的变量称为常量. 表 1 - 2 给出了 MATLAB 语言中经常使用的一些常量.

表 1 - 2

| 常量 | 表示数值 | 常量 | 表示数值 |
|------|---------|------|---------|
| ans | 未定义变量时，计算机默认的显示变量 | pi | 圆周率 |
| eps | 浮点运算的相对精度 | inf | 正无穷大（定义为 1/0） |
| NaN | 表示不定值 | realmax | 最大的浮点数 |

在 MATLAB 语言中，定义变量时应避免与常量名重复，以防改变这些常量的值，如果已改变了某常量的值，可以通过"clear＋常量名"命令恢复该常量的初始设定值.

### 2. 数据显示格式

MATLAB 语言中的数值有多种显示形式，在缺省情况下，若数据为整数，则以整数表示；若数据为实数，则以保留小数点后 4 位的精度近似表示. MATLAB 语言提供了 10 种数据显示格式，常用数据显示格式的控制指令见表 1-3.

表 1-3

| 指令 | 含义 | 举例 |
|---|---|---|
| format | 通常保证小数点后四位有效，最多不超过 7 位 | 314.159 被显示为 314.1590 |
| Format short | 对于大于 1000 的实数用 5 位有效数字的科学记数形式显示 | 314 1.59 被显示为 3.1416e+003 |
| Format long | 小数点 15 位数字表示 | 3.141592653589793 |
| Format short e | 5 位科学记数表示 | 3.146e+00 |
| Format long e | 5 位科学记数表示 | 3.14159265358979e+00 |

### 3. 数学运算符号及标点符号

MATLAB 中的常用运算符号见表 1-4.

表 1-4

| 符号 | 含义 | 符号 | 含义 | 符号 | 含义 |
|---|---|---|---|---|---|
| + | 加法运算，适用于两个数或两个同阶矩阵相加 | — | 减法运算 | * | 乘法运算 |
| .* | 点乘运算 | / | 除法运算 | ./ | 点除运算 |
| ^ | 乘幂运算 | .^ | 点乘幂运算 | \ | 左除运算 |

MATLAB 中的常用标点符号：

（1）MATLAB 的每条命令后，若为逗号或无标点符号，则显示命令的结果；若命令后为分号，则不显示结果；

（2）"％"后面所有文字为注释；

（3）"…"表示续行.

### 4. 常用内部数学函数

常用的数学函数在 MATLAB 中都有相应的命令，部分函数见表 1-5.

表 1-5

| 函数类别 | 函数名 | 功能 |
|---|---|---|
| 指数函数 | exp(x) | 以 e 为底数 |
| 对数函数 | log(x) | 自然对数，即以 e 为底数的对数 |
| | log10(x) | 常用对数，即以 10 为底数的对数 |
| 三角函数<br>（自变量的单位为弧度） | sin(x) | 正弦函数 |
| | cos(x) | 余弦函数 |
| | tan(x) | 正切函数 |
| | cot(x) | 余切函数 |
| | sec(x) | 正割函数 |
| | csc(x) | 余割函数 |

续表

| 函数类别 | 函数名 | 功能 |
|---|---|---|
| 反三角函数 | asin(x) | 反正弦函数 |
| | acos(x) | 反余弦函数 |
| | atan(x) | 反正切函数 |
| | acot(x) | 反余切函数 |
| 取整函数 | ceil(x) | 表示大于或等于实数 x 的最小整数 |
| | floor(x) | 表示小于或等于实数 x 的最大整数 |
| | round(x) | 最接近 x 的整数 |
| 开方函数 | sqrt(x) | 表示 x 的算术平方根 |
| 绝对值函数 | abs(x) | 表示实数的绝对值以及复数的模 |
| 最大、最小函数 | max([a, b, c, ...]) | 求最大数 |
| | min([a, b, c, ...]) | 求最小数 |

**例 2**　用 MATLAB 计算 $y=\dfrac{2\sqrt{3}+\sin\dfrac{\pi}{3}-1}{\tan\dfrac{3\pi}{4}+2}$.

输入命令：

＞＞y = (2 * sqrt(3) + sin(pi/3) - 1)/(tan(3 * pi/4) + 2)

输出结果：

y =

　3.3301

## 四、M 文件

对于比较简单的问题或一次性问题，通过指令窗中直接输入一组指令去求解，也许是比较简便、快捷的. 但是当解决问题所需的指令较多和结构较复杂时，或当一组指令通过改变少量参数就可以被反复使用去解决不同问题时，直接在指令窗中输入指令的方法就显得很烦琐. 这时最好是编写 M 脚本文件来解决.

M 文件是保存一段由 MATLAB 语句构成的程序代码的文件，这是 MATLAB 中最常见的文件保存格式之一. M 文件的扩展名为 *.m.

### 1. M 文件的创建和打开

（1）单击 MATLAB 工作界面上工具栏中的 图标，或选中菜单项〈File＞New＞Script〉，或直接在命令窗口输入命令"edit"，都可以打开空白的 M 文件编辑器.

（2）单击 MATLAB 工作界面上工具栏中的 图标，或选中菜单项〈File＞Open〉，可弹出"Open"文件对话框，在选择所需打开的文件名以后，再单击"Open"键，就可弹出展示相应文件的 M 文件编辑器. 在命令窗口中，把待打开的文件名写在"edit"后，命令运行以后，文件编辑器就打开了该 M 文件.

（3）用鼠标左键双击当前目录窗中所需打开的 M 文件，可直接弹出展示相应文件的 M 文件编辑器.

### 2. 执行 M 文件

选中菜单项〈Debug＞Run＊.m〉，或单击 M 文件编辑器上方工具栏中的 ，或直接按 F5 键.

### 五、MATLAB 作图

强大的图形功能是 MATLAB 的优点之一，它能方便快速地作出各种图，这给我们的工作带来了巨大的便利.

二维图形的绘制是 MATLAB 语言图形处理的基础，MATLAB 最常用的画二维图形的命令是

$$plot(x,y,'s')$$

其中 s 代表曲线的线型或者颜色.

**例 3**　画出函数 $y=\sin x$ 在 $[0，2\pi]$ 内的图形.

在 M 文件编辑窗口中输入命令：

x = linspace(0,2 ＊ pi,30);　　％$[0,2\pi]$生成一组线性等距的数值，

y = sin(x);

plot(x,y)

生成的图形见图 1－25，这是 $[0，2\pi]$ 上 30 个点连成的正弦曲线.

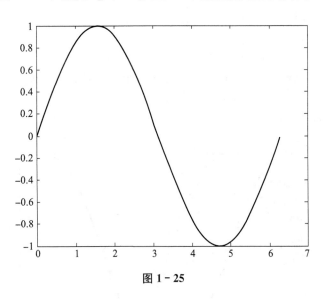

**图 1－25**

在 MATLAB 的绘图窗口中可以同时绘制多条曲线，这时 MATLAB 会自动将不同的曲线用不同的颜色来显示，当然也可以通过改变参数（字符串 's'）的设置来控制曲线的属性，如线型、色彩等. MATLAB 中线型、色彩、点形的允许设置值如表 1－6，表 1－7，表 1－8 所示.

表 1 - 6

| 符号 | 含义 | 符号 | 含义 |
|------|------|------|------|
| - | 实线 | : | 点线 |
| -. | 虚点线 | — | 波折线 |

表 1 - 7

| 符号 | b | c | g | k | m | r | w | y |
|------|---|---|---|---|---|---|---|---|
| 含义 | 蓝 | 青 | 绿 | 黑 | 紫 | 红 | 白 | 黄 |

表 1 - 8

| 符号 | 含义 | 符号 | 含义 | 符号 | 含义 |
|------|------|------|------|------|------|
| + | 十字符 | * | 米字符 | o | 空心圆圈 |
| x | 叉字符 | d | 菱形符 | h | 六角星符 |
| p | 五角星符 | s | 方块符 | v | 朝下三角符 |

**例 4** 作出 $y=\sin x$，$y=\cos x$ 在 $[0，2\pi]$ 内的图形.

在 M 文件编辑窗口中输入命令：

x = 0:pi/15:2 * pi;

y1 = sin(x);

y2 = cos(x);

plot(x,y1,'r: + ',x,y2,'b- * ')　%用红色带十字符的虚线绘制 $y=\sin x$ 的图形，用蓝色带米字符的实线绘制 $y=\cos x$ 的图形.

生成的图形见图 1 - 26.

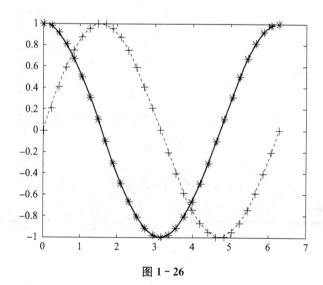

图 1 - 26

## 自己动手（一）

1. 用 MATLAB 计算下列各式的值：

    (1) $y=\lg 5$;      (2) $y=\sin\dfrac{11\pi}{6}$;      (3) $y=\log_2 9$.

2. 用 MATLAB 计算下列各式的值：

    (1) $y=\dfrac{\sqrt{5}+\sin\dfrac{\pi}{2}-0.5}{\cos\pi-2}$;      (2) $y=\dfrac{2\sqrt{2}+\sin\dfrac{\pi}{3}-1}{\tan\dfrac{3\pi}{4}-2}$.

3. 建立函数 $f(x)=2\sin x+\cos 2x$，并求出 $f\left(\dfrac{2\pi}{3}\right)$，$f\left(\dfrac{\pi}{4}\right)$ 的值.

4. 用 MATLAB 作出下列函数的图形：

    (1) $y=x^2-1$, $x\in[-2,2]$;  (2) $y=\log_{\frac{1}{2}}x$, $x\in[0.1,3]$;

    (3) $y=\arccos x$, $x\in[-1,1]$.

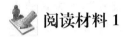 **阅读材料 1**

### 建筑中的数学

    几千年来，数学一直是建筑领域中最为宝贵的工具. 它是建筑设计思想的来源，也是建筑技术的基石. 因此，建筑与数学有着不解之缘，就像混凝土搅拌后砂石与水泥相互黏合那样，你中有我，我中有你. 数学服务于建筑，建筑也离不开数学，建筑艺术因数学科学而美丽，而数学科学也因建筑而生辉. 可想而知，数学在建筑学中占有十分重要的地位.

**一、数学思维为建筑设计拓展了思路，创造了灵感**

    数学美是一种客观存在，是自然美在数学中的反映. 建筑在数学思维的启发下不断发展并为世界创造和谐美. 例如，为建造埃及、墨西哥和尤卡坦的金字塔而计算石块的大小、形状、数量和排列的工作，依靠的是有关直角三角形、正方形、毕达哥拉斯定理、体积和估计的知识；拜占庭时期的建筑师们将正方形、圆、立方体和带拱的半球等概念优雅地组合起来，就像他们在康士坦丁堡的索菲娅教堂里所运用的那样；希腊雅典的巴台农神庙的构造依靠的是利用黄金矩形、视错觉、精密测量和将标准尺寸的柱子切割成呈精确规格（永远使直径成为高度的1/3）的比例知识；埃皮扎夫罗斯古剧场的布局和位置的几何精确性是经过专门计算的，以提高音响效果，并使观众的视域达到最大；圆、半圆、半球和拱顶的创新用法成了罗马建筑师引进并加以完善的主要数学思想；文艺复兴时期的石建筑物，显示了一种在明暗和虚实等方面都堪称精美和文雅的对称……

    影响一个建筑结构的设计有它周围的环境、材料的类型和可得性，以及建筑师所能依靠的智慧和数学能力. 随着新建筑材料的发现，人们利用一些新的数学思想来使这些材料的潜力达到最大. 利用品种繁多的现成建筑材料——石、木、砖、铁、钢、玻璃、混凝土、合成材料（如塑料）、钢筋混凝土等，建筑师们实际上已经能够设计出多种形态的建筑. 建筑技术得到了突飞猛进的发展，无疑与数学有着千丝万缕的联系，而数学的发展显而易见

地为建筑领域注入了新的血液. 一个引人注目的例子
便是旧金山圣母玛利亚大教堂（图 1-27）所用的双曲
抛物面设计，该设计出自 P·A·鲁安、J·李、P·
L·奈维、P·比拉斯奇等人. 在剪彩仪式上，当人们
问到米开朗琪罗（米开朗琪罗是意大利文艺复兴时期
伟大的绘画家、雕塑家、建筑师和诗人，他与拉斐尔
和达·芬奇并称为美术三杰）对于该教堂会怎么想时，
奈维回答道："他不可能想到它，这个设计是来自那时
尚未证明的几何理论."建筑物的顶部是一个 2 135 立

图 1-27

方英尺（1 英尺＝0.304 8 米）的双曲抛物面体的顶阁，楼面的上方有 200 英尺上升的围墙，
由四根巨大的钢筋混凝土塔支撑着，该塔延伸到 94 英尺的地下，每座塔重达九百万磅（1
磅＝0.453 6 千克），墙由 1 680 间钢筋混凝土结构的库房组成，含有 128 种不同的规格，正
方形基础的大小为 255 英尺×255 英尺. 如此复杂的结构，没有数学理论的支撑是不可能实
现的.

数学在建筑设计中得到了充分的运用，使得建筑设计更趋于逻辑、规律，洋溢着有次
序的美感，更彰显了其理性的魅力，可以说数学在人类的建筑史上扮演着无可替代的重
要角色，而在未来，我们有理由相信，数学将用它的智慧在建筑史上创造出新的神话和
奇迹.

## 二、建筑设计中包含的数学元素

### （一）建筑中的几何学

建筑的几何学价值首先表现在简洁美. 几何学的理论基础在于格式塔心理学的视觉简化
规律，简洁产生了重复性，重复演绎出高层建筑的节奏和韵律美，最终形成建筑和谐统一的
审美感受；同时，简洁的形体易于协调，使不同的形体组合具有统一美感.

#### 1. 几何学在建筑中的早期运用

几何学的起源可以追溯到古埃及、古印度和古巴比伦. 早期的几何学是关于长度、角
度、面积和体积的经验法则，用于建筑、测绘、天文和各种工艺制作. 通常认为，几何学是
"geometry"的音译，其词头"geo"是"土地"的意思，词尾"metry"是"测量学"的意
思，合起来即"土地测量学". 可见，建筑学与几何学的关联由来已久.

#### 2. 文艺复兴时期的建筑几何学

到了文艺复兴时期，人们普遍确信建筑学是一门科学，建筑的每一部分，无论是内部还
是外部，都能够被整合到数学比例中. "比例"成为建筑几何学在文艺复兴时期的代名词，
而像心形、圆形、穹顶则是文艺复兴时期建筑的基本形式，只要人们用几何化的形式来诠释
宇宙和谐概念，就无法避免这些形式. 在这一时期，建筑师追求绝对的、永恒的、秩序化的
逻辑，形式的完美取代了功能的意义.

#### 3. 科学改革之后的建筑几何学

17 世纪科学革命所揭示的宇宙是一部数学化的机器. 这一时期法国最重要的建筑理论
家都是科学家，在笛卡尔理性主义精神的引导下，一切问题讨论的基础都以理性为原则，数

学被认为是保证"准确性"和"客观性"的唯一方法. 笛卡尔通过解析几何沟通了代数与几何，蒙日则将平面上的投影联系起来，在《画法几何》中第一次系统地阐述了平面图式空间形体方法，将画法几何提高到科学的水平. 与传统的模拟视觉感受方式不同，画法几何分离了视觉与知识之间的直接联系，赋予建筑以不受个人主观认识影响的客观真实性，时至今日仍然是建筑学交流最重要的媒介.

### （二）建筑中的黄金分割

#### 1. 黄金分割简介

黄金分割是指事物各部分间一定的数学比例关系，即将整体一分为二，较大部分与较小部分之比等于整体与较大部分之比，其比值为 1：0.618 或 1.618：1，即长段为全段的 0.618. 该数字被公认为最具有审美意义的比例数字.

#### 2. 黄金分割在建筑中的运用

世界上最有名的建筑物中几乎都包含"黄金分割比". 例如，法国巴黎圣母院的正面高度和宽度的比例是 8：5，它的每一扇窗户的长宽比例也是如此. "黄金分割律"在线条、面积、体积上的体现比较明显，古希腊人运用得也最多. 希腊建筑上所用的柱子，正如符合"黄金分割律"的人体一样，有着一种节奏性的和谐，柱头和柱身的比例是 1：7. 在立体建筑物方面，如台阶、门窗以及整个建筑的高低比例都符合"黄金分割律"，即 7：1.

而在现代建筑中，许多著名的大建筑师都在他们的设计中运用了"黄金分割比"，如米斯・凡・德洛（Ludwig Mies Van der Rohe，1886—1969）的别墅，勒・柯布西耶（Le Corbusier，1887—1965）的朗香教堂（La chapella de Ronchamp）等. 举世闻名的法国巴黎埃菲尔铁塔、当今世界最高建筑之一的加拿大多伦多电视塔（553.33 米），都是根据黄金分割的原则来建造的. 上海的东方明珠广播电视塔，塔身高达 468 米. 为了美化塔身，设计师巧妙地在上面装置了晶莹耀眼的上球体、下球体和太空舱，既可供游人登高俯瞰地面景色，又使笔直的塔身有了曲线变化. 更妙的是，上球体所选的位置在塔身总高度 5：8 的地方，即从上球体到塔顶的距离，同上球体到地面的距离大约是 5：8，这一符合"黄金分割比"的安排，使塔体挺拔秀美，极具审美效果.

### （三）建筑中的拓扑学

#### 1. 拓扑学——几何学的一门分支

拓扑学是几何学的一个分支，但是又和通常的平面几何、立体几何等欧式几何不同. 我们熟知的欧式几何是研究图形（作为刚体）在运动中的不变性质，即点、线、面、体之间的位置关系、度量性质. 在欧氏几何中，运动只能是刚性运动（平移、旋转、反射），在这种运动中，图形上任意两点间的距离保持不变. 因此，欧氏几何的性质就是在刚性运动中保持不变的性质，即图形的任何刚性运动都丝毫不改变图形的几何性质. 而拓扑几何是研究几何图形在连续改变形状时还能保留不变的一些特点，它只考虑物体之间的位置关系而不考虑它们的距离和大小. 因此，在拓扑中所允许的运动是弹性运动，在运动中无论它的大小或者形状都可以发生变化. 在拓扑学里没有不能弯曲的元素，每一个图形的大小、形状都可以改变. 拓扑学的非线性、不确定性与流动性颠覆了传统笛卡尔体系的稳定性，使得传统的形态等级变得模糊，各形态元素之间的互相依赖得到了加强.

拓扑几何是一种能变形和动态的体系，它允许一个形体在保持不出现撕裂和裂缝的情况下以各种可能的方式接受所有可能的变形，这种连续性变形称为拓扑变形. 将表面进行拓扑折叠而产生不同空间形状和接触面的连续过程，实现了空间之间丰富的联系，使空间形态呈现出连续、弯曲、不确定的特征. 正是由于拓扑几何学形态变化的多维性和复杂性，随着计算机的普及，它可以在建筑、城市、园林等领域得到更广泛的运用.

最典型的拓扑结构模型为：麦比乌斯带（Mobius strips），克莱因瓶（Klein bottle），伯伊曲面（Boy's surface）.

### 2. 拓扑建筑及其典型特征

基于拓扑理论或拓扑设计软件设计的后现代主义建筑称为拓扑建筑，例如西班牙毕尔巴鄂古根海姆博物馆、加拿大的玛丽莲·梦露大厦、哈萨克斯坦国家图书馆、北京凤凰国际传媒中心、上海陆家嘴CBD的"上海中心"、迪拜的"旋转塔"等. 拓扑建筑以"最简单与直接的方式"来组织基本的空间关系，从而呈现出拓扑学的基本组织形式：群集或分区、集中或分散、紧凑或分裂、缝隙或封闭、室外或室内、限制与联系、连续与断裂等有关空间限定与关系的几何学基础议题.

拓扑建筑带有某种程度上的随意、不确定性的构图，在消除层级性的方向上不断开拓空间组织的多样性，并在随意的构图机制中促成潜在的统一秩序.

拓扑建筑典型的特征是，尽管建筑体块有着起伏的周界，形状各自互不相同，但其与传统经典的建筑几何造型有很大的转变——从简单的圆柱、方体、棱柱等体型向自由的、变形虫式的几何形体所转变. 但这些几何形体仍然维系着在原型与变型之间的所谓"拓扑等值"，也称为"拓扑变型".

### 3. 园林中的拓扑学

园林拓扑学研究的是园林空间中所蕴含的拓扑性质，它的研究方法是基于拓扑几何学的，因此，园林中的各个要素会相应地抽象为拓扑几何对象，如点、线、面、体来研究，包括造景的四大要素：建筑、花木、水、山石，以及由四大要素围合而成的园林空间. 在拓扑几何里，它们是作为点的集合存在的，边缘构成了约当曲线，线构成面，面构成体，各对象不仅可以平移、旋转，还可以进行拉伸、收缩、弯曲、扭转、接合、断裂等变化，构成一个复杂的数学模型和空间体系. 从拓扑学角度探讨园林空间的演变形式，可将复杂的形体、空间体系抽象成数学模型，将美学与数学结合，将传统方法与现代思维结合，找到了一种理性的研究方法，拓宽了园林空间的变化幅度，为设计者提供了一种新的设计途径.

## 三、建筑中的数与形——著名建筑赏析

### 1. 希腊雅典的帕特农神庙

帕特农神庙（图1-28）的设计代表了古希腊建筑艺术的最高水平，从外貌看，它气宇非凡，光彩照人，细部加工也精细无比. 帕特农神庙的构造依靠的是黄金矩形、视错觉、精密测量和将标准尺寸的柱子切割成呈精确规格（永远使直径成为高度的1/3）的比例知识. 由于多处符合黄金比，帕特农神庙显得比例匀称，美丽庄严.

### 2. 拜占庭时期的建筑——圣索菲亚大教堂

拜占庭时期的建筑通常由正方形、圆、立方体和带拱的半球等概念组合而成. 其建筑特点是在方形的平面上建立覆盖穹顶，并把重量落在四个独立的支柱上，这对欧洲的建筑发展

是一大贡献．圣索菲亚大教堂（图1-29）是典型的拜占庭式建筑，其堂基与罗马式建筑的一样，呈长方形，但是，中央部分房顶由一巨大圆形穹窿和前后各一个半圆形穹窿组合而成．

图1-28

图1-29

### 3. 按照等差数列排列的宁夏一百零八塔

一百零八塔（图1-30）是中国现存的大型古塔群之一，位于银川市南60千米的青铜峡水库西岸崖壁下，塔群坐西面东，依山临水，该塔建于西夏时期，是喇嘛式实心塔群．佛塔依山势自上而下，按1、3、3、5、5、7、9、11、13、15、17、19的奇数排列成12行，总计108座，形成总体平面呈三角形的巨大塔群．

### 4. 哈萨克斯坦国家图书馆

哈萨克斯坦国家图书馆（图1-31）的设计是将穿越空间与时间的四个世界性经典造型——圆形、环形、拱形和圆顶形——以麦比乌斯带的形式融合在了一起．它拥有环形的清晰明了、圆形大厅的庭院设计、拱形的走廊通道以及蒙古圆顶帐篷般的柔和轮廓，四种建筑原型的结合创造了一个新的兼具地方性和国际性特色，既现代又永恒经典，既独特又具有建筑归属感的全新国家标志性建筑．

图1-30

图1-31

哈萨克斯坦国家图书馆项目负责人托马斯·克里斯托弗森形容道："国家图书馆的设计打破了传统建筑的造型，它让墙壁在不同的角度变化，时而是墙，时而是屋顶，时而成了地板，最后又变成了墙．"

### 5. 北京凤凰国际传媒中心

凤凰国际传媒中心（图1-32）的建筑造型来源于麦比乌斯带，并与不规则的道路方向、转角以及朝阳公园形成和谐的关系．其连续的整体感和柔和的建筑界面和表皮，体现了凤凰传媒的企业文化形象的拓扑关系，而南高北低的体量关系，既为办公空间创造了良好的日照、通风、景观条件，避免了演播空间的光照与噪声问题，又巧妙地避开了对北侧居民住宅的日照遮挡的影响，是一个一举两得的构想．

图1-32

### 6. 广东省星海音乐厅

广东省星海音乐厅（图1-33）雄踞广州珠江之畔风光旖旎的二沙岛，它檐角高翘，造型奇特，充满现代感的双曲抛物面几何体结构雄伟壮观，是一座令人赞赏的艺术殿宇．自北向南斜望，有如一只江边欲飞的天鹅，又如撑起盖面的巨大钢琴，与蓝天碧水浑然一体，形成一道瑰丽的风景线．

### 7. 中国国家大剧院

作为新北京十六景之一的地标性建筑——国家大剧院（图1-34），它的中心建筑为半椭球形钢结构壳体，东西长轴212.2米，南北短轴143.64米，高46.68米，地下最深32.50米，周长达600余米．整个壳体风格简约大气，其表面由18 000多块钛金属板和1 200余块超白透明玻璃共同组成，两种材质经巧妙拼接呈现出唯美的曲线，营造出舞台帷幕徐徐拉开的视觉效果．设计师安德鲁曾说"中国国家大剧院要表达的，就是内在的活力，是在外部宁静笼罩下的内部生机．一个简单的'鸡蛋壳'，里面孕育着生命．这就是我的设计灵魂：外壳、生命和开放．"

图1-33

图1-34

### 8. 数学桥

数学桥（图1-35）是一座位于英国剑桥大学王后学院内康河上的小木桥，数学桥又称牛顿桥．数学桥看上去并不起眼，但关于它的故事却很动听．相传，这座桥是牛顿运用数学和力学原理设计建造的，整座桥上没有使用一根钉子，堪称奇迹．后来，好奇的学生把它拆下来，想看个究竟. 谁知拆下容易，恢复难! 无论他们用什么方法，就是恢复不了原样，连校方也无能为力. 最后，不得不用钉子固定，才重新将木桥架起来.

图 1 - 35

实际上，这座桥是由詹姆斯·小埃塞克斯根据埃斯里奇的设计建造的. 它展示出现代梁桥的雏形，其桥身相邻桁架之间均构成 11.25° 的夹角. 在 18 世纪，这种设计被称为几何结构，所以此桥得名"数学桥".

总之，建筑只有将数与形结合，才更具有神韵. 数学赋予了建筑活力，同时它的美也被建筑表现得淋漓尽致. 当你在欣赏一座跨海大桥时，其实是在不知不觉中惊叹大桥的静定多跨结构中包含的数学和自然融合美的成分. 千百年来，数学已成为设计和构图的无价工具. 它既是建筑设计的智力资源，也是减少试验、消除技术差错的手段. 比例，与比例相关的均衡、尺度，布局的序列都是构成建筑美的要素. 和谐的比例和尺度是建筑结构呈现自然美的基本条件. 比例的均称与平衡，圆形的对称与和谐，曲面的柔软与变幻，总能不断地启发建筑师创造出更具和谐美和雅致美的建筑.

## 数学名人轶事 1

### 自学成才的华罗庚

华罗庚 (1910 年 11 月 12 日—1985 年 6 月 12 日) 在少年时代生活十分艰难，家境贫穷，病魔缠身，学业停止，又无工作. 18 岁时，他到金坛县 (今金坛市) 中学当了一名公务员，负责收发信件、报纸，同时干一些杂事. 这期间，华罗庚染上了可怕的伤寒症，骨瘦如柴. 医生看后对家人说："病得很重，不要服药了，没有什么希望了." 全家沉浸在悲痛之中. 但是奇迹还是发生了，华罗庚竟从死亡线上挣扎了过来. 命是保住了，但他的左腿已变得僵硬强直，他只好拿起手杖一瘸一拐地走路. 有一天，他看到一本数学杂志，知道了有一个发表数学文章的园地. 他撰写了自己的第一篇论文，可是不久论文被退了回来. 退稿的信件上写着："此文算式，外国名家早已释疑，何必劳神." 看到这封字句刻薄的退稿信，华罗庚心中痛苦极了.

华罗庚

也许是在生活道路上受到的挫折太多了，华罗庚有铁一般的意志和不屈的性格. 虽然稿件退了回来，他却没有灰心，他下定决心勇往直前，坚持写论文．论文一篇又一篇地投出去，结果一篇又一篇地被退了回来．

1930 年，上海《科学》杂志终于第一次发表了他的论文．这篇论文向大名鼎鼎的数学家提出了挑战．

一天，著名的数学家清华大学教授熊庆来在办公室内随手翻阅杂志．突然，他的眼光停留在华罗庚写的这篇文章上，看完后，他问别人：“你们知道这个华罗庚是哪个大学的吗？”周围的人一个也答不出来．说来也巧，有一个江苏籍的教师突然想起来了，说：“我弟弟有个同学叫华罗庚，他没念过大学，听说在江苏金坛中学当公务员．”熊庆来教授立刻写了一封热情洋溢的邀请信给华罗庚．可华罗庚苦于没有路费，不得不痛苦地给熊庆来回了信．正当华罗庚苦闷之时，又收到了熊庆来的第二封信，信中说他要不辞辛苦地来金坛．这封信打动了华家每一颗心，华罗庚的父亲向亲友借了一大笔钱，好让华罗庚去北京．

1931 年，华罗庚终于与熊庆来教授在清华大学见面了．熊庆来教授一下子就喜欢上了华罗庚，让华罗庚在系里当一名助理员．华罗庚十分珍惜熊庆来教授给予的机会，努力工作，拼命学习，每天要工作和学习 18 个小时．也许是中学里已养成了自学的良好习惯，到了清华大学，他表现出了出色的自学才能．他抓紧一切可利用的时间，只用了一年半就读完了大学的全部课程，而解决实际问题的能力也超过了大学毕业生．第二年冬季，他被聘为大学教师．

华罗庚，这个出身于贫寒家庭的小学徒，靠自学起家，凭着自己不屈不挠的毅力，加上前辈科学家的关怀，渡过了重重难关，终于成才，站在著名高等学府清华大学的讲台上，成为当代著名的数学家．

# 第二章
# 函数的极限与连续

极限是高等数学研究变量的一个基本工具,它是贯穿高等数学始终的一个重要概念.连续则是函数的一个重要性态.连续函数是高等数学的主要研究对象.本章将介绍函数的极限和函数的连续性等基本概念以及它们的一些重要性质.

## 第一节 函数极限的概念

极限研究的是变量在某一过程中的变化趋势.它是贯穿于高等数学始终的一个重要工具,它不仅是一个非常重要的基本概念,还是一种工具,更是一种方法.它把辩证法中的运动和静止、有限和无限有机地结合起来.高等数学中的其他一些重要概念如微分、积分等,都是用极限来定义的.因此,学习和掌握极限概念和方法十分重要.本节首先讨论数列的极限,然后推广到一般函数的极限.

### 一、数列的极限

极限的概念是为了求得某些实际问题的精确解答而产生的.我们先看两个实际问题.

**例 1** 截棰问题

早在我国春秋时期,极限思想就开始萌芽了.我国古代哲学家庄周所著《庄子·天下篇》中记载着这样一段话:"一尺之棰,日取其半,万世不竭."其意思是说一根一尺长的木棍,每天截取它的一半,虽经万世也取不完.这里我们看到了一个无限变化的过程.在这个过程中,产生了一个变量——木棍的长度,它每天变化为前一天的一半,所以木棍的长度越变越小,我们可以想象,如果无限截取下去,那么其结果就是木棍的长度与常数 0 越来越接近.于是,每日截取后木棍剩余部分的长度就构成了如下的数列:

$$1, \frac{1}{2}, \left(\frac{1}{2}\right)^2, \left(\frac{1}{2}\right)^3, \cdots, \left(\frac{1}{2}\right)^n, \cdots$$

当 $n$ 越来越大时,数列的通项 $\left(\frac{1}{2}\right)^n$ 就越来越接近于常数 0.它表明了这个数列的一种变化趋势.

**例 2** 刘徽割圆术

我国古代数学家刘徽(公元 3 世纪)利用圆内接正多边形来推算圆面积的方法——割圆术,就是极限思想在几何上的应用.

设有一圆，首先作圆的内接正六边形，如图 2-1 所示，其面积为 $A_1$；再作一个内接正十二边形，其面积为 $A_2$；依次作下去，可得圆的内接正 $6\times2^{n-1}$ 边形，其面积为 $A_n$，这样我们得到一个数列 $A_1$，$A_2$，$\cdots$，$A_n$，$\cdots$，随着边数 $n$ 的增加，内接正多边形的面积就越来越接近于圆的面积，即当 $n$ 无限增大时，$A_n$ 就无限趋近于一个定值，这个定值我们可以理解为圆面积的真实值. 若将这一定值称为数列 $\{A_n\}$ 的极限，则圆的内接正 $6\times2^{n-1}$ 边形的面积 $A_n$ 的极限就是圆的面积.

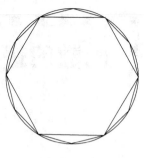

图 2-1

在解决实际问题中逐渐形成的这种极限方法，已经成为高等数学中研究变量的一种基本方法.

从以上两例我们可以看出，有一类数列 $\{A_n\}$，当 $n$ 无限增大时，数列的通项 $A_n$ 有着向某一个确定的常数无限趋近的变化趋势. 这正是我们在研究数列的特点时最关心的问题. 为此，我们首先给出数列极限的定义.

### 1. 数列的概念

如果按照某一法则，有第一个数 $u_1$，第二个数 $u_2$，$\cdots$，这样依次排列着，使得对应着任何一个正整数 $n$ 有一个确定的数 $u_n$，那么，按自然数顺序排成的这一列数

$$u_1,\ u_2,\ u_3,\ \cdots,\ u_n,\ \cdots$$

就叫做**数列**，简记为 $\{u_n\}$.

数列中的每一个数叫做数列的**项**，第 $n$ 项 $u_n$ 叫做数列的**通项**或**一般项**.

例如：

(1) $\dfrac{1}{2}$，$\dfrac{2}{3}$，$\dfrac{3}{4}$，$\cdots$，$\dfrac{n}{n+1}$，$\cdots$

(2) $2$，$4$，$8$，$\cdots$，$2^n$，$\cdots$

(3) $\dfrac{1}{2}$，$\dfrac{1}{4}$，$\dfrac{1}{8}$，$\cdots$，$\dfrac{1}{2^n}$，$\cdots$

(4) $1$，$-1$，$1$，$\cdots$，$(-1)^{n+1}$，$\cdots$

(5) $2$，$\dfrac{1}{2}$，$\dfrac{4}{3}$，$\cdots$，$\dfrac{n+(-1)^{n-1}}{n}$，$\cdots$

都是数列的例子，它们的通项依次为 $\dfrac{n}{n+1}$，$2^n$，$\dfrac{1}{2^n}$，$(-1)^{n+1}$，$\dfrac{n+(-1)^{n-1}}{n}$.

数列 $\{u_n\}$ 也可看作自变量为自然数 $n$ 的函数

$$u_n=f(n)\quad(n=1,\ 2,\ 3,\ \cdots)$$

它的定义域是全体正整数，当自变量 $n$ 依次取正整数 $1$，$2$，$3$，$\cdots$时，对应的函数值就排列成数列 $\{u_n\}$.

在几何上，数列还可以看作是数轴上的一个动点，它依次取数轴上的点 $u_1$，$u_2$，$u_3$，$\cdots$，$u_n$，$\cdots$

对于我们要讨论的问题来说，重要的是：当 $n$ 无限增大（即 $n\to\infty$）时，通项 $u_n=f(n)$ 是否无限接近于某个确定的数值？如果是的话，这个数值等于多少？

## 2. 数列极限的定义

对于我们要研究的问题来说，重要的是，当 $n$ 无限增大（即 $n \to \infty$）时，数列的通项 $u_n$ 的变化趋势，下面观察几个数列：

(1) $u_n = \dfrac{1}{2^{n-1}}$，即 $1$，$\dfrac{1}{2}$，$\dfrac{1}{4}$，$\dfrac{1}{8}$，…，$\dfrac{1}{2^n}$，…（如图 $2-2$（a）所示）

(2) $u_n = \dfrac{n+1}{n}$，即 $\dfrac{1+1}{1}$，$\dfrac{2+1}{2}$，$\dfrac{3+1}{3}$，…，$\dfrac{n+1}{n}$，…（如图 $2-2$（b）所示）

(3) $u_n = (-1)^{n+1}$，即 $1$，$-1$，$1$，$-1$，…，$(-1)^{n+1}$，…（如图 $2-2$（c）所示）

(4) $u_n = 2n+1$，即 $3$，$5$，$7$，…，$2n+1$，…（如图 $2-2$（d）所示）

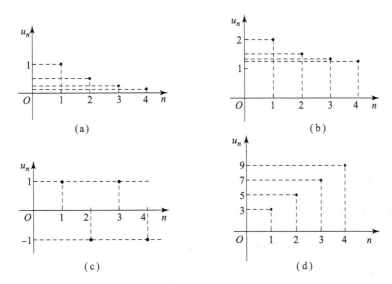

图 $2-2$

观察图 $2-2$ 可得：对于数列（1），当 $n$ 无限增大时，$u_n = \dfrac{1}{2^{n-1}}$ 无限趋近于常数 $0$，即数列（1）以 $0$ 为它的变化趋势；对于数列（2），当 $n$ 无限增大时，$u_n = \dfrac{n+1}{n}$ 无限趋近于常数 $1$，即数列（2）以 $1$ 为它的变化趋势.

当然，并非每个数列在 $n$ 无限增大时都有确定的变化趋势. 如数列（3），其奇数项为 $1$，偶数项为 $-1$，随着 $n$ 的增大，它的项有时等于 $1$，有时等于 $-1$，所以当 $n$ 无限增大时，数列（3）没有确定的变化趋势；数列（4）当 $n$ 无限增大时，$u_n$ 也无限增大，不趋近于任何一个确定的常数.

通过以上四个例子可以看出，当 $n$ 无限增大时，数列的变化趋势只有两种：要么无限趋近于某个确定的常数，要么不趋近于任何确定的常数. 由此我们给出数列极限的定义.

**定义 2.1** 设数列 $\{u_n\}$，如果当 $n$ 无限增大时，通项 $u_n$ 无限趋近于某一确定的常数 $A$，则称常数 $A$ 为**数列** $\{u_n\}$ **当** $n \to \infty$ **时的极限**. 记为：

$$\lim_{n \to \infty} u_n = A \quad \text{或} \quad u_n \to A \quad (n \to \infty)$$

这时也称数列 $\{u_n\}$ **收敛于** $A$. 反之，如果当 $n \to \infty$ 时，$u_n$ 不趋近于任何确定的常数，则称

数列 $\{u_n\}$ 发散.

由定义 2.1 可知，数列（1）的极限为 0，即 $\lim\limits_{n\to\infty}\dfrac{1}{2^{n-1}}=0$；数列（2）的极限为 1，即 $\lim\limits_{n\to\infty}\dfrac{n+1}{n}=1$. 因此，数列（1）、数列（2）都是收敛数列.

数列（3）与数列（4）都不存在极限，因此它们都是发散数列.

**例 3** 观察下列数列的极限：

（1）$u_n=1+\dfrac{(-1)^{n+1}}{n}$；

（2）$u_n=0.99\cdots 9$；

（3）$u_n=\lg n$.

**解** 通过观察以上三个数列，有如下变化趋向：

（1）$\lim\limits_{n\to\infty}u_n=\lim\limits_{n\to\infty}\left[1+\dfrac{(-1)^{n+1}}{n}\right]=1$；

（2）$\lim\limits_{n\to\infty}u_n=\lim\limits_{n\to\infty}0.99\cdots 9=\lim\limits_{n\to\infty}\left(1-\dfrac{1}{10^n}\right)=1$；

（3）由于当 $n$ 无限增大时，数列 $\lg n$ 也无限增大，所以 $u_n=\lg n$ 的极限不存在. 但是它有无限增大的趋势，所以我们也可记为 $\lim\limits_{n\to\infty}\lg n=+\infty$.

## 二、函数的极限

数列是一种特殊的函数，所以数列的极限可看作一种特殊的函数极限. 下面将数列极限的概念推广到一般函数极限的概念.

前面讲到，数列 $u_n=f(n)$ 的极限为 $A$，就是当自变量 $n$ 取正整数且无限增大（即 $n\to\infty$）时，对应的函数值 $f(n)$ 无限接近于确定的常数 $A$. 现在把数列 $f(n)$（$n$ 取自然数）推广到一般函数 $f(x)$（$x$ 取实数），把 $n\to\infty$ 推广到 $x\to\infty$，便得到了当 $x\to\infty$ 时函数极限的一般概念.

### 1. $x\to\infty$ 时函数的极限

考察函数 $f(x)=\dfrac{x}{x+1}$. 从图 2-3 中可以看出，当自变量 $x$ 取正值且无限增大时（记为 $x\to+\infty$）或 $x$ 取负值且绝对值无限增大时（记为 $x\to-\infty$），函数 $f(x)=\dfrac{x}{x+1}$ 无限趋近于常数 1. 此时我们称 1 为当 $x\to+\infty$（或 $x\to-\infty$）时函数 $f(x)=\dfrac{x}{x+1}$ 的极限.

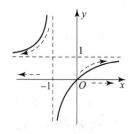

图 2-3

一般地，有如下定义：

**定义 2.2** 如果当自变量 $x$ 取正值且无限增大时，函数 $f(x)$ 无限趋近于某个确定的常数 $A$，则称常数 $A$ 为函数 $f(x)$ 当 $x\to+\infty$ 时的极限，记为

$$\lim\limits_{x\to+\infty}f(x)=A \quad 或 \quad f(x)\to A \quad (x\to+\infty)$$

例如，因为当 $x \to +\infty$ 时函数 $f(x) = \dfrac{1}{2^x}$ 无限趋近于常数 $0$，所以 $\lim\limits_{x \to +\infty} \dfrac{1}{2^x} = 0$.

**注意**　$x \to +\infty$ 时，$f(x)$ 的极限只与自变量 $x$ 在 $x$ 轴的正向无穷远处函数的变化趋势有关，而与 $x$ 在任何有限值处的函数值无关.

**定义 2.3**　如果当自变量 $x$ 取负值且绝对值无限增大时，函数 $f(x)$ 无限趋近于某个确定的常数 $A$，则称常数 $A$ 为函数 $f(x)$ **当 $x \to -\infty$ 时的极限**，记为

$$\lim_{x \to -\infty} f(x) = A \quad \text{或} \quad f(x) \to A \quad (x \to -\infty)$$

例如，因为当 $x \to -\infty$ 时函数 $f(x) = 2^x$ 无限趋近于常数 $0$，所以 $\lim\limits_{x \to -\infty} 2^x = 0$.

**注意**　$x \to -\infty$ 时，$f(x)$ 的极限只与自变量 $x$ 在 $x$ 轴的负向无穷远处函数的变化趋势有关，而与 $x$ 在任何有限值处的函数值无关.

综合上述两个定义可得 $x \to \infty$ 时函数极限的定义.

**定义 2.4**　如果当 $x \to +\infty$ 时，函数 $f(x)$ 的极限为 $A$，且 $x \to -\infty$ 时，函数 $f(x)$ 的极限也为 $A$，则称当 $x \to \infty$ 时，函数 $f(x)$ 的极限为 $A$，记为

$$\lim_{x \to \infty} f(x) = A \quad \text{或} \quad f(x) \to A \quad (x \to \infty).$$

**定理 2.1**　当 $x \to \infty$ 时，函数 $f(x)$ 的极限存在的充分必要条件是当 $x \to +\infty$ 时和当 $x \to -\infty$ 时函数 $f(x)$ 的极限都存在而且相等，即

$$\lim_{x \to \infty} f(x) = A \iff \lim_{x \to +\infty} f(x) = \lim_{x \to -\infty} f(x) = A.$$

**注意**　$x \to \infty$ 时，$f(x)$ 的极限只与自变量 $x$ 在 $x$ 轴的正、负两个方向上无穷远处函数的变化趋势有关，而与 $x$ 在任何有限值处的函数值无关.

由上面的讨论可知 $\lim\limits_{x \to \infty} \dfrac{x}{x+1} = 1$.

下面讨论函数 $y = \arctan x$ 当 $x \to +\infty$ 和 $x \to -\infty$ 时的变化趋势.

由图 2-4 可以看出，当 $x \to +\infty$ 时，$y = \arctan x$ 无限趋近

于 $\dfrac{\pi}{2}$；当 $x \to -\infty$ 时，$y = \arctan x$ 无限趋近于 $-\dfrac{\pi}{2}$，即

$$\lim_{x \to +\infty} \arctan x = \frac{\pi}{2}; \quad \lim_{x \to -\infty} \arctan x = -\frac{\pi}{2}$$

下面列出一些常见函数在 $x \to \infty$ 时的极限.

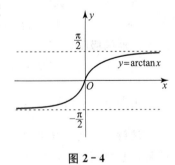

图 2-4

(1) $\lim\limits_{x \to \infty} \dfrac{1}{x} = 0$；

(2) $\lim\limits_{n \to \infty} q^n = 0 \ (|q| < 1)$；

(3) $\lim\limits_{n \to \infty} \sqrt[n]{a} = 1 \ (a > 0)$；

(4) $\lim\limits_{x \to +\infty} a^x = \begin{cases} +\infty & a > 1 \\ 0 & 0 < a < 1 \end{cases}, \quad \lim\limits_{x \to -\infty} a^x = \begin{cases} 0 & a > 1 \\ +\infty & 0 < a < 1 \end{cases};$

(5) $\lim\limits_{x \to +\infty} \log_a x = \begin{cases} +\infty & a > 1 \\ -\infty & 0 < a < 1 \end{cases};$

(6) $\lim\limits_{x \to \infty} \sin x, \ \lim\limits_{x \to \infty} \cos x$ 极限不存在.

**2. $x \to x_0$ 时函数的极限**

上面介绍了当自变量趋于无穷大时函数的极限，下面讨论当自变量 $x$ 趋近于有限值 $x_0$（记为 $x \to x_0$）时函数的变化趋势.

应当注意到，在一条数轴上，自变量 $x$ 向定点 $x_0$ 趋近有左右两个方向.

符号 $x \to x_0$ 是指 $x$ 取异于 $x_0$ 的实数从 $x_0$ 的两侧向 $x_0$ 无限接近.

符号 $x \to x_0^+$ 是指 $x$ 取异于 $x_0$ 的实数从 $x_0$ 的右侧（$x > x_0$）向 $x_0$ 无限接近.

符号 $x \to x_0^-$ 是指 $x$ 取异于 $x_0$ 的实数从 $x_0$ 的左侧（$x < x_0$）向 $x_0$ 无限接近.

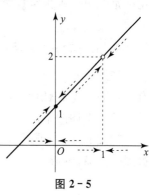

图 2 - 5

考察函数 $f(x) = \dfrac{x^2 - 1}{x - 1}$. 从图 2 - 5 和表 2 - 1 中可以看出，当 $x = 1$ 时，函数无定义，但当 $x \to 1$ 时，函数 $f(x) = \dfrac{x^2 - 1}{x - 1}$ 的值无限趋近于常数 2；又当 $x = 0$ 时函数有定义，且当 $x \to 0$ 时，函数 $f(x) = \dfrac{x^2 - 1}{x - 1}$ 的值无限趋近于常数 1.

可以看出，函数在某点是否有极限与函数在该点是否有定义无关.

表 2 - 1

| $x$ | 0.5 | 0.75 | 0.9 | 0.99 | 0.999 9 | $\cdots$ | 1.000 001 | 1.03 | 1.25 | 1.5 |
|---|---|---|---|---|---|---|---|---|---|---|
| $f(x) = \dfrac{x^2 - 1}{x - 1}$ | 1.5 | 1.75 | 1.9 | 1.99 | 1.999 9 | $\cdots$ | 2.000 001 | 2.03 | 2.25 | 2.5 |

**定义 2.5** 设函数 $f(x)$ 在 $x_0$ 的某邻域内有定义（$x_0$ 可以除外），若当自变量 $x$ 趋近于 $x_0$（$x$ 不等于 $x_0$）时，函数 $f(x)$ 无限趋近于某个确定的常数 $A$，则称 $A$ 为函数 $f(x)$ 当 $x \to x_0$ 时的极限，记为

$$\lim_{x \to x_0} f(x) = A \quad \text{或} \quad f(x) \to A \quad (x \to x_0)$$

由定义 2.5 可知：$\lim\limits_{x \to 1} \dfrac{x^2 - 1}{x - 1} = 2$；$\lim\limits_{x \to 0} \dfrac{x^2 - 1}{x - 1} = 1$.

**注意** 定义 2.5 中 "$x \to x_0$ 但 $x \neq x_0$" 的意义在于，我们研究当 $x \to x_0$ 时 $f(x)$ 的变化趋势，是研究 $f(x)$ 在点 $x_0$ 左右近旁的变化趋势，而不是在 $x_0$ 这一点的情况. 因此，$f(x)$ 在 $x \to x_0$ 时的极限是否存在，与 $f(x)$ 在点 $x_0$ 处有无定义以及在点 $x_0$ 处函数值的大小无关.

在讨论 $x \to x_0$ 时函数 $f(x)$ 的极限问题时，有时需要将 $x$ 的取值范围限制在 $x_0$ 的左侧或右侧，这样就有了函数单侧极限的概念.

**定义 2.6** 设函数 $f(x)$ 在 $x_0$ 的左侧附近有定义（$x_0$ 可以除外），若当自变量 $x$ 从 $x_0$ 的左侧（即 $x < x_0$）趋近于 $x_0$ 时，函数 $f(x)$ 无限趋近于某个确定的常数 $A$，则称 $A$ 为函数 $f(x)$ 在 $x_0$ 处的左极限，记为 $f(x_0 - 0)$，即

$$f(x_0 - 0) = \lim_{x \to x_0^-} f(x) = A \quad \text{或} \quad f(x) \to A \quad (x \to x_0^-)$$

**定义 2.7** 设函数 $f(x)$ 在 $x_0$ 的右侧附近有定义（$x_0$ 可以除外），若当自变量 $x$ 从 $x_0$ 的右侧（即 $x > x_0$）趋近于 $x_0$ 时，函数 $f(x)$ 无限趋近于某个确定的常数 $A$，则称 $A$ 为**函数 $f(x)$ 在 $x_0$ 处的右极限**，记为 $f(x_0 + 0)$，即

$$f(x_0 + 0) = \lim_{x \to x_0^+} f(x) = A \quad \text{或} \quad f(x) \to A \quad (x \to x_0^+)$$

左右极限统称为**单侧极限**.

显然，函数的左、右极限与函数的极限有如下关系：

**定理 2.7** 当 $x \to x_0$ 时，函数 $f(x)$ 的极限存在的充分必要条件是函数 $f(x)$ 在 $x_0$ 处的左右极限都存在且相等，即

$$\lim_{x \to x_0} f(x) = A \iff \lim_{x \to x_0^-} f(x) = \lim_{x \to x_0^+} f(x) = A$$

该定理常用来讨论分段函数在分段点处的极限是否存在.

**例 4** 判断函数 $f(x) = \begin{cases} x - 1 & x < 0 \\ 0 & x = 0 \\ x + 1 & x > 0 \end{cases}$ 当 $x \to 0$ 时是否有极限.

**解** 函数图形如图 2-6 所示. 由图可以看出：

$$\lim_{x \to 0^+} f(x) = \lim_{x \to 0^+} (x + 1) = 1$$
$$\lim_{x \to 0^-} f(x) = \lim_{x \to 0^-} (x - 1) = -1$$

因为 $\lim\limits_{x \to 0^+} f(x) \neq \lim\limits_{x \to 0^-} f(x)$，所以 $\lim\limits_{x \to 0} f(x)$ 不存在.

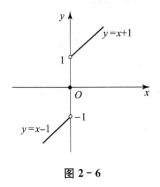

图 2-6

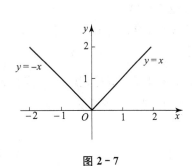

图 2-7

**例 5** 设函数 $f(x) = \begin{cases} x & x \geq 0 \\ -x & x < 0 \end{cases}$，讨论 $\lim\limits_{x \to 0} f(x)$.

**解** 由图 2-7 可以看出：

$$\lim_{x \to 0^+} f(x) = \lim_{x \to 0^+} x = 0; \quad \lim_{x \to 0^-} f(x) = \lim_{x \to 0^-} (-x) = 0$$

因为 $\lim\limits_{x \to 0^+} f(x) = \lim\limits_{x \to 0^-} f(x) = 0$，所以 $\lim\limits_{x \to 0} f(x) = 0$.

**例 6** 设函数 $f(x) = \begin{cases} x + 1 & x < 0 \\ 1 & x = 0 \\ \dfrac{1}{x} & x > 0 \end{cases}$，讨论 $\lim\limits_{x \to 0} f(x)$.

**解** 由图 2-8 可以看出：

$$\lim_{x \to 0^+} f(x) = \lim_{x \to 0^+} \frac{1}{x} = +\infty; \quad \lim_{x \to 0^-} f(x) = \lim_{x \to 0^-} (x+1) = 1$$

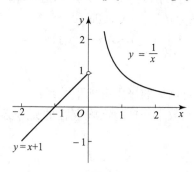

图 2 - 8

因为 $\lim\limits_{x \to 0^+} f(x)$ 不存在，且 $\lim\limits_{x \to 0^+} f(x) \neq \lim\limits_{x \to 0^-} f(x)$，所以 $\lim\limits_{x \to 0} f(x)$ 不存在.

上面给出的数列极限和函数极限的定义，其本质可以概括为：若变量 $y$ 在某一变化过程中无限趋近于一个确定的常数 $A$，则称该变量以 $A$ 为极限.

### 三、极限的性质

**定理 2.3（唯一性定理）** 若函数 $f(x)$ 在自变量的某一变化过程中存在极限，则其极限必是唯一的.

**定理 2.4（局部有界性定理）** 若函数 $f(x)$ 当 $x \to x_0$ 时极限存在，则 $f(x)$ 在 $x_0$ 的某去心邻域内有界.

**定理 2.5（夹逼定理）** 若对于 $x_0$ 的某去心邻域内的所有 $x$，都有 $h(x) \leqslant f(x) \leqslant g(x)$，且 $\lim\limits_{x \to x_0} h(x) = \lim\limits_{x \to x_0} g(x) = A$，则 $\lim\limits_{x \to x_0} f(x) = A$.

**定理 2.6（局部保号定理）** 若在 $x_0$ 的某去心邻域内有 $f(x) \geqslant 0$（或 $f(x) \leqslant 0$），且 $\lim\limits_{x \to x_0} f(x) = A$，则 $A \geqslant 0$（或 $A \leqslant 0$）.

## 习题 2 - 1

1. 判断下列数列的敛散性：

(1) $u_n = \dfrac{n}{n+1}$;

(2) $u_n = (-1)^n n$;

(3) $u_n = 2 + \dfrac{1}{n^2}$;

(4) $u_n = \dfrac{3n+1}{4n-2}$;

(5) $u_n = \dfrac{1}{2^n}$;

(6) $u_n = \cos n$.

2. 当 $x \to 0$ 时，观察分析下列函数的极限是否存在：

(1) $f(x) = x^2$;

(2) $f(x) = \dfrac{1}{x}$;

(3) $f(x) = e^x$;

(4) $f(x) = \ln x \ (x \to 0^+)$.

3. 作出下列分段函数的图形，并求分段点处的左、右极限，据此讨论分段点处的极限是否存在？

(1) $f(x)=\begin{cases} x+4 & x<1 \\ 2x-1 & x\geqslant1 \end{cases}$；

(2) $f(x)=\begin{cases} x^2 & 0<x\leqslant1 \\ 1 & 1<x<2 \end{cases}$；

(3) $f(x)=\begin{cases} 1-x & 0\leqslant x<1 \\ 1 & x=1 \\ 3-x & 1<x\leqslant2 \end{cases}$；

(4) $f(x)=\dfrac{|x|}{x}$.

# 第二节 无穷小与无穷大

无穷小量和无穷大量是两类特殊的有着非常重要作用的变量.

## 一、无穷小量

**定义 2.8** 在自变量的某一变化过程中以 0 为极限的函数或变量称为该变化过程中的**无穷小量**，简称**无穷小**.

例如，由于 $\lim\limits_{x\to1}(x-1)=0$，故称 $x-1$ 是当 $x\to1$ 时的无穷小；又如，由于 $\lim\limits_{x\to\infty}\dfrac{1}{x}=0$，故 $\dfrac{1}{x}$ 是当 $x\to\infty$ 时的无穷小.

对于无穷小的理解，应当注意：

(1) 无穷小不是一个常量，不要将无穷小与一个很小的常数混为一谈；

(2) 无穷小是一个变量，是一种以 0 为极限的变量，即绝对值无限减小的变量；

(3) 无穷小描述的是变量的变化状态，而不是量的大小；

(4) 无穷小不是 0，但 0 是唯一可以看作无穷小的数，这是因为如果 $f(x)\equiv0$，则 $\lim f(x)=0$.

(5) 无穷小必须以自变量的某一变化趋势为前提，如当 $x\to1$ 时，$x-1$ 为无穷小，而当 $x\to2$ 时，$x-1$ 却不为无穷小.

无穷小有下列几个性质：

**性质 1** 有限个无穷小的代数和仍是无穷小.

**性质 2** 有限个无穷小的乘积仍是无穷小.

**性质 3** 无穷小与有界函数的乘积仍是无穷小.

**推论** 常数与无穷小的乘积仍是无穷小.

**注意** 性质 1、2 中的条件"有限"是很重要的，无限个无穷小的代数和不一定是无穷小.

例如，当 $n\to\infty$ 时，$\dfrac{1}{n^2}+\dfrac{2}{n^2}+\cdots+\dfrac{n}{n^2}$ 是无限项之和，且每一项都是无穷小，所以它是无限个无穷小之和的极限. 然而，

$$\lim_{n\to\infty}\left(\frac{1}{n^2}+\frac{2}{n^2}+\cdots+\frac{n}{n^2}\right)=\lim_{n\to\infty}\frac{1+2+\cdots+n}{n^2}=\lim_{n\to\infty}\frac{\dfrac{1}{2}n(n+1)}{n^2}=\frac{1}{2}$$

所以当 $n \to \infty$ 时，$\dfrac{1}{n^2} + \dfrac{2}{n^2} + \cdots + \dfrac{n}{n^2}$ 不是无穷小.

性质 3 非常重要，经常用于求以下这一类函数的极限.

**例 1**　求 $\lim\limits_{x \to 0} x \sin \dfrac{1}{x}$

**解**　当 $x \to 0$ 时，$\dfrac{1}{x} \to \infty$，$\sin \dfrac{1}{x}$ 极限不存在，但是 $\left| \sin \dfrac{1}{x} \right| \leqslant 1$，即 $\sin \dfrac{1}{x}$ 是一个有界变量；而 $\lim\limits_{x \to 0} x = 0$，所以 $x$ 是无穷小量，于是，$\lim\limits_{x \to 0} x \sin \dfrac{1}{x} = 0$.

**例 2**　求 $\lim\limits_{x \to +\infty} \dfrac{x \cos x}{\sqrt{1 + x^3}}$

**解**　因为当 $x \to +\infty$ 时，$\cos x$ 极限不存在，注意到 $\cos x$ 有界（因为 $|\cos x| \leqslant 1$），又

$$\lim_{x \to +\infty} \frac{x}{\sqrt{1 + x^3}} = \lim_{x \to +\infty} \frac{1}{\sqrt{x + \dfrac{1}{x^2}}} = 0$$

根据有界变量与无穷小的乘积仍是无穷小的性质，得

$$\lim_{x \to +\infty} \frac{x \cos x}{\sqrt{1 + x^3}} = \lim_{x \to +\infty} \frac{x}{\sqrt{1 + x^3}} \cos x = 0$$

下面说明无穷小与函数极限的关系.

设 $\lim\limits_{x \to x_0} f(x) = A$，即 $x \to x_0$ 时，函数 $f(x) \to A$，那么 $f(x) - A \to 0$，若记 $\alpha(x) = f(x) - A$，则 $\alpha(x)$ 为无穷小量，这时，$f(x) = A + \alpha(x)$，于是有：

**定理 2.8（极限与无穷小量的关系）**　在自变量 $x$ 的某一变化过程中，函数 $f(x)$ 以 $A$ 为极限的充要条件是 $f(x)$ 可以表示为常数 $A$ 与一个无穷小之和. 即

$$f(x) = A + \alpha(x)$$

其中 $\alpha(x)$ 为无穷小.

## 二、无穷大量

**定义 2.9**　在自变量 $x$ 的某一变化过程中，如果函数 $f(x)$ 的绝对值无限增大，则称 $f(x)$ 为该变化过程中的**无穷大量**，简称**无穷大**，记为

$$\lim f(x) = \infty \quad （或 f(x) \to \infty）$$

例如，当 $x \to \infty$ 时，$f(x) = x^2 \to \infty$，故 $f(x) = x^2$ 是当 $x \to \infty$ 时的无穷大.

对于无穷大的理解，应当注意以下几点：

（1）无穷大必须以自变量的某一变化过程为前提. 例如，当 $x \to 1$ 时，函数 $f(x) = \dfrac{1}{x-1}$ 是无穷大，而当 $x \to \infty$ 时，函数 $f(x) = \dfrac{1}{x-1}$ 是无穷小.

（2）无穷大是绝对值无限增大的变量，而非绝对值很大的数（如一千万、一亿等）.

（3）无穷大是无界函数，而无界函数不一定是无穷大. 例如，当 $x \to \infty$ 时，$x \sin x$ 是无界函数，但不是无穷大.

（4）如果函数 $f(x)$ 是某一变化过程中的无穷大，则按照函数极限的定义，其极限是不

存在的，但是为了便于叙述函数的这一性态，我们也说"函数 $f(x)$ 的极限是无穷大".

有时判断一个函数是否为无穷大比较困难，这时可以应用无穷大与无穷小的关系进行判断．无穷大与无穷小有如下的关系：

**定理 2.9**　在自变量 $x$ 的同一变化过程中，若 $f(x)$ 为无穷大，则 $\dfrac{1}{f(x)}$ 为无穷小；反之，若 $f(x)$ 为无穷小，且 $f(x)\neq 0$，则 $\dfrac{1}{f(x)}$ 为无穷大．

例如，$\lim\limits_{x\to+\infty}\mathrm{e}^x=+\infty$，而 $\lim\limits_{x\to+\infty}\dfrac{1}{\mathrm{e}^x}=0$；$\lim\limits_{x\to\infty}\dfrac{1}{1+x}=0$，而 $\lim\limits_{x\to\infty}(x+1)=\infty$.

## 习题 2 - 2

1. 下列各题中哪些是无穷小量，哪些是无穷大量？

(1) $100x^2$ $(x\to 0)$；

(2) $\mathrm{e}^{-x}$ $(x\to+\infty)$；

(3) $\sin\dfrac{1}{x}$ $(x\to\infty)$；

(4) $\dfrac{x+1}{x-1}$ $(x\to 1)$；

(5) $\dfrac{2}{\sqrt{x}}$ $(x\to 0^+)$；

(6) $\dfrac{1+(-1)^n}{n}$ $(n\to\infty)$.

2. 利用无穷小的性质求下列极限：

(1) $\lim\limits_{x\to\infty}\dfrac{\arctan x}{x}$；

(2) $\lim\limits_{x\to 0}x^2\cos\dfrac{1}{x}$；

(3) $\lim\limits_{x\to\frac{\pi}{3}}\left(x-\dfrac{\pi}{3}\right)\cos\left(x-\dfrac{\pi}{3}\right)$；

(4) $\lim\limits_{x\to\infty}\dfrac{\cos x}{x}$.

# 第三节　极限的运算

极限的运算是本课程的基本运算之一，也是本章的重点．极限运算包含的类型多、技巧性强，对基本方法要求熟练掌握．

下面就 $x\to x_0$ 时函数极限的情况给出四则运算法则，这些运算法则也适用于当 $x\to\infty$，$x\to-\infty$，$x\to+\infty$，$x\to x_0^-$，$x\to x_0^+$ 时的函数极限以及 $n\to\infty$ 时的数列极限的情形．

## 一、极限的运算法则

**定理 2.10**　若 $\lim\limits_{x\to x_0}f(x)=A$，$\lim\limits_{x\to x_0}g(x)=B$，则

(1) $\lim\limits_{x\to x_0}[f(x)\pm g(x)]=\lim\limits_{x\to x_0}f(x)\pm\lim\limits_{x\to x_0}g(x)=A\pm B$；

(2) $\lim\limits_{x\to x_0}[f(x)\cdot g(x)]=\lim\limits_{x\to x_0}f(x)\cdot\lim\limits_{x\to x_0}g(x)=A\cdot B$；

(3) $\lim\limits_{x\to x_0}\dfrac{f(x)}{g(x)}=\dfrac{\lim\limits_{x\to x_0}f(x)}{\lim\limits_{x\to x_0}g(x)}=\dfrac{A}{B}$ $(B\neq 0)$.

定理中的（1）、（2）可推广到有限多个函数的情形.

特别地，

(1) $\lim\limits_{x \to x_0} cf(x) = c \lim\limits_{x \to x_0} f(x) = cA$　（$c$ 为常数）；

(2) $\lim\limits_{x \to x_0} [f(x)]^n = [\lim\limits_{x \to x_0} f(x)]^n = A^n$；

(3) $\lim\limits_{x \to x_0} [f(x)]^{\frac{1}{n}} = [\lim\limits_{x \to x_0} f(x)]^{\frac{1}{n}} = A^{\frac{1}{n}}$　（$n$ 为正整数）.

## 二、极限的运算方法

### （一）直接代入法

**例 1**　求 $\lim\limits_{x \to 1} (3x^2 + 2x - 1)$.

**解**　$\lim\limits_{x \to 1} (3x^2 + 2x - 1) = \lim\limits_{x \to 1} 3x^2 + \lim\limits_{x \to 1} 2x - \lim\limits_{x \to 1} 1$
$$= 3\lim\limits_{x \to 1} x^2 + 2\lim\limits_{x \to 1} x - \lim\limits_{x \to 1} 1 = 3 + 2 - 1 = 4.$$

**例 2**　求 $\lim\limits_{x \to 2} \dfrac{x^3 - 1}{x^2 - 5x + 3}$

**解**　$\lim\limits_{x \to 2} \dfrac{x^3 - 1}{x^2 - 5x + 3} = \dfrac{\lim\limits_{x \to 2} (x^3 - 1)}{\lim\limits_{x \to 2} (x^2 - 5x + 3)} = \dfrac{2^3 - 1}{2^2 - 5 \times 2 + 3} = -\dfrac{7}{3}$.

**例 3**　求 $\lim\limits_{x \to x_0} \cos x$.

**解**　$\lim\limits_{x \to x_0} \cos x = \cos x_0$.

从以上三例可以得到如下结论：

(1) $\lim\limits_{x \to x_0} x = x_0$；

(2) 如果函数 $f(x)$ 为多项式，则 $\lim\limits_{x \to x_0} f(x) = f(x_0)$；

(3) 对于有理（分式）函数 $F(x) = \dfrac{P(x)}{Q(x)}$，其中 $P(x)$，$Q(x)$ 都是多项式，由于

$$\lim\limits_{x \to x_0} P(x) = P(x_0), \quad \lim\limits_{x \to x_0} Q(x) = Q(x_0)$$

如果 $Q(x_0) \neq 0$，则

$$\lim\limits_{x \to x_0} F(x) = \lim\limits_{x \to x_0} \frac{P(x)}{Q(x)} = \frac{\lim\limits_{x \to x_0} P(x)}{\lim\limits_{x \to x_0} Q(x)} = \frac{P(x_0)}{Q(x_0)} = F(x_0)$$

以上这种求函数的极限的方法就好像求函数值一样，这种方法叫做**直接代入法**. 事实上，对于初等函数，在其定义域内，函数图像都是一条连续不断的曲线，我们可以观察到，这些点处的极限值与函数值是一样的.

### （二）未定式的极限

当 $x \to x_0$（或 $x \to \infty$）时，如果函数 $f(x)$，$g(x)$ 都趋近于零或都趋近于无穷大，则

$\lim\limits_{\substack{x \to x_0 \\ (x \to \infty)}} \dfrac{f(x)}{g(x)}$ 可能存在也可能不存在，通常称这两类极限分别为 $\dfrac{0}{0}$ 型或 $\dfrac{\infty}{\infty}$ 型未定式. $\dfrac{0}{0}$ 型或 $\dfrac{\infty}{\infty}$

型未定式是不能直接利用极限的四则运算法则来求解的，下面介绍处理这两类极限的特殊方法.

### 1. 可消去零因子的 $\dfrac{0}{0}$ 型

**例 4** 求 $\lim\limits_{x \to 3} \dfrac{x-3}{x^2-9}$.

**分析** 当 $x \to 3$ 时，分子及分母的极限都为零，因此，这是 $\dfrac{0}{0}$ 型未定式的极限，不能直接应用定理 1 中商的极限运算法则. 这时我们发现，分子及分母有公因式 $x-3$，且 $\lim\limits_{x \to 3}(x-3)=0$，我们把因式 $x-3$ 称为当 $x \to 3$ 时的零因子，但当 $x \to 3$ 时，$x \neq 3$，即 $x-3 \neq 0$，可见，零因子 $x-3$ 是指当 $x \to 3$ 时的极限为 0，而不是函数值为 0，所以，分子分母可以约掉零因子 $x-3$，然后再用直接代入法计算极限.

**解** $\lim\limits_{x \to 3} \dfrac{x-3}{x^2-9} = \lim\limits_{x \to 3} \dfrac{x-3}{(x+3)(x-3)} = \lim\limits_{x \to 3} \dfrac{1}{x+3} = \dfrac{1}{6}$.

**例 5** 求 $\lim\limits_{x \to 1} \dfrac{x-1}{\sqrt{x}-1}$.

**解** 这是 $\dfrac{0}{0}$ 型未定式的极限，可将其分母有理化以后，约去零因子，再计算极限.

$$\lim\limits_{x \to 1} \dfrac{x-1}{\sqrt{x}-1} = \lim\limits_{x \to 1} \dfrac{(x-1)(\sqrt{x}+1)}{(\sqrt{x}-1)(\sqrt{x}+1)} = \lim\limits_{x \to 1} \dfrac{(x-1)(\sqrt{x}+1)}{x-1} = \lim\limits_{x \to 1}(\sqrt{x}+1) = 2.$$

**例 6** 求 $\lim\limits_{x \to 1}\left(\dfrac{1}{x-1} - \dfrac{3}{x^3-1}\right)$.

**分析** 当 $x \to 1$ 时，此题型是 $\infty-\infty$ 型未定式的极限，不能直接应用极限的运算法则. 可以先通分，然后约去零因子 $x-1$，再进行计算.

**解** $\lim\limits_{x \to 1}\left(\dfrac{1}{x-1} - \dfrac{3}{x^3-1}\right) = \lim\limits_{x \to 1} \dfrac{x^2+x-2}{x^3-1} = \lim\limits_{x \to 1} \dfrac{(x-1)(x+2)}{(x-1)(x^2+x+1)}$

$$= \lim\limits_{x \to 1} \dfrac{x+2}{x^2+x+1} = 1.$$

**例 7** 求 $\lim\limits_{x \to 1} \dfrac{2x-3}{x^2-5x+4}$.

**解** 因为 $\lim\limits_{x \to 1}(x^2-5x+4)=0$，所以分母是无穷小量，而分子的极限 $\lim\limits_{x \to 1}(2x-3)=-1 \neq 0$，根据无穷大与无穷小的关系得 $\lim\limits_{x \to 1} \dfrac{2x-3}{x^2-5x+4} = \infty$.

以后，若遇到极限形式为 $\dfrac{a}{0}$（$a$ 为实数，且 $a \neq 0$），则其极限都记为 $\infty$.

**例 8** 求 $\lim\limits_{h \to 0} \dfrac{(x+h)^3-x^3}{h}$.

**解** 当 $h \to 0$ 时，这是 $\dfrac{0}{0}$ 型未定式的极限，同时还应注意这里的变量是 $h$ 而非 $x$，所以，应暂时把 $x$ 看作常量.

$$\lim_{h\to 0}\frac{(x+h)^3-x^3}{h}=\lim_{h\to 0}\frac{3x^2h+3xh^2+h^3}{h}=\lim_{h\to 0}(3x^2+3xh+h^2)=3x^2.$$

**2. 有理函数的 $\frac{\infty}{\infty}$ 型**

**例 9**　求下列函数的极限：

(1) $\lim\limits_{x\to\infty}\dfrac{3x^3+x^2+2}{7x^3+5x^2-3}$;

(2) $\lim\limits_{x\to\infty}\dfrac{3x^2-2x-1}{2x^3-x^2+5}$;

(3) $\lim\limits_{x\to\infty}\dfrac{2x^3-x^2+5}{3x^2-2x-1}$.

**分析**　当 $x\to\infty$ 时，它们的分子与分母都趋近于 $\infty$，即它们是 $\dfrac{\infty}{\infty}$ 型未定式的极限，所以不能用商的极限运算法则来计算. 这时应注意到 $\lim\limits_{x\to\infty}\dfrac{1}{x}=0$，可以把无穷大（极限不存在）与无穷小（极限存在为 0）有机地结合起来，将分子、分母同时除以 $x$ 的最高次幂，将分式恒等变形后再来计算.

**解**　(1) $\lim\limits_{x\to\infty}\dfrac{3x^3+x^2+2}{7x^3+5x^2-3}=\lim\limits_{x\to\infty}\dfrac{3+\dfrac{1}{x}+\dfrac{2}{x^3}}{7+\dfrac{5}{x}-\dfrac{3}{x^3}}=\dfrac{3}{7}$;

(2) $\lim\limits_{x\to\infty}\dfrac{3x^2-2x-1}{2x^3-x^2+5}=\lim\limits_{x\to\infty}\dfrac{\dfrac{3}{x}-\dfrac{2}{x^2}-\dfrac{1}{x^3}}{2-\dfrac{1}{x}+\dfrac{5}{x^3}}=\dfrac{0}{2}=0$;

(3) 因为 $\lim\limits_{x\to\infty}\dfrac{2x^3-x^2+5}{3x^2-2x-1}=\lim\limits_{x\to\infty}\dfrac{1}{\dfrac{3x^2-2x-1}{2x^3-x^2+5}}$, 而 $\lim\limits_{x\to\infty}\dfrac{3x^2-2x-1}{2x^3-x^2+5}=0$, 根据无穷大与无穷小的关系知 $\lim\limits_{x\to\infty}\dfrac{2x^3-x^2+5}{3x^2-2x-1}=\infty$.

一般地，当 $a_0\neq 0$，$b_0\neq 0$，$m$ 和 $n$ 为非负整数时，有

$$\lim_{x\to\infty}\frac{a_0x^m+a_1x^{m-1}+\cdots+a_m}{b_0x^n+b_1x^{n-1}+\cdots+b_n}=\begin{cases}0 & m<n \\ \dfrac{a_0}{b_0} & m=n \\ \infty & m>n\end{cases}$$

以上结论在解题中可以直接应用.

**例 10**　求 $\lim\limits_{n\to\infty}\dfrac{5n^2+2n+1}{3n^2-n}$.

**解**　利用上述结论，有

$$\lim_{n\to\infty}\frac{5n^2+2n+1}{3n^2-n}=\frac{5}{3}.$$

**例 11**　求下列各式的极限：

(1) $\lim\limits_{n\to\infty}\dfrac{(n+1)(n+2)(n+3)}{3n^3}$ ; (2) $\lim\limits_{x\to\infty}\dfrac{(x-11)^{50}(2x+3)^{20}}{(3x+7)^{70}}$ .

**解** (1) $\lim\limits_{n\to\infty}\dfrac{(n+1)(n+2)(n+3)}{3n^3}=\lim\limits_{n\to\infty}\dfrac{\left(1+\dfrac{1}{n}\right)\left(1+\dfrac{2}{n}\right)\left(1+\dfrac{3}{n}\right)}{3}=\dfrac{1}{3}$ ;

(2) $\lim\limits_{x\to\infty}\dfrac{(x-11)^{50}(2x+3)^{20}}{(3x+7)^{70}}=\lim\limits_{x\to\infty}\dfrac{\left(1-\dfrac{11}{x}\right)^{50}\left(2+\dfrac{3}{x}\right)^{20}}{\left(3+\dfrac{7}{x}\right)^{70}}=\dfrac{1^{50}\times2^{20}}{3^{70}}=\dfrac{2^{20}}{3^{70}}$ .

**例 12** 求 $\lim\limits_{x\to+\infty}\left(\sqrt{x+1}-\sqrt{x}\right)$ .

**解** 此极限是 $\infty-\infty$ 型未定式，可将分子有理化后求解.

$$\lim\limits_{x\to+\infty}\left(\sqrt{x+1}-\sqrt{x}\right)=\lim\limits_{x\to+\infty}\frac{\left(\sqrt{x+1}-\sqrt{x}\right)\left(\sqrt{x+1}+\sqrt{x}\right)}{\sqrt{x+1}+\sqrt{x}}$$
$$=\lim\limits_{x\to+\infty}\frac{1}{\sqrt{x+1}+\sqrt{x}}=0.$$

**例 13** 求 $\lim\limits_{n\to\infty}\dfrac{2^n-1}{4^n+1}$ .

**解** $\lim\limits_{n\to\infty}\dfrac{2^n-1}{4^n+1}=\lim\limits_{n\to\infty}\dfrac{\left(\dfrac{2}{4}\right)^n-\dfrac{1}{4^n}}{1+\dfrac{1}{4^n}}=\dfrac{0}{1}=0.$

**例 14** 求 $\lim\limits_{x\to+\infty}\dfrac{\sqrt[3]{x^4+2x^2}-3}{\sqrt{\dfrac{1}{2}x^4-x^3+1}+x}$ .

**解** 此极限是 $\dfrac{\infty}{\infty}$ 型的极限，可将分子分母同时除以 $x^{\frac{4}{3}}$ 后求解.

$$\lim\limits_{x\to+\infty}\frac{\sqrt[3]{x^4+2x^2}-3}{\sqrt{\dfrac{1}{2}x^4-x^3+1}+x}=\lim\limits_{x\to+\infty}\frac{\dfrac{\sqrt[3]{x^4+2x^2}-3}{\sqrt[3]{x^4}}}{\dfrac{\sqrt{\dfrac{1}{2}x^4-x^3+1}+x}{\sqrt[3]{x^4}}}$$

$$=\lim\limits_{x\to+\infty}\frac{\sqrt{1+\dfrac{2}{x^2}}-\dfrac{3}{\sqrt[3]{x^4}}}{\sqrt[3]{\dfrac{1}{2}-\dfrac{1}{x}+\dfrac{1}{x^4}}+\sqrt[3]{\dfrac{1}{x^3}}}=\frac{\sqrt[3]{1}}{\sqrt[3]{\dfrac{1}{2}}}=\sqrt[3]{2}.$$

以上各例表明：

(1) 在运用极限的四则运算法则时，必须注意的是，只有当各项的极限都存在时（对于除式，还要求分母的极限不为 0）才能适用.

(2) 如果所求极限为 $\dfrac{0}{0}$、$\dfrac{\infty}{\infty}$ 等未定式，不能直接应用极限的四则运算法则，必须先对原式进行适当的恒等变形（通分、因式分解、约分、分子或分母有理化等），然后再求极限.

# 习题 2 - 3

1. 设 $f(x) = \begin{cases} 3x & -1 < x < 1 \\ 2 & x = 1 \\ 3x^2 & 1 < x < 2 \end{cases}$ ，求 $\lim\limits_{x \to 0} f(x)$，$\lim\limits_{x \to 1} f(x)$，$\lim\limits_{x \to \frac{3}{2}} f(x)$.

2. 计算下列极限：

(1) $\lim\limits_{x \to -2} (3x^2 - 5x + 2)$；

(2) $\lim\limits_{x \to -1} \dfrac{x^3 - 2x + 5}{x^2 + 1}$；

(3) $\lim\limits_{x \to 3} \dfrac{x - 3}{x^2 + 1}$；

(4) $\lim\limits_{x \to 2} \dfrac{x^2 - 3}{x - 2}$；

(5) $\lim\limits_{x \to 2} \dfrac{x - 2}{x^2 - x - 2}$；

(6) $\lim\limits_{t \to 4} \dfrac{\sqrt{t} - 2}{t - 4}$；

(7) $\lim\limits_{t \to \infty} \left(2 - \dfrac{1}{t} + \dfrac{1}{t^2}\right)$；

(8) $\lim\limits_{x \to 0} \dfrac{x^2}{1 - \sqrt{1 + x^2}}$；

(9) $\lim\limits_{x \to 1} \dfrac{1 - \sqrt{x}}{1 - \sqrt[3]{x}}$；

(10) $\lim\limits_{x \to \infty} \dfrac{x^2 - 1}{2x^2 - x - 1}$；

(11) $\lim\limits_{x \to \infty} \dfrac{x^3 - 4x + 1}{2x^2 + x - 1}$；

(12) $\lim\limits_{x \to \infty} \dfrac{x^3 + x}{x^4 - 3x^2 - 1}$；

(13) $\lim\limits_{n \to \infty} \dfrac{(n-1)^2}{5n^2 + 3n + 1}$；

(14) $\lim\limits_{n \to \infty} \dfrac{(-2)^n + 3^n}{(-2)^{n+1} + 3^{n+1}}$；

(15) $\lim\limits_{x \to \infty} \dfrac{(2x-3)^{20}\,(3x+2)^{30}}{(5x+1)^{50}}$；

(16) $\lim\limits_{h \to 0} \dfrac{(x+2h)^2 - x^2}{h}$；

(17) $\lim\limits_{x \to 2} \left(\dfrac{1}{x-2} - \dfrac{2}{x^2 - 4}\right)$；

(18) $\lim\limits_{x \to \infty} (2x^3 - x + 1)$；

(19) $\lim\limits_{n \to \infty} \dfrac{1 + 2 + 3 + \cdots + (n-1)}{n^2}$.

3. 设 $\lim\limits_{x \to \infty} \left(\dfrac{x^2 + 1}{x - 1} - ax - b\right) = 0$，求 $a$，$b$.

# 第四节  两个重要极限

## 1. 重要极限 I

$$\lim\limits_{x \to 0} \dfrac{\sin x}{x} = 1$$

当 $x$ 取一系列趋近于 0 的数值时，得到 $\dfrac{\sin x}{x}$ 的一系列对应数值，如表 2 - 2 及图 2 - 9 所示.

表 2 - 2

| $x$ | $\pm0.5$ | $\pm0.1$ | $\pm0.05$ | $\pm0.000\,1$ | $x\to0$ |
|---|---|---|---|---|---|
| $\dfrac{\sin x}{x}$ | 0.958 9 | 0.998 3 | 0.999 6 | 0.999 999 998 | $\dfrac{\sin x}{x}\to1$ |

从表 2 - 2 和图 2 - 9 可以看出，当 $x$ 无限趋近于 0 时，$\dfrac{\sin x}{x}$ 的值无限趋近于 1. 利用极限的性质可以证明，当 $x\to0$ 时，$\dfrac{\sin x}{x}$ 的极限存在且等于 1，即

$$\lim_{x\to0}\frac{\sin x}{x}=1$$

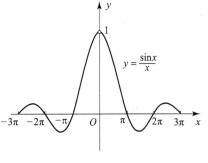

图 2 - 9

**注意** （1）在使用重要极限 I 时，一定要注意公式的适用对象：一个函数与一个三角函数相结合的 $\dfrac{0}{0}$ 型.

（2）重要极限 I 的标准形式为 $\lim\limits_{x\to0}\dfrac{\sin x}{x}=1$，其特征为：一个无穷小的正弦与它自己的比的极限.

（3）重要极限 I 的模式特点：由于自变量的位置实际上是一个函数，所以，重要极限 I 可以推广为

$$\lim_{\square\to0}\frac{\sin\square}{\square}=1 \quad（\square代表同一变量）$$

即在自变量的某一变化过程中，若 $\square\to0$，则 $f(\square)=\dfrac{\sin\square}{\square}\to1$，在三个 $\square$ 的位置，除了填入 $x$，得到重要极限 I 的标准形式以外，还可以填入其他的代数式或函数，这样重要极限 I 就有很多变形. 但是，万变不离其宗.

例如，$f(x)=x\sin\dfrac{1}{x}$，当 $x\to\infty$ 时，$\dfrac{1}{x}\to0$，故

$$f(x)=x\sin\frac{1}{x}=\frac{\sin\dfrac{1}{x}}{\dfrac{1}{x}}\to1 \quad（x\to\infty）$$

即 $\lim\limits_{x\to\infty}x\sin\dfrac{1}{x}=1$，这里 $\square$ 代表 $\dfrac{1}{x}$.

又如，$f(x)=\dfrac{\sin(x-1)}{x-1}$，当 $x\to1$ 时，$x-1\to0$，故

$$f(x)=\frac{\sin(x-1)}{x-1}\to1 \quad（x\to1）$$

即 $\lim\limits_{x\to1}\dfrac{\sin(x-1)}{x-1}=1$，这里 $\square$ 代表 $x-1$.

通过上述讨论可知，应用重要极限 I 求极限时，应先考察函数极限是否为 $\frac{0}{0}$ 型，若是，将其"凑"出 $\frac{\sin\square}{\square}$ 的形式，然后再利用重要极限 I 求出极限，若不是 $\frac{0}{0}$ 型，则一定不能用此重要极限.

**例 1**　求下列各极限：

(1) $\lim\limits_{x\to 0}\dfrac{\tan x}{x}$;

(2) $\lim\limits_{x\to 0}\dfrac{1-\cos x}{x^2}$;

(3) $\lim\limits_{x\to 0}\dfrac{\sin 2x}{3x}$;

(4) $\lim\limits_{x\to 0}\dfrac{\arcsin x}{x}$;

(5) $\lim\limits_{x\to\alpha}\dfrac{\cos x-\cos\alpha}{x-\alpha}$.

**解**　(1) $\lim\limits_{x\to 0}\dfrac{\tan x}{x}=\lim\limits_{x\to 0}\dfrac{\sin x}{x}\cdot\dfrac{1}{\cos x}=1$;

(2) $\lim\limits_{x\to 0}\dfrac{1-\cos x}{x^2}=\lim\limits_{x\to 0}\dfrac{2\sin^2\frac{x}{2}}{x^2}=\dfrac{1}{2}\lim\limits_{x\to 0}\left(\dfrac{\sin\frac{x}{2}}{\frac{x}{2}}\right)^2=\dfrac{1}{2}\left(\lim\limits_{x\to 0}\dfrac{\sin\frac{x}{2}}{\frac{x}{2}}\right)^2=\dfrac{1}{2}$　$\left(\square代表\dfrac{x}{2}\right)$;

(3) $\lim\limits_{x\to 0}\dfrac{\sin 2x}{3x}=\lim\limits_{x\to 0}\dfrac{2}{3}\cdot\dfrac{\sin 2x}{2x}=\dfrac{2}{3}$　$(\square代表 2x)$;

(4) 令 $\arcsin x=t$，则 $x=\sin t$，且 $x\to 0$ 时，有 $t\to 0$，于是

$$\lim\limits_{x\to 0}\dfrac{\arcsin x}{x}=\lim\limits_{t\to 0}\dfrac{t}{\sin t}=1$$

(5) $\lim\limits_{x\to\alpha}\dfrac{\cos x-\cos\alpha}{x-\alpha}=\lim\limits_{x\to\alpha}\dfrac{-2\sin\frac{x-\alpha}{2}\sin\frac{x+\alpha}{2}}{x-\alpha}=-\lim\limits_{x\to\alpha}\dfrac{\sin\frac{x-\alpha}{2}}{\frac{x-\alpha}{2}}\cdot\sin\frac{x+\alpha}{2}$

$$=-\sin\alpha\quad\left(\square代表\dfrac{x-\alpha}{2}\right).$$

请读者证明并记住以下常用的公式：

$\lim\limits_{x\to 0}\dfrac{x}{\sin x}=1$;

$\lim\limits_{x\to 0}\dfrac{\sin mx}{\sin mx}=\dfrac{n}{m}$;

$\lim\limits_{x\to 0}\dfrac{\tan x}{x}=1$;

$\lim\limits_{x\to 0}\dfrac{\arcsin x}{x}=1$;

$\lim\limits_{x\to 0}\dfrac{\arctan x}{x}=1$;

$\lim\limits_{x\to 0}\dfrac{1-\cos x}{x^2}=\dfrac{1}{2}$.

**2. 重要极限 II**

$$\lim\limits_{x\to\infty}\left(1+\dfrac{1}{x}\right)^x=\mathrm{e}$$

考察当 $x\to+\infty$ 和 $x\to-\infty$ 时，函数 $\left(1+\dfrac{1}{x}\right)^x$ 的值的变化趋势（表 2-3）.

表 2 - 3

| $x$ | $\cdots$ | $-100\,000$ | $-1\,000$ | $-10$ | $10$ | $1\,000$ | $100\,000$ | $\cdots$ |
|---|---|---|---|---|---|---|---|---|
| $\left(1+\dfrac{1}{x}\right)^{x}$ | $\cdots$ | 2.718 30 | 2.719 64 | 2.867 97 | 2.593 74 | 2.716 92 | 2.718 27 | $\cdots$ |

从表 2 - 3 中可以看出，当 $x \to +\infty$ 和 $x \to -\infty$ 时，函数 $\left(1+\dfrac{1}{x}\right)^{x}$ 的值无限趋近于一个确定的数 2.718 281 828 459$\cdots$，它是无理数 e.

事实上，可以证明，当 $x \to \infty$ 时，函数 $\left(1+\dfrac{1}{x}\right)^{x}$ 的极限存在且等于 e，即

$$\lim_{x \to \infty}\left(1+\frac{1}{x}\right)^{x}=\mathrm{e}$$

**注意**　（1）重要极限 II 的适用对象：幂指函数的 "$(1+0)^{\infty}$" 或 "$1^{\infty}$" 型未定式；

（2）重要极限 II 的模式特点：$\lim\limits_{\square \to \infty}\left(1+\dfrac{1}{\square}\right)^{\square}=\mathrm{e}$；

（3）重要极限 II 的常见变形：若令 $x=\dfrac{1}{z}$，有 $\lim\limits_{z \to 0}(1+z)^{\frac{1}{z}}=\mathrm{e}$ 或 $\lim\limits_{\square \to 0}(1+\square)^{\frac{1}{\square}}=\mathrm{e}$.

**例 2**　求下列各极限：

（1）$\lim\limits_{x \to \infty}\left(1+\dfrac{3}{x}\right)^{x}$；　　　　　　　（2）$\lim\limits_{x \to 0}(1-2x)^{\frac{1}{x}}$.

**解**　（1）$\lim\limits_{x \to \infty}\left(1+\dfrac{3}{x}\right)^{x}=\lim\limits_{x \to \infty}\left[\left(1+\dfrac{3}{x}\right)^{\frac{x}{3}\times 3}\right]=\lim\limits_{x \to \infty}\left[\left(1+\dfrac{3}{x}\right)^{\frac{x}{3}}\right]^{3}=\left[\lim\limits_{x \to \infty}\left(1+\dfrac{3}{x}\right)^{\frac{x}{3}}\right]^{3}=\mathrm{e}^{3}$；

（2）$\lim\limits_{x \to 0}(1-2x)^{\frac{1}{x}}=\lim\limits_{x \to 0}[1+(-2x)]^{\frac{1}{-2x}(-2)}=\left\{\lim\limits_{x \to 0}[1+(-2x)]^{\frac{1}{-2x}}\right\}^{-2}=\mathrm{e}^{-2}$.

**例 3**　求下列各极限：

（1）$\lim\limits_{x \to \infty}\left(\dfrac{x+1}{x-1}\right)^{x}$；　　　　　　　（2）$\lim\limits_{x \to \infty}\left(\dfrac{2-x}{3-x}\right)^{x+2}$；

（3）$\lim\limits_{x \to \infty}\left(\dfrac{x^{2}+1}{x^{2}}\right)^{x^{2}+1}$；　　　　　（4）$\lim\limits_{x \to 0}\left(\dfrac{1+2x}{1-3x}\right)^{\frac{1}{x}}$.

**解**　（1）$\lim\limits_{x \to \infty}\left(\dfrac{x+1}{x-1}\right)^{x}=\lim\limits_{x \to \infty}\left(\dfrac{1+\dfrac{1}{x}}{1-\dfrac{1}{x}}\right)^{x}=\dfrac{\lim\limits_{x \to \infty}\left(1+\dfrac{1}{x}\right)^{x}}{\lim\limits_{x \to \infty}\left[1+\left(-\dfrac{1}{x}\right)\right]^{-x \cdot (-1)}}=\dfrac{\mathrm{e}}{\mathrm{e}^{-1}}=\mathrm{e}^{2}$；

（2）$\lim\limits_{x \to \infty}\left(\dfrac{2-x}{3-x}\right)^{x+2}=\lim\limits_{x \to \infty}\left(1-\dfrac{1}{3-x}\right)^{x+2}=\lim\limits_{x \to \infty}\left(1+\dfrac{1}{x-3}\right)^{x-3+5}$

$$=\lim\limits_{x \to \infty}\left(1+\dfrac{1}{x-3}\right)^{x-3}\times\left(1+\dfrac{1}{x-3}\right)^{5}=\mathrm{e}\times 1=\mathrm{e}；$$

（3）$\lim\limits_{x \to \infty}\left(\dfrac{x^{2}+1}{x^{2}}\right)^{x^{2}+1}=\lim\limits_{x \to \infty}\left(1+\dfrac{1}{x^{2}}\right)^{x^{2}}\left(1+\dfrac{1}{x^{2}}\right)=\mathrm{e}$；

（4）$\lim\limits_{x \to 0}\left(\dfrac{1+2x}{1-3x}\right)^{\frac{1}{x}}=\dfrac{\lim\limits_{x \to 0}(1+2x)^{\frac{1}{x}}}{\lim\limits_{x \to 0}(1-3x)^{\frac{1}{x}}}=\dfrac{\lim\limits_{x \to 0}(1+2x)^{\frac{1}{2x}\times 2}}{\lim\limits_{x \to 0}(1-3x)^{\frac{1}{-3x}\times(-3)}}=\dfrac{\mathrm{e}^{2}}{\mathrm{e}^{-3}}=\mathrm{e}^{5}$.

## 习题 2 - 4

1. 求下列极限：

(1) $\lim\limits_{x \to 0} \dfrac{\sin \omega x}{x}$；

(2) $\lim\limits_{x \to 0} \dfrac{\tan 6x}{x}$；

(3) $\lim\limits_{x \to 0} \dfrac{\sin 3x}{\tan 5x}$；

(4) $\lim\limits_{n \to \infty} 2^n \sin \dfrac{\pi}{2^n}$；

(5) $\lim\limits_{x \to 0} x \cot x$；

(6) $\lim\limits_{x \to \pi} \dfrac{\sin x}{\pi - x}$；

(7) $\lim\limits_{x \to 0} \dfrac{\sin^2 ax}{x^2}$；

(8) $\lim\limits_{x \to 0} \dfrac{1 - \cos 2x}{x \sin x}$；

(9) $\lim\limits_{x \to 0} \dfrac{\sin x - \sin \alpha}{x - \alpha}$；

(10) $\lim\limits_{x \to 1} \dfrac{\sin^2 (x-1)}{x - 1}$.

2. 求下列各极限：

(1) $\lim\limits_{x \to \infty} \left(1 + \dfrac{2}{x}\right)^{x+2}$；

(2) $\lim\limits_{x \to \infty} \left(1 + \dfrac{k}{x}\right)^{x}$；

(3) $\lim\limits_{x \to 0} (1 + 3x)^{\frac{2}{x}}$；

(4) $\lim\limits_{x \to 0} (1 + \tan x)^{\cot x}$；

(5) $\lim\limits_{x \to 0} (1 - 2x)^{\frac{1}{x}}$；

(6) $\lim\limits_{n \to \infty} \left(1 + \dfrac{2}{n+1}\right)^{n}$；

(7) $\lim\limits_{x \to \infty} \left(\dfrac{2x-1}{2x+1}\right)^{x+1}$；

(8) $\lim\limits_{x \to 1} (3 - 2x)^{\frac{3}{x-1}}$.

## 第五节　无穷小的比较

我们知道有限个无穷小的和、差、积仍是无穷小，但是两个无穷小的商，却会出现不同的情况，例如，当 $x \to 0$ 时，$3x$，$x^2$，$\sin x$ 都是无穷小，而 $\lim\limits_{x \to 0} \dfrac{x^2}{3x} = 0$，$\lim\limits_{x \to 0} \dfrac{3x}{x^2} = \infty$，$\lim\limits_{x \to 0} \dfrac{\sin x}{3x} = \dfrac{1}{3}$. 两个无穷小之比的极限的各种不同情况，反映了不同的无穷小趋于零的"快慢"程度. 就上面几个例子来说，在 $x \to 0$ 的过程中，$x^2 \to 0$ 比 $3x \to 0$ "快些"，反过来 $3x \to 0$ 比 $x^2 \to 0$ "慢些"，而 $\sin x \to 0$ 与 $3x \to 0$ "快慢"差不多. 为此引入无穷小量的阶的概念.

**定义 2.10**　若 $\alpha$，$\beta$ 是同一自变量的同一变化过程中的两个无穷小，且 $\lim \dfrac{\beta}{\alpha}$ 也是这个变化过程中的极限.

(1) 若 $\lim \dfrac{\beta}{\alpha} = 0$，称 $\beta$ 是比 $\alpha$ **高阶**的无穷小，记作 $\beta = o(\alpha)$；

(2) 若 $\lim \dfrac{\beta}{\alpha} = \infty$，称 $\beta$ 是比 $\alpha$ **低阶**的无穷小；

(3) 若 $\lim \dfrac{\beta}{\alpha} = c \ne 0$，$c$ 为常数，称 $\beta$ 与 $\alpha$ 为**同阶**无穷小；

(4) 若 $\lim\dfrac{\beta}{\alpha}=1$，称 $\beta$ 与 $\alpha$ 为**等价无穷小**，记作 $\alpha\sim\beta$.

因为 $\lim\limits_{x\to0}\dfrac{x^2}{3x}=0$，所以当 $x\to0$ 时，$x^2$ 是比 $3x$ 高阶的无穷小，记为 $x^2=o(3x)$.

因为 $\lim\limits_{x\to0}\dfrac{\sin x}{x}=1$，所以当 $x\to0$ 时，$\sin x$ 与 $x$ 是等价无穷小，记为 $\sin x\sim x$.

**例 1**　当 $x\to1$ 时，判断无穷小 $1-x$ 与下列无穷小的关系：

(1) $1-x^3$；　　　　　　　(2) $\dfrac{1}{2}(1-x^2)$.

**解**　(1) 因为

$$\lim_{x\to1}\frac{1-x}{1-x^3}=\lim_{x\to1}\frac{1-x}{(1-x)(1+x+x^2)}=\frac{1}{3}$$

所以当 $x\to1$ 时，$1-x$ 与 $1-x^3$ 是同阶无穷小.

(2) 因为

$$\lim_{x\to1}\frac{1-x}{\frac{1}{2}(1-x^2)}=\lim_{x\to1}2\times\frac{1-x}{(1-x)(1+x)}=2\times\frac{1}{2}=1$$

所以当 $x\to1$ 时，$1-x$ 与 $\dfrac{1}{2}(1-x^2)$ 为等价无穷小，即 $1-x\sim\dfrac{1}{2}(1-x^2)$.

在极限运算中，为了简化运算，经常使用下述等价无穷小的代换定理.

**定理 2.11**　若在自变量的同一变化过程中 $\alpha\sim\alpha'$，$\beta\sim\beta'$，且 $\lim\dfrac{\beta'}{\alpha'}$ 存在，则 $\lim\dfrac{\beta}{\alpha}=\lim\dfrac{\beta'}{\alpha'}$.

**证明**　$\lim\dfrac{\beta}{\alpha}=\lim\left(\dfrac{\beta}{\beta'}\cdot\dfrac{\beta'}{\alpha'}\cdot\dfrac{\alpha'}{\alpha}\right)=\lim\dfrac{\beta}{\beta'}\cdot\lim\dfrac{\beta'}{\alpha'}\cdot\lim\dfrac{\alpha'}{\alpha}=\lim\dfrac{\beta'}{\alpha'}$.

该定理表明，求两个无穷小之商的极限时，分子及分母都可用等价无穷小来代替，如果用来代替的无穷小选择恰当的话，可以使计算简化.

当 $x\to0$ 时，常用的等价无穷小有：

$\sin x\sim x$；　　　　$\tan x\sim x$；　　　$\arcsin x\sim x$；　　　$\arctan x\sim x$；

$\ln(1+x)\sim x$；　$e^x-1\sim x$；　$1-\cos x\sim\dfrac{x^2}{2}$；　$(1+x)^\alpha-1\sim\alpha x$.

**例 2**　求下列极限：

(1) $\lim\limits_{x\to0}\dfrac{\tan2x}{\sin5x}$；　　　　　(2) $\lim\limits_{x\to0}\dfrac{1-\cos x}{x\sin x}$；

(3) $\lim\limits_{x\to0}\dfrac{\sin x}{x^2+3x}$；　　　　(4) $\lim\limits_{x\to0}\dfrac{\tan x-\sin x}{x^3}$.

**解**　(1) 当 $x\to0$，$\tan2x\sim2x$，$\sin5x\sim5x$，因此

$$\lim_{x\to0}\frac{\tan2x}{\sin5x}=\lim_{x\to0}\frac{2x}{5x}=\frac{2}{5}$$

(2) $\lim\limits_{x\to 0}\dfrac{1-\cos x}{x\sin x}=\lim\limits_{x\to 0}\dfrac{\dfrac{x^2}{2}}{x\cdot x}=\dfrac{1}{2}$；

(3) $\lim\limits_{x\to 0}\dfrac{\sin x}{x^2+3x}=\lim\limits_{x\to 0}\dfrac{x}{x^2+3x}=\lim\limits_{x\to 0}\dfrac{1}{x+3}=\dfrac{1}{3}$；

(4) $\lim\limits_{x\to 0}\dfrac{\tan x-\sin x}{x^3}=\lim\limits_{x\to 0}\dfrac{\sin x(1-\cos x)}{x^3\cos x}=\lim\limits_{x\to 0}\dfrac{x\cdot\dfrac{x^2}{2}}{x^3\cos x}=\dfrac{1}{2}$.

下面的解法是错误的：

因为当 $x\to 0$ 时，$\sin x\sim x$，$\tan x\sim x$，所以 $\lim\limits_{x\to 0}\dfrac{\tan x-\sin x}{x^3}=\lim\limits_{x\to 0}\dfrac{x-x}{x^3}=0$，该解法实际上将无穷小 $\tan x-\sin x$ 和 $0$ 看成是等价的，事实上它是与 $\dfrac{1}{2}x^3$ 等价的. 可见，无穷小的等价代换是对整个分子或分母（或乘积因子）进行代换，而对分子或分母中用代数和表示的部分则不能直接进行代换.

## 习题 2-5

1. 当 $x\to 0$ 时，试比较无穷小 $2x-x^2$ 与 $x^2-x^3$ 的阶.

2. 利用等价无穷小的性质，求下列各极限：

(1) $\lim\limits_{x\to 0}\dfrac{\tan 3x}{2x}$；

(2) $\lim\limits_{x\to 0}\dfrac{\sin 5x}{\tan 7x}$；

(3) $\lim\limits_{x\to 0}\dfrac{\tan x^2}{1-\cos x}$；

(4) $\lim\limits_{x\to 0}\dfrac{\sin(x^n)}{(\sin x)^m}$ （$m$，$n$ 为正整数）；

(5) $\lim\limits_{x\to 0}\dfrac{1-\cos 2x}{x\sin 3x}$；

(6) $\lim\limits_{x\to 0}\dfrac{(e^x-1)\sin x}{1-\cos x}$.

# 第六节  函数的连续性

自然界有很多现象，如气温和水温的变化、河水的流动、植物的生长等，都是连续变化的. 这些现象在数量上有着共同的特点，就拿速度的变化来说，在从 0 加速到 100 km/h 的过程中，速度要取得 $0\sim 100$ 之间的每一个实数，并且当时间变化很小时，速度的变化也很小. 自然界中的这种一个变量随着另一个变量的改变而"逐渐"改变的现象反映到函数上，就是函数的连续性.

## 一、函数连续的概念

前面已经讨论了当 $x\to x_0$ 时函数 $y=f(x)$ 的极限，下面请大家仔细观察几个函数的图形（图 2-10），然后再考察它们在 $x_0=1$ 处的性质.

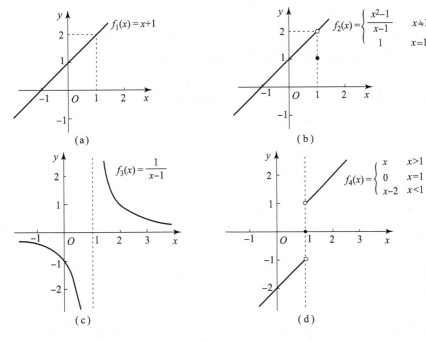

图 2-10

由上图可以看出，在 $x_0=1$ 处只有函数 $f_1(x)=x+1$ 的图形是连在一起的，而其他三个函数的图形在 $x_0=1$ 处尽管形式各不一样，但都是断开的：函数 $f_2(x)=\dfrac{x^2-1}{x-1}$ 的图形在 $x_0=1$ 处有"洞"；函数 $f_3(x)=\dfrac{1}{x-1}$ 的图形在 $x_0=1$ 处趋于无穷大；函数 $f_4(x)=\begin{cases} x & x>1 \\ 0 & x=1 \\ x-2 & x<1 \end{cases}$ 的图形在 $x_0=1$ 处发生了跳跃. 用极限的观点来看，函数 $f_1(x)=x+1$ 在 $x_0=1$ 处的极限存在且等于其函数值，即 $\lim\limits_{x\to 1}(x+1)=2=f_1(1)$. 其他三个函数都不满足这一点：虽然 $\lim\limits_{x\to 1}f_2(x)=2$，但 $f_2(x)$ 在 $x_0=1$ 处无定义；$\lim\limits_{x\to 1}f_3(x)=\infty$，且 $f_3(x)$ 在 $x_0=1$ 处无定义；$\lim\limits_{x\to 1^-}f_4(x)\neq\lim\limits_{x\to 1^+}f_4(x)$，即 $\lim\limits_{x\to 1}f_4(x)$ 不存在.

直观地说，连续就是不间断，根据上面的分析，我们可以得出函数 $y=f(x)$ 在点 $x=x_0$ 处连续的定义.

**定义 2.11** 若函数 $y=f(x)$ 在点 $x_0$ 及其邻域内有定义，极限 $\lim\limits_{x\to x_0}f(x)$ 存在且等于函数 $y=f(x)$ 在点 $x_0$ 处的函数值 $f(x_0)$，即 $\lim\limits_{x\to x_0}f(x)=f(x_0)$，则称函数 $y=f(x)$ **在点 $x_0$ 处连续**，并称点 $x_0$ 为函数 $y=f(x)$ 的**连续点**.

由上述定义可以看出，函数 $f(x)$ 在点 $x_0$ 处连续必须同时满足三个条件：

(1) $f(x)$ 在点 $x_0$ 及其附近有定义；

(2) $f(x)$ 在点 $x_0$ 处极限存在（$\lim\limits_{x\to x_0}f(x)$ 存在，即 $\lim\limits_{x\to x_0^+}f(x)=\lim\limits_{x\to x_0^-}f(x)$）；

（3） $f(x)$ 在点 $x_0$ 处极限值等于函数值（$\lim\limits_{x \to x_0} f(x) = f(x_0)$）.

如果上述条件中任何一个不满足，则函数 $f(x)$ 在点 $x_0$ 处就不连续.

定义 2.11 经常用来判断分段函数在分段点处的连续性.

**例 1** 讨论函数 $y = \begin{cases} 0 & x = 0 \\ x\sin\dfrac{1}{x} & x \neq 0 \end{cases}$ 在 $x = 0$ 处的连续性.

**解** （1） $f(0) = 0$；

（2）由于 $\left| \sin\dfrac{1}{x} \right| \leqslant 1$，$\lim\limits_{x \to 0} x = 0$，根据无穷小的性质可得：$\lim\limits_{x \to 0} x\sin\dfrac{1}{x} = 0$；

（3） $\lim\limits_{x \to 0} f(x) = \lim\limits_{x \to 0} x\sin\dfrac{1}{x} = 0 = f(0)$.

所以，在点 $x = 0$ 处函数连续.

**例 2** 讨论函数 $f(x) = \begin{cases} x^2 & 0 \leqslant x < 1 \\ 2 - x & 1 \leqslant x < 2 \end{cases}$ 在 $x = 1$ 处的连续性.

**解** （1） $f(1) = 2 - 1 = 1$；

（2） $\lim\limits_{x \to 1^-} f(x) = \lim\limits_{x \to 1^-} x^2 = 1$，$\lim\limits_{x \to 1^+} f(x) = \lim\limits_{x \to 1^+} (2 - x) = 2 - 1 = 1$，所以，$\lim\limits_{x \to 1} f(x) = 1$；

（3） $\lim\limits_{x \to 1} f(x) = f(1) = 1$.

所以，在点 $x = 1$ 处函数连续.

类似于左右极限的定义，可以得到函数的左、右连续的定义.

**定义 2.12** 如果函数 $f(x)$ 在点 $x_0$ 及 $x_0$ 的右（左）侧附近有定义，且 $\lim\limits_{x \to x_0^+} f(x) = f(x_0)$（$\lim\limits_{x \to x_0^-} f(x) = f(x_0)$），则称 $f(x)$ **在点 $x_0$ 右（左）连续**.

根据上述定义结合极限存在的条件可得函数 $y = f(x)$ 在点 $x_0$ 处连续的充要条件.

**定理 2.12** 函数 $y = f(x)$ 在点 $x_0$ 处连续的充分必要条件是函数 $y = f(x)$ 在点 $x_0$ 处既左连续又右连续. 即

$$\text{函数 } y = f(x) \text{ 在 } x_0 \text{ 处连续} \Leftrightarrow \lim\limits_{x \to x_0^-} f(x) = \lim\limits_{x \to x_0^+} f(x) = f(x_0)$$

下面，我们引入增量的概念，从另一个角度来研究函数的连续性.

**定义 2.13** 设变量从初值 $x_0$ 变化到终值 $x$，终值与初值之差 $x - x_0$ 叫做**自变量的增量**，记为 $\Delta x$，即 $\Delta x = x - x_0$.

设函数 $y = f(x)$ 在点 $x_0$ 的某个邻域内有定义，在该邻域内当自变量 $x$ 由 $x_0$ 变到 $x_0 + \Delta x$ 时，相应地，函数值由 $f(x_0)$ 变到 $f(x_0 + \Delta x)$，因此**函数的增量**为 $\Delta y = f(x_0 + \Delta x) - f(x_0)$.

**注意** $\Delta x$ 可能为正，也可能为负，但不能为零；$\Delta y$ 可能为正，可能为负，也可能为零.

在几何上，函数的增量表示当自变量 $x$ 从 $x_0$ 变化到 $x_0 + \Delta x$ 时，函数曲线上对应点的纵坐标的增量（图 2 - 11）.

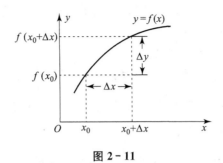

图 2－11

**例 3**　设 $y=x^2-3$，求适合下列条件的自变量增量 $\Delta x$ 和函数的增量 $\Delta y$：

(1) $x$ 由 1 变到 1.1；

(2) $x$ 由 1 变到 0.8；

(3) $x$ 由 $x_0$ 变到 $x_1$.

**解**　(1) $\Delta x=1.1-1=0.1$，$\Delta y=f(1.1)-f(1)=0.21$；

(2) $\Delta x=0.8-1=-0.2$，$\Delta y=f(0.8)-f(1)=-0.36$；

(3) $\Delta x=x_1-x_0$，$\Delta y=f(x_1)-f(x_0)=f(x_0+\Delta x)-f(x_0)=2x_0\Delta x-[\Delta x]^2$.

在定义 2.13 中，若令 $x=x_0+\Delta x$，$\Delta y=f(x)-f(x_0)=f(x_0+\Delta x)-f(x_0)$，则当 $x\to x_0$ 时，$\Delta x\to 0$，于是有：$\lim\limits_{\Delta x\to 0}\Delta y=\lim\limits_{\Delta x\to 0}[f(x_0+\Delta x)-f(x_0)]=\lim\limits_{x\to x_0}[f(x)-f(x_0)]=\lim\limits_{x\to x_0}f(x)-f(x_0)=0$.

这样，我们可得到函数 $y=f(x)$ 在点 $x_0$ 处连续的另一种形式的定义.

**定义 2.14**　设函数 $y=f(x)$ 在点 $x_0$ 的某一邻域内有定义，如果当自变量 $x$ 在点 $x_0$ 处的增量 $\Delta x$ 趋于零时，函数 $y=f(x)$ 相应的增量 $\Delta y=f(x_0+\Delta x)-f(x_0)$ 也趋近于零，即

$$\lim\limits_{\Delta x\to 0}\Delta y=\lim\limits_{\Delta x\to 0}[f(x_0+\Delta x)-f(x_0)]=0$$

则称函数 $y=f(x)$ **在点 $x_0$ 处连续**，$x_0$ 称为 $f(x)$ 的**连续点**.

定义 2.14 常用来判断由一个代数式表达的函数的连续性.

**例 4**　证明函数 $y=x^2+x+1$ 在 $(-\infty,+\infty)$ 内连续.

**证明**　因为对于任意 $x\in(-\infty,+\infty)$，有

$$\Delta y=(x+\Delta x)^2+(x+\Delta x)+1-(x^2+x+1)$$
$$=2x\Delta x+(\Delta x)^2+\Delta x$$

故

$$\lim\limits_{\Delta x\to 0}\Delta y=\lim\limits_{\Delta x\to 0}[2x\Delta x+(\Delta x)^2+\Delta x]=0$$

所以，函数 $y=x^2+x+1$ 在点 $x$ 处连续. 由点 $x$ 的任意性可知，函数 $y=x^2+x+1$ 在 $(-\infty,+\infty)$ 内连续.

**定义 2.15**　如果 $f(x)$ 在开区间 $(a,b)$ 内每一点都是连续的，就称 $f(x)$ 在 $(a,b)$ 内连续. 如果 $f(x)$ 在 $(a,b)$ 内连续，且在 $x=a$ 处右连续，在 $x=b$ 处左连续. 则称 $f(x)$ 在 $[a,b]$ **上连续**.

## 二、函数的间断点

**定义 2.16**　如果函数 $y=f(x)$ 在点 $x_0$ 处不连续，则称 $f(x)$ **在点 $x_0$ 处间断**，点 $x_0$ 称为函数的**间断点**.

由函数 $f(x)$ 在点 $x_0$ 处连续的定义可知，如果函数 $f(x)$ 在点 $x_0$ 处有下列三种情况之一，则点 $x_0$ 是函数 $f(x)$ 的间断点.

(1) 函数 $f(x)$ 在点 $x_0$ 处没有定义；

(2) 虽然函数 $f(x)$ 在点 $x_0$ 的某邻域内有定义，但 $\lim\limits_{x \to x_0} f(x)$ 不存在；

(3) 虽然函数 $f(x)$ 在点 $x_0$ 的某邻域内有定义，且 $\lim\limits_{x \to x_0} f(x)$ 存在，但 $\lim\limits_{x \to x_0} f(x) \neq f(x_0)$.

下面举例说明几种常见的间断点.

**例 5** 讨论函数 $f(x) = \dfrac{x^2 + x - 2}{x - 1}$ 在点 $x = 1$ 处的连续性.

**解** 函数 $f(x) = \dfrac{x^2 + x - 2}{x - 1}$ 在点 $x = 1$ 处无定义，所以 $x = 1$ 是该函数的间断点（图 2 - 12）.

**例 6** 考察函数

$$f(x) = \begin{cases} 1 & x = 0 \\ x^2 & x \neq 0 \end{cases}$$

在点 $x = 0$ 处的连续性.

**解** 函数 $f(x)$ 在 $x = 0$ 处有定义且 $f(0) = 1$，又 $\lim\limits_{x \to 0} f(x) = \lim\limits_{x \to 0} x^2 = 0$，但是 $\lim\limits_{x \to 0} f(x) \neq f(0)$，所以点 $x = 0$ 是函数的间断点（图 2 - 13）.

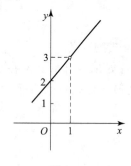

图 2 - 12

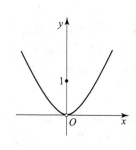

图 2 - 13

**例 7** 考察函数

$$f(x) = \begin{cases} x - 1 & x < 0 \\ 0 & x = 0 \\ x + 1 & x > 0 \end{cases}$$

在点 $x = 0$ 处的连续性.

**解** 由于

$$\lim\limits_{x \to 0^-} f(x) = \lim\limits_{x \to 0^-} (x - 1) = -1$$

$$\lim\limits_{x \to 0^+} f(x) = \lim\limits_{x \to 0^+} (x + 1) = 1$$

即函数 $f(x)$ 在 $x = 0$ 处的左、右极限都存在，但不相等，从而极限不存在，故点 $x = 0$ 是函数 $f(x)$ 的间断点（图 2 - 14）.

根据函数 $f(x)$ 在间断点处左、右极限的不同情况，间断点可以分为两类：

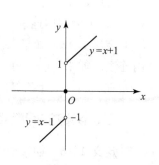

图 2 - 14

（1）若 $x_0$ 是函数 $f(x)$ 的间断点，并且 $f(x)$ 在点 $x_0$ 的左、右极限都存在，则称 $x_0$ 为 $f(x)$ 的**第一类间断点**.

第一类间断点又可以分为两种：若函数 $f(x)$ 在点 $x_0$ 处的极限存在，但不等于该点的函数值，或者 $f(x)$ 在点 $x_0$ 的极限存在，但函数在该点没有定义，则称点 $x_0$ 为函数的**可去间断点**. 如例 5 中的 $x=1$，例 6 中的 $x=0$，都是可去间断点. 若左、右极限都存在但不相等，则点 $x_0$ 为函数的**跳跃间断点**. 如例 7 中的 $x=0$ 为跳跃间断点.

如果 $x_0$ 为 $f(x)$ 的可去间断点，那么就可以补充定义 $f(x_0)$ 或修改 $f(x_0)$ 的值，构造出一个在点 $x_0$ 处连续的函数，可去间断点也由此得名.

在例 5 中，若补充定义 $f(1)=3$，即

$$f(x)=\begin{cases} \dfrac{x^2+x-2}{x-1} & x\neq 1 \\ 3 & x=1 \end{cases}$$

则 $f(x)$ 在 $x=1$ 处连续.

在例 6 中，若修改函数在 $x=0$ 处的定义，即定义 $f(0)=0$，这时 $f(x)=x^2$（$x\in\mathbf{R}$），则函数在 $x=0$ 处连续.

（2）若 $x_0$ 是函数 $f(x)$ 的间断点，但不是第一类间断点，则称 $x_0$ 为函数 $f(x)$ 的**第二类间断点**.

第二类间断点又分两种：若 $\lim\limits_{x\to x_0^-}f(x)=\infty$ 或 $\lim\limits_{x\to x_0^+}f(x)=\infty$，则点 $x_0$ 称为函数的**无穷间断点**，如函数 $y=\tan x$，在点 $x=k\pi+\dfrac{\pi}{2}$（$k\in\mathbf{Z}$）处无定义，且 $\lim\limits_{x\to k\pi+\frac{\pi}{2}}\tan x=\infty$，所以点 $x=k\pi+\dfrac{\pi}{2}$（$k\in\mathbf{Z}$）是函数的无穷间断点（图 2-15）.

又如函数 $f(x)=\sin\dfrac{1}{x}$ 在点 $x=0$ 附近，函数值在 1 与 -1 之间来回振荡，故称点 $x=0$ 为**振荡间断点**（如图 2-16）.

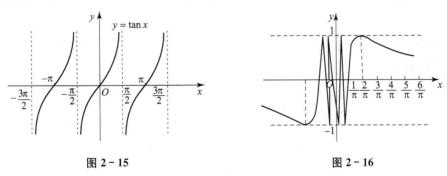

图 2-15　　　　　　　　图 2-16

## 三、初等函数的连续性

### 1. 初等函数的连续性

**定理 2.13**　如果函数 $f(x)$ 与 $g(x)$ 都在 $x_0$ 处连续，则这两个函数的和、差、积、商（当 $g(x)\neq 0$ 时）在该点仍然连续.

**定理 2.14** 设函数 $u=g(x)$ 在 $x=x_0$ 处连续，函数 $y=f(u)$ 在 $u=u_0$ 处连续，且 $u_0=g(x_0)$，则复合函数 $y=f[g(x)]$ 在 $x=x_0$ 处也连续. 即

$$\lim_{x \to x_0} f[g(x)] = \lim_{u \to u_0} f(u) = f(u_0) = f[g(x_0)]$$

**重要结论** 若函数在某点连续，则极限符号与函数符号可以交换位置，这为求极限带来很大方便.

**例 8** 求下列函数的极限：

(1) $\lim\limits_{x \to 0} \dfrac{\ln(1+x)}{x}$；　　　　　(2) $\lim\limits_{x \to 3} \sqrt{\dfrac{x-3}{x^2-9}}$；　　　　　(3) $\lim\limits_{x \to \infty} \log_2 \left(4 + \dfrac{1}{x^2}\right)$.

**解** (1) 原式 $=\lim\limits_{x \to 0} \dfrac{1}{x} \ln(1+x) = \lim\limits_{x \to 0} [\ln(1+x)]^{\frac{1}{x}} = \ln[\lim\limits_{x \to 0}(1+x)^{\frac{1}{x}}] = \ln e = 1$；

(2) 原式 $=\sqrt{\lim\limits_{x \to 3} \dfrac{x-3}{x^2-9}} = \sqrt{\lim\limits_{x \to 3} \dfrac{1}{x+3}} = \sqrt{\dfrac{1}{6}} = \dfrac{\sqrt{6}}{6}$；

(3) 原式 $=\log_2 \left[\lim\limits_{x \to \infty} \left(4 + \dfrac{1}{x^2}\right)\right] = \log_2 4 = 2$.

**定理 2.15** 一切基本初等函数在其定义域内都是连续的，一切初等函数在其定义区间内都是连续的.

**注意** "定义域"与"定义区间"是不同的. 所谓定义区间是指包含在定义域内的区间. 定理 2.15 表明，初等函数的连续区间就是函数的定义区间，因此，求初等函数的连续区间就是求函数的定义区间. 关于分段函数的连续性，除按上述结论考虑每一段函数的连续性外，还必须讨论分段点处的连续性.

**例 9** 讨论函数

$$f(x) = \begin{cases} x^2 - 1 & x \leqslant 0 \\[2mm] \dfrac{1}{x-1} & 0 < x < 2,\ x \neq 1 \\[2mm] x+1 & x \geqslant 2 \end{cases}$$

的连续性.

**解** 因为 $f(x)$ 在区间 $(-\infty, 0)$，$(0, 1)$，$(1, 2)$，$(2, +\infty)$ 内有定义，故 $f(x)$ 在上述区间内连续.

对于点 $x=0$，因为

$$\lim_{x \to 0^-} f(x) = \lim_{x \to 0^-} (x^2 - 1) = -1$$

$$\lim_{x \to 0^+} f(x) = \lim_{x \to 0^+} \frac{1}{x-1} = -1$$

$$f(0) = -1$$

所以函数 $f(x)$ 在点 $x=0$ 处连续.

对于点 $x=1$，因为

$$\lim_{x \to 1} f(x) = \lim_{x \to 1} \frac{1}{x-1} = \infty$$

所以，点 $x=1$ 是函数的第二类间断点中的无穷间断点.

对于点 $x=2$，因为

$$\lim_{x\to 2^-}f(x)=\lim_{x\to 2^-}\frac{1}{x-1}=1$$

$$\lim_{x\to 2^+}f(x)=\lim_{x\to 2^+}(x+1)=3$$

所以，$x=2$ 是函数的第一类间断点中的跳跃间断点.

综上所述，在 $(-\infty,1)$，$(1,2)$，$(2,+\infty)$ 内函数连续. $x=1$ 是函数的第二类间断点，$x=2$ 是函数的第一类间断点.

**例 10**　设函数 $f(x)=\begin{cases}\dfrac{\sin 2x}{x} & x<0 \\ 3x^2-2x+k & x\geqslant 0\end{cases}$，问常数 $k$ 为何值时，函数 $f(x)$ 在其定义域内连续.

**解**　$f(x)$ 是分段函数，且在 $(-\infty,0)$，$[0,+\infty)$ 内均连续，为保证 $f(x)$ 在 $x=0$ 处连续，必须使

$$\lim_{x\to 0^+}f(x)=\lim_{x\to 0^-}f(x)=f(0)$$

而

$$\lim_{x\to 0^-}f(x)=\lim_{x\to 0^-}\frac{\sin 2x}{x}=2$$

$$f(0)=\lim_{x\to 0^+}f(x)=\lim_{x\to 0^+}(3x^2-2x+k)=k$$

所以 $k=2$.

**2. 利用函数的连续性求函数的极限**

若函数 $y=f(x)$ 在点 $x_0$ 处连续，则有

$$\lim_{x\to x_0}f(x)=f(x_0)$$

可见，求连续函数在点 $x_0$ 处的极限可用该点的函数值来计算，这正是直接代入法求极限的理论基础.

**例 11**　求极限 $\lim\limits_{x\to\frac{\pi}{2}}\sin x$.

**解**　$\lim\limits_{x\to\frac{\pi}{2}}\sin x=\sin\dfrac{\pi}{2}=1$.

**例 12**　求极限 $\lim\limits_{x\to 0}f(x)=\lim\limits_{x\to 0}\dfrac{\sqrt[3]{x+1}\cdot\ln(2+x^2)}{(1-x)^2+\cos x}$.

**解**　因为 $f(x)=\dfrac{\sqrt[3]{x+1}\ln(2+x^2)}{(1-x)^2+\cos x}$ 在点 $x=0$ 处连续，所以

$$\lim_{x\to 0}f(x)=f(0)=\frac{\ln 2}{1+1}=\frac{\ln 2}{2}$$

## 四、闭区间上连续函数的性质

闭区间上的连续函数有很多重要的性质，下面我们只介绍最值定理（或叫最大、最小值定理）及介值定理.

**定义 2.17**  设函数 $f(x)$ 在区间 $I$ 上有定义，如果存在 $x_0 \in I$，使得对于任意的 $x \in I$，都有

$$f(x) \leqslant f(x_0) \quad (\text{或 } f(x) \geqslant f(x_0))$$

则称 $f(x_0)$ 为函数 $f(x)$ 在区间 $I$ 上的**最大值**（或**最小值**）；称 $x_0$ 为函数 $f(x)$ 的**最大值点**（或**最小值点**）. 最大值与最小值统称为最值.

**定理 2.16（最值定理）**  在闭区间上的连续函数一定有最大值和最小值.

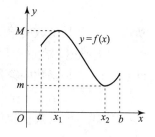

如图 2-17 所示，函数 $f(x)$ 在闭区间 $[a, b]$ 上连续，在点 $x_1$ 处取得最大值 $M$，在点 $x_2$ 处取得最小值 $m$.

图 2-17

最值定理给出了函数存在最大值以及最小值的充分条件. 定理中的两个条件（闭区间、连续函数）缺一不可，即对于在开区间内的连续函数或在闭区间上有间断点的函数，结论不一定成立. 例如函数 $y = x$ 在开区间 $(0, 1)$ 上连续，但是它在该区间内既无最大值，也无最小值. 再如，函数

$$f(x) = \begin{cases} x+1 & -1 \leqslant x < 0 \\ 0 & x = 0 \\ x-1 & 0 < x \leqslant 1 \end{cases}$$

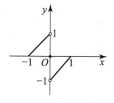

在闭区间 $[-1, 1]$ 上有间断点 $x = 0$，它在此区间上没有最大值和最小值. 如图 2-18 所示.

**定理 2.17（介值定理）**  设函数 $f(x)$ 在闭区间 $[a, b]$ 上连续，

图 2-18

$m$ 与 $M$ 分别为函数 $f(x)$ 在闭区间 $[a, b]$ 上的最小值和最大值，则对介于 $m$ 与 $M$ 之间的任意实数 $C$（即 $m < C < M$），至少存在一点 $\xi \in (a, b)$，使得

$$f(\xi) = C$$

介值定理表明，在闭区间 $[a, b]$ 上的连续函数 $f(x)$，当 $x$ 从 $a$ 连续变到 $b$ 时，要经过 $m$ 与 $M$ 之间的一切实数值.

介值定理的几何意义是：在闭区间 $[a, b]$ 上的连续曲线 $y = f(x)$ 与介于 $y = m$ 与 $y = M$ 之间的水平直线 $y = C$ 至少有一个交点（图 2-19）.

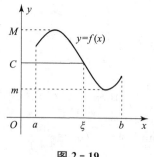

图 2-19

在介值定理中，如果 $f(a)$ 与 $f(b)$ 异号，并取 $C = 0$，即可得如下推论：

**推论（零点定理）**  若函数 $f(x)$ 在闭区间 $[a, b]$ 上连续，且 $f(a) \cdot f(b) < 0$（即两端点的函数值异号），则至少存在一点 $\xi \in (a, b)$，使得

$$f(\xi)=0$$

推论表明，对于方程 $f(x)=0$，若 $f(x)$ 满足推论中的条件，则方程 $f(x)=0$ 在（$a$，$b$）内至少存在一个根 $\xi$，$\xi$ 又称为函数 $f(x)$ 的零点，因此推论又称为**零点定理或根的存在定理**.

该定理的几何解释是：若曲线 $y=f(x)$ 的两个端点位于 $x$ 轴的两侧，则该曲线与 $x$ 轴至少有一个交点（图 2 - 20）.

**例 13**　证明 $x^3-4x^2+1=0$ 在区间（0，1）内至少有一个根.

**证明**　由于 $f(x)=x^3-4x^2+1$ 是初等函数，其定义域为（$-\infty$，$+\infty$），所以 $f(x)$ 在闭区间 $[0,1]$ 上连续，又因为

$$f(0)=1>0,\ f(1)=-2<0$$

由零点定理知，至少存在一点 $\xi\in(0,1)$，使得

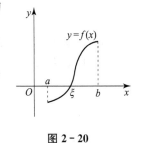

**图 2 - 20**

$$f(\xi)=0$$

即 $\xi$ 为方程 $x^3-4x+1=0$ 的一个根，所以方程 $x^3-4x+1=0$ 在（0，1）内至少有一个根.

# 习题 2 - 6

1. 求下列极限：

(1) $\displaystyle\lim_{x\to-8}\frac{\sqrt{1-x}+3}{2-\sqrt[3]{x}}$；

(2) $\displaystyle\lim_{x\to\frac{\pi}{2}}\ln(3+\cos x)$；

(3) $\displaystyle\lim_{x\to0}\frac{\ln(1+\pi x)}{x}$；

(4) $\displaystyle\lim_{x\to0}\frac{\mathrm{e}^x-1}{x}$.

2. 求下列函数的间断点，并说明间断点的类型：

(1) $f(x)=\dfrac{x^2-1}{x^2-3x+2}$；

(2) $f(x)=\dfrac{x}{\sin x}$；

(3) $f(x)=\cos\dfrac{1}{x}$；

(4) $f(x)=\dfrac{1}{(x+1)^2}$；

(5) $f(x)=\begin{cases}x-1 & x\leqslant1 \\ 3-x & x>1\end{cases}$.

3. 求函数 $f(x)=\dfrac{x^3+3x^2-x-3}{x^2+x-6}$ 的连续区间，并求极限 $\displaystyle\lim_{x\to0}f(x)$，$\displaystyle\lim_{x\to-3}f(x)$ 及 $\displaystyle\lim_{x\to2}f(x)$.

4. 讨论下列函数的连续性，如果有间断点，说明间断点类型，如果是可去间断点，则补充或改变函数的定义，使它在该点连续.

(1) $f(x)=\begin{cases}0 & x<0 \\ x & 0\leqslant x<1 \\ 1 & x>1\end{cases}$；

(2) $f(x)=\begin{cases}x & x>0 \\ 1 & x=0 \\ \mathrm{e}^{\frac{1}{x}} & x<0\end{cases}$.

5. 说明函数 $f(x)=\begin{cases}\mathrm{e}^x & x<0 \\ 1+x & x\geqslant0\end{cases}$ 在点 $x=0$ 处连续.

6. 设函数 $f(x)=\begin{cases}1-\mathrm{e}^{-x} & x<0 \\ a+x & x\geqslant0\end{cases}$，应当如何选择 $a$，才能使 $f(x)$ 为连续函数.

7. 设函数 $f(x)=\begin{cases} \dfrac{1}{x}\sin x & x<0 \\ k & x=0 \\ x\sin\dfrac{1}{x}+1 & x>0 \end{cases}$，应当如何选择 $k$，才能使 $f(x)$ 在其定义域内

连续.

8. 证明方程 $x^5-2x^2=1$ 至少有一根介于 1 和 2 之间.

9. 证明方程 $xe^x-1=0$ 至少有一个小于 1 的正根.

# 复习题二

1. 选择题

(1) 如果 $\lim\limits_{x\to x_0}f(x)$ 存在，则 $f(x_0)$ （　　）.

(A) 不一定存在　　　(B) 无定义　　　(C) 有定义　　　(D) 等于 0

(2) 函数 $f(x)$ 在点 $x_0$ 处有定义是 $f(x)$ 在点 $x_0$ 连续的 （　　）.

(A) 充分条件　　　(B) 必要条件　　　(C) 充要条件　　　(D) 无关条件

(3) $\lim\limits_{x\to x_0^-}f(x)=\lim\limits_{x\to x_0^+}f(x)$ 是函数 $f(x)$ 在点 $x_0$ 连续的 （　　）.

(A) 充分条件　　　(B) 必要条件　　　(C) 充要条件　　　(D) 无关条件

(4) $\lim\limits_{x\to x_0^-}f(x)=\lim\limits_{x\to x_0^+}f(x)=A$，则 $f(x)$ 在点 $x_0$ 处 （　　）.

(A) 一定有意义　　　　　　　　　　(B) 一定有 $f(x_0)=A$

(C) 一定有极限　　　　　　　　　　(D) 一定连续

(5) 函数 $f(x)$ 在 $[a,b]$ 上连续，是它在 $[a,b]$ 上必能取得最大值和最小值的 （　　）.

(A) 充分条件　　　(B) 必要条件　　　(C) 充要条件　　　(D) 无关条件

(6) 函数 $f(x)=\dfrac{1}{\ln(x-1)}$ 的连续区间为 （　　）.

(A) $[1,2]\bigcup(2,+\infty)$　　　　　　(B) $(1,2)\bigcup(2,+\infty)$

(C) $(1,+\infty)$　　　　　　　　　　(D) $[1,+\infty)$

(7) 函数 $f(x)=\sqrt{x+1}+\dfrac{x^2-1}{(x-1)(x+3)}$ 的间断点的个数为

(A) 2　　　　　(B) 1　　　　　(C) 3　　　　　(D) 4

(8) $\lim\limits_{n\to\infty}\dfrac{\sqrt{4n^2+n}+n}{n+2}=$ （　　）.

(A) $\infty$　　　　　(B) 0　　　　　(C) 2　　　　　(D) 3

(9) 若 $\lim\limits_{x\to\infty}x^k\arctan\dfrac{2}{x^2}=2$，则 $k=$ （　　）.

(A) 2　　　　　(B) 0　　　　　(C) $\dfrac{1}{2}$　　　　　(D) 1

(10) 设函数 $f(x)=\begin{cases} \dfrac{1}{x}\sin x & x<0 \\ p & x=0 \\ x\sin\dfrac{1}{x}+q & x>0 \end{cases}$ 在 $x=0$ 处连续，则 $p$，$q$ 的值分别为（ ）

(A) $p=0$，$q=0$ 　　　　　　　　(B) $p=0$，$q=1$

(C) $p=1$，$q=0$ 　　　　　　　　(D) $p=1$，$q=1$

(11) 设函数 $f(x)=\begin{cases} \dfrac{x^2+bx+2}{1-x} & x\neq 1 \\ a & x=1 \end{cases}$ 在 $x=1$ 处连续，则有（ ）.

(A) $a=1$，$b=-3$ 　　　　　　　　(B) $a=-1$，$b=-3$

(C) $a=-1$，$b=3$ 　　　　　　　　(D) $a=1$，$b=3$

(12) 下列极限中正确的是（ ）.

(A) $\lim\limits_{x\to\infty}2^{\frac{1}{x}}=\infty$ 　　(B) $\lim\limits_{x\to 0}2^{\frac{1}{x}}=0$ 　　(C) $\lim\limits_{x\to 0}\sin\dfrac{1}{x}=0$ 　　(D) $\lim\limits_{x\to\infty}\dfrac{\sin x}{x}=0$

## 2. 填空题

(1) 函数 $y=\arccos\dfrac{1}{\sqrt{x^2-4}}$ 的连续区间为_____.

(2) 设函数 $f(x)=\begin{cases} \dfrac{x}{\sin 3x} & x<0 \\ 2x+k & x\geqslant 0 \end{cases}$ 在 $x=0$ 处连续，则 $k=$_____.

(3) 设 $\lim\limits_{x\to 0}(1+ax)^{\frac{1}{x}}=2$，则 $a=$_____.

(4) $\lim\limits_{x\to 0}\dfrac{\sin(x^2+3x)}{2x^2+x}=$_____.

(5) 若极限 $\lim\limits_{x\to\infty}\dfrac{x^2+1}{x+1}+ax+b=0$，则 $a=$_____，$b=$_____.

(6) 函数 $f(x)=\dfrac{1}{\ln\sqrt{1-x^2}}$ 的间断点为_____.

## 3. 求下列极限：

(1) $\lim\limits_{x\to\pi}\dfrac{\sin^2 x}{1+\cos^3 x}$；

(2) $\lim\limits_{x\to 4}\dfrac{\sqrt{1+2x}-3}{\sqrt{x}-2}$；

(3) $\lim\limits_{x\to 0}\dfrac{\sqrt{1+x+x^2}-1}{\sin 2x}$；

(4) $\lim\limits_{x\to 2}\dfrac{\sin^2(x-2)}{x-2}$；

(5) $\lim\limits_{x\to\infty}\left(1+\dfrac{4}{x}\right)^{x+4}$；

(6) $\lim\limits_{x\to 0}\left(\dfrac{1-x}{1+x}\right)^{\frac{1}{x}}$；

(7) $\lim\limits_{x\to\infty}\left(\dfrac{5x+7}{5x-3}\right)^{x}$；

(8) $\lim\limits_{x\to 3}\dfrac{\sqrt{x+1}-2}{x-3}$；

(9) $\lim\limits_{x\to 0}\dfrac{1-\cos 4x}{x^2}$；

(10) $\lim\limits_{x\to 0}\arctan\left(\dfrac{\sin x}{x}\right)$；

(11) $\lim\limits_{x \to 0}(1+\sin x)^{\frac{1}{x}}$ ; 　　　　　　(12) $\lim\limits_{x \to +\infty}[\sin\ln(x+1)-\sin\ln x]$ .

4. 设 $\lim\limits_{x \to 0}\dfrac{f(x)}{x}=1$ ，求 $\lim\limits_{x \to 0}\dfrac{\sqrt{1+f(x)}-1}{x}$ .

5. 设 $f(x)=\begin{cases} \mathrm{e}^{\frac{1}{x}} & x<0 \\ x & x>0 \end{cases}$ ，求 $\lim\limits_{x \to 0}f(x)$ .

6. 已知当 $x \to 0$ 时，$\sqrt{1+ax}-1$ 与 $\sin 2x$ 是等价无穷小，求 $a$ 的值.

7. 讨论下列函数在指定点处的连续性.

(1) $f(x)=\begin{cases} 2x & 0 \leqslant x<1 \\ 3-x & 1 \leqslant x \leqslant 2 \end{cases}$ 在 $x=1$ 处；

(2) $f(x)=\begin{cases} \dfrac{x}{\sin x} & x<0 \\ 1 & x=0 \\ \mathrm{e}^{-x} & x>0 \end{cases}$ 在 $x=0$ 处.

8. 确定常数 $a$ 的值，使函数

$$f(x)=\begin{cases} \mathrm{e}^x(\sin x+2\cos^2 x-1) & x \leqslant 0 \\ 2x+a & x>0 \end{cases}$$

在其定义域内连续.

9. 设 $\lim\limits_{x \to 2}\dfrac{ax+b}{x-2}=2$ ，求 $a$ 和 $b$ 的值.

10. 设 $f(x)=\dfrac{4x^2+3}{x-1}+ax+b$ ，分别求下列三种情况下 $a$ 和 $b$ 的值.

(1) $\lim\limits_{x \to \infty}f(x)=0$ ； 　　　　　　(2) $\lim\limits_{x \to \infty}f(x)=2$ ；

(3) $\lim\limits_{x \to \infty}f(x)=\infty$ .

11. 求函数 $f(x)=\dfrac{1}{\sqrt{x^2-1}}$ 的连续区间.

12. 求函数 $f(x)=\dfrac{1}{1-\mathrm{e}^{\frac{x}{1-x}}}$ 的间断点，并判别其类型.

13. 求证方程 $x-3\cos x=1$ 至少有一个小于 4 的正根.

## 数学实验 2

### MATLAB 在极限运算中的应用

**一、实验目的**

学会运用 MATLAB 软件计算数列极限与函数极限，并掌握命令 limit 的调用格式.

**二、利用 MATLAB 计算函数的极限**

在 MATLAB 中，计算函数极限的命令及调用格式如表 2－4 所示.

表 2-4

| 极限运算 | MATLAB 命令 |
|---|---|
| $\lim\limits_{x \to 0} f(x)$ | $\mathrm{limit}(f)$ |
| $\lim\limits_{x \to x_0} f(x)$ | $\mathrm{limit}(f, x, x_0)$ 或 $\mathrm{limit}(f, x_0)$ |
| $\lim\limits_{x \to x_0^-} f(x)$ | $\mathrm{limit}(f, x, x_0, 'left')$ |
| $\lim\limits_{x \to x_0^+} f(x)$ | $\mathrm{limit}(f, x, x_0, 'right')$ |
| $\lim\limits_{x \to \infty} f(x)$ | $\mathrm{limit}(f, x, inf)$ |
| $\lim\limits_{x \to +\infty} f(x)$ | $\mathrm{limit}(f, x, inf, 'right')$ |
| $\lim\limits_{x \to -\infty} f(x)$ | $\mathrm{limit}(f, x, inf, 'left')$ |

**例 1** 求 $\lim\limits_{x \to 1}\left(\dfrac{1}{1-x} - \dfrac{3}{1-x^3}\right)$.

在 M 文件编辑窗口中输入命令：

```
syms x    %定义 x 为符号变量
f = 1/(1-x) - 3/(1-x^3);%定义函数
limit(f,x,1)%求极限
```

计算结果为：

```
ans =
     -1
```

**例 2** 求 $\lim\limits_{x \to 0}\dfrac{\tan x - \sin x}{x^3}$.

在 M 文件编辑窗口中输入命令：

```
syms x
f = ((tan(x) - sin(x))/x^3);
L1 = limit(f)或 L1 = limit(f,x,0)
```

计算结果为：

```
L1 =
     1/2
```

**例 3** 求 $\lim\limits_{x \to 0^+}\dfrac{x\ln(1+x)}{\sin x^2}$.

在 M 文件编辑窗口中输入命令：

```
syms x
f = x * log(1+x)/sin(x^2);
L2 = limit(f,x,0,'right')
```

计算结果为：

L2 =

    1

**例 4**   求 $\lim\limits_{x \to -\infty} \left(1 - \dfrac{k}{x}\right)^{x+5}$.

在 M 文件编辑窗口中输入命令：

syms x k

f = (1 - k/x)^(x + 5);

L3 = limit(f,x,inf,′left′)

计算结果为：

L3 =

1/exp(k) % 极限值为 $e^{-k}$

**例 5**   求极限 $\lim\limits_{n \to +\infty} 2^n \sin \dfrac{x}{2^n}$.

在 M 文件编辑窗口中输入命令：

syms n x real % 定义 n、x 为实数型符号变量

f = 2^n * sin(x/2^n);

L4 = limit(f,n,inf,′right′)

计算结果为：

L4 =

    x

## 自己动手（二）

用 MATLAB 求下列函数的极限：

(1) $\lim\limits_{x \to 0} \dfrac{1-\cos x}{x \sin x}$;        (2) $\lim\limits_{x \to 0^+} \left(\dfrac{1-x}{1+x}\right)^{\frac{1}{x}}$;        (3) $\lim\limits_{n \to +\infty} \dfrac{an^2+n+1}{(bn-1)^2}$;

(4) $\lim\limits_{x \to -\infty} \dfrac{x^2-1}{tx^2-1}$;        (5) $\lim\limits_{x \to 0} \dfrac{\tan x - x}{x^2 \tan x}$;        (6) $\lim\limits_{n \to +\infty} \left(1 - \dfrac{x}{n}\right)^n$.

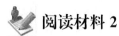 **阅读材料 2**

### 复利与住房按揭贷款的计算

**案例 1**   复利问题

如果你突然收到一张事先不知道的 1 260 亿美元的账单，你一定会大吃一惊．而这样的事却发生在瑞士田纳西镇的居民身上．纽约布鲁克林法院判决田纳西镇向美国投资者支付这笔钱．最初，田纳西镇的居民以为这是一件小事，但当收到账单时，他们被这张巨额账单惊呆了．他们的律师指出，如果高级法院支持这一判决，为偿还债务，所有田纳西镇的居民在余生中不得不靠吃麦当劳等廉价快餐度日．

田纳西镇的问题源于 1966 年的一笔存款．斯蓝黑不动产公司在内部交换银行（田纳西镇的一个银行）存入一笔 6 亿美元的存款．存款协议要求银行按每周 1‰ 的利率（复利）付

息（难怪该银行第二年就破产了！）. 1994 年，纽约布鲁克林法院做出判决：从存款日到田纳西镇对该银行进行清算的 7 年中，这笔存款应按每周 1‰的复利计息，而在银行清算后的 21 年中，每年按 8.54‰的复利计息.

**请思考：**

（1）请你用所学的经济数学知识说明 1 260 亿美元是如何计算出来的.

（2）如果利率为每周 1‰，按复利计算，6 亿美元增加到 12 亿美元需多长时间？

（3）本案例对你有何启示？

**背景知识**

所谓复利，是指不仅本金要计算利息，而且本金所发生的利息在下一期也要转为本金计算利息，即通常所说的"利滚利".

**复利终值**，是指一定量的本金按复利计算若干期后的本利和. 设 $P$ 为现值，也称为本金；$F$ 为终值，即现在一定量的资金在未来某时点的价值，也称本利和；$i$ 为利率；$n$ 为计息期数，则复利终值的计算公式为：

$$F=P(1+i)^n$$

**复利现值**，是指未来一定时期的资金按复利计算的现在价值. 复利现值的计算公式为：

$$P=\frac{F}{(1+i)^n}$$

其中 $(1+i)^n$ 称为复利终值系数，$\frac{1}{(1+i)^n}$ 称为复利现值系数.

**案例分析**

（1）根据复利终值公式计算：

$$F=6\cdot(1+1‰)^{\frac{365}{7}\cdot7}\cdot(1+8.45‰)^{21}=1\ 260\ （亿美元）$$

（2）设需要 $n$ 周的时间可以增加到 12 亿美元，则

$$12=6\cdot(1+1‰)^n$$

即

$$(1+1‰)^n=2$$

于是

$$n=\frac{\ln2}{\ln1.01}=69.7\approx70\ （周）$$

（3）本案例的启示主要有两点：

①货币的时间价值是经济数学在财务管理应用中一个非常重要的价值观念，在进行经济决策时必须考虑货币的时间价值因素的影响.

②时间越长，货币的时间价值因素的影响就越大. 因为资金的时间价值一般都是按复利的方式进行计算的，即"利滚利". 这就使得时间越长，终值与现值之间的差额就越大. 而且在不同的计息方式下，其时间价值有非常大的差异. 在本案例中，我们看到，一笔 6 亿美元的存款过了 28 年之后变成了 1 260 亿美元，是原来的 210 倍. 所以，在进行长期经济决策时，必须考虑货币的时间价值因素的影响，并且在进行相关的时间价值计算时，必须准确判断资金时间价值产生的期间，否则就会做出错误的决策.

**案例 2　住房按揭贷款的计算方法**

1998 年，这是中国住房改革进入实质性阶段的一年，标志着在我国已经实行了 40 多年

的福利分房制度正式终结，从此进入住宅建设市场化和住房消费货币化的新的一轮改革. 取消了福利分房以后，购买商品房成为人们消费的"头等大事"，对于大多数人来说，这是一项要把人们未来的大部分收入都要投进去的重大消费. 住房按揭贷款，这是大多数人购房时的选择. 住房按揭贷款的方式有两种，即等额本息还款法和等额本金还款法. 那么，怎样进行合理的选择才能更省钱呢？这是每一个家庭在理财时都要考虑的问题.

**例** 现有一套商品房售价为 40 万元，某人可自筹 12 万元，要购房还需贷款 28 万元，贷款年利率为 6%，20 年还清. 请分别用等额本息还款法和等额本金还款法计算每月的还款数额为多少？

**背景知识**

个人住房按揭贷款的还款方式主要有两种，即等额本息还款法和等额本金还款法.

**等额本息还款法**，是指借款人每月以相等的金额偿还贷款本息，每月的还款金额包括本月应偿还的本金和利息，在借款截止日期前全部还清本息，但每月所还的本金和利息所占的比例不同，前期支付的利息多本金少，后期支付的利息少本金多. 这种还款方式，实际占用银行贷款的数量更多、占用的时间更长，同时它还便于借款人合理安排每月的生活和进行理财（如以租养房等），对于精通投资、擅长于"以钱生钱"的人来说，无疑是最好的选择.

**等额本金还款法**，是借款人每月按相等的金额（贷款金额/贷款月数）偿还贷款本金，每月贷款利息按月初剩余贷款本金计算并逐月结清，两者合计即为每月的还款额. 这种还款方式，总的利息支出较低，但是前期支付的本金和利息较多，还款负担逐月递减.

**解** （1）等额本息还款法.

设总还款期数为 $n$，月利率为 $i$，每月的还款数额 $y$，$x_n$ 表示第 $n$ 月仍欠银行的贷款数额.

由年利率为 6% 知，月利率 $i=\dfrac{0.06}{12}=0.005$，$n=20\times12=240$，于是有

$$x_0=280\ 000$$

$$x_1=x_0(1+i)-y$$

$$x_2=x_1(1+i)-y=x_0(1+i)^2-y[(1+i)+1]$$

$$x_3=x_2(1+i)-y=x_0(1+i)^3-y[(1+i)^2+(1+i)+1]$$

$$\vdots$$

$$x_n=x_{n-1}(1+i)-y=x_0(1+i)^n-y[(1+i)^{n-1}+(1+i)^{n-2}+\cdots+(1+i)+1]$$

$$=x_0(1+i)^n-y\frac{(1+i)^n-1}{i}$$

当贷款还清时，$x_n=0$，所以

$$y=\frac{x_0i(1+i)^n}{(1+i)^n-1}$$

当 $n=240$，$i=0.005$，$x_0=280\ 000$ 时，

$$y=\frac{280\ 000\times0.005\times(1+0.005)^{240}}{(1+0.005)^{240}-1}=2\ 006.007\ （元）$$

即每月还款金额为 2006 元，所还利息总额为 201 440 元.

（2）等额本金还款法.

设总还款期数为 $n$，月利率为 $i$，$x_0$ 为贷款总额，第 $k$ 月的还款数额为 $y_k$，则每月应还本金为 $\dfrac{x_0}{n}$，第 $k$ 月应还利息为 $\left[x_0-(k-1)\dfrac{x_0}{n}\right]i=x_0\dfrac{n-k+1}{n}i$，总利息为 $x_0 i\dfrac{n+1}{2}$.

当 $n=240$，$i=0.005$，$x_0=280\,000$ 时，第一个月的还款金额为 $2\,566.67$ 元，以后每月减少 $5.83$ 元，最后一个月的还款额为 $1\,172.50$ 元.

所还总利息为：$280\,000\times 0.005\times\dfrac{241}{2}=168\,700$（元）

**启示** 在贷款金额和贷款期限相同的情况下，等额本息还款法所付利息总额要比等额本金还款法多一些，而且当未来住房贷款利率上调时，购房者还要支付更多的利息. 在还款压力方面，等额本息还款法每月的还款金额是一样的，在收支和物价基本稳定的情况下，前后各期的还款压力是一样的；等额本金还款法每次还款的本金一样，但利息逐月递减，同等情况下，前期还款压力较大.

究竟应该采用哪一种还款方式呢？专家建议还是要根据个人的实际情况来定. 对于参加工作不久的年轻人来说，选择等额本息还款法比较好，可以减少前期的还款压力. 对于已经有一定经济实力的中年人来说，采用等额本金还款法效果比较理想. 在收入高峰期多还款，就能减少今后的还款压力，并通过提前还款等手段来减少利息支出. 另外，等额本息还款法操作起来比较简单，每月金额固定，不用再算来算去. 总而言之，等额本息还款法适用于现期收入少，负担人口少，预期收入将稳定增加的借款人，如部分年轻人. 而等额本金还款法则适合有一定积蓄，但家庭负担将日益加重的借款人，如中老年人.

## 数学名人轶事2

# 刘　徽

刘徽（约公元三世纪）山东临淄人，魏晋时期伟大的数学家，是中国古典数学理论的奠基者之一，在世界数学史上也占有杰出的地位.

刘徽在公元 263 年撰写了《九章算术注》，全面证明了《九章算术》中的方法和公式，指出并纠正了其中的错误，在数学方法和数学理论上做出了杰出的贡献.

《九章算术》于公元前一世纪成书，至刘徽时代已 300 余年. 《九章算术》包括方田、粟米、衰分、少广、商功、均输、盈不足、方程、勾股九章，奠定了中国古算的基本框架. 书中提出了上百个公式、解法，有完整的分数四则运算法则，比例和比例分配算法，若干面积、体积公式，开平方、开立方程序，盈不足算法，方程术即线性方程组解法，正负数加减法则，解勾股形公式和简单的测望问题算法，其中许多成就在世界上处于领先地位，形成了中国古算以计算为中心的特点. 内有 246 个应用题，体现了中国古算密切联系实际的特点.

刘徽

刘徽所做的工作并不是只停留在对《九章算术》的注释上，而是更上一层楼，在注释的同时提出了许多创造性见解. 例如为阐述几何命题，证明几何定理，创造了"以盈补虚法"，并且纠正了其中的一些错误.

他同时又撰有《重差》一卷，《重差》后来印成单行本改称为《海岛算经》. 在注文中，刘徽用语言来讲道理，用图形来解释问题（析理以辞，解体用图）.

刘徽创造性地运用极限思想证明了圆面积公式并提出了计算圆周率的方法. 他用割圆术，从直径为 2 尺（1 尺＝0.333 3 米）的圆内接正六边形开始割圆，依次得正 12 边形、正 24 边形……，割得越细，正多边形面积和圆面积之差越小，用他的原话说是"割之弥细，所失弥少，割之又割，以至于不可割，则与圆周合体而无所失矣."他计算了 3 072 边形面积并验证了这个值. 刘徽提出的计算圆周率的科学方法，奠定了此后千余年中国圆周率计算在世界上的领先地位.

刘徽在数学上的贡献极多，在开方不尽的问题中提出"求徽数"的思想，这种方法与后来求无理根的近似值的方法一致，它不仅是圆周率精确计算的必要条件，而且促进了十进制小数的产生；在线性方程组解法中，他创造了比直除法更简便的互乘相消法，与现今解法基本一致；在中国数学史上第一次提出了"不定方程问题".

他还建立了等差级数前 $n$ 项和公式，提出并定义了许多数学概念：如幂（面积）、方程（线性方程组）、正负数等. 刘徽还提出了许多公认正确的判断作为证明的前提. 他的大多数推理、证明都合乎逻辑，十分严谨，从而把《九章算术》及他自己提出的解法、公式建立在必然性的基础之上. 虽然刘徽没有写出自成体系的著作，但他注释《九章算术》所运用的数学知识实际上已经形成了一个独具特色、包括概念和判断、并以数学证明为其联系纽带的理论体系.

刘徽在数学上无疑是一位创造者、革新者. 就他的数学水平，完全可以写出一部水平更高的自成体系的著作来，然而他未能突破给经典著作作注的惯例，把自己的真知灼见分散到《九章算术》中，这对后人理解《九章算术》当然大有裨益. 但作注的形式却限制了他的数学创造、数学方法的展开，也限制了他的思想对后世的影响.

刘徽思维敏捷、思想灵活，既提倡推理又主张直观. 他是我国最早明确主张用逻辑推理的方式来论证数学命题的人. 他的一生是为数学刻苦探求的一生，他虽然地位低下，但人格高尚，他不是沽名钓誉的庸人，而是学而不厌的伟人，他给我们中华民族留下了宝贵的财富.

# 第三章 导数与微分

微分学是微积分学的重要组成部分，它包括导数与微分两个基本概念．本章将以极限概念为基础，从实际问题中引出导数与微分的概念，并给出导数与微分的基本公式和求导的运算法则．

## 第一节　导数的概念

### 一、两个引例

在数学发展史上，导数的概念起源于牛顿对瞬时速度的研究和莱布尼兹对曲线切线的斜率的研究，下面就从这两个经典问题出发进行讨论．

#### 1. 瞬时速度问题

设一质点作变速直线运动，该质点运动的位移 $s$ 与时间 $t$ 的函数关系为 $s = s(t)$．求质点在任意时刻 $t_0$ 的瞬时速度 $v(t_0)$．

我们知道，当物体作匀速直线运动时，其速度可由公式

$$\frac{经过的路程}{所用的时间}$$

来求得，它不随时间的变化而变化．但是，对于变速直线运动而言，由于各点的速度是随时间而变化的，因此，就不能运用上述公式来求 $t_0$ 时刻的瞬时速度 $v(t_0)$，那么，应该如何求瞬时速度 $v(t_0)$ 呢？

如果只是孤立地考虑 $t_0$ 时刻是无法求出 $v(t_0)$ 的，因此考虑从 $t_0$ 到 $t_0 + \Delta t$ 这个时间间隔，在这段时间内质点所经过的位移为

$$\Delta s = s(t_0 + \Delta t) - s(t_0)$$

因此，质点在 $t_0$ 到 $t_0 + \Delta t$ 这个时间间隔内的平均速度 $\bar{v}$ 为

$$\bar{v} = \frac{\Delta s}{\Delta t} = \frac{s(t_0 + \Delta t) - s(t_0)}{\Delta t}$$

显然，平均速度 $\bar{v}$ 是随着时间间隔 $\Delta t$ 的变化而变化的，用 $\bar{v}$ 作为质点在 $t_0$ 时刻的瞬时速度 $v(t_0)$ 是不够的，但是，当时间间隔 $|\Delta t|$ 越小时，质点在这段时间内的速度变化也就越小，用平均速度 $\bar{v}$ 代替 $t_0$ 时刻的瞬时速度 $v(t_0)$，近似程度就会更好．因此，当 $\Delta t \rightarrow 0$ 时，

平均速度 $\bar{v}$ 的极限就是时刻 $t_0$ 的瞬时速度，即

$$v(t_0)=\lim_{\Delta t\to 0}\frac{\Delta s}{\Delta t}=\lim_{\Delta t\to 0}\frac{s(t_0+\Delta t)-s(t_0)}{\Delta t}$$

**2. 平面曲线的切线斜率**

在平面解析几何里，圆的切线被定义为"与圆只有一个交点的直线"，但是对于一般的曲线来说，这是有缺陷的．例如，对于抛物线 $y=x^2$，在原点 $O$ 处两个坐标轴都符合上述定义，但实际上只有 $x$ 轴是该抛物线在点 $O$ 处的切线．为此法国数学家柯西给出了以下定义：

设曲线 $C$ 及 $C$ 上一点 $M$（图 3-1），在点 $M$ 外另取一点 $N$，作割线 $MN$．当点 $N$ 沿曲线 $C$ 趋向于 $M$ 时，割线 $MN$ 绕点 $M$ 旋转而趋于极限位置 $MT$，则直线 $MT$ 就称为曲线 $C$ 在点 $M$ 处的**切线**．这里极限位置的含义是，当弦长 $|MN|$ 趋于零时，$\angle NMT$ 也趋于零．

下面来讨论曲线切线的斜率问题．

如图 3-2，设点 $M$，$N$ 的坐标分别为 $M(x_0，y_0)$，$N(x_0+\Delta x，y_0+\Delta y)$，割线 $MN$ 的倾角为 $\varphi$，切线 $MT$ 的倾角为 $\alpha$，则割线 $MN$ 的斜率为

$$\tan\varphi=\frac{\Delta y}{\Delta x}=\frac{f(x_0+\Delta x)-f(x_0)}{\Delta x}$$

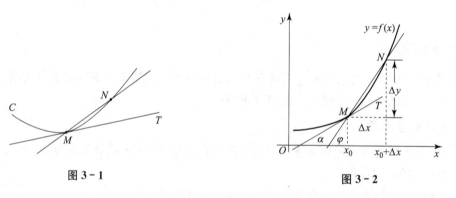

图 3-1　　　　　　　　　　　　图 3-2

因为当点 $N$ 沿曲线 $C$ 趋近于点 $M$ 即 $\Delta x\to 0$ 时，$\varphi\to\alpha$，所以当 $\Delta x\to 0$ 时，如果上式的极限（记为 $k$），即

$$k=\lim_{\Delta x\to 0}\frac{f(x_0+\Delta x)-f(x_0)}{\Delta x}$$

存在，则极限 $k$ 就是**切线 $MT$** 的斜率．

## 二、导数的定义

### 1. 函数在某一点处的导数与导函数

以上两个问题虽然实际意义不同，但本质上都可归结为自变量增量趋于零时函数的增量与自变量的增量之比的极限

$$\lim_{\Delta x\to 0}\frac{f(x_0+\Delta x)-f(x_0)}{\Delta x}$$

它反映了函数相对于自变量的变化快慢程度，称为**变化率**．在工程技术和自然科学领域内，还有很多类似的问题，如电流强度、密度、角速度、线速度、边际成本、边际利润，等等．

为此我们撇开其实际意义，抓住它们在数量关系上的共性，就得到函数的导数概念.

**定义 3.1** 设 $y=f(x)$ 在点 $x_0$ 的某一邻域有定义，当自变量 $x$ 在 $x_0$ 处取得增量 $\Delta x$ 时，相应的函数取得增量 $\Delta y=f(x_0+\Delta x)-f(x_0)$. 若极限

$$\lim_{\Delta x \to 0}\frac{\Delta y}{\Delta x}=\lim_{\Delta x \to 0}\frac{f(x_0+\Delta x)-f(x_0)}{\Delta x}$$

存在，则称 $y=f(x)$ **在点** $x_0$ **处可导**，并称此极限值为 $y=f(x)$ **在点** $x_0$ **处的导数**，记为

$$y'|_{x=x_0} \text{ 或 } f'(x_0), \quad \frac{\mathrm{d}y}{\mathrm{d}x}\Big|_{x=x_0}, \quad \frac{\mathrm{d}f(x)}{\mathrm{d}x}\Big|_{x=x_0}$$

于是有

$$f'(x_0)=\lim_{\Delta x \to 0}\frac{f(x_0+\Delta x)-f(x_0)}{\Delta x}$$

若极限 $\lim\limits_{\Delta x \to 0}\dfrac{\Delta y}{\Delta x}$ 不存在，则称函数 $y=f(x)$ 在点 $x_0$ 处**不可导**或**导数不存在**. 若 $\Delta x \to 0$ 时，$\dfrac{\Delta y}{\Delta x} \to \infty$，为了方便起见，往往也说函数 $y=f(x)$ 在点 $x_0$ 处的导数为无穷大.

记 $x=x_0+\Delta x$，则 $\Delta x \to 0$ 等价于 $x \to x_0$，所以导数 $f'(x_0)$ 也可定义为

$$f'(x_0)=\lim_{x \to x_0}\frac{f(x)-f(x_0)}{x-x_0}$$

导数的定义也可以用其他形式，如：

$$f'(x_0)=\lim_{h \to 0}\frac{f(x_0+h)-f(x_0)}{h}$$

上式中的 $h$ 即为自变量的增量 $\Delta x$.

有了导数的概念以后，引例 1 中质点在 $t_0$ 时刻的瞬时速度可以表示为 $v(t_0)=s'(t_0)$，引例 2 中曲线 $y=f(x)$ 在点 $(x_0, f(x_0))$ 处的切线斜率可以表示为 $k=\tan\alpha=f'(x_0)$.

如果函数 $f(x)$ 在区间 $(a, b)$ 内每一点都可导，则称**函数 $f(x)$ 在 $(a, b)$ 内可导**. 这时，对于每一个 $x\in(a, b)$，都对应着 $f(x)$ 的一个导数值 $f'(x)$，从而构成了一个新函数，称为函数 $y=f(x)$ 的**导函数**，记为 $y'$，$f'(x)$ 或 $\dfrac{\mathrm{d}y}{\mathrm{d}x}$，$\dfrac{\mathrm{d}f(x)}{\mathrm{d}x}$. 即

$$y'=\lim_{\Delta x \to 0}\frac{f(x+\Delta x)-f(x)}{\Delta x}$$

在不引起混淆的情况下，导函数也简称导数.

显然，函数 $f(x)$ 在点 $x_0$ 处的导数值 $f'(x_0)$ 就是导函数 $f'(x)$ 在点 $x_0$ 处的函数值，即

$$f'(x_0)=f'(x)|_{x=x_0}$$

因此，要计算函数在某点的导数，可以先求出此函数的导函数，然后再求出在该点的导数值.

**2. 利用定义求导数**

根据导数的定义，求函数 $y=f(x)$ 的导数的方法如下：

（1）计算增量：$\Delta y=f(x+\Delta x)-f(x)$；

（2）计算增量比：$\dfrac{\Delta y}{\Delta x} = \dfrac{f(x+\Delta x)-f(x)}{\Delta x}$；

（3）取极限：$y' = \lim\limits_{\Delta x \to 0} \dfrac{\Delta y}{\Delta x}$.

**例 1** 求 $y=C$（$C$ 为常数）的导数.

**解** （1）计算增量：$\Delta y = f(x+\Delta x)-f(x) = C-C = 0$；

（2）计算增量比：$\dfrac{\Delta y}{\Delta x} = 0$；

（3）取极限：$y' = \lim\limits_{\Delta x \to 0} \dfrac{\Delta y}{\Delta x} = \lim\limits_{\Delta x \to 0} 0 = 0$.

即 $$(C)' = 0$$

这就是说，常数的导数等于 0.

**例 2** 求函数 $y=x^2$ 的导数.

**解** （1）计算增量：$\Delta y = f(x+\Delta x)-f(x) = (x+\Delta x)^2 - x^2 = 2x\Delta x + (\Delta x)^2$；

（2）计算增量比：$\dfrac{\Delta y}{\Delta x} = 2x + \Delta x$；

（3）取极限：$y' = \lim\limits_{\Delta x \to 0} \dfrac{\Delta y}{\Delta x} = \lim\limits_{\Delta x \to 0}(2x+\Delta x) = 2x$.

即 $$(x^2)' = 2x$$

一般地，对于幂函数 $y=x^\alpha$（$\alpha$ 为实数），有

$$(x^\alpha)' = \alpha x^{\alpha-1}$$

例如，当 $\alpha = -1$ 时，$y = x^{-1} = \dfrac{1}{x}$ 的导数为

$$y' = \left(\dfrac{1}{x}\right)' = (x^{-1})' = -1 \cdot x^{-1-1} = -\dfrac{1}{x^2}$$

当 $\alpha = \dfrac{1}{2}$ 时，$y = \sqrt{x}$ 的导数为

$$y' = (\sqrt{x})' = (x^{\frac{1}{2}})' = \dfrac{1}{2} x^{\frac{1}{2}-1} = \dfrac{1}{2\sqrt{x}}$$

**例 3** 求函数 $y = \ln x$ 的导数.

**解** $\Delta y = \ln(x+\Delta x) - \ln x = \ln\dfrac{x+\Delta x}{x} = \ln\left(1+\dfrac{\Delta x}{x}\right)$；

$\dfrac{\Delta y}{\Delta x} = \dfrac{\ln\left(1+\dfrac{\Delta x}{x}\right)}{\Delta x} = \dfrac{1}{x} \cdot \dfrac{x}{\Delta x} \cdot \ln\left(1+\dfrac{\Delta x}{x}\right) = \dfrac{1}{x} \cdot \ln\left(1+\dfrac{\Delta x}{x}\right)^{\frac{x}{\Delta x}}$；

$y' = \lim\limits_{\Delta x \to 0} \dfrac{\Delta y}{\Delta x} = \lim\limits_{\Delta x \to 0} \dfrac{1}{x} \cdot \ln\left(1+\dfrac{\Delta x}{x}\right)^{\frac{x}{\Delta x}} = \dfrac{1}{x}\ln e = \dfrac{1}{x}$.

即 $$(\ln x)' = \dfrac{1}{x}$$

用以上的方法还可以求得如下公式：

$$(a^x)'=a^x\ln a; \quad (\mathrm{e}^x)'=\mathrm{e}^x; \quad (\log_a x)'=\frac{1}{x\ln a}; \quad (\sin x)'=\cos x; \quad (\cos x)'=-\sin x.$$

**例 4** 求函数 $f(x)=|x|$ 在 $x=0$ 处的导数.

**解** $\lim\limits_{\Delta x\to 0}\dfrac{\Delta y}{\Delta x}=\lim\limits_{\Delta x\to 0}\dfrac{f(0+\Delta x)-f(0)}{\Delta x}=\lim\limits_{\Delta x\to 0}\dfrac{|\Delta x|-0}{\Delta x}=\lim\limits_{\Delta x\to 0}\dfrac{|\Delta x|}{\Delta x}.$

当 $\Delta x<0$ 时，由于 $\dfrac{|\Delta x|}{\Delta x}=-1$，所以 $\lim\limits_{\Delta x\to 0^-}\dfrac{|\Delta x|}{\Delta x}=-1$；当 $\Delta x>0$ 时，由于 $\dfrac{|\Delta x|}{\Delta x}=1$，

所以 $\lim\limits_{\Delta x\to 0^+}\dfrac{|\Delta x|}{\Delta x}=1.$

所以 $\lim\limits_{\Delta x\to 0}\dfrac{\Delta y}{\Delta x}$ 不存在，即函数 $f(x)=|x|$ 在 $x=0$ 处不可导.

### 3. 单侧导数

根据函数左、右极限的概念可知，如果

$$f'(x_0)=\lim_{\Delta x\to 0}\frac{f(x_0+\Delta x)-f(x_0)}{\Delta x}$$

存在，则其左、右极限

$$\lim_{\Delta x\to 0^-}\frac{f(x_0+\Delta x)-f(x_0)}{\Delta x} \quad 及 \quad \lim_{\Delta x\to 0^+}\frac{f(x_0+\Delta x)-f(x_0)}{\Delta x}$$

也存在，而且相等，这两个极限称为函数 $f(x)$ 在点 $x_0$ 处的**左导数**和**右导数**，分别记为 $f'_-(x_0)$ 和 $f'_+(x_0)$，即

$$f'_-(x_0)=\lim_{\Delta x\to 0^-}\frac{f(x_0+\Delta x)-f(x_0)}{\Delta x}$$

$$f'_+(x_0)=\lim_{\Delta x\to 0^+}\frac{f(x_0+\Delta x)-f(x_0)}{\Delta x}$$

左导数和右导数统称为**单侧导数**.

**定理 3.1** 如果函数 $f(x)$ 在点 $x_0$ 的某邻域内有定义，则函数 $f(x)$ 在点 $x_0$ 处可导的充要条件是左导数 $f'_-(x_0)$ 和右导数 $f'_+(x_0)$ 都存在且相等.

在例 4 中，函数 $f(x)=|x|$ 在 $x=0$ 处的左导数 $f'_-(0)=-1$，右导数 $f'_+(0)=1$，虽然都存在但不相等，所以函数 $f(x)=|x|$ 在 $x=0$ 处不可导.

## 三、导数的几何意义

由引例 2 可知，函数 $y=f(x)$ 在点 $x_0$ 的导数 $f'(x_0)$ 在几何上表示曲线 $y=f(x)$ 在点 $M(x_0,f(x_0))$ 处的切线斜率. 即

$$\tan\alpha=f'(x_0)$$

这样，求曲线 $y=f(x)$ 在点 $M(x_0,f(x_0))$ 处的切线，只需先求出函数 $y=f(x)$ 在点 $x_0$ 处的导数 $f'(x_0)$，然后根据直线的点斜式方程，就可以得到切线的方程：

$$y-y_0=f'(x_0)(x-x_0)$$

过切点 $M(x_0,f(x_0))$ 且与切线垂直的直线称为曲线 $y=f(x)$ 在点 $M$ 处的**法线**，若 $f'(x_0)\neq 0$，则法线方程为

$$y-y_0=-\frac{1}{f'(x_0)}(x-x_0)$$

**例 5**   求 $y=x^3$ 在点 $M(2, 8)$ 处的切线方程和法线方程.

**解**   因为 $(x^3)'=3x^2$，于是曲线 $y=x^3$ 在点 $M(2, 8)$ 处的切线斜率为

$$k_1=y'\big|_{x=2}=3\cdot 2^2=12$$

从而所求切线方程为

$$y-8=12(x-2)$$

即

$$12x-y-16=0$$

所求法线的斜率为

$$k_2=-\frac{1}{k_1}=-\frac{1}{12}$$

于是所求法线方程为

$$y-8=-\frac{1}{12}(x-2)$$

即

$$x+12y-98=0$$

## 四、可导与连续的关系

**定理 3.2**   如果函数 $f(x)$ 在点 $x_0$ 处可导，则函数 $f(x)$ 在点 $x_0$ 处一定连续.

**证明**   因为函数 $f(x)$ 在点 $x_0$ 处可导，所以

$$\lim_{\Delta x\to 0}\frac{\Delta y}{\Delta x}=f'(x_0)$$

又因为

$$\Delta y=\frac{\Delta y}{\Delta x}\cdot \Delta x$$

于是

$$\lim_{\Delta x\to 0}\Delta y=\lim_{\Delta x\to 0}\frac{\Delta y}{\Delta x}\cdot \lim_{\Delta x\to 0}\Delta x=f'(x_0)\cdot 0=0$$

故函数 $f(x)$ 在点 $x_0$ 处连续.

**注意**   连续是可导的必要条件，而不是充分条件，即可导一定连续，但连续不一定可导.

**例 6**   讨论函数 $y=|x|$ 在点 $x=0$ 处的连续性和可导性.

**解**   $\lim\limits_{x\to 0^-}f(x)=\lim\limits_{x\to 0^-}|x|=\lim\limits_{x\to 0^-}(-x)=0$，$\lim\limits_{x\to 0^+}f(x)=\lim\limits_{x\to 0^+}|x|=\lim\limits_{x\to 0^+}x=0$. 因为 $\lim\limits_{x\to 0^-}f(x)=\lim\limits_{x\to 0^+}f(x)=f(0)$，所以函数 $y=|x|$ 在点 $x=0$ 处连续. 但是根据例 4 可知

$$f'_-(0)=\lim_{h\to 0^-}\frac{f(0+h)-f(0)}{h}=\lim_{h\to 0^-}\frac{-h}{h}=-1$$

$$f'_+(0)=\lim_{h\to 0^+}\frac{f(0+h)-f(0)}{h}=\lim_{h\to 0^+}\frac{h}{h}=1$$

即 $f'_-(0)\neq f'_+(0)$，故函数 $y=|x|$ 在点 $x=0$ 处不可导. 从导数的几何意义可以看出，曲

线 $y=|x|$ 在原点处有一个尖顶点且没有切线，如图 3-3 所示．

函数 $f(x)$ 在点 $x_0$ 处不可导的几种常见情况：

(1) 函数 $f(x)$ 在点 $x_0$ 处不连续；

(2) 函数 $f(x)$ 在点 $x_0$ 处连续，但 $f'_-(x_0)\neq f'_+(x_0)$．这时，从几何上看，函数 $f(x)$ 的图形在对应点处有一个"尖顶点"．

(3) 函数 $f(x)$ 在点 $x_0$ 处连续，但 $\lim\limits_{\Delta x\to 0}\dfrac{\Delta y}{\Delta x}=\infty$．这时，从几何上看，函数 $f(x)$ 的图形在对应点处有一条垂直于 $x$ 轴的切线．例如函数 $y=\sqrt[3]{x}$ 在点 $x=0$ 处连续但不可导，且 $y$ 轴是它的切线，如图 3-4 所示．

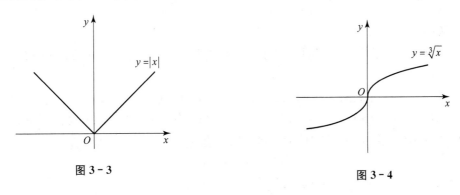

图 3-3　　　　　　　　　　　　　　　　图 3-4

## 习题 3-1

1．设 $f(x)=5x^2$，试按定义求 $f'(-1)$．

2．已知物体的运动方程为 $s=t^2-6t+5$，其中 $s$ 的单位是米，$t$ 的单位是秒，问什么时候该物体的速度为零．

3．求下列函数的导数：

(1) $y=x^5$；　　　　　　　　　　(2) $y=\sqrt[5]{x^2}$；

(3) $y=x^{1.6}$；　　　　　　　　　(4) $y=\dfrac{1}{x^3}$；

(5) $y=x^3\sqrt[5]{x}$．

4．设 $y=3x^2$，求 $y'$，$y'|_{x=2}$ 和 $y'|_{x=-1}$．

5．求曲线 $y=\mathrm{e}^x$ 在点 $(0,1)$ 处的切线方程与法线方程．

6．讨论函数 $f(x)=\begin{cases}x\sin\dfrac{1}{x} & x\neq 0 \\ 0 & x=0\end{cases}$ 在 $x=0$ 处的连续性和可导性．

## 第二节　导数的运算法则和基本公式

在上一节，根据导数的定义求出了几个简单函数的导数，但对于一般的函数，利用导数的定义来求导数是比较困难的．本节将给出函数的求导法则和一些求导公式，从而简化导数的计算．

## 一、函数的和、差、积、商的求导法则

**定理 3.3** 如果函数 $u=u(x)$ 及 $v=v(x)$ 在点 $x$ 处可导，那么它们的和、差、积、商（当分母不为零时）都在点 $x$ 处可导，且

(1) $[u(x)\pm v(x)]'=u'(x)\pm v'(x)$；

(2) $[u(x)v(x)]'=u'(x)v(x)+u(x)v'(x)$；

(3) $\left[\dfrac{u(x)}{v(x)}\right]'=\dfrac{u'(x)v(x)-u(x)v'(x)}{v^2(x)}$．

证明从略．

法则 (1)、(2) 可推广到有限个可导函数的情形．例如，设 $u=u(x)$，$v=v(x)$，$w=w(x)$ 在点 $x$ 处均可导，则

$$[u(x)\pm v(x)\pm w(x)]'=u'(x)\pm v'(x)\pm w'(x)$$

$$[u(x)v(x)w(x)]'=u'(x)v(x)w(x)+u(x)v'(x)w(x)+u(x)v(x)w'(x)$$

法则 (2) 中，当 $v(x)=C$（$C$ 为常数）时，有

$$[Cu(x)]'=Cu'(x)$$

**例 1** 设 $y=2x^3-5x^2+3x-7$，求 $y'$．

**解** $y'=(2x^3-5x^2+3x-7)'$

$=(2x^3)'-(5x^2)'+(3x)'-(7)'$

$=6x^2-10x+3$．

**例 2** 设 $f(x)=x^3+4\cos x-\sin\dfrac{\pi}{2}$，求 $f'(x)$，$f'\left(\dfrac{\pi}{2}\right)$．

**解** $f'(x)=\left(x^3+4\cos x-\sin\dfrac{\pi}{2}\right)'$

$=(x^3)'+(4\cos x)'-\left(\sin\dfrac{\pi}{2}\right)'$

$=3x^2-4\sin x$，

$f'\left(\dfrac{\pi}{2}\right)=3\cdot\dfrac{\pi^2}{4}-4$．

**例 3** 设 $y=e^x(\sin x+\cos x)$，求 $y'$．

**解** $y'=(e^x)'(\sin x+\cos x)+e^x(\sin x+\cos x)'$

$=e^x(\sin x+\cos x)+e^x(\cos x-\sin x)$

$=2e^x\cos x$．

**例 4** 设 $y=\tan x$，求 $y'$．

**解** $y'=(\tan x)'=\left(\dfrac{\sin x}{\cos x}\right)'$

$=\dfrac{(\sin x)'\cos x-\sin x(\cos x)'}{\cos^2 x}$

$$=\frac{\cos^2 x+\sin^2 x}{\cos^2 x}=\sec^2 x.$$

即
$$(\tan x)'=\sec^2 x$$

同理可得
$$(\cot x)'=-\csc^2 x$$

**例 5**　设 $y=\sec x$，求 $y'$.

**解**　$y'=(\sec x)'=\left(\dfrac{1}{\cos x}\right)'=\dfrac{-(\cos x)'}{\cos^2 x}$

$=\sin x\sec^2 x=\sec x\tan x.$

即
$$(\sec x)'=\sec x\tan x$$

同理可得
$$(\csc x)'=-\csc x\cot x$$

## 二、复合函数的求导法则

现在，我们知道 $(\sin x)'=\cos x$，那么能得出 $(\sin 2x)'=\cos 2x$ 吗？当然，这是不能的.其原因是函数 $y=\sin 2x$ 是由 $y=\sin u$ 和 $u=2x$ 复合而成的复合函数，不能直接使用基本初等函数的求导公式，所以我们要给出复合函数的求导法则.

**定理 3.4**　如果 $u=\varphi(x)$ 在点 $x$ 处可导，而 $y=f(u)$ 在对应点 $u=\varphi(x)$ 处可导，则复合函数 $y=f[\varphi(x)]$ 在点 $x$ 处可导，其导数为

$$\frac{\mathrm{d}y}{\mathrm{d}x}=\frac{\mathrm{d}y}{\mathrm{d}u}\cdot\frac{\mathrm{d}u}{\mathrm{d}x}\quad\text{或}\quad y'(x)=f'(u)\cdot\varphi'(x)$$

证明从略.

该法则说明：复合函数对自变量的导数等于函数对中间变量的导数乘以中间变量对自变量的导数.

有了复合函数的求导法则，$y=\sin 2x$ 的导数为

$$y'_x=(\sin u)'_u(2x)'=2\cos u=2\cos 2x$$

**例 6**　设 $y=\ln\tan x$，求 $y'$.

**解**　函数 $y=\ln\tan x$ 可看成是由 $y=\ln u$，$u=\tan x$ 复合而成的，于是

$$y'_x=y'_u\cdot u'_x=(\ln u)'_u\cdot(\tan x)'=\frac{1}{u}\cdot\sec^2 x=\frac{1}{\tan x}\cdot\sec^2 x=\cot x\sec^2 x$$

**注意**　复合函数求导，最后必须把中间变量换成自变量.

**例 7**　设 $y=\mathrm{e}^{x^3}$，求 $\dfrac{\mathrm{d}y}{\mathrm{d}x}$.

**解**　函数 $y=\mathrm{e}^{x^3}$ 可看成是由 $y=\mathrm{e}^u$，$u=x^3$ 复合而成的，于是

$$\frac{\mathrm{d}y}{\mathrm{d}x}=\frac{\mathrm{d}y}{\mathrm{d}u}\cdot\frac{\mathrm{d}u}{\mathrm{d}x}=(\mathrm{e}^u)'_u\cdot(x^3)'=\mathrm{e}^{x^3}\cdot 3x^2=3x^2\mathrm{e}^{x^3}$$

运用复合函数求导法则的关键在于把复合函数正确地分解为几个简单函数，对复合函数求导法则较熟悉以后，就可以不用把中间变量写出来，只需按照复合函数的结构，由外向里，逐层求导即可.

**例 8**　求函数 $y=\tan x^2$ 的导数.

**解**　$y'=\sec^2 x^2\cdot(x^2)'=\sec^2 x^2\cdot 2x=2x\sec^2 x^2.$

**例 9** 设 $y=\arctan\dfrac{1}{x}$，求 $y'$.

**解** $y'=\dfrac{1}{1+\left(\dfrac{1}{x}\right)^2}\cdot\left(\dfrac{1}{x}\right)'=\dfrac{x^2}{1+x^2}\cdot\left(-\dfrac{1}{x^2}\right)=-\dfrac{1}{x^2+1}.$

复合函数的求导法则可以推广到多个中间变量的情形. 例如，设 $y=f(u)$，$u=\varphi(v)$，$v=\psi(x)$，则复合函数 $y=f\{\varphi[\psi(x)]\}$ 的导数为

$$\frac{\mathrm{d}y}{\mathrm{d}x}=\frac{\mathrm{d}y}{\mathrm{d}u}\cdot\frac{\mathrm{d}u}{\mathrm{d}v}\cdot\frac{\mathrm{d}v}{\mathrm{d}x}$$

当然，这里假定上式右端所出现的导数在相应点处都存在.

**例 10** 设 $y=\ln\cos\mathrm{e}^x$，求 $y'$.

**解** $y'=\dfrac{1}{\cos\mathrm{e}^x}(\cos\mathrm{e}^x)'=\dfrac{1}{\cos\mathrm{e}^x}[-\sin\mathrm{e}^x\cdot(\mathrm{e}^x)']=\dfrac{-\mathrm{e}^x\sin\mathrm{e}^x}{\cos\mathrm{e}^x}=-\mathrm{e}^x\tan\mathrm{e}^x.$

**例 11** 设 $y=\mathrm{e}^{\sin\frac{1}{x}}$，求 $y'$.

**解** $y'=\mathrm{e}^{\sin\frac{1}{x}}\left(\sin\dfrac{1}{x}\right)'=\mathrm{e}^{\sin\frac{1}{x}}\left(\cos\dfrac{1}{x}\right)\left(\dfrac{1}{x}\right)'$

$\qquad=\mathrm{e}^{\sin\frac{1}{x}}\left(\cos\dfrac{1}{x}\right)\dfrac{-1}{x^2}=-\dfrac{1}{x^2}\cos\dfrac{1}{x}\mathrm{e}^{\sin\frac{1}{x}}.$

### 三、隐函数的求导法则

函数 $y=f(x)$ 表示两个变量 $y$ 与 $x$ 的对应关系，这种对应关系可以用不同的方式来表达. 前面所讨论的函数都可以写成 $y=f(x)$ 的形式，这种形式的函数的特点是：等号左边为因变量符号，而等号的右边是含有自变量的式子. 这种形式的函数称为**显函数**. 如 $y=\cos x$，$y=\ln x+x^2$ 等. 但是，有些函数的表达方式却不是这样，例如，方程 $x+y^3-1=0$ 也表示一个函数，因为当变自量 $x$ 在 $(-\infty,+\infty)$ 内取值时，变量 $y$ 有确定的值与之对应，这种由方程 $F(x,y)=0$ 所确定的函数 $y=f(x)$ 称为**隐函数**.

将一个隐函数化为显函数的过程称为**隐函数的显化**. 如 $x+y^3-1=0$ 显化后得 $y=\sqrt[3]{1-x}$，但是更多的隐函数不便于显化，甚至不可显化. 如 $\mathrm{e}^{xy}+y\sin x+1=0$. 这就给我们求隐函数的导数带来了困难，因此有必要寻求一种不必先显化隐函数就能求导的方法.

我们可以利用复合函数的求导法则来求隐函数的导数，具体的求导方法是：

(1) 方程 $F(x,y)=0$ 的两端同时对 $x$ 求导，把含有 $y$ 的项视为以 $y$ 为中间变量的复合函数来处理；

(2) 求导以后便得到一个关于 $y'$ 的一次方程，求解此方程，便得到 $y'$ 的表达式（其中可能含有 $y$）.

**例 12** 求由方程 $\mathrm{e}^y+xy-\mathrm{e}=0$ 所确定的隐函数的导数 $\dfrac{\mathrm{d}y}{\mathrm{d}x}$.

**解** 将方程 $\mathrm{e}^y+xy-\mathrm{e}=0$ 两边同时对自变量 $x$ 求导，得

$$\mathrm{e}^y\frac{\mathrm{d}y}{\mathrm{d}x}+y+x\frac{\mathrm{d}y}{\mathrm{d}x}-0=0$$

即
$$(e^y + x)\frac{dy}{dx} = -y$$

从而
$$\frac{dy}{dx} = -\frac{y}{x + e^y} \quad (x + e^y \neq 0)$$

**例 13**　设 $y^5 + 2y - x - 3x^7 = 0$，求 $\dfrac{dy}{dx}\Big|_{x=0}$.

**解**　将方程 $y^5 + 2y - x - 3x^7 = 0$ 两边同时对自变量 $x$ 求导，得
$$5y^4 y' + 2y' - 1 - 21x^6 = 0$$

所以
$$y' = \frac{1 + 21x^6}{5y^4 + 2}$$

因为当 $x = 0$ 时，从原方程解得 $y = 0$，代入上式得
$$\frac{dy}{dx}\Big|_{x=0} = \frac{1}{2}$$

**例 14**　求曲线 $x^2 + xy + y^2 = 4$ 在点 $(2, -2)$ 处的切线方程.

**解**　将方程两边同时对自变量 $x$ 求导，得
$$2x + y + xy' + 2yy' = 0$$

所以
$$y' = -\frac{2x + y}{x + 2y}$$

从而曲线经过点 $(2, -2)$ 的切线斜率为
$$k = y'\Big|_{\substack{x=2 \\ y=-2}} = 1$$

故所求切线方程为
$$y - (-2) = 1 \cdot (x - 2)$$
即
$$x - y - 4 = 0$$

有些函数虽然是显函数，但是直接求导会比较困难，如幂指函数 $y = u(x)^{v(x)}$（其中 $u(x) > 0$）和由多个函数经过乘、除、乘方和开方运算得到的函数. 对于这些函数，可以先对等式两边同时取对数将其变为隐函数，然后再利用隐函数的求导方法进行求导，这种方法通常称为**对数求导法则**.

**例 15**　设 $y = x^{\sin x}(x > 0)$，求 $y'$.

**解**　函数 $y = x^{\sin x}(x > 0)$ 两边取对数，得
$$\ln y = \sin x \ln x$$

两边对 $x$ 求导，得
$$\frac{1}{y}y' = \cos x \ln x + \frac{\sin x}{x}$$

所以
$$y' = y\left(\cos x \ln x + \frac{\sin x}{x}\right)$$
即
$$y' = x^{\sin x}\left(\cos x \ln x + \frac{\sin x}{x}\right)$$

**例 16**　求函数 $y = \sqrt{\dfrac{(x-1)(x-2)}{(x-3)(4-x)}}$ 的导数.

**解**　等式两边同时取对数，得

$$\ln y = \frac{1}{2}\left[\ln(x-1)+\ln(x-2)-\ln(x-3)-\ln(4-x)\right]$$

两边同时对 $x$ 求导，得

$$\frac{1}{y}y' = \frac{1}{2}\left(\frac{1}{x-1}+\frac{1}{x-2}-\frac{1}{x-3}+\frac{1}{4-x}\right)$$

即

$$y' = \frac{1}{2}\left(\frac{1}{x-1}+\frac{1}{x-2}-\frac{1}{x-3}+\frac{1}{4-x}\right)\sqrt{\frac{(x-1)(x-2)}{(x-3)(4-x)}}$$

在求反函数的导数时，可以先把反函数还原，再利用隐函数的求导方法对自变量求导.

**例 17**　求函数 $y=\arcsin x\ (-1<x<1)$ 的导数.

**解**　将函数 $y=\arcsin x$ 改写为 $x=\sin y$，两边对 $x$ 求导，得

$$1 = (\cos y)y'$$

于是

$$y' = \frac{1}{\cos y} = \frac{1}{\sqrt{1-\sin^2 y}}$$

$$= \frac{1}{\sqrt{1-\left[\sin(\arcsin x)\right]^2}}$$

$$= \frac{1}{\sqrt{1-x^2}}$$

因此

$$(\arcsin x)' = \frac{1}{\sqrt{1-x^2}}\quad(-1<x<1)$$

同理可得

$$(\arccos x)' = -\frac{1}{\sqrt{1-x^2}}\quad(-1<x<1)$$

**例 18**　求函数 $y=\arctan x$ 的导数.

**解**　将函数 $y=\arctan x$ 改写为 $x=\tan y$，两边对 $x$ 求导，得

$$1 = (\sec^2 y)y'$$

于是

$$y' = \frac{1}{\sec^2 y} = \frac{1}{1+\tan^2 y}$$

$$= \frac{1}{1+\left[\tan(\arctan x)\right]^2}$$

$$= \frac{1}{1+x^2}$$

因此

$$(\arctan x)' = \frac{1}{1+x^2}$$

同理可得

$$(\text{arccot} x)' = -\frac{1}{1+x^2}$$

## 四、初等函数的导数

由于初等函数都是由常数和基本初等函数经过有限次四则运算和有限次复合步骤所构成的，所以利用常数和基本初等函数的导数公式以及函数和、差、积、商的求导法则，复合函

数的求导法则，就可以求出所有初等函数的导数. 下面将基本求导公式汇总如下.

(1) $(C)' = 0$；

(2) $(x^\mu)' = \mu x^{\mu-1}$；

(3) $(a^x)' = a^x \ln a$；

(4) $(e^x)' = e^x$；

(5) $(\log_a x)' = \dfrac{1}{x \ln a}$；

(6) $(\ln x)' = \dfrac{1}{x}$；

(7) $(\sin x)' = \cos x$；

(8) $(\cos x)' = -\sin x$；

(9) $(\tan x)' = \sec^2 x$；

(10) $(\cot x)' = -\csc^2 x$；

(11) $(\sec x)' = \sec x \tan x$；

(12) $(\csc x)' = -\csc x \cot x$；

(13) $(\arcsin x)' = \dfrac{1}{\sqrt{1-x^2}}$；

(14) $(\arccos x)' = -\dfrac{1}{\sqrt{1-x^2}}$；

(15) $(\arctan x)' = \dfrac{1}{1+x^2}$；

(16) $(\operatorname{arccot} x)' = -\dfrac{1}{1+x^2}$.

**例 19** 求函数 $y = e^x \sqrt{1-e^{2x}} + \arcsin e^x$ 的导数.

**解**
$$y' = (e^x)' \sqrt{1-e^{2x}} + e^x (\sqrt{1-e^{2x}})' + \frac{1}{\sqrt{1-(e^x)^2}}(e^x)'$$

$$= e^x \sqrt{1-e^{2x}} + e^x \frac{1}{2\sqrt{1-e^{2x}}}(1-e^{2x})' + \frac{e^x}{\sqrt{1-e^{2x}}}$$

$$= e^x \sqrt{1-e^{2x}} + e^x \frac{1}{2\sqrt{1-e^{2x}}}(-e^{2x})(2x)' + \frac{e^x}{\sqrt{1-e^{2x}}}$$

$$= e^x \sqrt{1-e^{2x}} - \frac{e^{3x}}{\sqrt{1-e^{2x}}} + \frac{e^x}{\sqrt{1-e^{2x}}}$$

$$= e^x \sqrt{1-e^{2x}}.$$

# 习题 3 - 2

1. 求下列函数的导数：

(1) $y = x^3 + \dfrac{3}{x^3} - \dfrac{5}{x} + 12$；

(2) $y = 7x^2 - 3e^x + 2^x$；

(3) $y = x^3 \ln x + \sin \dfrac{\pi}{4}$；

(4) $y = 3e^x \cos x$；

(5) $y = \dfrac{e^x}{x^2} + \ln 3$；

(6) $y = \dfrac{x \tan x}{1+x^2}$.

2. 求下列函数在给定点的导数：

(1) $y = \sin x - \cos x$，求 $y'|_{x=\frac{\pi}{6}}$ 和 $y'|_{x=\frac{\pi}{4}}$；

(2) $f(x) = x^2 - 3\ln x$，求 $f'(1)$.

3. 求下列函数的导数：

(1) $y = (2x+3)^5$；

(2) $y = (\arcsin x)^2$；

(3) $y = \ln \sin x$；

(4) $y = \tan(x^2)$；

(5) $y=\mathrm{e}^{\arctan\sqrt{x}}$；

(6) $y=\ln(x+\sqrt{1+x^2})$.

4. 求下列函数的导数：

(1) $y=\mathrm{e}^{-x}\cos2x$；

(2) $y=\ln(\sec x+\tan x)$；

(3) $y=x\arcsin\dfrac{x}{2}+\sqrt{4-x^2}$；

(4) $y=\mathrm{e}^{-x}(x^2-x+3)$.

5. 求由下列方程所确定的隐函数的导数：

(1) $y^2-3xy+7=0$；

(2) $\mathrm{e}^{x+y}-xy=0$；

(3) $y=1-x\mathrm{e}^y$；

(4) $y=\tan(x+y)$.

6. 求下列函数的导数：

(1) $y=\left(\dfrac{x}{1+x}\right)^x$；

(2) $y=(\sin x)^{1+x}$；

(3) $y=\dfrac{\sqrt{x+3}(3-x)^5}{(x+1)^3}$；

(4) $y=\dfrac{(2x+1)^3(4-3x)^2}{(x-5)^2\mathrm{e}^{5x}}$.

# 第三节　高阶导数

从本章第一节中我们知道变速直线运动的瞬时速度 $v(t)$ 是位移函数 $S(t)$ 对时间 $t$ 的导数，即

$$v=\frac{\mathrm{d}S(t)}{\mathrm{d}t}\quad\text{或}\quad v=S'(t)$$

而由物理学可知，速度函数 $v(t)$ 对时间 $t$ 的变化率就是加速度 $a(t)$，即

$$a(t)=\frac{\mathrm{d}v}{\mathrm{d}t}=\frac{\mathrm{d}}{\mathrm{d}t}\left(\frac{\mathrm{d}S}{\mathrm{d}t}\right)\quad\text{或}\quad a(t)=(S')'$$

于是加速度 $a(t)$ 就是位移函数 $S(t)$ 对时间 $t$ 的导数的导数，这种导数的导数我们称为 ($S(t)$ 对 $t$ 的) 二阶导数. 即

$$a(t)=\frac{\mathrm{d}^2S}{\mathrm{d}t^2}=S''(t)$$

一般地，如果函数 $y=f(x)$ 的导数 $y'=f'(x)$ 对 $x$ 仍然可导，我们把 $y'=f'(x)$ 的导数称为函数 $y=f(x)$ 的**二阶导数**. 记为

$$y''=(y')'\quad\text{或}\quad\frac{\mathrm{d}^2y}{\mathrm{d}x^2}=\frac{\mathrm{d}}{\mathrm{d}x}\left(\frac{\mathrm{d}y}{\mathrm{d}x}\right)\quad\text{或}\quad f''(x)$$

而将 $y=f(x)$ 的导数 $y'=f'(x)$ 称为**一阶导数**.

类似地，二阶导数的导数称为**三阶导数**，记为 $y'''$ 或 $\dfrac{\mathrm{d}^3y}{\mathrm{d}x^3}$；三阶导数的导数称为**四阶导**数，记为 $y^{(4)}$ 或 $\dfrac{\mathrm{d}^4y}{\mathrm{d}x^4}$；$(n-1)$ 阶导数的导数称为 $n$ **阶导数**，记为 $y^{(n)}$ 或 $\dfrac{\mathrm{d}^ny}{\mathrm{d}x^n}$.

二阶或二阶以上的导数统称为**高阶导数**.

由定义可以看出，任何高阶导数，都是较低一阶导数的导数. 当 $f(x)$ 有 $n$ 阶导数时，必有一切低于 $n$ 阶的导数. 于是求函数的高阶导数的方法就是从一阶开始逐阶计算.

**例 1**　求函数 $y=\tan x$ 的二阶导数.

**解**　$y'=\sec^2 x$, $y''=2\sec x(\sec x)'=2\sec^2 x\tan x$.

**例 2**　求函数 $y=\ln(2x)$ 的二、三阶导数.

**解**　$y'=\dfrac{1}{2x}(2x)'=\dfrac{2}{2x}=\dfrac{1}{x}$,

$$y''=\left(\dfrac{1}{x}\right)'=-\dfrac{1}{x^2},$$

$$y'''=\left(-\dfrac{1}{x^2}\right)'=(-x^{-2})'=(-1)(-2)x^{-3}=\dfrac{2}{x^3}.$$

**例 3**　已知物体的运动方程为 $S=A\cos(\omega t+\varphi)$($A$，$\omega$，$\varphi$ 是常数)，求物体运动的加速度.

**解**　$v=S'(t)=-A\omega\sin(\omega t+\varphi)$, $a=S''(t)=-A\omega^2\cos(\omega t+\varphi)$.

**例 4**　求 $y=x^n$ 的 $n$ 阶导数.

**解**　$y'=nx^{n-1}$

$$y''=n(n-1)x^{n-2},$$

$$y'''=n(n-1)(n-2)x^{n-3},$$

$$\vdots$$

$$y^{(n)}=n(n-1)(n-2)\cdots 2\cdot 1=n!.$$

**例 5**　求 $y=\mathrm{e}^{2x}$ 的 $n$ 阶导数.

**解**　$y'=\mathrm{e}^{2x}(2x)'=2\mathrm{e}^{2x}$,

$$y''=2(\mathrm{e}^{2x})'=2^2\mathrm{e}^{2x},$$

$$y'''=2^2(\mathrm{e}^{2x})'=2^3\mathrm{e}^{2x},$$

$$\vdots$$

$$y^{(n)}=2^n\mathrm{e}^{2x}.$$

## 习题 3 - 3

1. 求下列函数的二阶导数：

(1) $y=3x^2+\ln x$；

(2) $y=\mathrm{e}^{3x-2}$；

(3) $y=x\cos x$；

(4) $y=\sin^2 x$；

(5) $y=x\mathrm{e}^{x^2}$；

(6) $y=\ln(1-x^2)$.

2. 求 $y=\ln(1+x)$ 的 $n$ 阶导数.

3. 设质点作直线运动，其运动方程为 $s=t+\dfrac{1}{t}$，求该质点在 $t=1$ 时的速度与加速度.

# 第四节　函数的微分

在工程技术中，常常需要计算当自变量有微小变化时函数的变化量，对于这类问题，如果直接计算往往很困难，为了找到一种计算简单、误差又符合要求的近似计算公式，我们引入微分的概念. 本节将介绍微分的概念、运算法则及其简单应用.

## 一、微分的概念

先看下面的实例.

如图 3-5 所示，一块正方形的金属薄片由于受温度变化的影响，其边长由 $x_0$ 变到 $x_0+\Delta x$，试问其面积改变了多少？

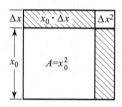

图 3-5

设正方形金属薄片的边长为 $x$，面积为 $A$，则有 $A=x^2$.

正方形金属薄片受温度变化的影响时，其面积的改变量可以看成是当自变量 $x$ 在 $x_0$ 处取得增量 $\Delta x$ 时，函数 $A=x^2$ 相应的增量，即

$$\Delta A=(x_0+\Delta x)^2-x_0^2=2x_0\Delta x+(\Delta x)^2$$

上式表明，正方形金属薄片面积的改变量由两部分组成，其中：第一部分 $2x_0\Delta x$ 是 $\Delta x$ 的线性表达式，表示图中带阴影的两个大小相等的长方形面积之和；第二部分 $(\Delta x)^2$ 表示图中右上角的小正方形的面积，显然，当 $\Delta x\to 0$ 时，$(\Delta x)^2$ 是比 $\Delta x$ 高阶的无穷小.

由此可见，如果边长的改变量很微小，即 $|\Delta x|$ 很小时，面积的改变量中的第二部分的绝对值比第一部分的绝对值要小很多，也就是说，面积的改变量主要取决于第一部分 $2x_0\Delta x$，而 $(\Delta x)^2$ 可以忽略不计，因此，我们可以用第一部分 $2x_0\Delta x$ 来近似代替面积的改变量 $\Delta A$，即

$$\Delta A\approx 2x_0\Delta x$$

经过上面的分析，可以给出如下定义：

**定义 3.2** 设函数 $y=f(x)$ 在点 $x_0$ 的某个邻域内有定义，$x_0$ 及 $x_0+\Delta x$ 都在这个区间内，如果函数的增量 $\Delta y=f(x_0+\Delta x)-f(x)$ 可表示为

$$\Delta y=A\Delta x+o(\Delta x)$$

其中 $A$ 是不依赖于 $\Delta x$ 的常数，$o(\Delta x)$ 是比 $\Delta x$ 高阶的无穷小，则称函数 $y=f(x)$ **在点** $x_0$ **处可微**. $A\Delta x$ 称为 $y=f(x)$ **在** $x_0$ **处的微分**，记为 $\mathrm{d}y\big|_{x=x_0}$ 或 $\mathrm{d}f(x_0)$，即

$$\mathrm{d}y\big|_{x=x_0}=A\Delta x$$

下面讨论函数可微的条件，并推导出 $A$ 的表达式.

设函数 $y=f(x)$ 在 $x_0$ 处可微，则

$$\Delta y=A\Delta x+o(\Delta x)$$

两端同时除以 $\Delta x$，得

$$\frac{\Delta y}{\Delta x}=A+\frac{o(\Delta x)}{\Delta x}$$

两端取极限，得

$$\lim_{\Delta x \to 0} \frac{\Delta y}{\Delta x} = A + \lim_{\Delta x \to 0} \frac{o(\Delta x)}{\Delta x}$$

于是

$$A = f'(x_0)$$

所以函数 $y = f(x)$ 在点 $x_0$ 处可导，且 $A = f'(x_0)$.

反之，如果函数 $y = f(x)$ 在点 $x_0$ 处可导，则

$$\lim_{\Delta x \to 0} \frac{\Delta y}{\Delta x} = f'(x_0)$$

由极限与无穷小的关系有

$$\frac{\Delta y}{\Delta x} = f'(x_0) + \alpha$$

其中 $\lim\limits_{\Delta x \to 0} \alpha = 0$. 于是有

$$\Delta y = f'(x_0)\Delta x + \alpha \Delta x$$

根据定义 3.2 可知，函数 $f(x)$ 在点 $x_0$ 处可微.

由此可见，函数 $y = f(x)$ 在点 $x_0$ 处可微的充要条件是函数 $y = f(x)$ 在点 $x_0$ 处可导，且函数 $y = f(x)$ 在点 $x_0$ 处可微时，其微分为

$$\mathrm{d}y = f'(x_0)\Delta x$$

如果函数 $y = f(x)$ 在点 $x_0$ 处可微，则 $\Delta y = f'(x_0)\Delta x + o(\Delta x)$，即 $f'(x_0)\Delta x$ 是 $\Delta y$ 的主要部分，它又是 $\Delta x$ 的线性函数，故称 $\mathrm{d}y$ 为 $\Delta y$ 的 **线性主部**. 因此，当 $|\Delta x|$ 很小时，可用 $f'(x_0)\Delta x$ 来近似代替 $\Delta y$，从而使 $\Delta y$ 的计算大为简化.

**例 1** 设函数 $y = x^2$，已知 $x = 2$，$\Delta x = 0.01$，试求 $\mathrm{d}y$ 和 $\Delta y$.

**解** $\Delta y = f(x_0 + \Delta x) - f(x_0) = f(2 + 0.01) - f(2)$

$\qquad = (2 + 0.01)^2 - 2^2 = 0.040\,1.$

$\qquad \mathrm{d}y \Big|_{\substack{x=2 \\ \Delta x=0.01}} = (2x)\Delta x \Big|_{\substack{x=2 \\ \Delta x=0.01}} = 0.04.$

函数 $y = f(x)$ 在任意点 $x$ 处的微分，称为 **函数的微分**，记作 $\mathrm{d}y$ 或 $\mathrm{d}f(x)$，即

$$\mathrm{d}y = f'(x)\Delta x$$

通常把自变量 $x$ 的增量 $\Delta x$ 称为 **自变量的微分**，记作 $\mathrm{d}x$，即 $\mathrm{d}x = \Delta x$，于是函数 $y = f(x)$ 的微分又可记作

$$\mathrm{d}y = f'(x)\mathrm{d}x$$

从而有

$$\frac{\mathrm{d}y}{\mathrm{d}x} = f'(x)$$

即函数的微分 $\mathrm{d}y$ 与自变量的微分 $\mathrm{d}x$ 之商等于该函数的导数，因此，导数也称为 **微商**.

**例 2** 求函数 $y = \sin x$ 的微分及在点 $x = \dfrac{\pi}{3}$ 处的微分.

**解** 因为 $y' = (\sin x)' = \cos x$，所以 $\mathrm{d}y = \cos x\mathrm{d}x$.

函数在点 $x = \dfrac{\pi}{3}$ 处的微分为

$$\mathrm{d}y\Big|_{x=\frac{\pi}{3}}=\cos\frac{\pi}{3}\mathrm{d}x=\frac{1}{2}\mathrm{d}x$$

**例 3** 求函数 $y=\ln(1+x^2)$ 的微分.

**解** 因为 $y'=[\ln(1+x^2)]'=\dfrac{1}{1+x^2}\cdot(1+x^2)'=\dfrac{2x}{1+x^2}$，所以

$$\mathrm{d}y=y'\mathrm{d}x=\frac{2x}{1+x^2}\mathrm{d}x$$

## 二、微分的几何意义

为了对函数的微分有更直观的了解，下面说明其几何意义.

在直角坐标系中，函数 $y=f(x)$ 的图形是一条曲线，对于自变量的某一确定值 $x_0$，曲线上有一个确定的点 $M(x_0,\ y_0)$，过点 $M$ 作曲线的切线 $MT$，其倾角为 $\alpha$. 如图 3-6 所示：

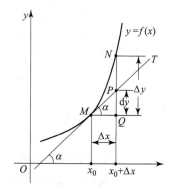

$$MQ=\Delta x,\quad QN=\Delta y$$
$$QP=\tan\alpha\cdot MQ=f'(x_0)\cdot\Delta x=\mathrm{d}y$$

于是

$$\mathrm{d}y=QP$$

图 3-6

由此可知，函数 $y=f(x)$ 在 $x_0$ 处的微分 $\mathrm{d}y$ 在几何上表示曲线在点 $M(x_0,\ y_0)$ 的切线的纵坐标相应于 $\Delta x$ 的增量. 且当 $|\Delta x|$ 很小时，$|\Delta y-\mathrm{d}y|$ 比 $|\Delta x|$ 小得多，因此在点 $M$ 附近，常以切线段 $MP$ 近似代替曲线段 $MN$.

## 三、微分的运算

由函数微分的表达式

$$\mathrm{d}y=f'(x)\mathrm{d}x$$

可以看出，要计算函数的微分，只需计算出函数的导数，然后再乘以自变量的微分即可. 因此由基本初等函数的导数公式和函数的求导法则，可以直接写出基本初等函数的微分公式和微分运算法则.

### 1. 基本初等函数的微分公式

(1) $\mathrm{d}(C)=0$ （$C$ 为常数）；

(2) $\mathrm{d}(x^\mu)=\mu x^{\mu-1}\mathrm{d}x$；

(3) $\mathrm{d}(a^x)=a^x\ln a\mathrm{d}x$；

(4) $\mathrm{d}(\mathrm{e}^x)=\mathrm{e}^x\mathrm{d}x$；

(5) $\mathrm{d}(\log_a x)=\dfrac{1}{x\ln a}\mathrm{d}x$；

(6) $\mathrm{d}(\ln x)=\dfrac{1}{x}\mathrm{d}x$；

(7) $\mathrm{d}(\sin x)=\cos x\mathrm{d}x$；

(8) $\mathrm{d}(\cos x)=-\sin x\mathrm{d}x$；

(9) $\mathrm{d}(\tan x)=\sec^2 x\mathrm{d}x$；

(10) $\mathrm{d}(\cot x)=-\csc^2 x\mathrm{d}x$；

(11) $\mathrm{d}(\sec x)=\sec x\tan x\mathrm{d}x$；

(12) $\mathrm{d}(\csc x)=-\csc x\cot x\mathrm{d}x$；

(13) $\mathrm{d}(\arcsin x)=\dfrac{1}{\sqrt{1-x^2}}\mathrm{d}x$；

(14) $\mathrm{d}(\arccos x)=-\dfrac{1}{\sqrt{1-x^2}}\mathrm{d}x$；

(15) $\mathrm{d}(\arctan x)=\dfrac{1}{1+x^2}\mathrm{d}x$；

(16) $\mathrm{d}(\mathrm{arccot}\,x)=-\dfrac{1}{1+x^2}\mathrm{d}x$.

**2. 函数和、差、积、商的微分运算法则**

设 $u=u(x)$，$v=v(x)$ 都是 $x$ 的可微函数，则

(1) $\mathrm{d}(u\pm v)=\mathrm{d}u\pm\mathrm{d}v$；

(2) $\mathrm{d}(uv)=v\mathrm{d}u\pm u\mathrm{d}v$；

(3) $\mathrm{d}(Cu)=C\mathrm{d}u$；

(4) $\mathrm{d}\left(\dfrac{u}{v}\right)=\dfrac{v\mathrm{d}u-u\mathrm{d}v}{v^2}$.

**3. 复合函数的微分法则**

设 $y=f(u)$，$u=\varphi(x)$ 都是可导函数，则复合函数 $y=f[\varphi(x)]$ 的微分为

$$\mathrm{d}y=y'_x\,\mathrm{d}x=f'(u)\varphi'(x)\mathrm{d}x$$

由于

$$\mathrm{d}u=\varphi'(x)\mathrm{d}x$$

所以复合函数 $y=f[\varphi(x)]$ 的微分也可以写成

$$\mathrm{d}y=f'(u)\mathrm{d}u=y'_u\mathrm{d}u$$

即

$$\mathrm{d}y=y'_u\mathrm{d}u=y'_x\mathrm{d}x$$

由此可见，不论 $u$ 是自变量还是中间变量，函数的微分 $\mathrm{d}y$ 的形式保持不变，这个性质称为**微分形式的不变性**. 即微分既可以等于对中间变量的导数乘以对中间变量的微分，也可以等于对自变量的导数乘以对自变量的微分.

**例 4** 设 $y=\sin(2x+1)$，求 $\mathrm{d}y$.

**解：**（方法一） 因为 $y'=[\sin(2x+1)]'=\cos(2x+1)(2x+1)'=2\cos(2x+1)$，所以

$$\mathrm{d}y=2\cos(2x+1)\mathrm{d}x$$

（方法二） 视 $2x+1$ 为中间变量 $u$，则

$$\mathrm{d}y=\cos u\mathrm{d}u=\cos(2x+1)\mathrm{d}(2x+1)=2\cos(2x+1)\mathrm{d}x$$

**例 5** 设 $y=\ln(1+\mathrm{e}^{x^2})$，求 $\mathrm{d}y$.

**解：**（方法一） 因为 $y'=\dfrac{1}{1+\mathrm{e}^{x^2}}(1+\mathrm{e}^{x^2})'=\dfrac{1}{1+\mathrm{e}^{x^2}}\cdot[0+\mathrm{e}^{x^2}\cdot(x^2)']=\dfrac{2x\mathrm{e}^{x^2}}{1+\mathrm{e}^{x^2}}$，所以

$$\mathrm{d}y=\frac{2x\mathrm{e}^{x^2}}{1+\mathrm{e}^{x^2}}\mathrm{d}x$$

（方法二） $\mathrm{d}y=\mathrm{d}\ln(1+\mathrm{e}^{x^2})=\dfrac{1}{1+\mathrm{e}^{x^2}}\mathrm{d}(1+\mathrm{e}^{x^2})$

$$=\frac{1}{1+\mathrm{e}^{x^2}}\cdot\mathrm{e}^{x^2}\mathrm{d}(x^2)=\frac{1}{1+\mathrm{e}^{x^2}}\cdot\mathrm{e}^{x^2}\cdot2x\mathrm{d}x$$

$$=\frac{2x\mathrm{e}^{x^2}}{1+\mathrm{e}^{x^2}}\mathrm{d}x.$$

**例 6** 设 $y=\mathrm{e}^{1-3x}\cos x$，求 $\mathrm{d}y$.

**解：**（方法一） $y'=(\mathrm{e}^{1-3x}\cos x)'$

$$=(\mathrm{e}^{1-3x})'\cos x+\mathrm{e}^{1-3x}(\cos x)'$$

$$=\mathrm{e}^{1-3x}(1-3x)'\cos x+\mathrm{e}^{1-3x}(-\sin x)$$

$$=-3\mathrm{e}^{1-3x}\cos x-\mathrm{e}^{1-3x}\sin x$$

$$= -e^{1-3x}(\sin x + 3\cos x),$$

$$dy = -e^{1-3x}(\sin x + 3\cos x)dx.$$

（方法二） $dy = e^{1-3x}d(\cos x) + \cos x d(e^{1-3x})$

$$= -e^{1-3x}\sin x dx + \cos x \cdot (e^{1-3x} \cdot (-3))dx$$

$$= -e^{1-3x}(\sin x + 3\cos x)dx.$$

## 四、近似计算

由微分的定义知，在点 $x_0$ 处，当 $|\Delta x|$ 很小时有

$$\Delta y \approx dy = f'(x_0)\Delta x$$

这个式子也可写成

$$\Delta y = f(x_0 + \Delta x) - f(x_0) \approx f'(x_0)\Delta x$$

即

$$f(x_0 + \Delta x) \approx f(x_0) + f'(x_0)\Delta x$$

若记 $x = x_0 + \Delta x$，则有

$$f(x) \approx f(x_0) + f'(x_0)(x - x_0)$$

**例 7** 计算 $\sin 30°30'$ 的近似值.

**解** $\sin 30°30' = \sin\left(\dfrac{\pi}{6} + \dfrac{\pi}{360}\right).$

设 $f(x) = \sin x$，$f'(x) = \cos x$，并取 $x_0 = \dfrac{\pi}{6}$，$\Delta x = \dfrac{\pi}{360}$. 于是根据公式 $f(x) \approx f(x_0) + f'(x_0)(x - x_0)$ 可得

$$\sin 30°30' \approx \sin\frac{\pi}{6} + (\sin x)'\Big|_{x=\frac{\pi}{6}} \cdot \frac{\pi}{360} = \sin\frac{\pi}{6} + \cos\frac{\pi}{6} \cdot \frac{\pi}{360}$$

$$= \frac{1}{2} + \frac{\sqrt{3}}{2} \cdot \frac{\pi}{360} \approx 0.5076$$

**例 8** 一只半径为 1 cm 的球，要给它镀上一层厚 0.01 cm 的铜，估计每只球需铜多少克（$\rho = 8.9 \text{ g/cm}^3$）

**解** 为了求出所需铜的质量，应先求出铜的体积，而铜的体积等于镀铜后与镀铜前球的体积之差，即等于球的体积的增量.

球的体积 $V = \dfrac{4}{3}\pi R^3$，由题意知半径 $R_0 = 1$ cm，半径增加量 $\Delta R = 0.01$ cm，于是

$$\Delta V \approx dV = \left(\frac{4}{3}\pi R^3\right)'\Delta R\Big|_{\substack{R=1\\\Delta R=0.01}} = 4\pi R^2 \Delta R\Big|_{\substack{R=1\\\Delta R=0.01}} \approx 0.13 \ (\text{cm}^3)$$

故所需铜的质量约为

$$m = 0.13 \times 8.9 = 1.16 \text{ g}$$

在误差估计时，$\Delta x$ 就是自变量的误差，而 $\Delta y$ 是因变量的误差，$dy$ 是因变量误差的近似值. 所以微分也可以用于误差估计.

## 习题 3 – 4

1. 计算函数 $y = x^3 - x^2$ 在 $x = 2$ 处当 $\Delta x$ 分别取 0.1，0.01 时的 $\Delta y$ 和 $dy$.

2. 求函数 $y = e^{x+\sin x}$ 在点 $x = 1$ 处的微分 $dy$.

3. 求下列函数的微分：

(1) $y = x\sin 3x$；

(2) $y = \ln^2(1-x)$；

(3) $y = x^3 e^{2x}$；

(4) $y = e^{-x}\cos(5-x)$.

4. 将适当的函数填入下列括号中，使等式成立：

(1) $d(\quad) = 2dx$；

(2) $d(\quad) = \sin 3x \, dx$；

(3) $d(\quad) = \dfrac{1}{1+x} dx$；

(4) $d(\quad) = e^{-2x} dx$.

5. 求下列函数值的近似值：

(1) $\cos 31°$；    (2) $\arctan 1.02$；    (3) $\sqrt[3]{996}$；    (4) $\ln 1.01$.

6. 一个正立方体的水桶，棱长为 10 m，如果棱长增加 0.1 m，求水桶体积增加的精确值和近似值.

## 复习题三

1. 填空题

(1) 函数 $y = f(x)$ 在点 $x_0$ 处可导是函数 $y = f(x)$ 在点 $x_0$ 处连续的_____条件.

(2) 函数 $y = f(x)$ 在点 $x_0$ 处可微是函数 $y = f(x)$ 在点 $x_0$ 处可导的_____条件.

(3) 按照导数的定义，$f'(x_0) = $_____.

(4) 如果函数 $y = f(x)$ 在点 $x_0$ 处可导，则曲线 $y = f(x)$ 经过点 $(x_0, f(x_0))$ 的切线方程为_____，法线方程为_____.

(5) 设某质点作变速直线运动，其运动规律为 $s = 2t^2 + 3t + 1$，则质点在 $t = 2$ 时的瞬时速度为_____.

(6) 函数 $y = \sqrt[3]{x^2}$ 在点 $x = 0$ 处的导数为_____.

(7) $d(e^{\sin 2x}) = $_____ $d(\sin 2x) = $_____ $d(2x) = $_____ $dx$.

2. 选择题

(1) 函数 $y = |x|$ 在点 $x = 0$ 处（    ）.

(A) 连续且可导                (B) 连续但不可导

(C) 不连续但可导              (D) 不连续且不可导

(2) 设函数 $y = f(x)$ 在点 $x_0$ 处可导，则下列各式中成立的是（    ）.

(A) $\lim\limits_{\Delta x \to 0} \dfrac{f(x_0 - \Delta x) - f(x_0)}{\Delta x} = f'(x_0)$    (B) $\lim\limits_{h \to 0} \dfrac{f(x_0 + 2h) - f(x_0 - h)}{h} = f'(x_0)$

(C) $\lim\limits_{h \to 0} \dfrac{f(x_0 - h) - f(x_0 + h)}{h} = f'(x_0)$    (D) $\lim\limits_{h \to \infty} h\left[f\left(x_0 + \dfrac{1}{h}\right) - f(x_0)\right] = f'(x_0)$

(3) 如果曲线 $y=f(x)$ 在点 $(x_0，f(x_0))$ 处的切线垂直于 $x$ 轴，则函数 $y=f(x)$ 在点 $x_0$ 处 （ ）.

(A) 导数为 0      (B) 导数为 1      (C) 导数为 $\infty$      (D) 导数不存在

(3) 下列命题成立的是 （ ）.

(A) 如果函数 $y=f(x)$ 在点 $x_0$ 处连续，则函数 $y=f(x)$ 在点 $x_0$ 处一定可导.

(B) 如果函数 $y=f(x)$ 在点 $x_0$ 处可导，则函数 $y=f(x)$ 在点 $x_0$ 处一定连续.

(C) 如果函数 $y=f(x)$ 在点 $x_0$ 处可微，则函数 $y=f(x)$ 在点 $x_0$ 处不一定连续.

(D) 如果函数 $y=f(x)$ 在点 $x_0$ 处不可导，则函数 $y=f(x)$ 在点 $x_0$ 处一定不连续.

(5) 设曲线 $C：y=x^3-3x$ 与直线 $L$ 相切，$L$ 平行于 $x$ 轴，则 $L$ 与曲线 $C$ 的切点是 （ ）.

(A) $(0，1)$      (B) $(1，0)$      (C) $(0，0)$      (D) $(1，-2)$

(6) 设函数 $f(x)$ 可导，$f(0)=0$，则 $\lim\limits_{x\to 0}\dfrac{f(x)}{x}=$ （ ）.

(A) $f'(x)$      (B) $f'(0)$      (C) $f(x)$      (D) $f(0)$

(7) 设函数 $f(x)$ 可导，则当 $x$ 在 $x=2$ 处有微小的改变量 $\Delta x$ 时，函数大约改变 （ ）.

(A) $f'(2)$                      (B) $\lim\limits_{x\to 2}f(x)$

(C) $f'(2)\Delta x$             (D) $f(2+\Delta x)$

(8) 函数 $y=f(x)$ 在点 $x_0$ 处自变量取得增量 $\Delta x=0.2$，对应的函数增量的线性主部等于 $0.8$，则 $f'(x_0)$ 的值为 （ ）.

(A) 0.4      (B) 0.16      (C) 4      (D) 1.6

3. 求下列函数的导数：

(1) $y=x^3(3x-1)^2$；

(2) $y=x^2\sqrt{x}-\dfrac{2}{\sqrt{x}}$；

(3) $y=\sqrt{2x}\cos^2 x$；

(4) $y=\arctan\sqrt{6x-1}$；

(5) $y=\ln\arccos\dfrac{1}{x}$；

(6) $y=\sin^2(1+x^3)$；

(7) $y=\arctan\ln(x^2-1)$；

(8) $y=\sin(\ln x)+e^{\sin x}-\cos\dfrac{\pi}{3}$；

(9) $y=x\arcsin\dfrac{x}{2}+\sqrt{4-x^2}$；

(10) $y=\arctan(x^2)+5^{2x}$；

(11) $y=\dfrac{\sqrt{2x-5}}{(x^2+1)^3 e^{\sqrt{x}}}$；

(12) $y=x^{\sin x}$.

4. 求下列隐函数的导数：

(1) $x^3+y^3-\sin 3x+6y=0$；

(2) $y=e^{xy}+x$.

5. 已知函数 $f(x)=\begin{cases} x\sin\dfrac{1}{x} & x\neq 0 \\ 0 & x=0 \end{cases}$，讨论 $f(x)$ 在点 $x=0$ 处的连续性与可导性.

6. 设函数 $f(x)=\begin{cases} x^2 & x\leqslant 1 \\ ax+b & x>1 \end{cases}$，试确定 $a$，$b$ 的值，使 $f(x)$ 在点 $x=1$ 处连续且可导.

7. 求下列函数在指定点的导数值：

(1) $f(x)=\dfrac{x-\sin x}{x+\sin x}$，$x=\dfrac{\pi}{2}$；

(2) $y^2-x^3+\sin xy=0$，$(0，0)$.

8. 求曲线 $y=\ln x$ 在点（e，1）处的切线方程与法线方程.

9. 求由隐函数 $xy+x^2=1$ 所确定的曲线在点（1，0）处的切线方程与法线方程.

10. 求下列函数的高阶导数：

(1) $y=\ln(1-x^2)$，求 $y''$；        (2) $f(x)=\sin 2x$，求 $f'''\left(\dfrac{\pi}{6}\right)$；

(5) $y=\mathrm{e}^{3x}$，求 $y^{(n)}$；        (6) $y=\cos x$，求 $y^{(n)}$.

11. 求下列函数的微分：

(1) $y=\mathrm{e}^{-\frac{x}{2}}\sin 2x$；        (2) $y=3\sin(2x^3+1)$；

(3) $y=\dfrac{x}{1-x^2}$；        (4) $y=\arcsin\sqrt{x}-\dfrac{1}{x}$；

(5) $y=\ln^2(1+\tan^2 x)$；        (6) $y=\mathrm{e}^x\ln x$.

12. 利用微分求近似值：

(1) $\sqrt[3]{1\ 001}$；        (2) $\ln 0.99$；        (3) $\sin 149°$；        (4) $\arctan 0.98$.

13. 已知单摆的振动周期 $T=2\pi\sqrt{\dfrac{l}{g}}$，其中 $g=980\ \mathrm{cm/s^2}$，$l$ 为摆长（单位为 cm），设原来摆长为 20 cm，为使周期 $T$ 增大 0.05 s，摆长约需加长多少?

## 数学实验 3

## MATLAB 在导数运算中的应用（一）

### 一、实验目的

学会运用 MATLAB 软件计算函数导数的方法，并掌握命令 diff 的调用格式.

### 二、利用 MATLAB 计算函数的导数

在 MATLAB 中，计算函数导数的命令及调用格式如表 3-1 所示.

表 3-1

| 调用格式 | 说明 |
| --- | --- |
| diff(f) | 计算函数 $f$ 对系统默认自变量的一阶导数 |
| diff(f，v) | 计算函数 $f$ 对自变量 $v$ 的一阶导数 |
| diff(f，n) | 计算函数 $f$ 对系统默认自变量的 $n$ 阶导数 |
| diff(f，v，n) | 计算函数 $f$ 对自变量 $v$ 的 $n$ 阶导数 |

**例 1** 求 $y = xe^{x^2}$ 的导数.

在 M 文件编辑窗口中输入命令：

syms x

f1 = x ∗ exp(x^2)；   %定义函数 f

dy_dx = diff(f1)   %求函数 f1 对系统默认自变量 x 的一阶导数并显示结果

计算结果为：

dy_dx =

　　　　exp(x^2) + 2 ∗ x^2 ∗ exp(x^2)

**例 2** 求 $y = \sin(kx^2 + 1)$ 的导数.

在 M 文件编辑窗口中输入命令：

syms x k

f2 = sin(k ∗ x^2 + 1)；

dy_dx = diff(f2,x)   %求函数 f2 对自变量 x 的一阶导数

计算结果为：

dy_dx =

　　　　2 ∗ k ∗ x ∗ cos(k ∗ x^2 + 1)

**例 3** 设函数 $f(x) = \dfrac{3}{5-x} + \dfrac{x^2}{7}$，求 $f'(2)$.

在 M 文件编辑窗口中输入命令：

syms x

f3 = 3/(5 − x) + x^2/7；

dy_dx = diff(f3,x)   %求函数 f3 对自变量 x 的一阶导数

z = subs(dy_dx,x,2)   %将导函数在 $x = 2$ 处的值

计算结果为：

dy_dx =

　　　　(2 ∗ x)/7 + 3/(x − 5)^2

z =

　0.9048

**例 4** 设函数 $f(x) = x^2 e^{3x}$，求 $f''(x)$，$f'''(x)$.

在 M 文件编辑窗口中输入命令：

syms x

f4 = x^2 ∗ exp (3 ∗ x)；

dfdx2 = diff (f4, x, 2)   %求函数 f4 的二阶导数

dfdx3 = diff (f4, x, 3)   %求函数 f4 的三阶导数

计算结果为：

dfdx2 =

　　　　2 ∗ exp (3 ∗ x) + 12 ∗ x ∗ exp (3 ∗ x) + 9 ∗ x^2 ∗ exp (3 ∗ x)

dfdx3 =

　　　　18 ∗ exp (3 ∗ x) + 54 ∗ x ∗ exp (3 ∗ x) + 27 ∗ x^2 ∗ exp (3 ∗ x)

即 $f''(x)=2\mathrm{e}^{3x}+12x\mathrm{e}^{3x}+9x^2\mathrm{e}^{3x}$，$f'''(x)=18\mathrm{e}^{3x}+54x\mathrm{e}^{3x}+27x^2\mathrm{e}^{3x}$.

## 自己动手（三）

1. 求下列函数的一阶导数

(1) $y=x\cos x$；    (2) $y=\dfrac{\mathrm{e}^x}{x}$；    (3) $y=(1+x^2)\arctan x$.

2. 已知 $f(x)=\ln(x+\sqrt{1+x^2})$，求 $f''(x)$.

3. 已知 $y=x^2\sin 3x$，求 $y'''$.

4. 已知 $y=\sin x-\cos x$，求 $y'\left(\dfrac{\pi}{4}\right)$.

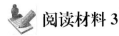 **阅读材料3**

### 数学谜题的建筑学实践

1903 年，杜登尼成功破解蒙默思谜题（Haberdasher），将一个等边三角形切割成四部分，通过八个步骤变成一个正方形. 2012 年底，两位英国建筑师受此启发，设计出可以变形为八种不同结构来适应不同季节的"奇特变形屋".

怎样设计抵御严冬或者降温防暑的房子，建筑师们早有了多套方案. 但如何同时实现御寒和防暑，长期以来似乎还只是个梦想.

不可思议的是，近日在英国一个小镇上，一款新型折叠房让这个梦想成为现实. 这款房屋能耐热御寒，适应从早到晚、冬季至夏季的气候变化，用设计者的话来说，"它能变形成八种不同结构来适应不同季节、气象，甚至天文环境."

这座奇特变形房屋是英国建筑师大卫·古伦堡和丹尼尔·沃夫逊的智慧结晶，将建筑灵活性提升到了一个新的水平. 四个房子之间相互连接，通过省力的铰链和支架轨道进行旋转，同时这种设计也能够确保所有的房间在移动时的稳定性和牢固性. 房屋内部结构可以变形，厚重的住宅外墙壁可以折叠成为内墙壁，从而使玻璃内墙变成外墙. 门可以成为窗，窗也可成为门.

房屋由两间卧室、一个开放式客厅和一个卫生间组成，四个部分可以根据生活环境需求自由组合. 房屋内部的家具也是公司设计的，包括一张桌子和灯具等，其造型也非常类似.

不管寒冬还是酷暑、白昼还是黑夜，这四个房间都可以自由旋转，非常灵活. 比如，在夏日，卧室向东，当你起床时可观看日出. 房屋可以旋转，这样住户总会沐浴在阳光下，同时，通过太阳能面板，房屋能够获得足够的能量. 甚至整个建筑能跟着阳光一天折射角度的变化而不断旋转.

"我们想把杜登尼的研究成果从想法变成现实."接受《英国每日邮报》采访时，两位设计者称. 而这种变革性设计是受到蒙默思谜题的启发，即将一个等边三角形切割后变成方块，这源自 20 世纪早期一位数学家的研究成果.

这位数学家是亨利·欧内斯特·杜登尼，他专门研究逻辑谜题和数学游戏，被认为是英国最有名的谜题创造者. 尽管职业是公务员，但他不断设计各种谜题. 在 1926 年，他发表了著名的数独谜题，被誉为发明了语言算数，为数字的应用开辟了新途径.

1903 年，杜登尼成功解决了自己提出的蒙默思谜题，他发明出一种方式，将一个等边三角形切割成四部分，通过八个步骤变成一个正方形.

受杜登尼的逻辑谜题启发，为实现这个概念作品，大卫·古伦堡和丹尼尔·沃夫逊创建了登尼梦屋公司. 痴迷于这个原理，两位建筑师希望化繁为简，通过简单的四个组件设计家具、艺术品甚至建筑物. 而在此前，登尼梦屋公司已经推出了基于该原理设计的灯和桌子.

这款变形房屋将数学成果变为在极端气候下居住的解决方案. 登尼梦屋公司负责人称，作为应用数学的产物，这个变形屋将来会投产.

未来，登尼梦屋公司每个房屋都能自由组合，适应不同生活模式. 他们正在继续杜登尼未完成的梦，将古老的谜题插上新生活的翅膀. 正如设计者所言："我们定义的不仅是空间，更是全新的生活方式."

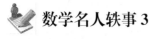

## 数学名人轶事 3

## 不甘示弱的牛顿

依撒克·牛顿（Isaac Newton，1643 年 1 月 4 日—1727 年 3 月 31 日）是 17 世纪伟大的科学家，他 1642 年出生在英国林肯郡沃尔斯索普村，活了 85 岁. 在数学、物理的许多领域中，牛顿都具有划时代的成果. 在力学上，他奠定了古典力学的基础；在数学上，他和莱布尼兹一起创造了微积分.

但是，牛顿的少年时代充满了波折与坎坷. 他的生父是一个农民，在他出生之前就去世了. 牛顿出生时是个不足月的婴儿，十分瘦小. 由于生活贫困，营养不良，面黄肌瘦的小牛顿 1 岁还站不起来. 迫于生计，年轻的母亲改嫁给当地的一位牧师，小牛顿不得不寄住在外祖母家. 由于从小失去父亲，失去母爱，牛顿的性格孤僻，怕见人，整天默默地自己玩. 上小学后，他学习成绩不好，常受到同学们的嘲笑，还有一个学生常侮辱和欺负他. 老师对他也不关心，让他坐在教室的最后一排. 牛顿 12 岁那年上了中学，这是镇上一所条件挺好的中学. 在班上同学们瞧不起他，一个同学曾经指着牛顿的鼻子骂他是个"天生的笨蛋""蠢猪""只配坐红椅子"，要他"干脆滚回家去"，在场的同学不但不同情他，反而起哄道："不要撵他回去，不然就没人坐红椅子啦！"

同学的侮辱，老师的冷漠，使小牛顿的自尊心受到很大打击. 但是他没有因此退缩，而是擦干了眼泪，奋发学习，上课认真听讲，下课认真练习. 不久，他的成绩有了明显的进步. 从此，天资聪慧的牛顿才华初露，令他的老师刮目相看了，经过一年的努力，到了中学二年级，牛顿便从班上的倒数第一跃为正数第一名. 原来嘲笑他是"笨蛋"的学生不服气，又向他挑衅. 当着班上同学的面，牛顿狠狠揍了那人一拳，并举着握紧的拳头，瞪着发光的眼睛，自信地说："比比看，走着瞧！"这一次，同学们没嘲笑牛顿，反而对他报以热烈的掌声，有的喊道："好样的，依撒克！"这使牛顿感到莫大的安慰，他笑了.

14 岁那年，牛顿的母亲又回到了娘家，她的第二个丈夫病故了. 牛顿被生活所迫回家务农，老师和同学深为牛顿的辍学而惋惜，不少人送给牛顿书籍和学习用具，希望他能坚持学习. 牛顿已对学习产生了兴趣，回家后利用一切空闲的时间学习，把老师和同学给的书全读完了. 牛顿的苦学精神感动了他的舅父，舅父又让他回到了中学.

经过顽强的拼搏，19 岁的牛顿以优异的成绩考入了英国著名的剑桥大学．家境的贫寒，迫使牛顿不得不去勤工俭学，以微薄的收入补交学费．困难并没有使牛顿退缩，反而激励了他更加刻苦学习的志气，他的才华和出色的成绩博得了导师的鉴赏，最后以全优的成绩获得硕士学位，为他以后的研究打下了坚实的基础．

牛顿不甘示弱的品格和勤奋努力的学习精神，使他最终成为举世闻名的大物理学家和大数学家．

# 第四章
# 导数的应用

在上一章里，我们从实际问题出发，引出了导数的概念，并讨论了导数的计算方法. 本章将介绍导数在计算未定式的极限、研究函数及其曲线的性态、解决某些实际问题以及经济分析等方面的应用.

## 第一节 洛必达法则

对于 $\dfrac{0}{0}$、$\dfrac{\infty}{\infty}$ 等未定式的极限，在第二章已经介绍过了，其方法有初等变形法、重要极限法、无穷小的等价代换法等，虽然这些方法都有效，但每一种方法都有其适用范围，并且还有一定的运算技巧. 下面介绍解决 $\dfrac{0}{0}$、$\dfrac{\infty}{\infty}$ 以及其他未定式极限的一种简便而有效的方法.

### 一、$\dfrac{0}{0}$ 和 $\dfrac{\infty}{\infty}$ 型未定式的极限

**定理 4.1**（**洛必达法则**）设函数 $f(x)$，$g(x)$ 满足

(1) $\lim\limits_{x \to a} f(x) = 0$，$\lim\limits_{x \to a} g(x) = 0$；

(2) 在点 $a$ 的某一去心邻域内，$f(x)$，$g(x)$ 可导且 $g'(x) \neq 0$；

(3) $\lim\limits_{x \to a} \dfrac{f'(x)}{g'(x)}$ 存在或为 $\infty$.

则

$$\lim_{x \to a} \frac{f(x)}{g(x)} = \lim_{x \to a} \frac{f'(x)}{g'(x)}$$

这种在一定条件下，将函数商的极限转化为对分子、分母分别求导，然后再来求极限并确定未定式的值的方法称为洛必达法则.

关于洛必达法则作如下说明：

(1) 在上述定理中，将 $x \to a$ 改为 $x \to \infty$，结论仍然成立.

(2) 在上述定理中，将条件（1）改为 $\lim\limits_{\substack{x \to a \\ (x \to \infty)}} f(x) = \infty$，$\lim\limits_{\substack{x \to a \\ (x \to \infty)}} g(x) = \infty$，结论仍然成立.

因此，洛必达法则不仅适用于 $\dfrac{0}{0}$ 型未定式，也适用于 $\dfrac{\infty}{\infty}$ 型未定式.

（3）如果当 $x \to a$ 时 $\dfrac{f'(x)}{g'(x)}$ 仍为 $\dfrac{0}{0}$ 型或 $\dfrac{\infty}{\infty}$ 型未定式，并且 $f'(x)$，$g'(x)$ 满足定理的条件，则可以继续使用洛必达法则，即

$$\lim_{x \to a}\frac{f(x)}{g(x)}=\lim_{x \to a}\frac{f'(x)}{g'(x)}=\lim_{x \to a}\frac{f''(x)}{g''(x)}$$

且可依次类推.

**例 1** 求 $\lim\limits_{x \to 0}\dfrac{\sin ax}{\sin bx}$ $(b \neq 0)$.

**解** 这是 $x \to a$ 时的 $\dfrac{0}{0}$ 型未定式，且满足洛必达法则的条件，所以

$$\lim_{x \to 0}\frac{\sin ax}{\sin bx}=\lim_{x \to 0}\frac{(\sin ax)'}{(\sin bx)'}=\lim_{x \to 0}\frac{a\cos ax}{b\cos bx}=\frac{a}{b}$$

**例 2** 求 $\lim\limits_{x \to 1}\dfrac{x^3-3x+2}{x^3-x^2-x+1}$.

**解** 这是 $x \to a$ 时的 $\dfrac{0}{0}$ 型未定式，由洛必达法则得

$$\lim_{x \to 1}\frac{x^3-3x+2}{x^3-x^2-x+1}=\lim_{x \to 1}\frac{3x^2-3}{3x^2-2x-1}$$

这时仍然是 $\dfrac{0}{0}$ 型未定式，并且满足洛必达法则的条件，于是，再用洛必达法则

$$\lim_{x \to 1}\frac{3x^2-3}{3x^2-2x-1}=\lim_{x \to 1}\frac{(3x^2-3)'}{(3x^2-2x-1)'}=\lim_{x \to 1}\frac{6x}{6x-2}=\frac{3}{2}$$

**注意** 上式中 $\lim\limits_{x \to 1}\dfrac{6x}{6x-2}$ 已经不是未定式，所以不可再用洛必达法则.

**例 3** 求 $\lim\limits_{x \to +\infty}\dfrac{\dfrac{\pi}{2}-\arctan x}{\dfrac{1}{x}}$.

**解** 这是 $x \to \infty$ 时的 $\dfrac{0}{0}$ 型未定式，且满足洛必达法则的条件，所以

$$\lim_{x \to +\infty}\frac{\dfrac{\pi}{2}-\arctan x}{\dfrac{1}{x}}=\lim_{x \to +\infty}\frac{-\dfrac{1}{1+x^2}}{-\dfrac{1}{x^2}}=\lim_{x \to +\infty}\frac{x^2}{1+x^2}=1$$

**例 4** 求 $\lim\limits_{x \to +\infty}\dfrac{\ln x}{x^n}$ $(n>0)$.

**解** 这是 $x \to \infty$ 时的 $\dfrac{\infty}{\infty}$ 型未定式，由洛必达法则得

$$\lim_{x \to +\infty}\frac{\ln x}{x^n}=\lim_{x \to +\infty}\frac{(\ln x)'}{(x^n)'}=\lim_{x \to +\infty}\frac{\dfrac{1}{x}}{nx^{n-1}}=\lim_{x \to +\infty}\frac{1}{nx^n}$$

**例 5** 求 $\lim\limits_{x \to +\infty} \dfrac{x^n}{e^{\lambda x}}$ $(n \in \mathbf{N},\ \lambda > 0)$.

**解** 这是 $x \to \infty$ 时的 $\dfrac{\infty}{\infty}$ 型未定式，由洛必达法则得

$$\lim_{x \to +\infty} \frac{x^n}{e^{\lambda x}} \overset{\frac{\infty}{\infty}}{=} \lim_{x \to +\infty} \frac{(x^n)'}{(e^{\lambda x})'} = \lim_{x \to +\infty} \frac{nx^{n-1}}{\lambda e^{\lambda x}} \overset{\frac{\infty}{\infty}}{=} \lim_{x \to +\infty} \frac{n(n-1)x^{n-2}}{\lambda^2 e^{\lambda x}}$$

$$= \cdots = \lim_{x \to +\infty} \frac{n!}{\lambda^n e^x} = 0$$

**例 6** 求 $\lim\limits_{x \to 0} \dfrac{\tan x - x}{x^2 \tan x}$.

**解** 由于当 $x \to 0$ 时 $\tan x \sim x$，于是

$$\lim_{x \to 0} \frac{\tan x - x}{x^2 \tan x} = \lim_{x \to 0} \frac{\tan x - x}{x^3} = \lim_{x \to 0} \frac{\sec^2 x - 1}{3x^2} = \lim_{x \to 0} \frac{2\sec^2 x \tan x}{6x}$$

$$= \frac{1}{3} \lim_{x \to 0} \frac{\tan x}{x} = \frac{1}{3}$$

**小结：**（1）在每次使用洛必达法则时，都要先验证它属于哪一类未定式，不能盲目应用，在应用洛必达法则之后，如果分子、分母有公因式，则应先约去公因式. 如果分子或分母有极限值非零的乘积因式，则应先将其提出，然后再考虑是否继续使用洛必达法则.

（2）洛必达法则是求未定式极限的一种有效方法，但如果能与其他求极限方法（如等价代换、重要极限等）结合使用，效果会更好.

## 二、其他未定式的极限

除了 $\dfrac{0}{0}$、$\dfrac{\infty}{\infty}$ 型未定式以外，还有 $\infty - \infty$、$0 \cdot \infty$、$\infty^0$、$0^0$ 和 $1^\infty$ 型五种未定式，这些未定式往往都是先将其转化为 $\dfrac{0}{0}$ 或 $\dfrac{\infty}{\infty}$ 型未定式，然后再使用洛必达法则来求极限.

**例 7** 求 $\lim\limits_{x \to 1} \left( \dfrac{1}{\ln x} - \dfrac{1}{x-1} \right)$.

**解** 这是 $\infty - \infty$ 型未定式，将其通分则可转化为 $\dfrac{0}{0}$ 型未定式.

$$\lim_{x \to 1} \left( \frac{1}{\ln x} - \frac{1}{x-1} \right) = \lim_{x \to 1} \frac{x - 1 - \ln x}{(x-1)\ln x} \overset{\frac{0}{0}}{=} \lim_{x \to 1} \frac{1 - \dfrac{1}{x}}{\ln x + \dfrac{x-1}{x}} = \lim_{x \to 1} \frac{x-1}{x \ln x + x - 1}$$

$$= \lim_{x \to 1} \frac{1}{\ln x + 1 + 1} = \frac{1}{2}$$

**例 8** 求 $\lim\limits_{x \to 0^+} x^2 \ln x$.

**解** 这是 $0 \cdot \infty$ 型未定式，由于

$$x^2 \ln x = \frac{\ln x}{\dfrac{1}{x^2}}$$

当 $x \to 0^+$ 时，上式右端是 $\dfrac{\infty}{\infty}$ 型未定式，所以应用洛必达法则，得

$$\lim_{x \to 0^+} x^2 \ln x = \lim_{x \to 0^+} \frac{\ln x}{\dfrac{1}{x^2}} = \lim_{x \to 0^+} \frac{\dfrac{1}{x}}{-2 \cdot x^{-3}} = -\frac{1}{2} \lim_{x \to 0^+} x^2 = 0$$

对于幂指函数 $f(x)^{g(x)}$ 的极限，如果 $\lim\limits_{\substack{x \to a \\ (x \to \infty)}} f(x) = +\infty$，$\lim\limits_{\substack{x \to a \\ (x \to \infty)}} g(x) = 0$，则 $f(x)^{g(x)}$ 为 $\infty^0$ 型未定式；如果 $\lim\limits_{\substack{x \to a \\ (x \to \infty)}} f(x) = 0$，$\lim\limits_{\substack{x \to a \\ (x \to \infty)}} g(x) = 0$，则 $f(x)^{g(x)}$ 为 $0^0$ 型未定式；如果 $\lim\limits_{\substack{x \to a \\ (x \to \infty)}} f(x) = 1$，$\lim\limits_{\substack{x \to a \\ (x \to \infty)}} g(x) = \infty$，则 $f(x)^{g(x)}$ 为 $1^\infty$ 型未定式. 由于

$$f(x)^{g(x)} = \mathrm{e}^{g(x) \ln f(x)}$$

而 $g(x) \ln f(x)$ 是 $0 \cdot \infty$ 型未定式，所以对于 $\infty^0$、$0^0$ 和 $1^\infty$ 型未定式应先转化为 $0 \cdot \infty$ 型未定式，然后进一步转化为 $\dfrac{0}{0}$ 或 $\dfrac{\infty}{\infty}$ 型未定式，最后再用洛必达法则求极限.

**例 9**　求 $\lim\limits_{x \to \infty} (1 + x^2)^{\frac{1}{x}}$.

**解**　这是 $\infty^0$ 型未定式，由于 $(1 + x^2)^{\frac{1}{x}} = \mathrm{e}^{\ln(1 + x^2)^{\frac{1}{x}}} = \mathrm{e}^{\frac{\ln(1 + x^2)}{x}}$，且

$$\lim_{x \to \infty} \frac{\ln(1 + x^2)}{x} = \lim_{x \to \infty} \frac{\dfrac{2x}{1 + x^2}}{1} = \lim_{x \to \infty} \frac{2x}{1 + x^2} = 0$$

所以 
$$\lim_{x \to \infty} (1 + x^2)^{\frac{1}{x}} = \mathrm{e}^0 = 1$$

**例 10**　求 $\lim\limits_{x \to 0^+} x^x$.

**解**　这是 $0^0$ 型未定式，由于 $x^x = \mathrm{e}^{x \ln x}$，且

$$\lim_{x \to 0^+} x \ln x = \lim_{x \to 0^+} \frac{\ln x}{\dfrac{1}{x}} = \lim_{x \to 0^+} \frac{\dfrac{1}{x}}{-\dfrac{1}{x^2}} = -\lim_{x \to 0^+} x = 0$$

所以 
$$\lim_{x \to 0^+} x^x = \mathrm{e}^0 = 1$$

**例 11**　求 $\lim\limits_{x \to 1} x^{\frac{1}{1-x}}$.

**解**　这是 $1^\infty$ 型未定式，由于 $x^{\frac{1}{1-x}} = \mathrm{e}^{\ln x^{\frac{1}{1-x}}} = \mathrm{e}^{\frac{\ln x}{1-x}}$，于是

$$\lim_{x \to 1} x^{\frac{1}{1-x}} = \mathrm{e}^{\lim\limits_{x \to 1} \frac{\ln x}{1-x}} = \mathrm{e}^{\lim\limits_{x \to 1} \frac{\frac{1}{x}}{-1}} = \mathrm{e}^{-1}$$

需要特别说明的是，在定理 4.1 中，如果 $\lim \dfrac{f'(x)}{g'(x)}$ 不存在，且不为 $\infty$，则并不能说明 $\lim \dfrac{f(x)}{g(x)}$ 也不存在，而只能说明这时洛必达法则失效，应该用其他方法来求此极限.

**例 12**　求 $\lim\limits_{x \to 0} \dfrac{x^2 \cos \dfrac{1}{x}}{\sin x}$.

**解** 这是 $\dfrac{0}{0}$ 型未定式，但如果使用洛必达法则，得

$$\lim_{x\to 0}\frac{x^2\cos\dfrac{1}{x}}{\sin x}=\lim_{x\to 0}\frac{2x\cos\dfrac{1}{x}+\sin\dfrac{1}{x}}{\cos x}$$

因为当 $x\to 0$ 时，$\sin\dfrac{1}{x}$ 和 $\cos\dfrac{1}{x}$ 的极限都不存在，所以上式的极限也不存在，而事实上

$$\lim_{x\to 0}\frac{x^2\cos\dfrac{1}{x}}{\sin x}=\lim_{x\to 0}\frac{x}{\sin x}x\cos\frac{1}{x}=\lim_{x\to 0}\frac{x}{\sin x}\cdot\lim_{x\to 0}x\cos\frac{1}{x}=0$$

## 习题 4 - 1

1. 求下列极限：

(1) $\lim\limits_{x\to 0}\dfrac{\sin 3x}{x}$；

(2) $\lim\limits_{x\to 1}\dfrac{\ln x}{x-1}$；

(3) $\lim\limits_{x\to 0}\dfrac{\tan x-x}{x^2\sin x}$；

(4) $\lim\limits_{x\to 0}\dfrac{\mathrm{e}^x-\mathrm{e}^{-x}}{\sin x}$；

(5) $\lim\limits_{x\to\frac{\pi}{2}}\dfrac{\ln\sin x}{(\pi-2x)^3}$；

(6) $\lim\limits_{x\to+\infty}\dfrac{\mathrm{e}^x}{x^3}$；

(7) $\lim\limits_{x\to+\infty}\dfrac{\ln(\mathrm{e}^x+1)}{\mathrm{e}^x}$；

(8) $\lim\limits_{x\to 0^+}\dfrac{\ln x}{\ln\sin x}$.

2. 求下列极限：

(1) $\lim\limits_{x\to 0}\left(\dfrac{1}{x}-\dfrac{1}{\mathrm{e}^x-1}\right)$；

(2) $\lim\limits_{x\to 0^+}x^{\sin x}$；

(3) $\lim\limits_{x\to\infty}x\cdot(\mathrm{e}^{\frac{1}{x}}-1)$；

(4) $\lim\limits_{x\to+\infty}\left(\dfrac{2}{\pi}\arctan x\right)^x$；

(5) $\lim\limits_{x\to 0^+}\left(\ln\dfrac{1}{x}\right)^x$；

(6) $\lim\limits_{x\to 0}x\cot 3x$；

(7) $\lim\limits_{x\to+\infty}\dfrac{x-\sin x}{x+\sin x}$；

(8) $\lim\limits_{x\to+\infty}\dfrac{x}{\sqrt{1+x^2}}$.

# 第二节　函数的单调性与极值

## 一、函数单调性及其判定

在第一章的第一节中，已经介绍了函数单调性的概念，下面利用导数来研究函数的单调性.

如图 4-1、图 4-2 所示，如果函数 $y=f(x)$ 在 $[a,b]$ 上单调增加（单调减少），那么它的图形是一条沿 $x$ 轴正向上升（下降）的曲线，这时，曲线上各点处切线的倾角为锐角

（钝角），从而斜率是正的（负的），即 $f'(x)>0$（$f'(x)<0$）. 由此可见，函数的单调性与导数的符号有着密切的关系. 事实上，可以证明函数的单调性具有如下定理：

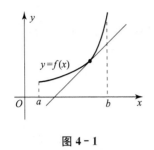

图 4 - 1                                          图 4 - 2

**定理 4.2**  设 $y=f(x)$ 在 $[a,b]$ 上连续，在 $(a,b)$ 内可导，则

（1）若函数 $y=f(x)$ 在 $(a,b)$ 内 $f'(x)>0$，则 $y=f(x)$ 在 $[a,b]$ 上单调增加；

（2）若函数 $y=f(x)$ 在 $(a,b)$ 内 $f'(x)<0$，则 $y=f(x)$ 在 $[a,b]$ 上单调减少.

**注意**  如果把定理中的闭区间换成其他各种区间，那么结论也成立.

**例 1**  讨论 $y=e^x-x+1$ 的单调性.

**解**  函数的定义域为 $(-\infty, +\infty)$，且
$$y'=e^x-1$$

令 $y'=0$，即 $e^x-1=0$，得 $x=0$，它将定义区间划分为两个子区间 $(-\infty, 0)$、$(0, +\infty)$.

在 $(-\infty, 0)$ 内，$y'<0$，因此函数 $y=e^x-x+1$ 在 $(-\infty, 0]$ 内单调递减；在 $(0, +\infty)$ 内，$y'>0$，因此函数 $y=e^x-x+1$ 在 $[0, +\infty)$ 内单调递增.

所以函数 $y=e^x-x+1$ 的单增区间是 $[0, +\infty)$，单减区间是 $(-\infty, 0]$.

在上例中，点 $x=0$ 是函数单增区间与单减区间的分界点，其导数为零. 一般地，使函数导数为零的点称为函数的**驻点**.

**例 2**  讨论 $f(x)=\sqrt[3]{x^2}$ 的单调性.

**解**  函数的定义域为 $(-\infty, +\infty)$，当 $x\neq 0$ 时
$$f'(x)=\left(x^{\frac{2}{3}}\right)'=\frac{2}{3}x^{-\frac{1}{3}}=\frac{2}{3\sqrt[3]{x}}$$

当 $x=0$ 时，函数 $f(x)$ 的导数不存在，点 $x=0$ 将定义区间划分成两个子区间 $(-\infty, 0)$、$(0, +\infty)$.

在 $(-\infty, 0)$ 内，$f'(x)<0$，因此函数 $f(x)=\sqrt[3]{x^2}$ 在 $(-\infty, 0]$ 内单调递减；在 $(0, +\infty)$ 内，$f'(x)>0$，因此函数 $f(x)=\sqrt[3]{x^2}$ 在 $[0, +\infty)$ 内单调递增.

所以函数 $f(x)=\sqrt[3]{x^2}$ 的单增区间是 $[0, +\infty)$，单减区间是 $(-\infty, 0]$. 函数 $f(x)=\sqrt[3]{x^2}$ 的图形如图 4-3 所示.

从上面的两个例子可以看出，有些函数在它的定义区间上不是单调的，但是当我们用驻点和导数不存在的点来划分函数的定义区间以后，就可以使函数在各个部分区间上单调. 因此，求函数单调区间的步骤可归纳如下：

（1）确定函数 $f(x)$ 的定义区间；

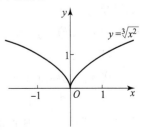

图 4 - 3

（2）求函数 $f(x)$ 的导数 $f'(x)$；

（3）找出函数 $f(x)$ 的驻点和不可导点，并以驻点、不可导点为分界点将函数 $f(x)$ 的定义区间划分成若干子区间；

（4）讨论导数 $f'(x)$ 在各子区间上的符号，从而得出函数 $f(x)$ 的单调区间.

**例 3** 讨论 $f(x)=2x^3-9x^2+12x-3$ 的单调区间.

**解** 函数 $f(x)=2x^3-9x^2+12x-3$ 的定义区间为 $(-\infty,+\infty)$，且
$$f'(x)=6x^2-18x+12=6(x-1)(x-2)$$
令 $f'(x)=0$，得驻点 $x_1=1$，$x_2=2$.

用 $x_1$，$x_2$ 将定义区间 $(-\infty,+\infty)$ 分成三个子区间：$(-\infty,1)$、$(1,2)$、$(2,+\infty)$；列表讨论如表 4-1 所示

表 4-1

| $x$ | $(-\infty,1)$ | 1 | $(1,2)$ | 2 | $(2,+\infty)$ |
|---|---|---|---|---|---|
| $f'(x)$ | $+$ | 0 | $-$ | 0 | $+$ |
| $f(x)$ | ↗ | | ↘ | | ↗ |

综上所述，函数 $f(x)=2x^3-9x^2+12x-3$ 的单增区间为 $(-\infty,1]$、$[2,+\infty)$，单减区间为 $[1,2]$.

函数 $f(x)=2x^3-9x^2+12x-3$ 的图形如图 4-4 所示.

## 二、函数的极值及其求法

在例 3 中我们看到，点 $x=1$，$x=2$ 是函数
$$f(x)=2x^3-9x^2+12x-3$$

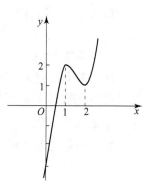

图 4-4

的单增区间与单减区间的分界点，在点 $x=1$ 的左侧近旁，函数 $f(x)$ 是单调增加的，而在点 $x=1$ 的右侧近旁，函数 $f(x)$ 是单调减少的. 因此，存在着点 $x=1$ 的一个去心邻域，对于该去心邻域内的任何点 $x$，$f(x)<f(1)$ 均成立. 类似地，在点 $x=2$ 处，也存在一个去心邻域，对于该去心邻域内的任何点 $x$，$f(x)>f(2)$ 均成立. 具有这种性质的点（如这里的 $x=1$ 及 $x=2$）在实际应用中有着重要的意义，值得我们对此作一般性的研究.

**定义 4.1** 设函数 $f(x)$ 在点 $x_0$ 的某邻域内有定义，对于该邻域内任意的 $x$ $(x\neq x_0)$，如果总有

（1）$f(x)<f(x_0)$，则称 $f(x_0)$ 为 $f(x)$ 的一个**极大值**，$x_0$ 称为 $f(x)$ 的**极大值点**；

（2）$f(x)>f(x_0)$，则称 $f(x_0)$ 为 $f(x)$ 的一个**极小值**，$x_0$ 称为 $f(x)$ 的**极小值点**.

函数的极大值和极小值统称为**极值**，极大值点与极小值点统称为**极值点**.

这样，例 3 中的函数 $f(x)=2x^3-9x^2+12x-3$ 有极大值 $f(1)=2$ 和极小值 $f(2)=1$，点 $x=1$，$x=2$ 分别是极大值点和极小值点.

根据极值的定义，函数的极大值与极小值是局部性的概念，如果 $f(x_0)$ 是函数 $f(x)$

的一个极大值，只是就 $x_0$ 附近的一个局部范围来说，$f(x_0)$ 是函数 $f(x)$ 的一个最大值.
但是，就函数 $f(x)$ 的整个定义域来说，$f(x_0)$ 不一定是最大值，关于极小值也类似.

如图 4-5 所示，函数 $f(x)$ 有两个极大值：$f(x_1)$、$f(x_4)$，两个极小值：$f(x_2)$、
$f(x_5)$，其中极大值 $f(x_1)$ 比极小值 $f(x_5)$ 还小，就整个区间 $[a, b]$ 来说，两个极大值
都不是最大值，两个极小值也都不是最小值.

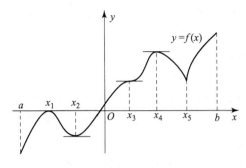

图 4-5

从图 4-5 中还可以看出，在函数取得极值的地方，如果曲线有切线，那么切线一定是
水平的，但曲线上有水平切线的地方，函数不一定取得极值. 例如在图 4-5 中的 $x=x_3$ 处，
曲线上有水平的切线，但 $f(x_3)$ 不是极值. 如何求函数的极值呢？

**定理 4.3（必要条件）** 设函数 $f(x)$ 在点 $x_0$ 处可导且取得极值，则必有 $f'(x_0)=0$.

定理 4.3 表明：可导函数 $f(x)$ 的极值点必定是它的驻点，但反过来，函数的驻点却不
一定是极值点. 定理 4.3 的条件是函数 $f(x)$ 在点 $x_0$ 处可导，但是在导数不存在的点，函
数 $f(x)$ 也有可能取得极值. 例如图 4-5 中，函数 $f(x)$ 在点 $x_5$ 处不可导，但在点 $x_5$ 处函
数 $f(x)$ 有极小值 $f(x_5)$. 也就是说，函数的极值点必定是函数的驻点或导数不存在的点.
但是驻点或导数不存在的点不一定是极值点，那么如何来判定在这些点处函数是否取得极值
呢？下面给出判定极值的充分条件.

**定理 4.4（第一充分条件）** 设 $f(x)$ 在点 $x_0$ 处连续，且在点 $x_0$ 的某去心邻域内可导.

（1）如果当 $x$ 取 $x_0$ 左邻域内的值时，$f'(x)>0$；当 $x$ 取 $x_0$ 右邻域内的值时，$f'(x)<0$，则函数 $f(x)$ 在 $x_0$ 处取得极大值；

（2）如果当 $x$ 取 $x_0$ 左邻域内的值时，$f'(x)<0$；当 $x$ 取 $x_0$ 右邻域内的值时，$f'(x)>0$，则函数 $f(x)$ 在 $x_0$ 处取得极小值；

（3）如果在点 $x_0$ 的某去心邻域内，$f'(x)$ 的符号保持不变，则函数 $f(x)$ 在 $x_0$ 处无
极值.

**例 4** 求 $f(x)=x^3-3x^2-9x+5$ 的极值.

**解** 函数的定义域为 $(-\infty, +\infty)$，且
$$f'(x)=3x^2-6x-9=3(x+1)(x-3)$$
令 $f'(x)=0$，得驻点 $x_1=-1$，$x_2=3$.

用 $x_1=-1$，$x_2=3$ 将定义域分成三个部分区间，并列表讨论 $f'(x)$ 的符号，如表 4-2
所示.

表 4 - 2

| $x$ | $(-\infty, -1)$ | $-1$ | $(-1, 3)$ | $3$ | $(3, +\infty)$ |
|---|---|---|---|---|---|
| $f'(x)$ | $+$ | $0$ | $-$ | $0$ | $+$ |
| $f(x)$ | ↗ | 极大值 | ↘ | 极小值 | ↗ |

所以函数 $f(x)$ 的极大值为 $f(-1)=10$，极小值为 $f(3)=-22$.

由此可知，求函数的极值可按如下步骤进行.

（1）确定函数的定义域；

（2）求出函数 $f(x)$ 的导数 $f'(x)$；

（3）令 $f'(x)=0$，求出函数 $f(x)$ 的驻点以及不可导的点；

（4）用驻点及不可导的点将函数 $f(x)$ 的定义域划分为若干子区间，讨论 $f'(x)$ 在各子区间上的符号，求出极值点；

（5）求极值点处的函数值，得到函数的极大值或极小值.

**例 5**  求函数 $f(x)=1-(x-2)^{\frac{2}{3}}$ 的极值.

**解**  函数的定义域为 $(-\infty, +\infty)$，且

$$f'(x)=-\frac{2}{3\sqrt[3]{x-2}}$$

当 $x=2$ 时，$f'(x)$ 不存在，且 $f'(x)$ 没有驻点.

当 $x<2$ 时，$f'(x)>0$，当 $x>2$ 时，$f'(x)<0$，因此函数在 $x=2$ 处取得极大值，且 $f(2)=1$.

如果函数 $f(x)$ 在驻点处二阶导数存在且不为零，那么可以利用下述定理来判定 $f(x)$ 在驻点处取得极大值还是极小值.

**定理 4.5（第二充分条件）**  设 $f(x)$ 在点 $x_0$ 处具有二阶导数，且 $f'(x_0)=0$，$f''(x_0)\neq0$，那么

（1）当 $f''(x_0)<0$ 时，函数 $f(x)$ 在点 $x_0$ 处取得极大值；

（2）当 $f''(x_0)>0$ 时，函数 $f(x)$ 在点 $x_0$ 处取得极小值.

**例 6**  求函数 $f(x)=2x^3-3x^2-12x+5$ 的极值.

**解**  函数的定义域为 $(-\infty, +\infty)$，且

$$f'(x)=6x^2-6x-12=6(x+1)(x-2)$$
$$f''(x)=12x-6$$

令 $f'(x)=0$，得驻点 $x_1=-1$，$x_2=2$.

因为 $f''(-1)=-18<0$，所以 $f(-1)=12$ 为极大值.

因为 $f''(2)=18>0$，所以 $f(2)=-15$ 为极小值.

# 习题 4 - 2

1. 求下列函数的单调区间：

（1）$f(x)=x^3-3x^2$；

（2）$f(x)=(x-1)x^{\frac{2}{3}}$；

(3) $f(x)=\arctan x-x$；

(4) $f(x)=2x-\dfrac{8}{x}$ $(x\neq 0)$；

(5) $f(x)=\ln(x+\sqrt{1+x^2})$；

(6) $f(x)=2x^2-\ln x$.

2. 求下列函数的极值点和极值：

(1) $f(x)=x^3-6x^2-15x+40$；

(2) $f(x)=1-(x-2)^{\frac{2}{3}}$；

(3) $f(x)=x^2+\dfrac{16}{x}$；

(4) $f(x)=3x^4-8x^3+6x^2$；

(5) $f(x)=x-\ln(1+x)$；

(6) $f(x)=x^2 e^{-x}$.

# 第三节　曲线的凹凸性与拐点

## 一、曲线凹凸性的概念与判定方法

在上一节中，我们研究了函数的单调性与极值的判定方法，函数的单调性反映在图形上，就是曲线的上升或下降. 但是，曲线在上升或下降的过程中，还有一个弯曲方向的问题. 如图 4-6 所示，图中有两条曲线弧，虽然它们都是上升的，但图形却有着显著的不同，$\overset{\frown}{ACB}$ 是向下凹的曲线弧，而 $\overset{\frown}{ADB}$ 是向上凸的曲线弧，即这两条曲线弧的凹凸性是不同的. 下面我们来研究曲线的凹凸性及其判定方法.

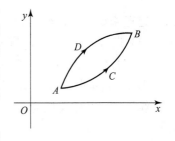

图 4-6

从几何上看，在有的曲线弧上，如果任取两点，则连接这两点间的弦总位于这两点间的弧段的上方（如图 4-7 所示），而有的曲线弧，则正好相反（如图 4-8 所示）. 曲线的这种性质就是曲线的凹凸性. 因此，曲线的凹凸性可以用连接曲线弧上任意两点的弦的中点与曲线弧上相应点的位置关系来描述. 下面给出曲线凹凸性的定义.

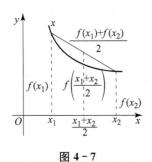

图 4-7

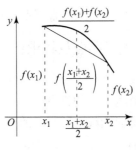

图 4-8

**定义 4.2**　设 $f(x)$ 在区间 $I$ 内连续，如果对于 $I$ 上任意两点 $x_1$，$x_2$，恒有

$$f\left(\dfrac{x_1+x_2}{2}\right)<\dfrac{f(x_1)+f(x_2)}{2}$$

则称 $f(x)$ 在 $I$ 上的**图形是凹的**；如果恒有

$$f\left(\frac{x_1+x_2}{2}\right)>\frac{f(x_1)+f(x_2)}{2}$$

则称 $f(x)$ 在 $I$ 上的**图形是凸的**.

从图 4-9、图 4-10 中可以看出，在凹的曲线上，各点处的切线斜率随 $x$ 的增大而增大，即 $f'(x)$ 是单调增加的；在凸的曲线上，各点处的切线斜率随 $x$ 的增大而减小，即 $f'(x)$ 是单调减少的. 而 $f'(x)$ 的单调性可由它的导数，即 $f''(x)$ 的符号来判定. 因此，我们可以利用二阶导数的符号来判定曲线的凹凸性，这就是曲线凹凸性的判定定理.

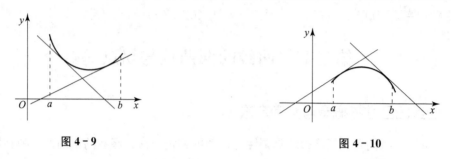

图 4-9                          图 4-10

**定理 4.6**    设 $f(x)$ 在 $[a,b]$ 上连续，在 $(a,b)$ 内具有一、二阶导数，则

(1) 若在 $(a,b)$ 内 $f''(x)>0$，则 $f(x)$ 在 $[a,b]$ 上的图形是凹的；

(2) 若在 $(a,b)$ 内 $f''(x)<0$，则 $f(x)$ 在 $[a,b]$ 上的图形是凸的.

**例 1**    判定曲线 $y=\ln x^3$ 的凹凸性.

**解**    函数的定义域为 $(0,+\infty)$，

$$y'=\frac{3x^2}{x^3}=\frac{3}{x}, \quad y''=-\frac{3}{x^2}<0$$

故曲线 $y=\ln x^3$ 为凸曲线.

**例 2**    判定 $y=x^3$ 的凹凸性.

**解**    函数的定义域为 $(-\infty,+\infty)$，

$$y'=3x^2, \quad y''=6x$$

当 $x<0$ 时，$y''<0$，曲线是凸的；当 $x>0$ 时，$y''>0$，曲线是凹的.

## 二、曲线的拐点及其求法

在例 2 中，点 $(0,0)$ 是曲线凹凸的分界点，我们称为拐点. 一般地，连续曲线上凹与凸的分界点称为曲线的**拐点**.

拐点既然是曲线上凹与凸的分界点，那么在拐点的左、右近旁 $f''(x)$ 必然异号，因此，在拐点处必有 $f''(x)=0$ 或 $f''(x)$ 不存在.

与驻点的情形类似，$f''(x)=0$ 或 $f''(x)$ 不存在的点只能是拐点的可疑点，究竟是否为拐点，还需根据其左右近旁 $f''(x)$ 的符号是否相异来判定.

于是，求曲线 $y=f(x)$ 的凹凸区间和拐点的步骤为：

(1) 确定 $f(x)$ 的定义域；

(2) 求出函数 $f(x)$ 的二阶导数 $f''(x)$；

(3) 找出使 $f''(x)=0$ 的点和 $f''(x)$ 不存在的点，并用这些点将定义域分割成若干子

区间；

(4) 考察每个子区间上 $f''(x)$ 的符号，从而得出曲线 $y=f(x)$ 的凹凸区间和拐点.

**例 3** 求曲线 $y=3x^4-4x^3+1$ 的凹凸区间与拐点.

**解** 函数的定义域为 $(-\infty, +\infty)$,

$$y'=12x^3-12x^2$$
$$y''=36x^2-24x=12x(3x-2)$$

令 $y''=0$，解得 $x_1=0$，$x_2=\dfrac{2}{3}$.

$x_1=0$，$x_2=\dfrac{2}{3}$ 把函数的定义域分成了三个子区间 $(-\infty, 0)$、$\left(0, \dfrac{2}{3}\right)$、$\left(\dfrac{2}{3}, +\infty\right)$，

列表讨论如表 4-3 所示.

表 4-3

| $x$ | $(-\infty, 0)$ | 0 | $\left(0, \dfrac{2}{3}\right)$ | $\dfrac{2}{3}$ | $\left(\dfrac{2}{3}, +\infty\right)$ |
|---|---|---|---|---|---|
| $y''$ | + | 0 | - | 0 | + |
| $y$ | $\smile$ | 拐点 | $\frown$ | 拐点 | $\smile$ |

所以曲线 $y=3x^4-4x^3+1$ 的拐点为 $(0, 1)$，$\left(\dfrac{2}{3}, \dfrac{11}{27}\right)$，曲线在区间 $(-\infty, 0)$、$\left(\dfrac{2}{3}, +\infty\right)$ 上是凹的，在区间 $\left(0, \dfrac{2}{3}\right)$ 上是凸的.

**例 4** 判定曲线 $y=x^4$ 是否有拐点.

**解** 函数的定义域为 $(-\infty, +\infty)$,

$$y'=4x^3, \quad y''=12x^2>0$$

这说明曲线 $y=x^4$ 在 $(-\infty, +\infty)$ 内都是凹的，所以曲线 $y=x^4$ 没有拐点.

**例 5** 求曲线 $y=\sqrt[3]{x}$ 的拐点.

**解** 函数的定义域为 $(-\infty, +\infty)$,

$$y'=\dfrac{1}{3}x^{-\frac{2}{3}}, \quad y''=-\dfrac{2}{9}x^{-\frac{5}{3}}$$

函数在点 $x=0$ 处，一阶导数、二阶导数均不存在，它把 $(-\infty, +\infty)$ 划分成两个子区间：$(-\infty, 0)$、$(0, +\infty)$.

在 $(-\infty, 0)$ 内，$y''>0$，即曲线在 $(-\infty, 0)$ 上是凹的；在 $(0, +\infty)$ 内，$y''<0$，即曲线在 $(0, +\infty)$ 上是凸的，故点 $(0, 0)$ 为曲线 $y=\sqrt[3]{x}$ 的拐点.

# 习题 4-3

1. 求下列曲线的凹凸区间和拐点：

(1) $f(x)=x^3-3x^2-9x+2$;

(2) $y=x+\dfrac{1}{x}$;

(3) $y=4x-x^2$;

(4) $f(x)=x^3-5x^2+3x+5$.

2. $a$, $b$ 为何值时，点（1，3）是曲线 $y=ax^3+bx^2$ 的拐点.

# 第四节　函数的最值及其经济应用

## 一、函数的最大值与最小值

根据闭区间上连续函数的性质可知，如果函数 $f(x)$ 在 $[a, b]$ 上连续，那么函数 $f(x)$ 在 $[a, b]$ 上一定有最大值和最小值. 显然，函数 $f(x)$ 的最大值与最小值可以在 $[a, b]$ 的端点处取得，也可以在 $(a, b)$ 内取得，如果最大值（或最小值）$f(x_0)$ 在开区间 $(a, b)$ 内取得，则 $f(x_0)$ 一定是函数 $f(x)$ 的极大值（或极小值），从而 $x_0$ 一定是 $f(x)$ 的驻点或不可导点. 因此，可用如下方法求连续函数 $f(x)$ 在闭区间 $[a, b]$ 上的最大值和最小值.

（1）求出函数 $f(x)$ 在开区 $(a, b)$ 内的驻点和不可导点；

（2）计算函数 $f(x)$ 在各驻点、不可导点和闭区间 $[a, b]$ 端点处的函数值；

（3）比较这些函数值的大小，其中最大的便是函数 $f(x)$ 在 $[a, b]$ 上的最大值，最小的便是函数 $f(x)$ 在 $[a, b]$ 上的最小值.

**例 1**　求函数 $f(x)=2x^3+3x^2-12x+14$ 在 $[-3, 4]$ 上的最大值和最小值.

**解**　$f'(x)=6x^2+6x-12=6(x+2)(x-1)$，令 $f'(x)=0$，得驻点 $x_1=-2$，$x_2=1$.

计算函数 $f(x)$ 在区间端点和驻点处的函数值，得

$$f(-3)=23, \quad f(-2)=34, \quad f(1)=7, \quad f(4)=142$$

经过比较可知，函数 $f(x)$ 在 $x=4$ 处取得最大值 $f(4)=142$，在 $x=1$ 处取得最小值 $f(1)=7$.

## 二、建筑工程中的最值问题举例

在建筑工程中，我们常常会遇到在一定条件下，怎样使"承载能力最大""用料最少""面积最大""体积或容积最大"等问题，这类问题在数学上可归结为求某一函数的最大值或最小值问题. 在实际问题中，如果函数在某个开区间内只有一个驻点，而根据实际问题本身的性质又可以知道函数在该区间内一定存在最大值或最小值，那么这个驻点处的函数值就一定是所求的最大值或最小值.

**例 2**　如图 4-11 所示，建筑工地上要把横截面直径为 $d$ 的圆木加工成矩形的木材，用作水平横梁，试问：怎样加工才能使横梁的承载能力最大？（由材料力学知，矩形截面横梁承载弯曲的能力与横梁的抗弯截面模量 $\omega=\dfrac{1}{6}bh^2$ 成正比，其中 $b$ 为矩形横截面的底宽，$h$ 为梁高）

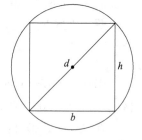

**图 4-11**

**解**　由于矩形截面横梁承载弯曲的能力与横梁的抗弯截面模量 $\omega$ 成正比，因此要使横梁的承载能力最大，则横梁的抗弯截面模量 $\omega$ 必须达到最大.

由图 4-11 可以看出，$b$ 与 $h$ 有下面的关系

$$h^2=d^2-b^2$$

于是 $$\omega=\frac{1}{6}(d^2b-b^3) \qquad b\in(0,\ d)$$

这样，问题就转化为：当 $b$ 等于多少时，函数 $\omega$ 取得最大值？因此，对 $\omega$ 求导得

$$\omega'=\frac{1}{6}(d^2-3b^2)$$

令 $\omega'=0$，解得

$$b=\sqrt{\frac{1}{3}}d$$

由于函数 $\omega$ 在 $(0,\ d)$ 内只有唯一的驻点 $b=\sqrt{\dfrac{1}{3}}d$，而根据实际意义知，梁的最大抗弯截面模量是一定存在的，所以当 $b=\sqrt{\dfrac{1}{3}}d$ 时，$\omega$ 的值最大，这时

$$h^2=d^2-b^2=d^2-\frac{1}{3}d^2=\frac{2}{3}d^2$$

即 $$h=\sqrt{\frac{2}{3}}d$$

这时 $$d:h:b=\sqrt{3}:\sqrt{2}:1$$

### 三、经济学中的最值问题举例

在经济领域中，我们常常会遇到在一定条件下，怎样使"总成本或平均成本最小""利润或收益最大"等问题，这些问题都是函数最大值和最小值的应用.

**例 3** 某房地产公司现有 50 套公寓要出租，当租金定为每月 1 000 元时，公寓会全部租出去. 当租金每增加 100 元时，就会有一套公寓租不出去，而租出去的房子每月需花费 200 元的整修维护费. 试问房租定为多少时每月可获得最大总收入？

**解** 设房租为每月 $x$ 元，每月的收入为 $R$ 元，则租出去的房子有 $50-\left(\dfrac{x-1\ 000}{100}\right)$ 套，每月总收入为：

$$R(x)=(x-200)\left(50-\frac{x-1\ 000}{100}\right)$$
$$=(x-200)\left(60-\frac{x}{100}\right)$$
$$=-0.01x^2+62x-12\ 000 \quad (x\geqslant 1\ 000)$$

问题归结为求函数 $R(x)=-0.01x^2+62x-12\ 000$ 在 $[1\ 000,\ +\infty)$ 内的最大值.

$$R'(x)=-0.02x+62$$

令 $R'(x)=0$，解得

$$x=3\ 100$$

由于函数 $R(x)$ 在 $[1\ 000,\ +\infty)$ 内只有唯一的驻点 $x=3\ 100$，根据实际意义知最大收入一定是存在的，所以当每月的租金定为 3 100 元时总收入最大，这时的最大总收入为：

$$R(3\ 100)=(3\ 100-200)\left(60-\frac{3\ 100}{100}\right)=84\ 100\ （元）$$

**例 4** 某种商品的需求函数为 $Q = 6\,750 - 50P$（$Q$ 为需求量或生产量，$P$ 为价格），总成本函数为 $C = 12\,000 + 0.025Q^2$，试问：企业的生产量为多少时利润最大？此时的价格是多少？最大利润是多少？

**解** 企业的生产目的是利润最大化，而利润 $L$ 等于总收入 $R$ 与总成本 $C$ 之差.

由需求函数 $Q = 6\,750 - 50P$ 可得价格函数为

$$P = 135 - \frac{1}{50}Q$$

于是利润为

$$
\begin{aligned}
L(Q) = R(Q) - C(Q) &= P(Q) \cdot Q - C(Q) \\
&= \left(135 - \frac{1}{50}Q\right)Q - (12\,000 + 0.025Q^2) \\
&= -0.045Q^2 + 135Q - 12\,000
\end{aligned}
$$

问题可归结为求函数 $L(Q) = -0.045Q^2 + 135Q - 12\,000$ 在 $(0, +\infty)$ 内的最大值.

$$L'(Q) = -0.09Q + 135$$

令 $L'(Q) = 0$，解得

$$Q = 1\,500$$

由于 $L(Q)$ 在 $(0, +\infty)$ 内只有唯一的驻点 $Q = 1\,500$，而根据实际意义知，最大利润是一定存在的，所以当生产量为 1 500 时，利润最大，此时的价格为

$$P(1\,500) = 135 - \frac{1}{50} \cdot 1500 = 105$$

最大利润为

$$L(1\,500) = -0.045 \cdot 1\,500^2 + 135 \cdot 1\,500 - 12\,000 = 89\,250$$

**例 5** 已知某厂生产 $x$ 件产品的总成本为

$$C(x) = \frac{1}{4}x^2 + 8x + 4\,900 \quad (\text{元})$$

试问：要使平均成本最小，应生产多少件产品？

**解** 由 $C(x) = \frac{1}{4}x^2 + 8x + 4\,900$ 得平均成本

$$\overline{C}(x) = \frac{C(x)}{x} = \frac{1}{4}x + 8 + \frac{4\,900}{x}$$

于是

$$\overline{C}'(x) = \frac{1}{4} - \frac{4\,900}{x^2}$$

令 $\overline{C}'(x) = 0$，解得

$$x_1 = 140, \quad x_2 = -140 \ (\text{舍去})$$

由于 $\overline{C}(x)$ 在 $(0, +\infty)$ 内只有唯一的驻点 $x = 140$，而根据实际意义知，最小平均成本是一定存在的，所以当 $x = 140$，即生产 140 件产品时，平均成本最小.

# 习题 4 - 4

1. 求下列函数在给定区间上的最大值和最小值：

(1) $f(x)=2x^3-3x^2$，$x\in[-1,4]$；　　(2) $f(x)=x^4-2x^3+5$，$x\in[-2,2]$；

(3) $f(x)=\dfrac{x}{x^2+1}$，$x\in[0,2]$.

2. 已知某企业的成本函数为 $C(Q)=9\,000+40Q+0.001Q^2$，其中 $C$ 表示总成本（单位：千元），$Q$ 表示产量（单位：件），求平均成本 $\overline{C}(Q)$（单位：千元）的最小值.

3. 设某厂生产某种产品 $x$ 单位时，其销售价格为 $P(x)=50-\dfrac{x}{100}$，成本函数为

$$C(x)=3\,800+5x-\frac{x^2}{1\,000}$$

试确定产品的生产量使总利润达到最大.

4. 某房屋平面图上墙体的总长度为 64 米，平面布置如图 4-12 所示，问：走廊的宽度 $x$ 为多少米时，三个房间的面积最大？

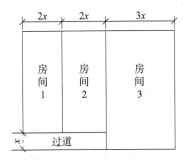

**图 4-12**

# 第五节　导数在经济分析中的应用

利用导数不仅可以解决经济领域中的某些最值问题，如最大利润、最小成本等，还可以分析经济函数的因变量相对于自变量的变化快慢问题，以及分析和解释一些经济现象，为经营管理者做出正确合理的、科学的决策提供可靠的定量的依据. 下面介绍导数在经济分析中的两种基本应用——边际分析和弹性分析.

## 一、边际及其经济意义

在经济学中，经常使用平均变化率和瞬时变化率的概念. **平均变化率**是指函数的增量与自变量的增量之比，如年产量的平均变化率、成本的平均变化率、利润的平均变化率等. **瞬时变化率**是指当自变量增量趋于零时平均变化率的极限，即函数对自变量的导数.

如果函数 $y=f(x)$ 在点 $x_0$ 处可导，则在 $(x_0,x_0+\Delta x)$ 内的平均变化率为 $\dfrac{\Delta y}{\Delta x}$，在点 $x_0$ 处的瞬时变化率为

$$\lim_{\Delta x\to 0}\frac{f(x_0+\Delta x)-f(x_0)}{\Delta x}=f'(x_0)$$

在经济学中将其称为函数 $y=f(x)$ 在点 $x_0$ 处的边际函数值.

当自变量 $x$ 在点 $x_0$ 处增加（或减少）一个单位时，因变量 $y$ 的增量为 $\Delta y\Big|_{\substack{x=x_0\\ \Delta x=1}}$，当 $x$ 的增量很小时，由微分的应用可知 $\Delta y$ 的近似值为

$$\Delta y\Big|_{\substack{x=x_0\\ \Delta x=1}} \approx \mathrm{d}y\Big|_{\substack{x=x_0\\ \Delta x=1}} = f'(x) \cdot \Delta x\Big|_{\substack{x=x_0\\ \Delta x=1}} = f'(x_0)$$

这说明 $y=f(x)$ 在点 $x_0$ 处，当自变量 $x$ 增加（或减少）一个单位时，$y$ 近似改变 $f'(x_0)$ 个单位. 在经济学中解释边际函数值的具体意义时常略去"近似"二字，于是有如下定义：

**定义 4.3** 如果函数 $y=f(x)$ 可导，则称导数 $f'(x)$ 为 $f(x)$ 的**边际函数**；函数 $y=f(x)$ 在 $x_0$ 处的导数 $f'(x_0)$ 称为函数 $y=f(x)$ 在 $x_0$ 处的**边际函数值**. 即当自变量 $x$ 在 $x_0$ 处增加（或减少）一个单位时，函数 $y=f(x)$ 相应的改变量为 $f'(x_0)$ 个单位.

根据不同的经济函数，边际函数有不同的称呼，如边际成本、边际收益、边际利润、边际产值、边际效用、边际需求、边际消费等.

**边际分析法**就是运用导数和微分方法研究经济运行中微增量的变化，用以分析各经济变量之间的相互关系及变化过程的一种方法. 简单地说，利用导数研究经济变量的边际变化的方法，称为边际分析.

### 1. 边际成本

设某产品生产 $Q$ 个单位时，总成本为 $C(Q)$，且 $C(Q)$ 为可导函数，则总成本函数 $C(Q)$ 对生产量 $Q$ 的导数

$$C'(Q) = \lim_{\Delta Q \to 0} \frac{\Delta C}{\Delta Q} = \lim_{\Delta Q \to 0} \frac{C(Q+\Delta Q)-C(Q)}{\Delta Q}$$

称为**边际成本**，记为 $MC$.

边际成本的经济意义为：当生产量为 $Q$ 个单位时，再多生产一个单位的产品（$\Delta Q=1$），总成本将近似增加 $MC$ 个单位（通常略去"近似"二字）.

一般情况下，总成本分为固定成本 $C_1$ 和可变成本 $C_2(Q)$ 两部分，即

$$C(Q) = C_1 + C_2(Q)$$

而边际成本为

$$C'(Q) = C_2'(Q)$$

由此可见，边际成本与固定成本无关.

### 2. 边际收入

设销售某产品 $Q$ 个单位时总收入为 $R=R(Q)$，且 $R(Q)$ 为可导函数，则总收入函数 $R(Q)$ 对销售量 $Q$ 的导数

$$R'(Q) = \lim_{\Delta Q \to 0} \frac{\Delta R}{\Delta Q} = \lim_{\Delta Q \to 0} \frac{R(Q+\Delta Q)-R(Q)}{\Delta Q}$$

称为**边际收入**，也可称为边际收益，记为 $MR$.

边际收入的经济意义为：当销售量为 $Q$ 个单位时，再多销售一个单位的产品时，总收入将近似增加 $MR$ 个单位（通常略去"近似"二字）.

### 3. 边际利润

设销售某产品 $Q$ 个单位时的总利润为 $L=L(Q)$，且 $L(Q)$ 为可导函数，则总利润函数 $L(Q)$ 对销售量 $Q$ 的导数

$$L'(Q)=\lim_{\Delta Q\to 0}\frac{\Delta L}{\Delta Q}=\lim_{\Delta Q\to 0}\frac{L(Q+\Delta Q)-L(Q)}{\Delta Q}$$

称为**边际利润**，记为 $MB.$

　　由于总利润等于总收入与总成本之差，即有

$$L(Q)=R(Q)-C(Q)$$

因此

$$L'(Q)=R'(Q)-C'(Q)$$

即边际利润等于边际收入与边际成本之差.

　　边际利润的经济意义为：当销售量为 $Q$ 个单位时，再多销售一个单位的产品，总利润将近似增加或减少 $L'(Q)$ 个单位（通常略去"近似"二字）.

### 4. 边际需求

　　设需求函数 $Q=Q(P)$，$P$ 为价格，则需求量 $Q$ 对价格 $P$ 的导数 $Q'(P)$ 称为**边际需求**.

　　边际需求的经济意义为：当价格为 $P$ 时，价格再增加一个单位，则需求量将增加或减少大约 $Q'(P)$ 个单位.

　　**例1**　设某产品的生产量为 $Q$ 时，总成本为

$$C(Q)=1\,200+\frac{Q^2}{20}$$

试求：

　　（1）生产120个单位时的总成本、平均成本；

　　（2）生产120个单位到130个单位的总成本的平均变化率；

　　（3）生产120个单位时的边际成本，并解释其经济意义.

　　**解**　（1）生产120个单位时的总成本为

$$C(120)=1\,200+\frac{120^2}{20}=1\,920$$

生产120个单位时的平均成本为

$$\overline{C}(120)=\frac{1\,920}{120}=16$$

　　（2）生产120个单位到130个单位的总成本的平均变化率为

$$\frac{\Delta C(Q)}{\Delta Q}=\frac{C(130)-C(120)}{130-120}=\frac{2\,045-1\,920}{10}=12.5$$

　　（3）边际成本函数为

$$C'(Q)=\frac{Q}{10}$$

于是，生产120个单位时的边际成本为

$$C'(120)=12$$

其经济意义是：当生产量为120个单位时，再多生产一个单位，需增加总成本约12个单位.

　　**例2**　某企业每月生产 $Q$ 吨产品的总成本为 $C(Q)=40+111Q-7Q^2+\dfrac{1}{3}Q^3$（万元），总收入为 $R(Q)=100Q-Q^2$（万元），试求

（1）利润函数与边际利润；

（2）当产量 $Q=10$，$11$，$12$ 吨时的边际收入、边际成本和边际利润，并说明其经济意义.

**解** （1）总利润函数为

$$L(Q)=R(Q)-C(Q)=-\frac{1}{3}Q^3+6Q^2-11Q-40$$

边际收入函数为：$R'(Q)=100-2Q$；边际成本函数为：$C'(Q)=Q^2-14Q+111$；边际利润函数为：$L'(Q)=-Q^2+12Q-11$.

（2）当 $Q=10$ 吨时，$R'(10)=80$，$C'(10)=71$，$L'(10)=9$；当 $Q=11$ 吨时，$78$，$C'(11)=78$，$L'(11)=0$；当 $Q=12$ 吨时，$R'(12)=76$，$C'(12)=87$，$L'(12)=-11$.

因此，当产量为 10 吨时，边际收入为 80 万元，边际成本为 71 万元，边际利润为 9 万元；当产量为 11 吨时，边际收入为 78 万元，边际成本为 78 万元，边际利润为 0 万元；当产量为 12 吨时，边际收入为 76 万元，边际成本为 87 万元，边际利润为 $-11$ 万元.

由此可知，当产量为 10 吨时，再多生产 1 吨，总利润将增加 9 万元；当产量为 11 吨时，再增加产量，总利润将不会增加；当产量为 12 吨时，再多生产 1 吨，总利润将减少 11 万元.

由此例可以看出，当 $L'(Q)=R'(Q)-C'(Q)>0$，即 $R'(Q)>C'(Q)$ 时，再增加产量会使总利润增加；当 $L'(Q)=R'(Q)-C'(Q)=0$，即 $R'(Q)=C'(Q)$ 时，再增加产量，总利润不会增加；当 $L'(Q)=R'(Q)-C'(Q)<0$ 即 $R'(Q)<C'(Q)$ 时，再增加产量，总利润反而会减少.

## 二、弹性及其经济意义

### 1. 弹性的概念

在经济分析中，不仅需要研究经济量的绝对变化情况，而且还要研究它们的相对变化情况.

例如，有甲、乙两种商品，甲商品的销售单价为 20 元，乙商品的销售单价为 100 元. 如果这两种商品的销售单价都上涨了 10 元，从价格的绝对变化量来看，它们是完全一致的，但是人们对这两种商品涨价的心理感受却是不一样的，对于甲商品的涨价人们很难接受，而对于乙商品的涨价人们比较容易接受. 究其原因，这就是相对变化量的问题. 相比之下，甲商品的上涨幅度为 50%，而乙商品的上涨幅度为 10%，显然甲商品的涨幅比乙商品的涨幅要大得多.

上例所涉及的就是函数的相对变化量和相对变化率的问题.

设函数 $y=f(x)$，称 $\Delta y=f(x+\Delta x)-f(x)$ 为函数在点 $x$ 处的绝对改变量，$\Delta x$ 为自变量在点 $x$ 处的绝对改变量，$\dfrac{\Delta y}{y}=\dfrac{f(x+\Delta x)-f(x)}{f(x)}$ 称为函数在点 $x$ 处的相对改变量，$\dfrac{\Delta x}{x}$ 称为自变量在点 $x$ 处的相对改变量.

**定义 4.4** 设函数 $y=f(x)$ 在点 $x_0$ 处可导，如果极限

$$\lim_{\Delta x \to 0} \frac{\dfrac{\Delta y}{y_0}}{\dfrac{\Delta x}{x_0}} = \lim_{\Delta x \to 0} \frac{\dfrac{f(x_0+\Delta x)-f(x_0)}{f(x_0)}}{\dfrac{\Delta x}{x_0}}$$

存在，则称此极限为函数 $y=f(x)$ **在点 $x_0$ 处的相对变化率**，也称为函数 $y=f(x)$ **在点 $x_0$ 处的弹性**，记为 $\dfrac{Ey}{Ex}\Big|_{x=x_0}$.

由弹性的定义知

$$\frac{Ey}{Ex}\Big|_{x=x_0} = \lim_{\Delta x \to 0} \frac{\dfrac{\Delta y}{y_0}}{\dfrac{\Delta x}{x_0}} = \frac{x_0}{y_0} \cdot \lim_{\Delta x \to 0} \frac{\Delta y}{\Delta x} = \frac{x_0}{y_0} f'(x_0)$$

对于任意点 $x$，若函数 $y=f(x)$ 可导，且 $f(x) \neq 0$，则有

$$\frac{Ey}{Ex} = \lim_{\Delta x \to 0} \frac{\dfrac{\Delta y}{y}}{\dfrac{\Delta x}{x}} = \frac{x}{y} \cdot \lim_{\Delta x \to 0} \frac{\Delta y}{\Delta x} = \frac{x}{y} f'(x)$$

称为函数 $y=f(x)$ 的**弹性函数**，简称**弹性**.

函数 $y=f(x)$ 在点 $x_0$ 处的弹性就是弹性函数在点 $x_0$ 处的函数值.

函数 $f(x)$ 在点 $x$ 处的弹性 $\dfrac{Ey}{Ex}$ 反映了在点 $x$ 处，函数 $f(x)$ 的相对变化量 $\dfrac{\Delta y}{y}$ 与自变量 $x$ 的相对变化量 $\dfrac{\Delta x}{x}$ 的比率. 也就是说随着 $x$ 的变化，函数 $f(x)$ 变化幅度的大小，即函数 $f(x)$ 对 $x$ 变化的反应强烈程度或灵敏度.

在数值上，$\dfrac{Ey}{Ex}$ 表示函数 $f(x)$ 在任意点 $x$ 处，当自变量 $x$ 产生 $1\%$ 的改变时，函数 $f(x)$ 近似地改变 $\dfrac{Ey}{Ex}\%$. 在应用问题中解释弹性的具体意义时，通常略去"近似"二字.

**2. 需求弹性**

设某种商品的需求量为 $Q$，价格为 $P$，需求函数为 $Q=Q(P)$，$Q(P)$ 为可导函数，则

$$\lim_{\Delta P \to 0} \frac{\dfrac{\Delta Q}{Q}}{\dfrac{\Delta P}{P}} = \frac{P}{Q} \cdot \lim_{\Delta P \to 0} \frac{\Delta Q}{\Delta P} = \frac{P}{Q} \cdot Q'(P)$$

称为该商品的**需求价格弹性**，简称**需求弹性**，记为 $E_P$，即

$$E_P = \frac{P}{Q} \cdot Q'(P)$$

一般情况下，需求函数 $Q=Q(P)$ 为递减函数，即价格升高，需求量会下降，因此需求弹性 $E_P$ 一般为负值.

在经济学中，比较商品的需求弹性大小时，通常采用 $|E_P|$ 来比较.

由需求弹性的定义可得

$$E_P = \frac{P}{Q} \cdot \frac{\mathrm{d}Q}{\mathrm{d}P} = \frac{\dfrac{\mathrm{d}Q}{Q}}{\dfrac{\mathrm{d}P}{P}} \approx \frac{\dfrac{\Delta Q}{Q}}{\dfrac{\Delta P}{P}}$$

于是

$$\frac{\Delta Q}{Q} \approx E_P \cdot \frac{\Delta P}{P}$$

由此可知，需求价格弹性的经济意义为：当价格为 $P$ 时，若价格提高或降低 $1\%$，则需求量将近似减少或增加 $|E_P|\%$（通常略去"近似"二字）. 因此，需求弹性 $E_P$ 反映了当价格 $P$ 发生变动时，需求量 $Q$ 的变动对价格变动的灵敏度.

需求弹性一般分为以下三类.

（1）当 $|E_P| > 1$（即 $E_P < -1$）时，称为**高弹性**（或**富有弹性**）. 当商品的价格变动 $1\%$ 时，需求量变动的百分比大于 $1\%$，此时，商品需求量的相对变化量大于价格的相对变化量，即价格的变动对需求量的影响较大.

（2）当 $|E_P| = 1$（即 $E_P = -1$）时，称为**单位弹性**. 当商品的价格增加（减少）$1\%$ 时，需求量相应地减少（增加）$1\%$，此时，商品需求量的相对变化量等于价格的相对变化量，即需求量与价格变动的百分比相等.

（3）当 $|E_P| < 1$（即 $-1 < E_P < 0$）时，称为**低弹性**（或**缺乏弹性**）. 这时，当商品的价格变动 $1\%$ 时，需求量变动的百分比小于 $1\%$，此时，商品需求量的相对变化量小于价格的相对变化量，即价格的变动对需求量的影响较小.

在商品经济中，商品经营者关心的是提价（$\Delta P > 0$）或降价（$\Delta P < 0$）对总收益的影响. 下面我们利用弹性的概念来分析需求弹性与总收益之间的关系.

设总收益为 $R = Q \cdot P$（$Q$ 为销售量，$P$ 为价格），当价格 $P$ 有微小变化（$|\Delta P|$ 很小）时，

$$\Delta R \approx \mathrm{d}R = \mathrm{d}(PQ) = Q\mathrm{d}P + P\mathrm{d}Q = \left(1 + \frac{P\mathrm{d}Q}{Q\mathrm{d}P}\right)Q\mathrm{d}P$$

即

$$\Delta R \approx (1 + E_P)Q\mathrm{d}P$$

由 $E_P < 0$ 可知，$E_P = -|E_P|$，于是

$$\Delta R \approx (1 - |E_P|)Q\mathrm{d}P = (1 - |E_P|)Q\Delta P$$

由此可知，当 $|E_P| > 1$（高弹性）时，适当降低价格（$\Delta P < 0$）会使需求量增加，从而使总收益增加（$\Delta R > 0$）；提高价格（$\Delta P > 0$）会使总收益减少（$\Delta R < 0$）. 因此，对于高弹性商品可以采取薄利多销的经济策略.

当 $|E_P| = 1$（单位弹性）时，无论提价还是降价，总收益的变化都近似于 $0$（$\Delta R \approx 0$），即无论提价还是降价对总收益都没有明显的影响.

当 $|E_P| < 1$（低弹性）时，适当提高价格（$\Delta P > 0$）后，需求量不会有太大的下降，从而可以增加总收益；降低价格（$\Delta P < 0$）会使总收益减少（$\Delta R < 0$）.

**例 3** 设某商品的需求函数为 $Q = 12\mathrm{e}^{-\frac{P}{3}}$，求当 $P = 8$ 时的需求弹性并解释其经济意义.

**解**　$E_P = \dfrac{P}{Q} \cdot Q' = \dfrac{P}{12e^{-\frac{P}{3}}} \cdot \left(-3e^{-\frac{P}{3}}\right) = -\dfrac{P}{4}.$

当 $P=8$ 时，$E_P\Big|_{P=8} = -\dfrac{P}{4}\Big|_{P=8} = -2.$

经济意义为：当 $P=8$ 时，需求量的变化幅度大于价格的变化幅度，即当 $P=8$ 时，如果价格上涨 $1\%$，则需求量将减少 $2\%$；如果价格下降 $1\%$，则需求量将增加 $2\%$.

**3. 供给弹性**

设某商品的供给函数 $Q=Q(P)$ 可导（其中 $P$ 表示价格，$Q$ 表示供给量），则称

$$\frac{EQ}{EP} = \frac{P}{Q} \cdot \frac{\mathrm{d}Q}{\mathrm{d}P}$$

为该商品的**供给价格弹性**，简称**供给弹性**，通常用 $E_s$ 表示.

由于 $\Delta P$ 和 $\Delta Q$ 同方向变化，故 $E_s > 0$. 它表明当商品价格上涨 $1\%$ 时，供给量将增加 $E_s\%$.

对 $E_s$ 的讨论，完全类似于需求弹性 $E_P$，这里不再重复. 至于其他经济变量的弹性，同样可根据弹性的定义及其经济意义进行类似的讨论.

**例 4**　某商品的需求函数为 $Q=80-P^2$（$Q$ 为需求量，$P$ 为价格）.

(1) 求 $P=4$ 时的边际需求，并说明其经济意义.

(2) 求 $P=4$ 时的需求弹性，并说明其经济意义.

(3) 当 $P=4$ 时，若价格 $P$ 上涨 $1\%$，总收益将变动多少？是增加还是减少？

(4) 当 $P=6$ 时，若价格 $P$ 上涨 $1\%$，总收益将变动多少？是增加还是减少？

**解**　(1) 由 $Q=80-P^2$ 可得 $Q'(P)=-2P$. $P=4$ 时的边际需求为

$$Q'(4) = -2P\Big|_{P=4} = -8$$

其经济意义是：当 $P=4$ 时，价格上涨 1 个单位，总需求将下降 8 个单位.

(2) $E_P = \dfrac{P}{Q} \cdot Q' = \dfrac{P}{80-P^2} \cdot (-2P) = -\dfrac{2P^2}{80-P^2},$

$$E_P\Big|_{P=4} = -\dfrac{2P^2}{80-P^2}\Big|_{P=4} = -0.5.$$

其经济意义是：当 $P=4$ 时，若价格上涨 $1\%$，总需求将下降 $0.5\%$.

(3) 总收益应为需求量与价格的乘积，即

$$R(P) = Q \cdot P = (80-P^2)P = 80P - P^3$$

于是，边际收益为

$$R'(P) = 80 - 3P^2$$

$$R'(4) = (80-3P^2)\Big|_{P=4} = 32$$

收益弹性为

$$\frac{ER}{EP} = \frac{P}{R} \cdot R'(P) = \frac{P}{80P-P^3} \cdot (80-3P^2) = \frac{80-3P^2}{80-P^2}$$

$$\frac{ER}{EP}\Big|_{P=4} = \frac{80-3P^2}{80-P^2}\Big|_{P=4} = 2$$

因此，当 $P=4$ 时，若价格上升 $1\%$，总收益将增加 $2\%$.

(4) $R'(6)=(80-3P^2)\Big|_{P=6}=-28,$

$$\frac{ER}{EP}\Big|_{P=6}=\frac{80-3P^2}{80-P^2}\Big|_{P=6}=-0.64.$$

因此，当 $P=6$ 时，若价格上升 $1\%$，总收益将下降 $0.64\%$.

例 4 说明，边际和弹性都是研究经济函数变化率的问题. 但是，边际是从绝对量变化的角度去研究需求函数（或总收益函数）的变化率，表示价格增加一个单位，需求量（或总收益）将增加或减少多少个绝对量；而弹性则是从相对量变化的角度去研究需求函数（或总收益函数）的变化率（称为相对变化率），表示价格变动 $1\%$，需求量（或总收益）将变动 $\frac{EQ}{EP}\%\left(\text{或}\frac{ER}{EP}\%\right)$. 另外，边际和弹性都是考虑在某一点时的瞬间变化情况，都是局部性的概念，而不是对整个变化过程的研究.

# 习题 4 - 5

1. 已知生产某产品 $Q$ 件的成本为 $C(Q)=9\,000+40Q+0.001Q^2$（元），试求

(1) 边际成本函数；

(2) 产量为 $1\,000$ 件时的边际成本，并解释其经济意义；

(3) 产量为多少件时，平均成本最小？

2. 设某种产品的需求函数为 $Q=1\,000-100P$，试求：

(1) 当需求量 $Q=300$ 时的总收入和平均收入；

(2) 当需求量 $Q=300$ 时的边际需求、边际收入，并说明其经济意义.

3. 设某产品的需求函数为 $P=80-0.1Q$（$P$ 为价格，$Q$ 为需求量），成本函数为 $C=5\,000+20Q$（元）. 试求：

(1) 边际利润函数 $L'(Q)$；

(2) 当 $Q=150$ 和 $Q=400$ 时的边际利润，并说明其经济意义；

(3) 需求量 $Q$ 为多少时，其利润最大？

4. 某种商品的需求量 $Q$ 与价格 $P$ 的关系为：$Q=1600\left(\frac{1}{4}\right)^P$，试求：

(1) 需求弹性函数 $E_P$；

(2) 当价格 $P=10$ 时的需求弹性，说明其经济意义.

5. 设某种商品的销售量 $Q$ 与价格 $P$ 的函数为：$Q(P)=300P-2P^2$，分别求价格 $P=50$ 及 $P=120$ 时，销售量对价格 $P$ 的弹性，并说明其经济意义.

6. 设商品的需求函数为 $Q=12-\dfrac{P}{2}$，试求：

(1) 需求弹性函数.

(2) 当 $P=6$ 时的需求弹性，并说明其经济意义.

(3) 在 $P=6$ 时，若价格上涨 $1\%$，总收益增加还是减少？将变化百分之几？

(4) $P$ 为何值时，总收益最大？最大总收益是多少？

# 复习题四

1. 选择题

(1) 设函数 $f(x)$ 在区间 $(a, b)$ 内可导，则在 $(a, b)$ 内，$f'(x) > 0$ 是 $f(x)$ 在 $(a, b)$ 内单调增加的（　　）条件.

(A) 必要　　　　　(B) 充分　　　　　(C) 充要　　　　　(D) 既非充分也非必要

(2) 函数 $y = \ln(1+x)^2$ 的单调减少区间是（　　）.

(A) $(-1, 1)$　　　(B) $(-\infty, 0)$　　　(C) $(0, +\infty)$　　　(D) $(-\infty, +\infty)$

(3) 函数 $y = f(x)$ 在点 $x_0$ 处取得极大值，则必有（　　）.

(A) $f'(x_0) = 0$　　　　　　　　　　(B) $f''(x_0) = 0$

(C) $f'(x_0) = 0$ 且 $f''(x_0) < 0$　　　(D) $f'(x_0) = 0$ 或不存在

(4) 下列命题中正确的是（　　）.

(A) 驻点一定是极值点　　　　　　　(B) 极值点一定是驻点

(C) 驻点不一定是极值点　　　　　　(D) 驻点是函数的零点

(5) 函数 $y = ax^2 + c$ 在区间 $(-\infty, 0)$ 内单调减少，则（　　）.

(A) $a < 0$，$c = 0$　　　　　　　　(B) $a > 0$，$c$ 任意

(C) $a > 0$，$c \neq 0$　　　　　　　(D) $a < 0$，$c$ 任意

(6) 设在区间 $(a, b)$ 内，$f'(x) > 0$，$f''(x) < 0$，则在区间 $(a, b)$ 内，曲线 $y = f(x)$ 的图形（　　）.

(A) 沿 $x$ 轴正向下降且为凸的　　　(B) 沿 $x$ 轴正向上升且为凸的

(C) 沿 $x$ 轴正向下降且为凹的　　　(D) 沿 $x$ 轴正向上升且为凹的

(7) 已知 $f(x) = a\sin x + \dfrac{1}{3}\sin 3x$（$a$ 为常数）在 $x = \dfrac{\pi}{3}$ 处取得极值，则 $a = $（　　）.

(A) 2　　　　　　　(B) 1　　　　　　　(C) 0　　　　　　　(D) $-1$

(8) 设函数 $f(x) = (x+1)^{\frac{2}{3}}$，则点 $x = -1$ 是 $f(x)$ 的（　　）.

(A) 间断点　　　　(B) 可导点　　　　(C) 驻点　　　　　(D) 极值点

(9) 设某产品的成本函数为 $C(Q) = 9 + \dfrac{Q^2}{12}$，则生产 6 个单位产品时的边际成本是（　　）.

(A) 1　　　　　　　(B) 2　　　　　　　(C) 6　　　　　　　(D) 12

(10) 设某产品的需求量是价格 $P$ 的函数，已知函数关系为 $Q = a - bP$（$a$，$b > 0$），则需求量对价格的弹性是（　　）.

(A) $\dfrac{-b}{a-b}$　　　(B) $\dfrac{-b}{a-b}\%$　　　(C) $-b\%$　　　(D) $\dfrac{bP}{a-bP}$

2. 填空题

(1) 若函数 $y = f(x)$ 在 $(a, b)$ 内可导，则曲线 $y = f(x)$ 在 $(a, b)$ 内取凹向的充要条件是_____.

(2) 曲线上_____点，称作曲线的拐点.

(3) 曲线 $y=x^3-2x+3$ 的凸区间为_____.

(4) 设某产品的产量为 $x$ 千克时的总成本函数为 $C(x)=300+2x+6\sqrt{x}$（元），则产量为 100 千克时的总成本是_____元；平均成本是_____元/千克；边际成本是_____元，这时边际成本的经济意义是_____.

(5) 某商品的需求函数为 $Q=10-\dfrac{P}{2}$，其收入 $R$ 关于价格 $P$ 的函数为 $R(P)=$ _____，收入对价格的弹性函数是 $\dfrac{EQ}{EP}=$ _____，$\dfrac{EQ}{EP}\Big|_{P=3}=$ _____，其经济意义是_____.

3. 求下列函数的极限：

(1) $\lim\limits_{x\to 0}\dfrac{\ln(1+x)}{x}$；

(2) $\lim\limits_{x\to 0}\dfrac{e^x-e^{-x}}{\sin x}$；

(3) $\lim\limits_{x\to 1}\dfrac{x^3-3x^2+2}{x^3-x^2-x+1}$；

(4) $\lim\limits_{x\to +\infty}\dfrac{\ln(1+x)}{e^x}$；

(5) $\lim\limits_{x\to +\infty}\dfrac{\ln x}{x^2}$；

(6) $\lim\limits_{x\to 0^+}\dfrac{\ln\cot x}{\ln x}$；

(7) $\lim\limits_{x\to +0}x^{\tan x}$；

(8) $\lim\limits_{x\to 0}x\cot 2x$；

(9) $\lim\limits_{x\to 0}\left(\dfrac{\sin x}{x}\right)^{\frac{1}{1-\cos x}}$；

(10) $\lim\limits_{x\to 1}\left(\dfrac{1}{x-1}-\dfrac{1}{\ln x}\right)$.

4. $\lim\limits_{x\to -1}\dfrac{x^3+ax^2-x+4}{x+1}=b$，试求 $a$，$b$ 的值.

5. 求下列函数的单调区间：

(1) $y=x^3-3x^2-9x+1$；

(2) $y=x-e^x$；

(3) $y=x+\dfrac{1}{x}$；

(4) $y=\dfrac{x^2}{1+x}$.

6. 求下列函数的拐点及凹凸区间：

(1) $y=x^3-5x^2+3x+5$；

(2) $y=e^{-x^2}$；

(3) $y=\ln(x^2+1)$；

(4) $y=x+x^{\frac{5}{3}}$.

7. $a$，$b$ 为何值时，点 $(1，3)$ 是曲线 $y=ax^3+bx^2$ 的拐点？

8. $a$ 为何值时？函数 $f(x)=a\sin x+\dfrac{1}{3}\sin 3x$ 在 $x=\dfrac{\pi}{3}$ 处取得极值，并求此极值.

9. 求下列函数的极值：

(1) $f(x)=x^3-3x^2+3$；

(2) $f(x)=\dfrac{(x-2)(3-x)}{x^2}$；

(3) $f(x)=x-\ln(1+x)$；

(4) $f(x)=x^2e^{-x}$.

10. 求下列函数的最大值、最小值：

(1) $y=2x^3-3x^2$，$-1\leqslant x\leqslant 4$；

(2) $y=\ln(x^2+1)$，$-1\leqslant x\leqslant 2$；

(3) $y=\dfrac{x}{1+x^2}$，$0\leqslant x\leqslant 2$；

(4) $f(x)=x^4-2x^2+5$，$-2\leqslant x\leqslant 2$.

11. 某产品的需求函数为 $Q=125-5P$（其中 $Q$ 表示需求量，$P$ 表示价格），若该产品的固定成本为 100（元），多生产一个产品成本增加 3（元），且工厂自产自销，产销平衡. 试问如何定价，才能使工厂获得利润最大？最大利润是多少？

12. 某厂生产某种产品 $Q$ 个单位的费用为 $C(Q)=10Q+250$，得到的收入为 $R(Q)=50Q-0.1Q^2$，试问该厂生产多少单位的产品才能使利润最大？

13. 如图 4-13 所示，矿务局拟自地平面上一点 $A$ 挖掘一条隧道至地平面下一点 $C$，设 $AB$ 长为 600 米，$BC$ 长 240 米，地平面上 $A$，$B$ 之间部分是黏土，掘进费每米 5 元，地平面下是岩石，掘进费每米 13 元，试问怎样掘进费用最省？最少要用多少钱？

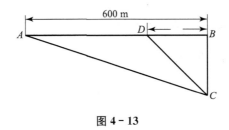

**图 4-13**

14. 某产品生产 $Q$ 单位时总成本为 $C(Q)=1\,100+\dfrac{1}{1\,200}Q^2$，试求：

(1) 生产 900 单位时的总成本和平均成本；

(2) 生产 900 单位时的边际成本，并说明其经济意义；

(3) 生产 1 000 单位时的边际成本，并说明其经济意义.

15. 生产某种产品的固定成本为 900 元，每生产一件产品，成本增加 4 元，产品的售价为每件 10 元，试求：

(1) 总成本函数、总收入函数和总利润函数；

(2) 盈亏临界点；

(3) 当 $Q=10$ 时的边际成本、边际收入、边际利润.

16. 某产品的需求函数为 $Q=a-bP$（$a>0$，$b>0$），试求：

(1) 需求弹性函数；

(2) 当 $a=3$，$b=1.5$ 时，需求价格弹性 $E_P=-1.5$，求此时市场的价格和需求量；

(3) 市场价格上升能带来销售额增加的价格变化范围.

17. 某商品的需求函数为 $Q=75-P^2$（$Q$ 为需求量，$P$ 为价格）.

(1) 求 $P=4$ 时的边际需求，并说明其经济意义.

(2) 求 $P=4$ 时的需求弹性，并说明其经济意义.

(3) 当 $P=4$ 时，若价格 $P$ 上涨 1%，总收益将变化百分之几？是增加还是减少？

(4) 当 $P=6$ 时，若价格 $P$ 上涨 1%，总收益将变化百分之几？是增加还是减少？

18. 设某商品的需求函数为 $Q=100(2-\sqrt{P})$，试求需求弹性函数，并指出价格 $P$ 取何值时，是富有弹性或缺乏弹性的.

19. 设某商品的供给函数 $Q=3e^{2P}$，求供给弹性函数及 $P=1$ 时的供给弹性，并说明其经济意义.

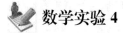 **数学实验 4**

## MATLAB 在导数运算中的应用（二）

### 一、实验目的

学会用 MATLAB 软件验证洛必达法则、求函数的极值和单调区间、判定曲线的凹凸性和求函数的最值，从而加深对单调性、极值、凹凸性、最值等概念的理解.

### 二、利用 MATLAB 检验洛必达法则

**例 1**　以 $\lim\limits_{x \to 0} \dfrac{a^x - b^x}{x}$ 为例验证洛必达法则.

在 M 文件编辑窗口中输入命令：

```
syms a b x
f = a^x - b^x;
g = x;
L = limit(f/g,x,0)
df = diff(f,x);
dg = diff(g,x);
L1 = limit(df/dg,x,0)
```

计算结果为：

```
L =
    log(a) - log(b)
L1 =
    log(a) - log(b)
```

从计算结果可以看出：L＝L1.

### 三、利用 MATLAB 判定函数的单调性、求函数的极值

**例 2**　求函数 $f(x) = x^3 - 6x^2 + 9x + 3$ 的单调区间与极值.

求可导函数的单调区间与极值，就是求导函数的正负区间与正负区间的分界点，在 MATLAB 中没有专门的函数来解决该问题，所以只能先求出导函数的零点，然后画出函数图像，根据图像可以直观看出函数的单调区间与极值.

在 M 文件编辑窗口中输入命令：

```
syms  x
f = x^3 - 6 * x^2 + 9 * x + 3;
df = diff(f,x);      % 求函数 f 对 x 的一阶导数
s = solve(df)        % 解方程 df = 0, 求得驻点
ezplot(f,[0,4])      % 画出函数 f 在区间[0,4]内的图形
Y1 = subs(f,1),Y2 = subs(f,3)   % 求出驻点处的函数值
```

计算结果为：

S =

 1

 3

Y1 =

 7

Y2 =

 3

根据计算结果结合图像（图 4-14）可以得出，$f(x)$ 的单调增区间为 $(-\infty，1)$、$(3，+\infty)$，单调减区间是 $(1，3)$，极大值 $f(1)=7$，极小值 $f(3)=3$.

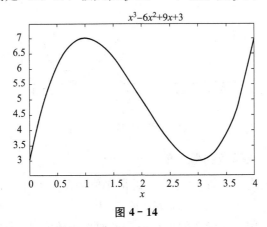

$x^3-6x^2+9x+3$

图 4-14

#### 四、利用 MATLAB 求函数的凹凸区间

在 MATLAB 中没有直接用于求函数的凹凸区间和拐点的命令，所以只能先求出函数的二阶导数，然后求解二阶导数为 0 的方程，得到二阶导数为 0 的点，再画出函数的图形，通过观察得出函数的凹凸区间.

**例 3** 求函数 $y=3x^4-4x^3+1$ 的凹凸区间.

在 M 文件编辑窗口中输入命令：

```
syms x
f = 3 * x^4 - 4 * x^3 + 1;  % 定义函数
df2 = diff(f,2);  % 对函数 f 求二阶导数
s = solve(df2)  % 解方程 df2 = 0，从而求得二阶导数为 0 的点
ezplot(f)  % 画出函数 f 的图形
axis([-0.7,1.5,0,2.2])  % 控制轴的范围，-0.7≤x≤1.5,0≤y≤2.2
Y1 = subs(f,x,0),Y2 = subs(f,x,2/3)  % 求拐点的纵坐标
```

计算结果为：

S =

 0

 2/3

Y1 =

 1

Y2 =

 0.4074

根据计算结果结合图像（图 4 - 15）可以得出，函数 $f(x)$ 的凹区间为 $(-\infty, 0)$、$\left(\dfrac{2}{3}, +\infty\right)$，凸区间为 $\left(0, \dfrac{2}{3}\right)$．拐点为 $(0, 1)$、$(0.6667, 0.4074)$．

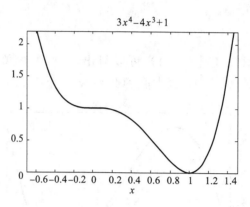

**图 4 - 15**

### 五、利用 MATLAB 求函数的最小值

求闭区间 $[a, b]$ 上连续函数 $y = f(x)$ 的最小值的命令为

$$fminbnd(f,a,b)$$

 **注** 命令 fminbnd 仅用于求函数的最小值，若要求函数的最大值，可先将函数变号，求得最小值，然后再次改变符号，则可得到所求函数的最大值．

 调用求函数最小值命令 fminbnd 时，可得出函数的最小值点，为求最小值，必须建立函数 M 文件.

 **例 4** 求函数 $f(x) = (x-3)^2 - 1$ 在区间 $[0, 5]$ 上的最小值.

在 M 文件编辑窗口中输入命令：

```
syms  x
f1 = ´(x-3)^2-1´;  % 定义函数,这里的定义方式与前面的定义方式不同
p1 = fminbnd(f1,0,5)  % 求函数 f 在[0,5]上取最小值的 x 值
R1 = subs(f1,p1)  % 用 p1 的值替换 f1 中的 x,从而求得最小值
```

计算结果为：

P1 =

 3

R =

 -1

计算结果为当 $x = 3$ 时，函数 $f(x)$ 取得最小值，且最小值为 $f(3) = -1$.

 **例 5** 求函数 $f(x) = -2x^3 + 3x^2 + 12x - 4$ 在 $[0, 4]$ 上的最大值.

在 M 文件编辑窗口中输入命令：

```
syms  x
f2 = ´-2*x^3+3*x^2+12*x-4´;  % 定义函数 f(x)
```

f3 = ´2 * x^3 - 3 * x^2 - 12 * x + 4´；  %定义函数 $-f(x)$

p2 = fminbnd(f3,0,4)  %求函数 $-f(x)$ 取最小值的 x 值,即函数 $f(x)$ 取最大值的 x 值

Y2 = subs(f2,p2)  %用 p2 的值替换 f2 中的 x,从而求得 f2 的最大值

计算结果为:

P2 =

    2.0000

Y2 =

    16.0000

## 自己动手（四）

1. 确定下列函数的单调区间、极值、凹凸区间:

(1) $y = 2x^3 - 6x^2 - 18x - 7$；     (2) $y = 2x + \dfrac{8}{x}$ $(x > 0)$；

(3) $y = \ln(x + \sqrt{1 + x^2})$；     (4) $y = (x-1)(x+1)^3$.

2. 求下列函数最大值、最小值:

(1) $y = 2x^3 - 3x^2$, $x \in [-1,\ 4]$；

(2) $y = x^4 - 8x^2 + 2$, $x \in [-1,\ 3]$.

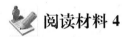
**阅读材料4**

### 边际与弹性的案例分析

**案例1 春晚危机**

大约从 20 世纪 80 年代初期开始,我国老百姓在过春节的年夜饭中增添了一套诱人的内容,那就是春节联欢晚会. 记得 1983 年第一届春节联欢晚会的出台,在当时娱乐事业尚不发达的我国引起了极大的轰动. 晚会的节目成为全国老百姓在街头巷尾和茶余饭后津津乐道的题材. 晚会年复一年地办下来了,投入的人力物力越来越大,技术效果越来越先进,场面设计越来越宏大,节目种类也越来越丰富. 但不知从哪一年起,人们对春节联欢晚会的评价却越来越差了,原先在街头巷尾和茶余饭后的赞美之词变成了一片骂声,春节联欢晚会成了一道众口难调的大菜,晚会也陷入了"年年办,年年骂;年年骂,年年办"的怪圈.

为什么会出现这种现象呢? 如何从经济学的角度去分析这种现象呢?

**背景知识**

**1. 边际效用**

效用是指某种商品满足人的欲望的能力,或者说是消费者在消费某种商品时感受到的满足程度. 边际效用是指消费者在一定时间内增加一单位商品的消费所得到的效用量的增量. 假定消费者对一种商品的消费数量为 $Q$,则总效用函数为 $TU = f(Q)$. 相应的边际效用函数为: $MU = \dfrac{\Delta TU(Q)}{\Delta Q}$,当商品增量趋于无穷小,即 $\Delta Q \to 0$ 时有:

$$MU = \dfrac{\mathrm{d}TU(Q)}{\mathrm{d}Q}$$

## 2. 边际效用递减规律

从理论上讲，边际效用是消费者的心理感受. 消费某种物品实际上就是提供一种刺激，使人有一种满足的感受，或在心理上有某种反应. 消费某种物品时，刚开始的时候刺激一定很大，从而人的满足程度就很高. 但随着不断消费同一种物品，即同一种刺激不断反复时，人在心理上的兴奋程度或满足程度就必然减少. 或者说，随着消费数量的增加，效用不断累积，新增加的消费所带来的效用增加越来越微不足道. 19 世纪的心理学家韦伯和费克纳通过心理实验验证了这一现象，并命名为韦伯—费克纳边际影响递减规律. 这一规律也可以用来解释边际效用递减规律.

边际效用递减规律的经济学定义：在一定时间内，在其他商品的消费数量保持不变的条件下，随着消费者对某种商品消费量的增加，消费者从该商品连续增加的每一消费单位中所得到的效用增量即边际效用是递减的，如图 4 - 16 所示. 横轴 $Q$ 表示消费量，纵轴 $TU$ 表示总效用，$TU$ 为总效用曲线，$MU$ 为边际效用曲线. $MU$ 曲线是向右下方倾斜的，它反映了边际效用递减规律.

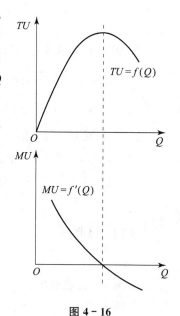

图 4 - 16

通俗地说就是，当你极度饥饿的时候，十分需要吃东西，你吃下第一碗饭时是最痛快的、最爽的，当你继续吃下去的时候，饥饿的程度不断降低，你对下一碗饭的渴望值也不断减少，当你吃到完全不饿的时候即是边际效用为零的时候，这时吃下去以后还会感到不适，再继续吃下去会越来越感到不适，甚至到最后还会讨厌吃饭，以至于完全不吃了.

### 案例分析

春晚本不该代人受过，问题的根源就是边际效用递减规律在起作用. 在其他条件不变的前提下，当一个人在消费某种物品时，随着消费量的增加，他从中得到的效用是越来越少的，这种现象普遍存在，就被视为一种规律. 边际效用递减规律虽然是一种主观感受，但在其背后也有生理学的基础：反复接受某种刺激，反应神经就会越来越迟钝. 第一届春节联欢晚会让我们欢呼雀跃，但举办次数多了，由于刺激反应弱化，尽管节目本身的质量在整体提升，但人们对晚会节目的感觉却越来越差了.

如果企业连续生产一种产品，它带给消费者的边际效用就在递减，消费者愿意支付的价格就越来越低. 因此，企业要不断创造出多样化的产品，即使是同类产品，只要不相同，就不会引起边际效用递减. 同类产品做成不同式样，也就成了不同产品.

春晚危机显示出的边际效用递减规律告诫我们：企业要不断地创新，要研究消费者的需求变化，丰富产品的类型，生产不同的产品以满足消费者需求，减少边际效用规律的变化给企业带来的不利影响.

### 案例 2 伦敦时报削价决策分析

鲁珀特·默多克拥有的《伦敦时报》是世界上的顶尖报纸之一. 1993 年 9 月，《伦敦时报》把它的价格从 45 便士降到了 30 便士，而它的竞争对手的价格都保持不变. 《伦敦时报》和其竞争对手在 1993 年 8 月和 1994 年 5 月的销量如表 4 - 4 所示.

表 4 - 4

|  | 1993 年 8 月 | 1994 年 5 月 |
|---|---|---|
| 伦敦时报 | 355 000 | 518 000 |
| 每日电讯 | 1 024 000 | 993 000 |
| 独立报 | 325 000 | 277 000 |
| 守护人 | 392 000 | 402 000 |

请思考：

(1) 根据上表中的数据分析计算《伦敦时报》的需求价格弹性.

(2)《每日电讯》和《伦敦时报》的交叉弹性是正还是负？为什么？

(3) 降价使《伦敦时报》从报纸销售中得到的总收益增加了还是降低了？

(4) 仅从报纸销售来看，降价是有利可图的吗？

(5)《伦敦时报》的编辑彼得·斯托瑟德指出："报纸发行量的增加，使报纸成了对广告商更有吸引力的工具."如果是这样，降价有利可图吗？

**背景知识**

**1. 需求价格弹性**

需求价格弹性又称为需求弹性，是指一种商品需求量的变动对其价格变动的反应程度.它的概念公式为：

$$需求价格弹性\ (E_P) = \frac{(变动后的需求量－变动前的需求量)/平均需求量}{(变动后的价格－变动前的价格)/平均价格}$$

即

$$E_P = \frac{\Delta Q \Big/ \dfrac{Q_1 + Q_2}{2}}{\Delta P \Big/ \dfrac{P_1 + P_2}{2}} = \frac{\Delta Q}{\Delta P} \cdot \frac{P_1 + P_2}{Q_1 + Q_2} = \frac{Q_2 - Q_1}{P_2 - P_1} \cdot \frac{P_1 + P_2}{Q_1 + Q_2}$$

需求弹性和销售收入之间的关系：

(1) 对于 $|E_P| > 1$ 的商品，降价能够增加销售收入；

(2) 对于 $0 < |E_P| < 1$ 的商品，提价能够增加销售收入；

(3) 对于 $|E_P| = 1$ 的商品，降价（提价）导致收入同比例下降（上升）；

(4) 对于 $|E_P| = 0$ 的商品，降价或者提价对销售收入没有影响；

(5) 对于 $|E_P| = \infty$ 的商品，在既定价格下，收入可以无限增加，厂商不会降价.

**2. 需求交叉弹性**

需求交叉弹性是需求交叉价格弹性的简称，它是指一种商品的需求量对另一种商品的价格变动的反应程度. 其计算公式为：

$$需求交叉弹性\ (E_{XY}) = \frac{商品\ X\ 的需求变动百分比}{商品\ Y\ 的价格变动百分比}$$

即

$$E_{XY} = \frac{\Delta Q_X / Q_X}{\Delta P_Y / P_Y}$$

如果 $E_{XY} < 0$，表示随着 Y 商品价格的提高（降低），X 商品的需求量也随之减少（增

加），则 X、Y 商品之间是替代关系，是替代品．例如东北大米和泰国香米．

如果 $E_{XY}>0$，表示随着 Y 商品价格的提高（降低），X 商品的需求量随之增加（减少），则 X、Y 商品之间是互补关系，是互补品．例如眼镜镜片和眼镜镜框．

如果 $E_{XY}=0$，说明 X 的需求量并不随 Y 的价格变动而发生变动，X、Y 既非互补品也非替代品，他们之间没有一定的相关性，是相对独立的两种商品．

**案例解析**

（1）计算《伦敦时报》的需求价格弹性．

$$E_P=\frac{518\,000-355\,000}{30-45}\cdot\frac{45+30}{355\,000+518\,000}=-0.93$$

（2）计算《每日电讯》和《伦敦时报》的交叉弹性．

$$E_{XY}=\frac{(99\,300-102\,400)/1\,024\,000}{(30-45)/45}$$

$$=0.09>0$$

这说明《每日电讯》和《伦敦时报》是两种相互替代的商品．

（3）对于《伦敦时报》，从报纸销售中得到的总收益为

$$R_1=355\,000\times45=15\,975\,000\,（便士）$$

$$R_2=518\,000\times30=15\,540\,000\,（便士）$$

这说明降价以后，总收益下降了．这是因为《伦敦时报》的需求价格弹性的绝对值 0.93 是小于 1 的，即《伦敦时报》是缺乏弹性的商品．如果我们假定其需求曲线如图 4-17 所示，当价格从 $P_1$ 下降到 $P_2$ 时，因销售量增加而增加的收入远小于因价格下降而减少的收入，这是由于需求曲线的斜率（弹性）的绝对值小于 1 所导致的．

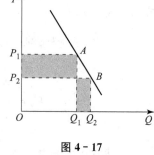

图 4-17

（4）从上面的计算结果可以看出，降价对《伦敦时报》来说是无利可图的．

（5）如果由于报纸高发行量带来的广告收益足够大，可以抵消报纸销售的利润下降，降价就可行．只有过一段时间才知道能否达到这种效果．

## 数学名人轶事 4

### 法国数学家洛必达

洛必达

洛必达，1661 年出生于法国的贵族家庭，1704 年 2 月 2 日卒于巴黎．他曾世袭侯爵衔，并在军队中担任骑兵军官，后来因为视力不佳而退出军队，转向学术方面加以研究．他早年就显露出数学才能，在他 15 岁时就解出帕斯卡的"摆线难题"，以后又解出约翰·伯努利向欧洲挑战的"最速降曲线问题"．1691 年末至 1692 年 7 月，他在瑞士数学家伯努利的门下学习微积分，并成为法国新解析的主要成员．

　　洛必达最重要的著作是《阐明曲线的无穷小分析》(1696)，这本书是世界上第一本系统讲述微积分学的教科书，它由一组定义和公理出发，全面地阐述了变量、无穷小量、切线、微分等概念，这对传播新创建的微积分理论起了很大的作用．在书中第九章记载着约翰·伯努利在 1694 年 7 月 22 日告诉他的一个著名定理——洛必达法则．后人误以为是他的发明，故"洛必达法则"之名沿用至今．洛必达还写过几何、代数以及力学方面的文章．他还计划写作一本关于积分学的教科书，但由于他过早去世，因此该计划未能完成．洛必达遗留的手稿于 1720 年在巴黎出版，名为《圆锥曲线分析论》．

本章是对微分学的一个深入研究，通过实际问题中已知函数的导函数，反过来求解该函数，引出不定积分的概念，并学习不定积分的计算方法为定积分计算做必要的准备．通过计算不规则平面图形的面积这一实际问题引入定积分的概念；围绕定积分的计算引入微积分学基本公式，揭示微分学和积分学的联系；最后利用所学的定积分知识解决简单的几何问题、物理问题及经济学中的问题．

# 第一节　不定积分的概念与性质

在数学中有许多成对的运算是相互抵消并且还原到出发点的，一个最简单的例子就是乘法和除法这对运算，习惯上称为互逆运算．在微积分学中，微分和积分就是一对类似于互逆的运算．

**例1**　设一条曲线过点 $(1, 2)$，在此曲线上任意点 $(x, y)$ 处的切线斜率为 $2x$，求此曲线方程．

**分析**　在微分学中，若曲线 $F(x)$ 上的任意点 $(x, y)$ 处的切线斜率为 $2x$，即有 $F'(x) = 2x$，你能猜想 $F(x)$ 是什么吗？这个问题很简单，显然曲线 $F(x) = x^2$ 就可以满足 $F'(x) = 2x$ 这一条件，但问题是抛物线 $F(x) = x^2$ 不过点 $(1, 2)$，因此 $F(x) = x^2$ 不是所求的曲线方程．你还能找到满足 $F'(x) = 2x$ 这个条件的其他形式的 $F(x)$ 吗？想一想：$C' = 0$，因此满足 $F'(x) = 2x$ 这个条件的 $F(x)$ 可以在 $x^2$ 后面加上一个任意常数，即 $F(x) = x^2 + C$，将 $x = 1$，$y = 2$ 代入 $F(x) = x^2 + C$ 中，求得 $C = 1$，得到满足题意的曲线 $y = x^2 + 1$．

以上分析归纳为：已知函数的导函数 $F'(x)$，先求得 $F(x) + C$，再根据曲线要过点 $(1, 2)$，确定出 $C$ 的值，以达到问题的求解．问题解决的关键是由导函数 $F'(x)$，反求函数 $F(x)$．

## 一、原函数的概念

**定义 5.1**　设函数 $f(x)$ 在区间 $I$ 上有定义，如果存在函数 $F(x)$，使得对于每一点 $x \in I$，都有 $F'(x) = f(x)$ 或 $\mathrm{d}F(x) = f(x)\mathrm{d}x$，则称 $F(x)$ 为 $f(x)$ 在区间 $I$ 上的一个原函数，简称原函数．

显然 $(x^2)' = 2x$，则可以说 $2x$ 的一个原函数为 $x^2$；又 $(x^2 + 1)' = 2x$，故也可以说 $2x$

的一个原函数为 $x^2+1$. 看来同一函数 $2x$ 的原函数是不唯一的.

**思考**　对于任意给定的一个函数 $f(x)$，原函数是否一定唯一存在呢？若不是唯一存在的，那么它们彼此之间有何关系呢？

由例 1 可见：给定的函数 $f(x)$，其原函数是不唯一的.

**分析**　设 $F(x)$ 是 $f(x)$ 的一个原函数，即 $F'(x)=f(x)$，则对任意常数 $C$ 有

$$(F(x)+C)'=f(x)$$

可见，一个函数的原函数可以有无穷多个，即原函数是不唯一的，若 $F(x)$ 是 $f(x)$ 的一个原函数，则 $F(x)+C$ 也是 $f(x)$ 的原函数（$C$ 是任意常数）.

对于同一个函数 $f(x)$，它的原函数之间的关系如何呢？

设 $F_1(x)$，$F_2(x)$ 是 $f(x)$ 的任意两个原函数，则

$$F_1'(x)=f(x),\ F_2'(x)=f(x)$$

记 $\varphi(x)=F_1(x)-F_2(x)$，则

$$\varphi'(x)=\left[F_1(x)-F_2(x)\right]'=f(x)-f(x)=0$$

由导数公式可猜测 $\varphi(x)$ 为某个常数 $C$，即

$$F_1(x)-F_2(x)=C$$

因此，一个函数的不同原函数之间只相差一个常数 $C$.

我们把函数 $f(x)$ 的全体原函数称为函数 $f(x)$ 的不定积分，即有如下定义.

## 二、不定积分的定义

**定义 5.2**　若 $F(x)$ 是 $f(x)$ 的一个原函数，则 $f(x)$ 的全体原函数 $F(x)+C$ 称为 $f(x)$ 的**不定积分**，记为 $\int f(x)\mathrm{d}x$，即

$$\int f(x)\mathrm{d}x=F(x)+C$$

其中"$\int$"称为积分号，$f(x)$ 称为**被积函数**，$f(x)\mathrm{d}x$ 称为**被积表达式**，$x$ 称为**积分变量**.

**注**　求 $f(x)$ 的不定积分只需求出它的一个原函数，再加上任意常数 $C$ 即可. 如 $\int x\mathrm{d}x=\dfrac{1}{2}x^2+C;\int \cos x\mathrm{d}x=\sin x+C;\int \dfrac{1}{1+x^2}\mathrm{d}x=\arctan x+C.$

**例 2**　求 $\int \dfrac{1}{x}\mathrm{d}x$.

**解**　当 $x>0$ 时，$(\ln x)'=\dfrac{1}{x}$；当 $x<0$ 时，$\left[\ln(-x)\right]'=\dfrac{1}{-x}\cdot(-1)=\dfrac{1}{x}$，所以

$$\int \frac{1}{x}\mathrm{d}x=\ln|x|+C$$

**注意**　不定积分的结果中含有任意常数 $C$，所以不定积分表示的不是一个原函数，而是无穷多个（全部）原函数，通常说成是一族函数.

在实际问题中，经常需要求一个满足某种特定条件的原函数. 此时可先求出不定积分，再由已知的特定条件确定任意常数，从而求得所需原函数.

**例3** 设一条曲线过点$(1，2)$，在此曲线上任意点$(x，y)$处的切线斜率为$2x$，求此曲线方程.

**解** 先求斜率为$2x$的曲线族，设所求曲线族为$y=f(x)$，由题设可得

$$f'(x)=2x$$

根据不定积分的定义可得

$$f(x)=\int 2x\mathrm{d}x=x^2+C$$

即所求的曲线族为$y=x^2+C$. 因为所求的曲线过点$(1，2)$，则$2=1+C$即$C=1$. 于是所求的曲线方程为

$$y=x^2+1$$

一般地，函数$f(x)$的原函数$F(x)$的图形称为函数$f(x)$的积分曲线. 不定积分$\int f(x)\mathrm{d}x=F(x)+C$在几何上表示的是一族积分曲线，称为积分曲线族，这族曲线中的任一条曲线可由曲线$y=F(x)$沿$y$轴上下平行移动得到. 因为$\left[F(x)+C\right]'=F'(x)=f(x)$，所以积分曲线族中的每一条曲线在横坐标为$x_0$的点处的切线有着相同的斜率$f(x_0)$，也就是说这一族曲线在横坐标为$x_0$的点处的切线是互相平行的（如图$5-1$所示）.

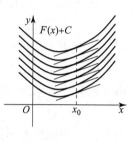

图 5 - 1

求不定积分的方法称为积分法. 由不定积分的定义可知，积分运算与微分运算具有如下的"互逆"关系：

(1) $\left[\int f(x)\mathrm{d}x\right]'=f(x)$或$\mathrm{d}\left[\int f(x)\mathrm{d}x\right]=f(x)\mathrm{d}x$;

(2) $\int F'(x)\mathrm{d}x=F(x)+C$或$\int \mathrm{d}F(x)=F(x)+C$.

因此，由导数的基本公式可以逆推出不定积分的基本公式. 下面我们把一些基本的积分公式列成一个表，这个表通常叫做**基本积分表**.

(1) $\int k\mathrm{d}x=kx+C$ （$k$是常数），

(2) $\int x^\alpha \mathrm{d}x=\dfrac{1}{\alpha+1}x^{\alpha+1}+C$ （$\alpha\neq-1$），

(3) $\int \dfrac{1}{x}\mathrm{d}x=\ln|x|+C$，

(4) $\int a^x\mathrm{d}x=\dfrac{a^x}{\ln a}+C$ （$a>0,a\neq 1$），

(5) $\int \mathrm{e}^x\mathrm{d}x=\mathrm{e}^x+C$，

(6) $\int \sin x\mathrm{d}x=-\cos x+C$，

(7) $\int \cos x\mathrm{d}x=\sin x+C$，

(8) $\int \sec x\tan x\mathrm{d}x=\sec x+C$，

(9) $\int \csc x \cot x \mathrm{d}x = -\csc x + C$,

(10) $\int \sec^2 x \mathrm{d}x = \int \dfrac{1}{\cos^2 x} \mathrm{d}x = \tan x + C$,

(11) $\int \csc^2 x \mathrm{d}x = \int \dfrac{1}{\sin^2 x} \mathrm{d}x = -\cot x + C$,

(12) $\int \dfrac{1}{1+x^2} \mathrm{d}x = \arctan x + C$,

(13) $\int \dfrac{1}{\sqrt{1-x^2}} \mathrm{d}x = \arcsin x + C$.

## 三、不定积分的性质

在求不定积分的问题中，仅靠积分公式还是不够的．因此，需要研究不定积分的性质，以帮助我们能更好、更快地解决不定积分计算的问题．

**性质 1** 设函数 $f(x)$ 的原函数存在，$k$ 为非零常数，则

$$\int kf(x)\mathrm{d}x = k\int f(x)\mathrm{d}x \quad (k \neq 0)$$

即求不定积分时，被积函数中非零的常数因子 $k$ 可以提到积分号之前．

**性质 2** 设函数 $f(x)$，$g(x)$ 的原函数都存在，则

$$\int [f(x) \pm g(x)]\mathrm{d}x = \int f(x)\mathrm{d}x \pm \int g(x)\mathrm{d}x$$

即两个函数的和（差）的不定积分，等于各函数不定积分的和（差）．

该性质可推广到有限多个函数的情形．

利用基本不定积分公式和不定积分的性质可以求得一些简单函数的不定积分．

**例 4** 计算不定积分 $\int (k_3 x^3 + k_2 x^2 + k_1 x + k_0)\mathrm{d}x$（其中 $k_0$，$k_1$，$k_2$，$k_3$ 为常数）．

**解** 原式 $= \int k_3 x^3 \mathrm{d}x + \int k_2 x^2 \mathrm{d}x + \int k_1 x \mathrm{d}x + \int k_0 \mathrm{d}x$

$$= k_3 \int x^3 \mathrm{d}x + k_2 \int x^2 \mathrm{d}x + k_1 \int x \mathrm{d}x + k_0 \int \mathrm{d}x$$

$$= \dfrac{k_3}{4} x^4 + \dfrac{k_2}{3} x^3 + \dfrac{k_1}{2} x^2 + k_0 x + C.$$

**注意** 逐项积分后，每个积分结果中均含有一个任意常数，由于任意常数之和仍然是任意常数，因此只需写出一个任意常数即可．

**例 5** 求 $\int \sqrt{x}(x^2 - 5)\mathrm{d}x$.

**解** $\int \sqrt{x}(x^2 - 5)\mathrm{d}x = \int (x^{\frac{5}{2}} + 5x^{\frac{1}{2}})\mathrm{d}x$

$$= \int x^{\frac{5}{2}} \mathrm{d}x + \int 5x^{\frac{1}{2}} \mathrm{d}x$$

$$= \dfrac{2}{7} x^{\frac{7}{2}} + \dfrac{10}{3} x^{\frac{3}{2}} + C.$$

**例 6** 求 $\int \cot^2 x \mathrm{d}x$.

**解** $\int \cot^2 x \mathrm{d}x = \int (\csc^2 x - 1) \mathrm{d}x$

$$= \int \csc^2 x \mathrm{d}x - \int \mathrm{d}x$$

$$= -\cot x - x + C.$$

**例 7** 求 $\int \sin^2 \dfrac{x}{2} \mathrm{d}x$.

**解** $\int \sin^2 \dfrac{x}{2} \mathrm{d}x = \int \dfrac{1 - \cos x}{2} \mathrm{d}x$

$$= \dfrac{1}{2} \left( \int \mathrm{d}x - \int \cos x \mathrm{d}x \right)$$

$$= \dfrac{1}{2} (x - \sin x) + C.$$

**例 8** 求 $\int 2^x \mathrm{e}^x \mathrm{d}x$.

**解** $\int 2^x \mathrm{e}^x \mathrm{d}x = \int (2\mathrm{e})^x \mathrm{d}x = \dfrac{(2\mathrm{e})^x}{\ln(2\mathrm{e})} + C$

$$= \dfrac{2^x \mathrm{e}^x}{\ln 2 + 1} + C.$$

**例 9** 求 $\int \dfrac{1 + x + x^2}{x(1 + x^2)} \mathrm{d}x$.

**解** $\int \dfrac{1 + x + x^2}{x(1 + x^2)} \mathrm{d}x = \int \left( \dfrac{1}{1 + x^2} + \dfrac{1}{x} \right) \mathrm{d}x$

$$= \int \dfrac{1}{1 + x^2} \mathrm{d}x + \int \dfrac{1}{x} \mathrm{d}x$$

$$= \arctan x + \ln |x| + C.$$

**例 10** 求 $\int \dfrac{1}{\sin^2 \dfrac{x}{2} \cos^2 \dfrac{x}{2}} \mathrm{d}x$.

**解** $\int \dfrac{1}{\sin^2 \dfrac{x}{2} \cos^2 \dfrac{x}{2}} \mathrm{d}x = \int \dfrac{4}{\left( 2\sin \dfrac{x}{2} \cos \dfrac{x}{2} \right)^2} \mathrm{d}x$

$$= \int \dfrac{4}{\sin^2 x} \mathrm{d}x$$

$$= 4 \int \csc^2 x \mathrm{d}x$$

$$= -4\cot x + C.$$

**说明** 从以上几个例子可见，要求解的积分往往在基本积分公式中没有相应的类型，但经过对被积函数做适当变形，化为基本积分公式中的某种类型后，便可利用积分公式求得结果，这种方法称为**直接积分法**.

## 习题 5 - 1

1. 求函数 $y = 3x^2$ 的通过点（1，2）的原函数.

2. 验证下列等式是否成立：

(1) $\int (3x^2 + 2x + 2)\mathrm{d}x = x^3 + x^2 + 2x + C$；

(2) $\int \sqrt{a^2 - x^2}\,\mathrm{d}x = \dfrac{a^2}{2}\arcsin\dfrac{x}{a} + \dfrac{x}{2}\sqrt{a^2 - x^2} + C$.

3. 求下列不定积分：

(1) $\int 2x\sqrt{x^3}\,\mathrm{d}x$；

(2) $\int (5\sin x + \cos x)\mathrm{d}x$；

(3) $\int (2^x + \sec^2 x)\mathrm{d}x$；

(4) $\int 3^x \mathrm{e}^x \mathrm{d}x$；

(5) $\int \sec x(\sec x - \tan x)\mathrm{d}x$；

(6) $\int \left(\dfrac{1-x}{x}\right)^2 \mathrm{d}x$；

(7) $\int \left(\dfrac{2}{x} + \dfrac{x}{3}\right)^2 \mathrm{d}x$；

(8) $\int \dfrac{x^3 + x - 1}{x^2 + 1}\mathrm{d}x$；

(9) $\int \dfrac{2 + \cos^2 x}{\cos^2 x}\mathrm{d}x$；

(10) $\int \dfrac{\cos 2x}{\cos^2 x \sin^2 x}\mathrm{d}x$；

(11) $\int \dfrac{1}{\cos^2 x \sin^2 x}\mathrm{d}x$；

(12) $\int \dfrac{1 + \cos^2 x}{1 - \cos^2 x}\mathrm{d}x$；

(13) $\int \mathrm{e}^{x-3}\mathrm{d}x$；

(14) $\int 10^x \cdot 3^{2x}\mathrm{d}x$.

4. 某曲线在一点处的切线斜率等于该点横坐标的倒数，且通过点（$\mathrm{e}^2$，3），求此曲线的方程.

# 第二节　不定积分的换元法

利用基本不定积分公式以及不定积分的性质能够求解的不定积分是很有限的，为此有必要寻求更有效的积分方法. 本节和下一节将介绍两种重要的积分方法——换元积分法与分部积分法.

### 一、第一类换元积分法（凑微分法）

我们先来看一个例子.

**例 1**　计算不定积分 $\int \cos 2x\mathrm{d}x$.

**分析**　基本积分公式中没有这个积分，与其类似的是

$$\int \cos x\mathrm{d}x = \sin x + C$$

为了利用该公式，将积分中的 $2x$ 看成一个整体，考虑到 $\dfrac{1}{2}\mathrm{d}(2x) = \mathrm{d}x$，若记 $u = 2x$，则 $\dfrac{1}{2}\mathrm{d}u =$

$\mathrm{d}x$，那么

$$\int \cos 2x \mathrm{d}x = \frac{1}{2} \int \cos u \mathrm{d}u = \frac{1}{2} \sin u + C$$

再将 $u = 2x$ 代入上式，即得

$$\int \cos 2x \mathrm{d}x = \frac{1}{2} \sin 2x + C$$

由此可见，对于不能直接使用基本积分公式求解的积分，若可以通过适当的变量代换将其化成基本公式中已有的形式，求出积分以后，再代回原积分变量，即可求得原来的不定积分. 这种方法称为**第一类换元积分法**，也称为**凑微分法**. 一般地，有以下定理.

**定理 5.1** 如果 $\int f(u) \mathrm{d}u = F(u) + C$，且 $u = \varphi(x)$ 是可导函数，则有

$$\int f[\varphi(x)] \varphi'(x) \mathrm{d}x = F[\varphi(x)] + C$$

**证明** 由复合函数的链式求导法则

$$\frac{\mathrm{d}}{\mathrm{d}x} F[\varphi(x)] = \frac{\mathrm{d}F(u)}{\mathrm{d}u} \cdot \frac{\mathrm{d}u}{\mathrm{d}x} = f(u) \cdot \varphi'(x) = f[\varphi(x)] \varphi'(x)$$

因此

$$\int f[\varphi(x)] \varphi'(x) \mathrm{d}x = F[\varphi(x)] + C$$

**注意** 应用定理 5.1 求解不定积分的步骤为

$$\begin{aligned}
\int g(x) \mathrm{d}x &= \int f[\varphi(x)] \varphi'(x) \mathrm{d}x && \text{拆} \\
&= \int f[\varphi(x)] \mathrm{d}\varphi(x) && \text{凑} \\
&= \int f(u) \mathrm{d}u && \text{换}(\varphi(x) = u) \\
&= F(u) + C && \text{公式} \\
&= F[\varphi(x)] + C && \text{回代}(u = \varphi(x))
\end{aligned}$$

**例 2** 求 $\int e^{2-3x} \mathrm{d}x$.

**分析** 根据此不定积分的特点，联想到积分公式 $\int e^x \mathrm{d}x = e^x + C$，对此不定积分作变换 $u = 2 - 3x$，即可求解此不定积分.

**解** 原式 
$$\begin{aligned}
&= -\frac{1}{3} \int e^{2-3x} \cdot (-3) \mathrm{d}x && \text{拆} \\
&= -\frac{1}{3} \int e^{2-3x} (2-3x)' \mathrm{d}x && \text{拆} \\
&= -\frac{1}{3} \int e^{2-3x} \mathrm{d}(2-3x) && \text{凑} \\
&= -\frac{1}{3} \int e^u \mathrm{d}u \ (\text{令 } u = 2-3x) && \text{换} \\
&= -\frac{1}{3} e^u + C && \text{公式}
\end{aligned}$$

$$= -\frac{1}{3} e^{2-3x} + C. \qquad\qquad 回代$$

**例 3**　求 $\displaystyle\int \frac{3}{5x-2} \mathrm{d}x$ .

**分析**　根据此不定积分的特点，联想到积分公式 $\displaystyle\int \frac{1}{x} \mathrm{d}x = \ln |x| + C$，对此不定积分作

变换 $u = 5x - 2$，即可求解此不定积分.

$$
\begin{aligned}
\textbf{解}\quad 原式 &= \frac{3}{5} \int \frac{1}{5x-2} \cdot 5 \mathrm{d}x &\qquad 拆\\
&= \frac{3}{5} \int \frac{1}{5x-2} \cdot (5x-2)' \mathrm{d}x &\qquad 拆\\
&= \frac{3}{5} \int \frac{1}{5x-2} \mathrm{d}(5x-2) &\qquad 凑\\
&= \frac{3}{5} \int \frac{1}{u} \mathrm{d}u\ (令\ u = 5x-2) &\qquad 换\\
&= \frac{3}{5} \ln |u| + C &\qquad 公式\\
&= \frac{3}{5} \ln |5x-2| + C. &\qquad 回代
\end{aligned}
$$

**例 4**　求 $\displaystyle\int \frac{x}{x^2+1} \mathrm{d}x$ .

**分析**　由于被积函数的分子与分母都是多项式，而且分母 $x^2+1$ 比分子 $x$ 的最高次数高

1 次，联想到积分公式 $\displaystyle\int \frac{1}{x} \mathrm{d}x = \ln |x| + C$，对此不定积分作变换 $u = x^2+1$，即可求解此不

定积分.

$$
\begin{aligned}
\textbf{解}\quad 原式 &= \frac{1}{2} \int \frac{1}{x^2+1} \cdot 2x \mathrm{d}x\\
&= \frac{1}{2} \int \frac{1}{x^2+1} \cdot (x^2+1)' \mathrm{d}x\\
&= \frac{1}{2} \int \frac{1}{x^2+1} \cdot \mathrm{d}(x^2+1)\\
&= \frac{1}{2} \int \frac{1}{u} \cdot \mathrm{d}u\ (令\ u = x^2+1)\\
&= \frac{1}{2} \ln |u| + C\\
&= \frac{1}{2} \ln(x^2+1) + C.
\end{aligned}
$$

**例 5**　求 $\displaystyle\int \frac{2}{2+2x+x^2} \mathrm{d}x$ .

**分析**　由于被积函数的分子与分母都是多项式，而且分母 $2+2x+x^2$ 与分子 2 的最高次

数相比要高 2 次，联想到积分公式 $\int \dfrac{1}{x^2+1}dx = \arctan x + C$，对此不定积分作变换 $u=x+1$，即可求解此不定积分.

**解** 原式 $= 2\int \dfrac{1}{1+(1+x)^2}dx$

$\qquad\qquad = 2\int \dfrac{1}{1+(1+x)^2}(1+x)'dx$

$\qquad\qquad = 2\int \dfrac{1}{1+(1+x)^2}d(1+x)$

$\qquad\qquad = 2\int \dfrac{1}{u^2+1}du \ (\text{令 } u=x+1)$

$\qquad\qquad = 2\arctan u + C$

$\qquad\qquad = 2\arctan(x+1) + C.$

**说明** 在计算不定积分时，要考察被积函数与哪一个基本积分公式中的被积函数存在着某种共同性，对于存在差异的地方采用作变换的方法以达到与积分公式在形式上一致，然后套用积分公式从而求得积分结果.

**例 6** 求 $\int (ax+b)^m dx$（其中 $a$，$b$，$m$ 为常数，且 $m\neq -1$）.

**解** $\int (ax+b)^m dx = \int (ax+b)^m \cdot \dfrac{(ax+b)'}{a}dx$

$\qquad\qquad\qquad = \dfrac{1}{a}\int (ax+b)^m d(ax+b)$

$\qquad\qquad\qquad = \dfrac{1}{a}\int u^m du \ (\text{令 } u=ax+b)$

$\qquad\qquad\qquad = \dfrac{1}{a} \cdot \dfrac{1}{m+1}u^{m+1} + C$

$\qquad\qquad\qquad = \dfrac{1}{a(m+1)}(ax+b)^{m+1} + C.$

**注意** "拆" 和 "凑" 可以合成一步，关键是 "凑".

**例 7** 求 $\int \sin x\cos x dx$.

**解** 原式 $= \int \sin x d(\sin x) = \int u du = \dfrac{1}{2}u^2 + C = \dfrac{1}{2}\sin^2 x + C.$

在运算熟练以后，积分过程中的中间变量 $u$ 可不必写出来.

**例 8** 求 $\int \tan x dx$.

**解** $\int \tan x dx = \int \dfrac{\sin x}{\cos x}dx$

$\qquad\qquad\quad = \int \dfrac{-1}{\cos x}(\cos x)'dx$

$\qquad\qquad\quad = -\int \dfrac{1}{\cos x}d(\cos x)$

$$=-\ln|\cos x|+C.$$

所以
$$\int \tan x \mathrm{d}x = -\ln|\cos x|+C$$

类似地
$$\int \cot x \mathrm{d}x = \ln|\sin x|+C$$

**例 9**　求 $\displaystyle\int \frac{\mathrm{d}x}{a^2+x^2}$ $(a>0)$.

**解**　原式 $\displaystyle= \int \frac{1}{a^2\left[1+\left(\dfrac{x}{a}\right)^2\right]}\mathrm{d}x$

$$= \frac{1}{a}\int \frac{1}{1+\left(\dfrac{x}{a}\right)^2}\left(\frac{x}{a}\right)'\mathrm{d}x$$

$$= \frac{1}{a}\int \frac{1}{1+\left(\dfrac{x}{a}\right)^2}\mathrm{d}\left(\frac{x}{a}\right)$$

$$= \frac{1}{a}\arctan\frac{x}{a}+C.$$

所以
$$\int \frac{\mathrm{d}x}{a^2+x^2} = \frac{1}{a}\arctan\frac{x}{a}+C$$

**例 10**　求 $\displaystyle\int \frac{\mathrm{d}x}{\sqrt{a^2-x^2}}$ $(a>0)$.

**解**　原式 $\displaystyle= \int \frac{1}{a\sqrt{1-\left(\dfrac{x}{a}\right)^2}}\mathrm{d}x$

$$= \int \frac{1}{\sqrt{1-\left(\dfrac{x}{a}\right)^2}}\left(\frac{x}{a}\right)'\mathrm{d}x$$

$$= \int \frac{1}{\sqrt{1-\left(\dfrac{x}{a}\right)^2}}\mathrm{d}\left(\frac{x}{a}\right)$$

$$= \arcsin\frac{x}{a}+C.$$

所以
$$\int \frac{\mathrm{d}x}{\sqrt{a^2-x^2}} = \arcsin\frac{x}{a}+C$$

**例 11**　$\displaystyle\int \frac{1}{x^2-a^2}\mathrm{d}x.$

**解**　原式 $\displaystyle= \int \frac{1}{(x+a)(x-a)}\mathrm{d}x$

$$= \frac{1}{2a} \int \left( \frac{1}{x-a} - \frac{1}{x+a} \right) dx$$

$$= \frac{1}{2a} \left[ \int \frac{1}{x-a} d(x-a) - \int \frac{1}{x+a} d(x+a) \right]$$

$$= \frac{1}{2a} \left[ \ln|x-a| - \ln|x+a| \right] + C$$

$$= \frac{1}{2a} \ln \left| \frac{x-a}{x+a} \right| + C.$$

所以

$$\int \frac{1}{x^2 - a^2} dx = \frac{1}{2a} \ln \left| \frac{x-a}{x+a} \right| + C$$

**例 12** $\int \csc x \, dx.$

**解** 原式 $= \int \frac{1}{\sin x} dx = \int \frac{1}{2 \sin \frac{x}{2} \cos \frac{x}{2}} dx$

$$= \int \frac{1}{\tan \frac{x}{2} \cdot \cos^2 \frac{x}{2}} d \left( \frac{x}{2} \right)$$

$$= \int \frac{1}{\tan \frac{x}{2}} \sec^2 \frac{x}{2} d \left( \frac{x}{2} \right)$$

$$= \int \frac{1}{\tan \frac{x}{2}} d \left( \tan \frac{x}{2} \right)$$

$$= \ln \left| \tan \frac{x}{2} \right| + C.$$

又因为

$$\tan \frac{x}{2} = \frac{1 - \cos x}{\sin x} = \csc x - \cot x$$

所以

$$\int \csc x \, dx = \ln|\csc x - \cot x| + C$$

**例 13** 求 $\int \sec x \, dx.$

**解** 原式 $= \int \frac{1}{\cos x} dx = \int \frac{1}{\cos^2 \frac{x}{2} - \sin^2 \frac{x}{2}} dx$

$$= \int \frac{2}{1 - \tan^2 \frac{x}{2}} \sec^2 \frac{x}{2} d \left( \frac{x}{2} \right)$$

$$= \int \frac{2}{1 - \tan^2 \frac{x}{2}} \mathrm{d}\left(\tan \frac{x}{2}\right)$$

$$= -\int \frac{2}{\tan^2 \frac{x}{2} - 1} \mathrm{d}\left(\tan \frac{x}{2}\right)$$

$$= -\ln \left| \frac{\tan \frac{x}{2} - 1}{\tan \frac{x}{2} + 1} \right| + C \text{ (根据例 11)}.$$

因为

$$-\ln \left| \frac{\tan \frac{x}{2} - 1}{\tan \frac{x}{2} + 1} \right| = -\ln \left| \frac{\sin \frac{x}{2} - \cos \frac{x}{2}}{\sin \frac{x}{2} + \cos \frac{x}{2}} \right| = \ln \left| \frac{1 + \sin x}{\cos x} \right| = \ln |\sec x + \tan x|$$

所以

$$\int \sec x \mathrm{d}x = \ln |\sec x + \tan x| + C$$

在上面的例题中，有几个积分是以后经常会遇到的，所以它们通常也被当作公式来使用. 这样，常用的积分公式，除了基本积分表中的 13 个公式外，再添加下面几个公式（其中常数 $a > 0$）.

$(14) \displaystyle\int \tan x \mathrm{d}x = -\ln |\cos x| + C,$

$(15) \displaystyle\int \cot x \mathrm{d}x = \ln |\sin x| + C,$

$(16) \displaystyle\int \frac{\mathrm{d}x}{a^2 + x^2} = \frac{1}{a} \arctan \frac{x}{a} + C,$

$(17) \displaystyle\int \frac{\mathrm{d}x}{\sqrt{a^2 - x^2}} = \arcsin \frac{x}{a} + C,$

$(18) \displaystyle\int \frac{1}{x^2 - a^2} \mathrm{d}x = \frac{1}{2a} \ln \left| \frac{x - a}{x + a} \right| + C,$

$(19) \displaystyle\int \sec x \mathrm{d}x = \ln |\sec x + \tan x| + C,$

$(20) \displaystyle\int \csc x \mathrm{d}x = \ln |\csc x - \cot x| + C.$

## 二、第二类换元积分法

为了解决类似于 $\displaystyle\int \sqrt{a^2 - x^2} \mathrm{d}x$，$\displaystyle\int \frac{\mathrm{d}x}{\sqrt{x^2 + a^2}}$，$\displaystyle\int \frac{\mathrm{d}x}{1 + \sqrt{x + 1}}$ 等含有根号的不定积分问题，仅有基本积分公式和第一类换元积分法显然不行，为此下面介绍解决此类积分的方法——第二类换元积分法.

对于此类不定积分，可以选择适当的变换 $x=\varphi(t)$，将 $\int f(x)\mathrm{d}x$ 去掉根号以后变为 $\int f[\varphi(t)]\varphi'(t)\mathrm{d}t$，而 $\int f[\varphi(t)]\varphi'(t)\mathrm{d}t$ 可以用基本积分公式或凑微分法来求解，然后将 $x=\varphi(t)$ 的反函数 $t=\varphi^{-1}(x)$ 代入表达式中，从而将变量 $t$ 换成原积分变量 $x$，于是得到原不定积分的计算结果. 这种积分方法就是**第二类换元积分法**.

**定理 5.2** 设 $x=\varphi(t)$ 是单调可导的函数，且 $\varphi'(t)\neq 0$，如果

$$\int f[\varphi(t)]\varphi'(t)\mathrm{d}t = F(t)+C$$

则有

$$\int f(x)\mathrm{d}x = \int f[\varphi(t)]\varphi'(t)\mathrm{d}t = F(t)+C = F[\varphi^{-1}(x)]+C$$

**注意** 应用第二类换元积分法的步骤为

$$\begin{aligned}\int f(x)\mathrm{d}x &= \int f[\varphi(t)]\varphi'(t)\mathrm{d}t && \text{换元}\ (x=\varphi(t))\\ &=F(t)+C && \text{公式或凑微分}\\ &=F[\varphi^{-1}(x)]+C && \text{回代}\ (t=\varphi^{-1}(x))\end{aligned}$$

**例 14** 求 $\int \sqrt{a^2-x^2}\,\mathrm{d}x\ (a>0)$.

**解** 利用三角变换去根式，令 $x=a\sin t\ \left(-\frac{\pi}{2}<t<\frac{\pi}{2}\right)$，则 $\mathrm{d}x=a\cos t\mathrm{d}t$，$\sqrt{a^2-x^2}=a\cos t$，于是

$$\begin{aligned}\text{原式} &= \int a\cos t\cdot a\cos t\mathrm{d}t = \int a^2\cos^2 t\mathrm{d}t\\ &= a^2\int \frac{1+\cos 2t}{2}\mathrm{d}t\\ &= \frac{a^2}{2}t+\frac{a^2}{4}\sin 2t+C\end{aligned}$$

为了把 $t$ 换成原积分变量，可作一个直角三角形（如图 5－2 所示），根据三角函数的定义，有

$$\cos t=\frac{\sqrt{a^2-x^2}}{a},\quad \sin 2t=2\sin t\cdot\cos t=2\cdot\frac{x}{a}\cdot\frac{\sqrt{a^2-x^2}}{a}$$

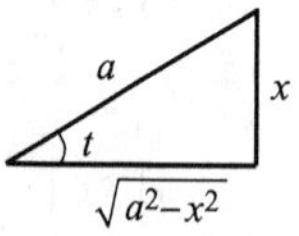

图 5－2

因此

$$\int \sqrt{a^2-x^2}\,\mathrm{d}x = \frac{a^2}{2}\arcsin\frac{x}{a}+\frac{1}{2}x\sqrt{a^2-x^2}+C$$

**例 15** 求 $\int \frac{\mathrm{d}x}{\sqrt{x^2+a^2}}\ (a>0)$.

**解** 令 $x=a\tan t\ \left(-\frac{\pi}{2}<t<\frac{\pi}{2}\right)$，则 $\mathrm{d}x=a\sec^2 t\mathrm{d}t$，$\sqrt{x^2+a^2}=a\sec t$，于是

$$\text{原式} = \int \frac{a\sec^2 t}{a\sec t}\mathrm{d}t = \int \sec t\mathrm{d}t = \ln|\sec t+\tan t|+C$$

为了把 $t$ 换成原积分变量，可作一个直角三角形（如图 5-3 所示），根据三角函数的定义，有

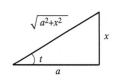

$$\sec t = \frac{1}{\cos t} = \frac{\sqrt{a^2 + x^2}}{a}$$

因此

图 5-3

$$\int \frac{\mathrm{d}x}{\sqrt{x^2 + a^2}} = \ln \left| \frac{x}{a} + \frac{\sqrt{a^2 + x^2}}{a} \right| + C_1 = \ln \left| x + \sqrt{x^2 + a^2} \right| + C$$

其中 $C = C_1 - \ln a$.

**例 16** 求 $\displaystyle\int \frac{\mathrm{d}x}{\sqrt{x^2 - a^2}}$ $(a > 0)$.

**解** 令 $x = a \sec t$ $\left( 0 < t < \dfrac{\pi}{2} \right)$，则 $\mathrm{d}x = a \sec t \cdot \tan t \, \mathrm{d}t$，于是

$$\int \frac{\mathrm{d}x}{\sqrt{x^2 - a^2}} = \int \frac{a \sec t \cdot \tan t}{a \tan t} \mathrm{d}t = \int \sec t \, \mathrm{d}t = \ln |\sec t + \tan t| + C_1$$

由 $\sec t = \dfrac{x}{a}$ 作直角三角形（如图 5-4 所示），于是

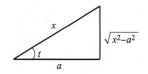

$$\tan t = \frac{\sqrt{x^2 - a^2}}{a}$$

图 5-4

$$\int \frac{\mathrm{d}x}{\sqrt{x^2 - a^2}} = \ln \left| \frac{x}{a} + \frac{\sqrt{x^2 - a^2}}{a} \right| + C_1 = \ln \left| x + \sqrt{x^2 - a^2} \right| + C$$

其中 $C = C_1 - \ln a$.

**注意** 例 15、16 的结论经常用到，所以将其追加成基本积分公式：

(21) $\displaystyle\int \frac{\mathrm{d}x}{\sqrt{x^2 + a^2}} = \ln \left| x + \sqrt{x^2 + a^2} \right| + C$

(22) $\displaystyle\int \frac{\mathrm{d}x}{\sqrt{x^2 - a^2}} = \ln \left| x + \sqrt{x^2 - a^2} \right| + C$

**例 17** 求 $\displaystyle\int \frac{\mathrm{d}x}{\sqrt{1 + x} + \sqrt{(1 + x)^3}}$.

**解** 本题的难点在于分母中含有根式 $\sqrt{1 + x}$，为了消去根式，令 $\sqrt{1 + x} = t$，则 $x = t^2 - 1$，$\mathrm{d}x = 2t \mathrm{d}t$，于是

$$原式 = \int \frac{2t \mathrm{d}t}{t + t^3} = 2 \int \frac{\mathrm{d}t}{1 + t^2} = 2 \arctan t + C = 2 \arctan \sqrt{1 + x} + C$$

**例 18** 计算 $\displaystyle\int \frac{x}{\sqrt{1 + x}} \mathrm{d}x$.

**解** 令 $\sqrt{1 + x} = t$，则 $x = t^2 - 1$，$\mathrm{d}x = 2t \mathrm{d}t$，于是

$$原式 = \int \frac{t^2 - 1}{t} \cdot 2t \mathrm{d}t$$

$$= 2\int (t^2 - 1)\mathrm{d}t = 2\left(\frac{1}{3}t^3 - t\right) + C$$

$$= \frac{2}{3}\sqrt{(1+x)^3} - 2\sqrt{1+x} + C$$

上述例 14 至例 16 所用的积分方法称为**三角代换法**，例 17 至例 18 所用的积分方法称为**根式代换法**，这是第二类换元法常用的变量代换，对于去掉被积函数中的根号非常有效.

总之，不定积分换元法是对不定积分中的被积函数进行改造，使之能利用不定积分的基本公式和性质来计算. 对于不定积分的计算问题，需要勤思考、多练习、不断总结，才能达到熟能生巧.

## 习题 5 - 2

1. 求下列不定积分：

(1) $\int (1 - 3x)^3 \mathrm{d}x$；

(2) $\int 5^{2x+3} \mathrm{d}x$；

(3) $\int \cos(3x - 2)\mathrm{d}x$；

(4) $\int \mathrm{e}^{2x-3} \mathrm{d}x$；

(5) $\int \frac{x}{\sqrt{3 - x^2}} \mathrm{d}x$；

(6) $\int \frac{3x^2}{1 + x^3} \mathrm{d}x$；

(7) $\int x\mathrm{e}^{-x^2} \mathrm{d}x$；

(8) $\int 6x^2(x^3 + 1)\mathrm{d}x$；

(9) $\int \frac{\sin x}{1 + \cos x} \mathrm{d}x$；

(10) $\int \frac{\sec^2 x}{1 + \tan x} \mathrm{d}x$；

(11) $\int \frac{\mathrm{e}^{\arcsin x}}{\sqrt{1 - x^2}} \mathrm{d}x$；

(12) $\int \frac{1}{x\sqrt{1 + \ln x}} \mathrm{d}x$；

(13) $\int \frac{1}{x^2} \tan \frac{1}{x} \mathrm{d}x$；

(14) $\int \frac{1}{\mathrm{e}^x + \mathrm{e}^{-x}} \mathrm{d}x$；

(15) $\int \frac{x}{1 + x^4} \mathrm{d}x$；

(16) $\int \frac{\mathrm{e}^{\sqrt{x}}}{5\sqrt{x}} \mathrm{d}x$；

(17) $\int \frac{x}{x - \sqrt{x^2 - 1}} \mathrm{d}x$；

(18) $\int \frac{\arctan \sqrt{x}}{\sqrt{x}(1 + x)} \mathrm{d}x$；

(19) $\int \frac{1 + \ln x}{(x \ln x)^2} \mathrm{d}x$；

(20) $\int \frac{x^2 - x - 2}{1 + x^2} \mathrm{d}x$；

(21) $\int \frac{f'(x)}{1 + f^2(x)} \mathrm{d}x$；

(22) $\int \mathrm{e}^{f(x)} f'(x)\mathrm{d}x$.

2. 求下列不定积分：

(1) $\int \frac{1}{(a^2 - x^2)^{3/2}} \mathrm{d}x \quad (a > 0)$；

(2) $\int \frac{1}{\sqrt{4 + x^2}} \mathrm{d}x$；

(3) $\displaystyle\int \frac{1}{\sqrt{x(x+1)}}\mathrm{d}x$；

(4) $\displaystyle\int \frac{1}{\sqrt{x^2+4x+5}}\mathrm{d}x$；

(5) $\displaystyle\int \frac{\sqrt{x^2-1}}{x}\mathrm{d}x$；

(6) $\displaystyle\int \frac{\sqrt{x^2-a^2}}{x^2}\mathrm{d}x$ $(a>0)$；

(7) $\displaystyle\int \frac{1}{1+\sqrt{3x}}\mathrm{d}x$；

(8) $\displaystyle\int \frac{x}{\sqrt{2-x}}\mathrm{d}x$；

(9) $\displaystyle\int \frac{1}{\sqrt{2-5x}}\mathrm{d}x$；

(10) $\displaystyle\int \frac{x}{\sqrt{x-1}}\mathrm{d}x$.

3. 用下列四种变换计算不定积分 $\displaystyle\int \frac{1}{x\sqrt{x^2-1}}\mathrm{d}x$.

(1)令 $x=\sec t$； (2)令 $x=\dfrac{1}{t}$； (3)令 $\sqrt{x^2-1}=t$； (4)令 $x=\csc t$.

# 第三节　不定积分的分部积分法

换元积分法在积分学中占有非常重要的地位,然而对于形如 $\displaystyle\int x\cos x\mathrm{d}x$，$\displaystyle\int x\mathrm{e}^x\mathrm{d}x$，$\displaystyle\int x\ln x\mathrm{d}x$ 等类型的积分就不起作用了. 现在我们从两个函数乘积的微分运算法则出发推导出一种解决此类积分的基本方法——**分部积分法**.

设 $u(x)$，$v(x)$ 具有连续的导数，由于

$$\mathrm{d}(uv)=v\mathrm{d}u+u\mathrm{d}v$$

移项得

$$u\mathrm{d}v=\mathrm{d}(uv)-v\mathrm{d}u$$

两边求不定积分得

$$\int u\mathrm{d}v=uv-\int v\mathrm{d}u \quad 或 \quad \int uv'\mathrm{d}x=uv-\int vu'\mathrm{d}x$$

这就是分部积分法的计算公式,它把积分式 $\displaystyle\int u\mathrm{d}v$ 转化为 $\displaystyle\int v\mathrm{d}u$，当然这种转化必须是后者较前者容易求解才有意义.

**例1** 求 $\displaystyle\int x\cos x\mathrm{d}x$.

**解** 令 $u=x$，$v'=\cos x$，则 $v'\mathrm{d}x=\cos x\mathrm{d}x=\mathrm{d}(\sin x)$，由分部积分公式得

$$\int x\cos x\mathrm{d}x=\int x\mathrm{d}(\sin x)=x\sin x-\int \sin x\mathrm{d}x=x\sin x+\cos x+C$$

若令 $u=\cos x$，$v'=x$，则 $v'\mathrm{d}x=x\mathrm{d}x=\mathrm{d}\left(\dfrac{x^2}{2}\right)$，于是

$$\int x\cos x\mathrm{d}x=\int \cos x\mathrm{d}\left(\frac{x^2}{2}\right)=\frac{x^2}{2}\cos x+\int \frac{x^2}{2}\sin x\mathrm{d}x$$

显然上式右端的积分比原积分更难计算,即这种转化没有意义. 由此可见应用分部积分法的关键在于恰当地选取 $u$ 和 $v'$.

在选取 $u$ 和 $v'$ 时，一般应该遵循以下原则：

（1）在将 $\int f(x)\mathrm{d}x$ 化为 $\int uv'\mathrm{d}x$ 时，由 $v'$ 求 $v$ 要容易求得；

（2）运用分部积分公式后，$\int v\mathrm{d}u$ 要比 $\int u\mathrm{d}v$ 容易计算.

在应用分部积分法达到一定熟练程度后，可以不必写出 $u$ 和 $v'$.

**例 2**　求 $\int x\mathrm{e}^x\mathrm{d}x$.

**解**　$\int x\mathrm{e}^x\mathrm{d}x = \int x\mathrm{d}(\mathrm{e}^x) = x\mathrm{e}^x - \int \mathrm{e}^x\mathrm{d}x = x\mathrm{e}^x - \mathrm{e}^x + C.$

**例 3**　求 $\int x\ln x\mathrm{d}x$.

**解**　$\int x\ln x\mathrm{d}x = \int \ln x\mathrm{d}\left(\dfrac{x^2}{2}\right) = \dfrac{x^2}{2}\ln x - \int \dfrac{x^2}{2}\mathrm{d}(\ln x)$

$$= \frac{x^2}{2}\ln x - \int \frac{x}{2}\mathrm{d}x = \frac{x^2}{2}\ln x - \frac{x^2}{4} + C.$$

**例 4**　求 $\int x\arctan x\mathrm{d}x$

**解**　$\int x\arctan x\mathrm{d}x = \int \arctan x\mathrm{d}\left(\dfrac{x^2}{2}\right)$

$$= \frac{x^2}{2}\arctan x - \int \frac{x^2}{2}\mathrm{d}(\arctan x)$$

$$= \frac{x^2}{2}\arctan x - \frac{1}{2}\int \frac{x^2}{1+x^2}\mathrm{d}x$$

$$= \frac{x^2}{2}\arctan x - \frac{1}{2}\int \left(1 - \frac{1}{1+x^2}\right)\mathrm{d}x$$

$$= \frac{x^2}{2}\arctan x - \frac{1}{2}x + \frac{1}{2}\arctan x + C.$$

**注意**　有的积分可能会两次甚至多次使用分部积分公式才能求出结果，同一题在第二次使用分部积分法时，$v'$ 的选取一定要和第一次选取的函数类型相同.

**例 5**　求 $\int x^2\mathrm{e}^x\mathrm{d}x$.

**解**　原式 $= \int x^2\mathrm{d}(\mathrm{e}^x)$

$$= x^2\mathrm{e}^x - \int \mathrm{e}^x\mathrm{d}(x^2)$$

$$= x^2\mathrm{e}^x - 2\int x\mathrm{e}^x\mathrm{d}x$$

$$= x^2\mathrm{e}^x - 2\int x\mathrm{d}(\mathrm{e}^x)$$

$$= x^2\mathrm{e}^x - 2x\mathrm{e}^x + 2\int \mathrm{e}^x\mathrm{d}x$$

$$= x^2\mathrm{e}^x - 2x\mathrm{e}^x + 2\mathrm{e}^x + C.$$

**例 6**　求 $\int e^x \cos x \mathrm{d}x$.

**解**　原式 $= \int \cos x \mathrm{d}(e^x)$

$$= e^x \cos x - \int e^x \mathrm{d}(\cos x)$$

$$= e^x \cos x + \int e^x \sin x \mathrm{d}x$$

$$= e^x \cos x + \int \sin x \mathrm{d}(e^x)$$

$$= e^x \cos x + e^x \sin x - \int e^x \mathrm{d}(\sin x)$$

$$= e^x (\cos x + \sin x) - \int e^x \cos x \mathrm{d}x$$

当用过两次分部积分法以后，发现计算结果中出现了 $\int e^x \cos x \mathrm{d}x$，这正是我们要求的不定积分，此时将 $\int e^x \cos x \mathrm{d}x$ 视为未知量，类似于解一元一次方程可得出

$$2\int e^x \cos x \mathrm{d}x = e^x (\cos x + \sin x) + C_1$$

因为左边是不定积分，所以右边必须加任意常数 $C_1$，从而

$$\int e^x \cos x \mathrm{d}x = \frac{1}{2} e^x (\cos x + \sin x) + C$$

其中 $C = \frac{1}{2} C_1$.

综合分析以上的例子可以看出，当被积函数是 $x^n e^x$，$x^n \sin x$，$x^n \cos x$，$x^n \arctan x$，$x^n \arcsin x$，$x^n \ln x$，$e^x \sin x$，$e^x \cos x$ 等类型的积分时，都要用分部积分法来计算．正确地运用分部积分法的关键是恰当地选择 $u$ 和 $v'$，从上述几个例题的解法中，可以归纳出选择 $u$ 的一般规律，即按照指数函数、三角函数、多项式函数、对数函数、反三角函数的排列先后顺序，以"谁在后面谁为 $u$"的原则选择 $u$，例如被积函数为指数函数乘以多项式函数，此时运用分部积分法时应选多项式函数为 $u$，积分计算才能有效进行．

在计算不定积分时，有时需要同时运用换元积分法与分部积分法才能有效计算出积分．

**例 7**　求 $\int \arcsin x \mathrm{d}x$.

**解**　$\int \arcsin x \mathrm{d}x = x \arcsin x - \int x \mathrm{d}(\arcsin x)$

$$= x \arcsin x - \int \frac{x}{\sqrt{1-x^2}} \mathrm{d}x$$

$$= x \arcsin x + \frac{1}{2} \int (1-x^2)^{-\frac{1}{2}} \mathrm{d}(1-x^2)$$

$$= x \arcsin x + \sqrt{1-x^2} + C.$$

**例 8**　求 $\int \cos \sqrt{x} \mathrm{d}x$.

**解** 令 $\sqrt{x}=u$，则 $x=u^2$，$\mathrm{d}x=2u\mathrm{d}u$，于是

$$\int\cos\sqrt{x}\mathrm{d}x=\int\cos u\cdot 2u\mathrm{d}u=2\int u\mathrm{d}(\sin u)$$

$$=2\left(u\sin u-\int\sin u\mathrm{d}u\right)=2(u\sin u+\cos u)+C$$

$$=2(\sqrt{x}\sin\sqrt{x}+\cos\sqrt{x})+C$$

从以上例子可以看出，只要掌握分部积分法的窍门，就能成功计算出这类不定积分.

## 习题 5 - 3

1. 求下列不定积分：

(1) $\displaystyle\int x\mathrm{e}^x\mathrm{d}x$；

(2) $\displaystyle\int x\sin 2x\mathrm{d}x$；

(3) $\displaystyle\int(2x-1)\sin x\mathrm{d}x$；

(4) $\displaystyle\int x^2\ln x\mathrm{d}x$；

(5) $\displaystyle\int\arctan x\mathrm{d}x$；

(6) $\displaystyle\int\frac{\arcsin\sqrt{x}}{\sqrt{x}}\mathrm{d}x$；

(7) $\displaystyle\int x^2 a^x\mathrm{d}x$；

(8) $\displaystyle\int\mathrm{e}^{\sqrt[3]{x}}\mathrm{d}x$.

2. 设 $f(x)$ 有连续的导数，求 $\displaystyle\int[f(x)+xf'(x)]\mathrm{d}x$.

# 第四节　定积分的基本概念与性质

## 一、定积分的概念

### 1. 引例

**例 1**　求曲边梯形的面积的问题.

由连续曲线 $y=f(x)(f(x)\geqslant 0)$，直线 $x=a$，$x=b$ 以及 $x$ 轴所围成的平面图形称为曲边梯形（图 5 - 5）. 试计算该曲边梯形的面积 $A$.

若曲边是平行于 $x$ 轴的直边，即 $f(x)$ 在 $[a,b]$ 上为常数时，图形为矩形，其面积 $A=$ 底×高；而对于一般的曲边梯形，其高度 $f(x)$ 在 $[a,b]$ 上是变化的，因而不能直接按矩形面积公式来计算. 由于 $f(x)$ 在 $[a,b]$ 上是连续变化的，在点 $x\in[a,b]$ 的一个很小的邻域内，$f(x)$ 变化很小，因此，可以通过分割曲边梯形的底边 $[a,b]$，将整个曲边

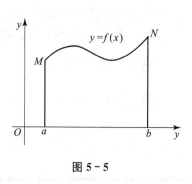

图 5 - 5

形分成若干个小曲边梯形. 由于每一个小曲边梯形的底边很小，高度变化不大，可以考虑用小矩形的面积来近似代替小曲边梯形的面积. 然后将所有小矩形的面积求和，就得到曲边梯形面积 $A$ 的近似值.

很明显，底边$[a,b]$分割得越细，以上所求曲边梯形面积的近似值近似程度就越高，因此，将$[a,b]$无限细分，使每个小区间的长度都趋于零，曲边梯形面积的近似值的极限就是所求面积的精确值。

由以上的分析可以归纳出计算曲边梯形面积的步骤如下：

（1）分割　如图$5-6$所示，将$[a,b]$任意分成$n$个小区间，设分点为$a=x_0<x_1<\cdots<x_{n-1}<x_n=b$，每个小区间的长度为$f(x)$，相应地，曲边梯形被分成$n$个窄曲边梯形，设它们的面积分别为$\Delta A_i$（$i=1,2,\cdots,n$），则$A=\sum_{i=1}^{n}\Delta A_i$。

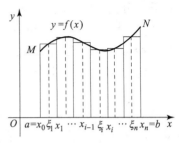

图 5 - 6

（2）取近似　对于第$i$个窄曲边梯形，在其底边$[x_{i-1},x_i]$上任取一点$\xi_i$，作以$[x_{i-1},x_i]$为底，$f(\xi_i)$为高的矩形，用窄矩形的面积近似代替窄曲边梯形的面积$\Delta A_i$，则$\Delta A_i\approx f(\xi_i)\Delta x_i$（$i=1,2,\cdots,n$）。

（3）求和　对所有的小矩形面积求和，即得曲边梯形面积$A$的近似值，即

$$A\approx f(\xi_1)\Delta x_1+f(\xi_2)\Delta x_2+\cdots+f(\xi_n)\Delta x_n=\sum_{i=1}^{n}f(\xi_i)\Delta x_i$$

（4）取极限　记$\lambda=\max_{1\leqslant i\leqslant n}\{\Delta x_i\}$，当$\lambda\to0$时，和式$\sum_{i=1}^{n}f(\xi_i)\Delta x_i$的极限便是曲边梯形的面积$A$，即

$$A=\lim_{\lambda\to0}\sum_{i=1}^{n}f(\xi_i)\Delta x_i$$

**例 2**　求变速直线运动的路程的问题。

设某物体作直线运动，速度$v=v(t)$是$[T_1,T_2]$上的连续函数，且$v(t)\geqslant0$。求在这段时间内物体所经过的路程$S$。

对于匀速直线运动而言，路程＝速度×时间（$S=v(t)\times(T_2-T_1)$），但现在速度不是常数，而是随时间变化的变量，因此，路程不能按上述公式计算。然而，由于速度是连续变化的，在较短的时间内变化不大，变速直线运动就可以近似为匀速直线运动。于是，可仿照例1将时间段$[T_1,T_2]$进行分割，在每一个小的时间区间内，用匀速直线运动近似代替变速直线运动，从而求出每一个小的时间段内路程的近似值，再通过取极限就可以求得路程。具体过程如下：

（1）分割　将$[T_1,T_2]$任意分割为$n$个小区间，设分点为$T_1=t_0<t_1<\cdots t_{n-1}<t_n=T_2$，每个小区间的长度为$\Delta t_i=t_i-t_{i-1}$（$i=1,2,\cdots,n$），物体在第$i$个时间段$[t_{i-1},t_i]$内所走的路程为$\Delta S_i$（$i=1,2,\cdots,n$）。

（2）取近似　在第$i$个时间段$[t_{i-1},t_i]$上以任一时刻$\xi_i$的速度$v(\xi_i)$代替$[t_{i-1},t_i]$上每一时刻的速度，则有$\Delta S_i\approx v(\xi_i)\Delta t_i$（$i=1,2,\cdots,n$）。

（3）求和　将所有这些近似值求和，得到总路程$S$的近似值，即$S\approx\sum_{i=1}^{n}v(\xi_i)\Delta t_i$。

（4）取极限　显然，时间段$[T_1,T_2]$的分割越细，误差就越小。于是，记$\lambda=\max_{1\leqslant i\leqslant n}\{\Delta t_i\}$，当$\lambda\to0$时，和式$\sum_{i=1}^{n}v(\xi_i)\Delta t_i$的极限便是所求的路程$S$，即

$$S = \lim_{\lambda \to 0} \sum_{i=1}^{n} v(\xi_i) \Delta t_i$$

### 2. 定积分的定义

上述两个实例尽管具有不同的实际背景，但是问题的解决思想和方法却完全相同，都是按照"分割、取近似、求和、取极限"的四个步骤来计算的，所求的结果都归结为一个特殊和式的极限. 不考虑这些问题的具体意义，抓住它们在数量关系上的共性并加以概括和抽象，便可得到定积分的定义.

**定义 5.3** 设函数 $f(x)$ 在区间 $[a, b]$ 上有界，在 $[a, b]$ 中任意插入若干个分点

$$a = x_0 < x_1 < \cdots < x_{n-1} < x_n = b$$

把区间 $[a, b]$ 分成 $n$ 个小区间，每个小区间的长度为 $\Delta x_i = x_i - x_{i-1}$ $(i = 1, 2, \cdots, n)$，在每个小区间 $[x_{i-1}, x_i]$ 上任取一点 $\xi_i$ $(x_{i-1} \leqslant \xi_i \leqslant x_i)$，作函数值 $f(\xi_i)$ 与小区间长度 $\Delta x_i$ 的乘积 $f(\xi_i) \Delta x_i$ $(i = 1, 2, \cdots, n)$，并作和 $\sum_{i=1}^{n} f(\xi_i) \Delta x_i$. 设 $\lambda = \max\limits_{1 \leqslant i \leqslant n} \{\Delta x_i\}$，如果当 $\lambda \to 0$ 时，不论对小区间如何划分、小区间内 $\xi_i$ 如何选取，上述和式的极限都存在，则称函数 $f(x)$ **在区间** $[a, b]$ **上可积**，并称此极限值为 $f(x)$ 在区间 $[a, b]$ 上的**定积分**，记为 $\int_a^b f(x) \mathrm{d}x$，即

$$\int_a^b f(x) \mathrm{d}x = \lim_{\lambda \to 0} \sum_{i=1}^{n} f(\xi_i) \Delta x_i$$

其中 $f(x)$ 称为**被积函数**，$f(x)\mathrm{d}x$ 称为**被积表达式**，$x$ 称为**积分变量**，"$\int$" 称为**积分号**，区间 $[a, b]$ 称为**积分区间**，$a$ 与 $b$ 分别称为**积分下限**和**积分上限**.

根据定积分的定义，例 1 中曲边梯形的面积可用定积分表示为 $A = \int_a^b f(x) \mathrm{d}x$；例 2 中变速直线运动的路程可以用定积分表示为 $S = \int_{T_1}^{T_2} v(t) \mathrm{d}t$.

**说明**　（1）函数 $f(x)$ 在 $[a, b]$ 上可积，是指积分 $\int_a^b f(x) \mathrm{d}x$ 存在，即不论对区间 $[a, b]$ 怎样划分以及点 $\xi_i$ 如何选取，当 $\lambda \to 0$ 时，和式 $\sum_{i=1}^{n} f(\xi_i) \Delta x_i$ 的极限值都存在且唯一. 如果该极限不存在，则称函数 $f(x)$ 在 $[a, b]$ 上不可积.

事实上，若函数 $f(x)$ 在 $[a, b]$ 上连续，或只有有限个第一类间断点，则 $f(x)$ 在 $[a, b]$ 上一定可积.

（2）定积分表示一个数值，它只取决于被积函数和积分区间，与积分变量用什么字母表示无关，即

$$\int_a^b f(x) \mathrm{d}x = \int_a^b f(u) \mathrm{d}u = \int_a^b f(t) \mathrm{d}t$$

（3）在定积分的定义中，假设了 $a < b$，而事实上也可以 $a \geqslant b$，并且规定：

① $\int_a^b f(x) \mathrm{d}x = -\int_b^a f(x) \mathrm{d}x$；

② $\int_a^a f(x) \mathrm{d}x = 0$.

### 3. 定积分的几何意义

从例 1 可知，若函数 $f(x)$ 在 $[a,b]$ 上连续，当 $f(x)\geqslant 0$ 时，则定积分 $\int_a^b f(x)\mathrm{d}x$ 表示由曲线 $y=f(x)$，直线 $x=a$，$x=b$ 以及 $x$ 轴所围成的曲边梯形的面积 $A$，即

$$\int_a^b f(x)\mathrm{d}x = A$$

当 $f(x)\leqslant 0$ 时，曲边梯形位于 $x$ 轴下方，若曲边梯形的面积为 $A$，则 $\int_a^b f(x)\mathrm{d}x$ 等于曲边梯形面积的负值，即

$$\int_a^b f(x)\mathrm{d}x = -A$$

一般地，当 $f(x)$ 在 $[a,b]$ 上的值有正也有负时，定积分 $\int_a^b f(x)\mathrm{d}x$ 在几何上表示由曲线 $y=f(x)$，直线 $x=a$，$x=b$ 和 $x$ 轴围成的在 $x$ 轴上方的曲边梯形的面积减去在 $x$ 轴下方的曲边梯形的面积（图 5-7），即

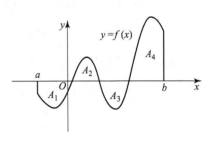

$$\int_a^b f(x)\mathrm{d}x = (A_2+A_4)-(A_1+A_3)$$

定积分的几何意义可以用于计算某些特殊定积分的值.

**图 5-7**

**例 3** 利用定积分的几何意义计算 $\int_0^1 x\mathrm{d}x$ 的值.

**解** 被积函数在积分区间 $[0,1]$ 上所形成的曲边梯形如图 5-8 所示，由定积分的几何意义可知定积分的值等于三角形 $OAB$ 的面积，故

$$\int_0^1 x\mathrm{d}x = \frac{1}{2}\times 1\times 1 = \frac{1}{2}$$

**例 4** 如图 5-9 所示，某企业 5 月期的投资价值 $F(t)$ 的变化率为 $F'(t)$. 讨论：

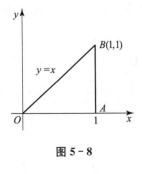

**图 5-8**

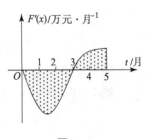

**图 5-9**

（1）投资价值何时增长，何时减少？

（2）投资价值在 5 个月内是增长了还是减少了？

**解**　（1）因为在前 3 个月内投资价值的变化率小于零，所以投资价值在这段时间内减少了. 而在后面的 2 个月内投资价值的变化率大于零，所以在后两个月内投资价值增长了.

（2）要求在 $t=0$ 和 $t=5$ 之间投资价值总变化量，就是求变化率 $F'(t)$ 的积分，即

$$投资价值总变化量 = \int_0^5 F'(t)\mathrm{d}t$$

其积分值等于 $t$ 轴上方阴影部分的面积减去 $t$ 轴下方阴影部分的面积. 由于图 5 - 9 中 $t$ 轴下方阴影部分的面积大于 $t$ 轴上方阴影部分的面积，因此此定积分值为负. 这说明这个时期内投资价值的总变化量为负值，所以投资价值是减少了.

## 二、定积分的性质

设函数 $f(x)$，$g(x)$ 在下述性质中均为可积函数.

**性质 1**　设在 $[a, b]$ 上 $f(x)=1$，则 $\int_a^b 1 \cdot \mathrm{d}x = \int_a^b \mathrm{d}x = b-a$.

**性质 2**　两个函数和（差）的定积分等于它们定积分的和（差），即

$$\int_a^b [f(x) \pm g(x)]\mathrm{d}x = \int_a^b f(x)\mathrm{d}x \pm \int_a^b g(x)\mathrm{d}x$$

**证明**　根据定积分的定义

$$\begin{aligned}
\int_a^b [f(x) \pm g(x)]\mathrm{d}x &= \lim_{\lambda \to 0} \sum_{i=1}^n [f(\xi_i) \pm g(\xi_i)]\Delta x_i \\
&= \lim_{\lambda \to 0} \Big[ \sum_{i=1}^n f(\xi_i)\Delta x_i \pm \sum_{i=1}^n g(\xi_i)\Delta x_i \Big] \\
&= \lim_{\lambda \to 0} \sum_{i=1}^n f(\xi_i)\Delta x_i \pm \lim_{\lambda \to 0} \sum_{i=1}^n g(\xi_i)\Delta x_i \\
&= \int_a^b f(x)\mathrm{d}x \pm \int_a^b g(x)\mathrm{d}x
\end{aligned}$$

**注**　此性质显然可以推广到有限个函数的代数和的情形.

利用定积分的定义类似地可以证明以下性质：

**性质 3**　被积函数中的常数因子可以提到积分号之前，即

$$\int_a^b kf(x)\mathrm{d}x = k\int_a^b f(x)\mathrm{d}x \quad (k \text{ 为常数})$$

**性质 4**　如果将积分区间分成两个部分，则定积分等于两个区间上的定积分之和，即设 $a<c<b$，则

$$\int_a^b f(x)\mathrm{d}x = \int_a^c f(x)\mathrm{d}x + \int_c^b f(x)\mathrm{d}x$$

这个性质说明定积分对于积分区间具有可加性. 事实上，不论 $a$，$b$，$c$ 相对位置如何，只要 $f(x)$ 在相应区间上可积，总有

$$\int_a^b f(x)\mathrm{d}x = \int_a^c f(x)\mathrm{d}x + \int_c^b f(x)\mathrm{d}x$$

例如，设 $a<b<c$，由本性质可得

$$\int_a^c f(x)\mathrm{d}x = \int_a^b f(x)\mathrm{d}x + \int_b^c f(x)\mathrm{d}x$$

移项即得

$$\int_a^b f(x)\mathrm{d}x = \int_a^c f(x)\mathrm{d}x - \int_b^c f(x)\mathrm{d}x = \int_a^c f(x)\mathrm{d}x + \int_c^b f(x)\mathrm{d}x$$

**性质 5**　设在 $[a, b]$ 上 $f(x) \geqslant g(x)$，则

$$\int_a^b f(x)\mathrm{d}x \geqslant \int_a^b g(x)\mathrm{d}x$$

**性质 6（估值定理）** 设 $M$ 与 $m$ 分别是 $f(x)$ 在区间 $[a,b]$ 上的最大值与最小值，则

$$m(b-a) \leqslant \int_a^b f(x)\mathrm{d}x \leqslant M(b-a)$$

**证明** 因为 $m \leqslant f(x) \leqslant M$，由性质 5，得

$$\int_a^b m\,\mathrm{d}x \leqslant \int_a^b f(x)\mathrm{d}x \leqslant \int_a^b M\,\mathrm{d}x$$

再由性质 2 和性质 4，即得

$$m(b-a) \leqslant \int_a^b f(x)\mathrm{d}x \leqslant M(b-a)$$

**注** 这个性质可以用来估计定积分值的范围.

**例 5** 估计定积分 $\int_{-1}^1 \mathrm{e}^{x^4}\mathrm{d}x$ 的值.

**解** 首先，求 $f(x) = \mathrm{e}^{x^4}$ 在 $[-1,1]$ 上的最大值与最小值. $f'(x) = 4x^3\mathrm{e}^{x^4}$，令 $f'(x) = 0$，得驻点 $x = 0$. 函数 $f(x)$ 在驻点、区间的端点处的函数值为 $f(0) = 1$，$f(\pm 1) = \mathrm{e}$，故在 $[-1,1]$ 上，$f(x) = \mathrm{e}^{x^4}$ 的最大值 $M = f(\pm 1) = \mathrm{e}$，最小值 $m = f(0) = 1$，于是

$$2 \leqslant \int_{-1}^1 \mathrm{e}^{x^4}\mathrm{d}x \leqslant 2\mathrm{e}$$

**性质 7（积分中值定理）** 如果 $f(x)$ 在 $[a,b]$ 上连续，则区间 $[a,b]$ 上至少存在一点 $\xi$，使得

$$\int_a^b f(x)\mathrm{d}x = f(\xi)(b-a)$$

**证明** 因为函数 $f(x)$ 在 $[a,b]$ 上连续，由闭区间上连续函数的最大值、最小值定理知函数 $f(x)$ 在区间 $[a,b]$ 上必取得最大值和最小值. 设函数 $f(x)$ 在 $[a,b]$ 上的最大值和最小值分别为 $M$ 和 $m$，即 $m \leqslant f(x) \leqslant M$. 于是，根据性质 6 可得

$$m(b-a) \leqslant \int_a^b f(x)\mathrm{d}x \leqslant M(b-a)$$

两端同除 $(b-a)$ 有

$$m \leqslant \frac{1}{b-a}\int_a^b f(x)\mathrm{d}x \leqslant M$$

由于 $f(x)$ 在 $[a,b]$ 上连续，由介值定理可知，在 $[a,b]$ 上至少存在一点 $\xi$（如图 5 - 10 所示），使得

$$f(\xi) = \frac{1}{b-a}\int_a^b f(x)\mathrm{d}x$$

即

$$\int_a^b f(x)\mathrm{d}x = f(\xi)(b-a)$$

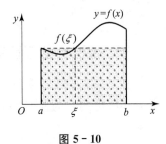

**图 5 - 10**

**注** （1）该定理的几何意义是在 $[a,b]$ 上至少存在一点 $\xi$，使得以区间 $[a,b]$ 为底边，以 $y = f(x)$ 为曲边的曲边梯形的面积等于同底边而高为 $f(\xi)$ 的矩形的面积.

（2）由几何意义可以看出，数值 $\dfrac{1}{b-a}\displaystyle\int_a^b f(x)\mathrm{d}x$ 表示连续曲线 $y=f(x)$ 在 $[a,b]$ 上的平均高度，即函数 $f(x)$ 在 $[a,b]$ 上的平均值. 因此该定理又称为闭区间上连续函数的**平均值定理**.

## 习题 5 - 4

1. 一曲边梯形由 $y=\sqrt{1-x^2}$，$x$ 轴及 $x=0$，$x=1$ 所围成，试用定积分表示该曲边梯形的面积，并利用定积分的几何意义计算其值.

2. 一物体以 $v=2t+1$ 作直线运动，将该物体在时间间隔 $[0,1]$ 内所走过的路程 $s$ 表示为定积分，并利用定积分的几何意义求出 $s$.

3. 利用定积分的几何意义，计算下列定积分：

(1) $\displaystyle\int_0^1 3x\mathrm{d}x$；

(2) $\displaystyle\int_0^a \sqrt{a^2-x^2}\mathrm{d}x \ (a>0)$；

(3) $\displaystyle\int_1^3 |x-2|\mathrm{d}x$；

(4) $\displaystyle\int_{-1}^1 x\mathrm{d}x$.

4. 设 $f(x)$ 是 $[a,b]$ 上单调递减的有界可积函数，证明：

$$f(b)(b-a)\leqslant \int_a^b f(x)\mathrm{d}x \leqslant f(a)(b-a)$$

5. 比较下列定积分的大小：

(1) $\displaystyle\int_0^1 x^2\mathrm{d}x$ 与 $\displaystyle\int_0^1 x^3\mathrm{d}x$；

(2) $\displaystyle\int_1^2 x^2\mathrm{d}x$ 与 $\displaystyle\int_1^2 x^3\mathrm{d}x$；

(3) $\displaystyle\int_1^2 \ln x\mathrm{d}x$ 与 $\displaystyle\int_1^2 \ln^2 x\mathrm{d}x$；

(4) $\displaystyle\int_3^4 \ln x\mathrm{d}x$ 与 $\displaystyle\int_3^4 \ln^2 x\mathrm{d}x$；

(5) $\displaystyle\int_0^1 x\mathrm{d}x$ 与 $\displaystyle\int_0^1 \ln(1+x)\mathrm{d}x$；

(6) $\displaystyle\int_0^1 \mathrm{e}^x\mathrm{d}x$ 与 $\displaystyle\int_0^1 (1+x)\mathrm{d}x$.

6. 估计下列定积分的值：

(1) $\displaystyle\int_2^5 (x^2+4)\mathrm{d}x$；

(2) $\displaystyle\int_0^2 \mathrm{e}^{x^2-x}\mathrm{d}x$.

## 第五节　定积分的计算

### 一、微积分学的基本公式

从上一节中我们看到，在许多情况下，直接利用定积分定义或者定积分的性质计算定积分是很困难的，为此必须寻求计算定积分的简便而有效的方法，这就是本节将要解决的问题.

设某物体作变速直线运动，其运动方程为 $S=S(t)$ $(t\in[T_0,T])$，速度为 $v(t)$. 于是，根据第三章导数的定义知，任意时刻物体的瞬时速度为 $v(t)=\dfrac{\mathrm{d}S(t)}{\mathrm{d}t}$，即 $S(t)$ 为 $v(t)$ 的一个原函数，则在时间区间 $[T_0,T]$ 内物体所经过的路程 $S$ 为 $S(T)-S(T_0)$；另一方面，由定积分的概念可知物体从 $T_0$ 到 $T$ 所经过的路程 $S$ 为 $\int_{T_0}^{T} v(t)\mathrm{d}t$，从而有

$$\int_{T_0}^{T} v(t)\mathrm{d}t = S(T) - S(T_0) \tag{5.5.1}$$

**思考** 上述结果表明，定积分的值等于其被积函数的一个原函数在积分区间上的增量，该结论是否可以推广到一般情况，即定积分的值等于其被积函数的一个原函数在积分区间上的增量呢？如果可以，则这就是计算定积分的简便而有效的办法.

再考察引例：当初始时刻为 $T_0$（定值），而 $T$（变值）为 $S(t)$ 的定义域 $I$ 中任一时刻时，运动规律 $S'=S(t)$ 应满足 $S'(t)=v(t)$，该等式就如同（5.5.1）式两边对变量 $T$ 求导数，这样看来 $\int_{T_0}^{T} v(t)\mathrm{d}t$ 就是 $v(t)$ 的一个原函数，其中 $T\in I$，该函数称为积分上限函数，就一般情况而言有如下定义.

**定义 5.4** 设函数 $f(x)$ 在 $[a, b]$ 上连续，对于任意 $x\in[a, b]$，定积分 $\int_a^x f(t)\mathrm{d}t$ 有唯一确定的值与之对应，从而确定了一个函数 $I(x) = \int_a^x f(t)\mathrm{d}t$ $(x\in[a, b])$，称为 $f(x)$ 在 $[a, b]$ 上的**积分上限函数**. 积分上限函数有如下特性.

**定理 5.3** 设函数 $f(x)$ 在 $[a, b]$ 上连续，则函数 $I(x) = \int_a^x f(t)\mathrm{d}t$ $(x\in[a,b])$ 可导，且

$$I'(x) = \frac{\mathrm{d}}{\mathrm{d}x}\left[\int_a^x f(t)\mathrm{d}t\right] = f(x)$$

**证明** 设 $x$ 取得增量 $\Delta x$，则

$$\Delta I = I(x+\Delta x) - I(x) = \int_a^{x+\Delta x} f(t)\mathrm{d}t - \int_a^x f(t)\mathrm{d}t$$

$$= \int_a^x f(t)\mathrm{d}t + \int_x^{x+\Delta x} f(t)\mathrm{d}t - \int_a^x f(t)\mathrm{d}t$$

$$= \int_x^{x+\Delta x} f(t)\mathrm{d}t$$

由积分中值定理，可得

$$\Delta I = \int_x^{x+\Delta x} f(t)\mathrm{d}t = f(\xi)\Delta x$$

其中 $\xi$ 介于 $x$ 与 $x+\Delta x$ 之间，于是

$$\frac{\Delta I}{\Delta x} = f(\xi)$$

当 $\Delta x \to 0$ 时，$\xi \to x$，又由函数 $f(x)$ 的连续性，得

$$I'(x) = \lim_{\Delta x \to 0}\frac{\Delta I}{\Delta x} = \lim_{\xi \to x}f(\xi) = f(x)$$

显然，由定理 5.3 可知，在 $[a, b]$ 上连续的函数 $f(x)$，其积分上限函数 $I(x)$ 就是它的一个原函数. 故在 $[a, b]$ 上连续的函数有如下性质.

**定理 5.4（原函数存在定理）** 在 $[a, b]$ 上连续的函数其原函数一定存在.

**例 1** 设 $f(x) = \int_0^x 2t^2 \mathrm{e}^{\sin t}\mathrm{d}t$，求 $f'(x)$.

**解** 由定理 1 可知

$$f'(x) = \left[\int_0^x 2t^2 e^{\sin t} dt\right]' = 2x^2 e^{\sin x}$$

**例 2** 设 $f(x) = \int_0^{x^2} t^2 dt$，求 $f'(x)$.

**解** 设 $u = x^2$，则

$$f'(x) = \frac{df(x)}{dx} = \frac{df(x)}{du} \cdot \frac{du}{dx} = \frac{d\left(\int_0^u t^2 dt\right)}{du} \cdot \frac{du}{dx} = u^2 \cdot 2x = 2x^5$$

**定理 5.5（牛顿—莱布尼兹公式）** 设函数 $f(x)$ 在 $[a, b]$ 上连续，如果 $F(x)$ 是 $f(x)$ 的一个原函数，则

$$\int_a^b f(x) dx = F(x)\Big|_a^b = F(b) - F(a)$$

**证明** 因为 $f(x)$ 在 $[a, b]$ 上连续，由定理 5.3 知，$I(x) = \int_a^x f(t) dt$ 也是 $f(x)$ 的一个原函数，因而与 $F(x)$ 相差一个常数，即

$$\int_a^x f(t) dt - F(x) = C \tag{5.5.2}$$

在上式中令 $x = a$ 时，得到

$$\int_a^a f(t) dt - F(a) = C$$

即

$$-F(a) = C$$

代入 (5.5.2) 式得

$$\int_a^x f(t) dt = F(x) - F(a)$$

再令 $x = b$，即得

$$\int_a^b f(t) dt = F(b) - F(a) \quad \text{或} \quad \int_a^b f(x) dx = F(b) - F(a)$$

**注** 牛顿—莱布尼兹公式揭示了定积分与原函数之间的联系，指出了一个连续函数在某一区间上的定积分等于它的任意一个原函数在该区间上的增量，这样就把计算定积分 $\int_a^b f(x) dx$ 的问题转化为求 $f(x)$ 的一个原函数的问题，从而大大简化了定积分的计算.

**例 3** 计算定积分 $\int_0^1 x dx$.

**解** 因 $\left(\frac{1}{2} x^2\right)' = x$，所以由牛顿—莱布尼兹公式得

$$\int_0^1 x dx = \frac{1}{2} x^2 \Big|_0^1 = \frac{1}{2} \times 1^2 - \frac{1}{2} \times 0^2 = \frac{1}{2}$$

**例 4** 计算定积分 $\int_{-1}^1 \frac{1}{1+x^2} dx$.

**解** 因 $(\arctan x)' = \frac{1}{1+x^2}$，所以

$$\int_{-1}^{1} \frac{1}{1+x^2} \mathrm{d}x = \arctan x \Big|_{-1}^{1} = \frac{\pi}{2}$$

**例 5** 计算定积分 $\int_{0}^{\frac{\pi}{2}} \sin^2 \frac{x}{2} \mathrm{d}x$.

**解**
$$\int_{0}^{\frac{\pi}{2}} \sin^2 \frac{x}{2} \mathrm{d}x = \int_{0}^{\frac{\pi}{2}} \frac{1-\cos x}{2} \mathrm{d}x$$
$$= \frac{1}{2}\left(\int_{0}^{\frac{\pi}{2}} \mathrm{d}x - \int_{0}^{\frac{\pi}{2}} \cos x \mathrm{d}x\right)$$
$$= \frac{1}{2}\left[\frac{\pi}{2} - (\sin x)\Big|_{0}^{\frac{\pi}{2}}\right]$$
$$= \frac{1}{4}(\pi - 2).$$

**例 6** 计算定积分 $\int_{0}^{2} f(x)\mathrm{d}x$，其中 $f(x) = \begin{cases} 2x & 0 \leqslant x \leqslant 1 \\ 5 & 1 < x \leqslant 2 \end{cases}$.

**解**
$$\int_{0}^{2} f(x)\mathrm{d}x = \int_{0}^{1} f(x)\mathrm{d}x + \int_{1}^{2} f(x)\mathrm{d}x$$
$$= \int_{0}^{1} 2x \mathrm{d}x + \int_{1}^{2} 5 \mathrm{d}x$$
$$= x^2 \Big|_{0}^{1} + 5x \Big|_{1}^{2}$$
$$= 6$$

**例 7** 计算由曲线 $y = \cos x$，$x$ 轴和直线 $x = -\frac{\pi}{2}$，$x = \frac{\pi}{2}$ 围成的图形的面积 $A$（如图 5-11 所示）.

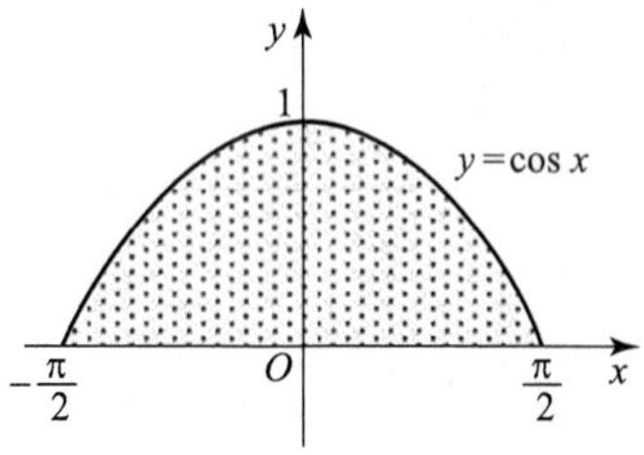

**解** 题中的图形是曲边梯形的特例，由定积分的几何意义可得

$$A = \int_{-\frac{\pi}{2}}^{\frac{\pi}{2}} \cos x \mathrm{d}x = (\sin x)\Big|_{-\frac{\pi}{2}}^{\frac{\pi}{2}} = 2$$

图 5-11

**例 8** 一列火车在平直线路上以 50 米/秒的速度行驶，当刹车时列车获得加速度 $-2$ 米/秒$^2$. 问列车从开始刹车到完全停止要行驶多少路程？

**解** 由物理学知，开始刹车后列车的速度为
$$v(t) = v_0 + at = 50 - 2t$$
当列车停止时，速度 $v(t) = 0$，从而
$$v(t) = 50 - 2t = 0$$
解得 $t = 25$（秒）. 由定积分的定义知，列车在这段时间内所经过的路程为
$$s = \int_{0}^{25} (50 - 2t)\mathrm{d}t = (50t - t^2)\Big|_{0}^{25} = 625 \text{（米）}$$
即列车从开始刹车到完全停止走了 625 米.

## 二、运用微积分学基本公式计算定积分

由牛顿—莱布尼兹公式可见，计算定积分的关键是寻找被积函数的一个原函数. 当被积

函数比较简单时，由导数的知识可以直接观察得到原函数；当遇到被积函数较为复杂时，可以通过先计算被积函数的不定积分，得到被积函数的一个原函数，然后再运用牛顿－莱布尼兹公式进行计算.

**例 9**　计算下列定积分：

(1) $\int_0^{\frac{\pi}{2}} 5\cos^4 x \sin x \, dx$；

(2) $\int_1^e \frac{1}{x(1+\ln x)} dx$；

(3) $\int_0^3 \frac{x}{\sqrt{1+x}} dx$；

(4) $\int_0^1 e^{-\sqrt{x}} dx$.

**解**　(1) 因为 $\int 5\cos^4 x \sin x \, dx = -5\int \cos^4 x \, d(\cos x) = -\cos^5 x + C$，所以

$$\int_0^{\frac{\pi}{2}} 5\cos^4 x \sin x \, dx = -\cos^5 x \Big|_0^{\frac{\pi}{2}} = 1$$

(2) 因为 $\int \frac{1}{x(1+\ln x)} dx = \int \frac{1}{1+\ln x} d(1+\ln x) = \ln|1+\ln x| + C$，所以

$$\int_1^e \frac{1}{x(1+\ln x)} dx = \ln|1+\ln x| \Big|_1^e = \ln 2$$

(3) 先计算 $\int \frac{x}{\sqrt{1+x}} dx$. 令 $\sqrt{1+x}=t$，则 $1+x=t^2$，$dx=2t\,dt$，于是

$$\int \frac{x}{\sqrt{1+x}} dx = \int \frac{t^2-1}{t} \cdot 2t\,dt$$

$$= 2\int (t^2-1)dt$$

$$= 2\left(\frac{1}{3}t^3 - t\right) + C$$

$$= 2\left[\frac{(\sqrt{1+x})^3}{3} - \sqrt{1+x}\right] + C$$

因此　$\int_0^3 \frac{x}{\sqrt{1+x}} dx = 2\left[\frac{(\sqrt{1+x})^3}{3} - \sqrt{1+x}\right]\Big|_0^3 = \frac{8}{3}$.

(4) 先计算 $\int e^{-\sqrt{x}} dx$. 令 $-\sqrt{x}=t$，则 $x=t^2$，$dx=2t\,dt$，于是

$$\int e^{-\sqrt{x}} dx = \int e^t \cdot 2t\,dt$$

$$= 2\int t\,d(e^t)$$

$$= 2\left(te^t - \int e^t dt\right)$$

$$= 2(te^t - e^t) + C$$

$$= -2(\sqrt{x}+1)e^{-\sqrt{x}} + C$$

因此 $\int_0^1 e^{-\sqrt{x}} dx = -2(\sqrt{x}+1)e^{-\sqrt{x}} \Big|_0^1 = -4e^{-1} + 2$.

### 三、特殊函数的积分求法

**1. 对称区间上的奇函数、偶函数的积分**

观察以下图形（图 5 - 12、图 5 - 13）并计算：

(1) $\int_{-\pi}^{\pi} \sin x \, dx = -\cos x \Big|_{-\pi}^{\pi} = 0$；

(2) $\int_{-1}^{1} x^2 \, dx = 2 \int_{0}^{1} x^2 \, dx = \frac{2}{3}$．

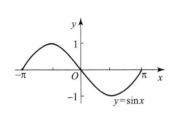

图 5 - 12

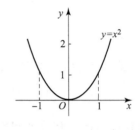

图 5 - 13

对于更一般的情况，有：

**例 10** 设 $f(x)$ 在 $[-a, a]$ 上连续，证明：

(1) 若 $f(x)$ 为奇函数，则有 $\int_{-a}^{a} f(x) dx = 0$；

(2) 若 $f(x)$ 为偶函数，则 $\int_{-a}^{a} f(x) dx = 2 \int_{0}^{a} f(x) dx$．

**证明** 因为

$$\int_{-a}^{a} f(x) dx = \int_{-a}^{0} f(x) dx + \int_{0}^{a} f(x) dx$$

对于积分 $\int_{-a}^{0} f(x) dx$ 作代换 $x = -t$，得

$$\int_{-a}^{0} f(x) dx = -\int_{a}^{0} f(-t) dt = \int_{0}^{a} f(-t) dt = \int_{0}^{a} f(-x) dx$$

于是

$$\int_{-a}^{a} f(x) dx = \int_{0}^{a} f(x) dx + \int_{0}^{a} f(-x) dx = \int_{0}^{a} [f(x) + f(-x)] dx$$

(1) 若 $f(x)$ 为奇函数，即 $f(-x) = -f(x)$，则

$$\int_{-a}^{a} f(x) dx = \int_{0}^{a} [f(x) + f(-x)] dx = \int_{0}^{a} [f(x) - f(x)] dx = 0$$

(2) 若 $f(x)$ 为偶函数，即 $f(-x) = f(x)$，则

$$\int_{-a}^{a} f(x) dx = \int_{0}^{a} [f(x) + f(-x)] dx = \int_{0}^{a} 2 f(x) dx = 2 \int_{0}^{a} f(x) dx$$

**注** 本题的结论在定积分的计算中可以直接应用．例如，因为 $x^4 \sin x$ 是关于 $x$ 的奇函

数，所以 $\int_{-\pi}^{\pi} x^4 \sin x \, dx = 0$；又如 $\int_{-1}^{1} \dfrac{\sqrt{e^x + e^{-x}}}{1 + x^2} \tan x \, dx = 0$ 等．

需要特别注意的是，在运用上述结论时，除了要考察被积函数的奇偶性以外，还需判定

积分区间是否关于原点对称.

### 2. 周期函数在一个周期里的积分

观察图形（图 5-14）并计算：$\int_{-\frac{\pi}{3}}^{\frac{5\pi}{3}} \sin x \mathrm{d}x = \int_0^{2\pi} \sin x \mathrm{d}x = 0$.

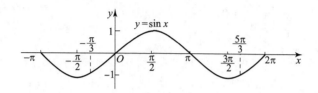

**图 5-14**

一般地，若函数 $f(x)$ 是以 $T$ 为周期的周期函数，则

$$\int_a^{a+T} f(x)\mathrm{d}x = \int_0^T f(x)\mathrm{d}x \quad （a \text{ 为常数}）$$

### 3. 利用定积分的几何意义计算定积分

观察图形（图 5-15、图 5-16）并计算：

(1) $\int_0^{\sqrt{2}} \sqrt{2-x^2} \mathrm{d}x = \dfrac{\pi}{2}$；

(2) $\int_{-2}^2 \sqrt{1-\dfrac{x^2}{4}} \mathrm{d}x = \pi$.

从几何图形可以观察到：

(1) 定积分 $\int_0^{\sqrt{2}} \sqrt{2-x^2} \mathrm{d}x$ 表示圆 $x^2+y^2=2$ 在第一象限部分的面积，而圆 $x^2+y^2=2$ 的面积为 $2\pi$，所以 $\int_0^{\sqrt{2}} \sqrt{2-x^2} \mathrm{d}x = \dfrac{\pi}{2}$.

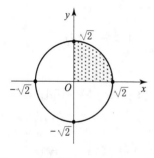

**图 5-15**

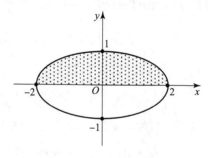

**图 5-16**

(2) 定积分 $\int_{-2}^2 \sqrt{1-\dfrac{x^2}{4}} \mathrm{d}x$ 表示椭圆 $\dfrac{x^2}{4}+y^2=1$ 在第一、二象限部分的面积，而椭圆 $\dfrac{x^2}{4}+y^2=1$ 的面积为 $2\pi$，所以 $\int_{-2}^2 \sqrt{1-\dfrac{x^2}{4}} \mathrm{d}x = \pi$.

**注** 椭圆 $\dfrac{x^2}{a^2}+\dfrac{y^2}{b^2}=1$ $(a>b>0)$ 的面积为 $\pi ab$.

## 习题 5 - 5

1. 求函数 $I(x) = \int_1^x t\cos^2 t\, dt$ 在点 $x = 1$，$x = \dfrac{\pi}{2}$，$x = \pi$ 处的导数.

2. 设函数 $f(x)$ 在区间 $[a, b]$ 上连续，那么积分下限函数 $\int_x^b f(t)\, dt$ 的导数等于什么？并求函数 $\int_x^{-1} \sqrt[3]{t}\ln(t^2+1)\, dt$ 的导数.

3. 已知曲线通过点 $(1, 2)$，且曲线上任意点处的切线斜率为 $3x^2$，求此曲线的方程.

4. 利用积分基本公式计算下列定积分：

(1) $\int_1^3 x^3\, dx$；

(2) $\int_{\frac{\sqrt{3}}{3}}^1 \dfrac{2}{1+x^2}\, dx$；

(3) $\int_4^9 \sqrt{x}(1+\sqrt{x})\, dx$；

(4) $\int_{-\frac{1}{2}}^{\frac{1}{2}} \dfrac{1}{\sqrt{1-x^2}}\, dx$；

(5) $\int_{\frac{\pi}{6}}^{\frac{\pi}{4}} \dfrac{1}{\sin^2 x}\, dx$；

(6) $\int_0^2 |1-x|\, dx$；

(7) $\int_{-2}^2 x\sqrt{x^2}\, dx$；

(8) $\int_0^\pi \sqrt{\cos^2 x}\, dx$；

(9) $\int_{-2}^{-1} \dfrac{1}{(11+5x)^3}\, dx$；

(10) $\int_1^{e^3} \dfrac{1}{x\sqrt{1+\ln x}}\, dx$；

(11) $\int_0^1 x e^{-2x}\, dx$；

(12) $\int_1^e t\ln t\, dt$.

5. 某曲线在一点处的切线斜率等于该点横坐标的倒数，且通过点 $(e^2, 3)$，求此曲线的方程.

6. 一物体由静止开始作直线运动，在 $t$ 秒时的速度是 $3t^2$ 米/秒，问

(1) 3 秒后物体离开出发点的距离是多少？

(2) 走完 300 米需要多少时间？

7. 计算下列极限：

(1) $\lim\limits_{x\to 0} \dfrac{\int_0^x \cos^2 t\, dt}{x}$；

(2) $\lim\limits_{x\to 0} \dfrac{\int_x^0 t^2\, dt}{\int_0^x t(t+\sin t)\, dt}$.

8. 利用函数的奇偶性计算下列积分：

(1) $\int_{-\pi}^\pi x^4\sin^3 x\, dx$；

(2) $\int_{-3}^3 \dfrac{x^2\arctan x}{1+x^2}\, dx$；

(3) $\int_{-\frac{1}{2}}^{\frac{1}{2}} \cos x\ln\dfrac{1+x}{1-x}\, dx$；

(4) $\int_{-5}^5 \dfrac{x^3\sin^2 x}{1+x^2+x^4}\, dx$.

9. 设函数 $f(x)$ 以 $T$ 为周期，试证明：$\int_a^{a+T} f(x)\, dx = \int_0^T f(x)\, dx$（$a$ 为常数）.

# 第六节　定积分的应用

本节我们将应用前面学过的定积分理论来分析和解决某些几何、物理中的问题，其目的不仅在于建立计算这些几何与物理量的公式，而且更重要的还在于掌握运用微元法将一个量表达成为定积分的分析方法.

## 一、微元法

微元法是从定积分的定义中抽象出来的运用积分思想解决实际问题的常用方法，在本章第四节的引例 1 计算曲边梯形面积的四个步骤中，关键是第二步，即确定 $\Delta A_i \approx f(\xi_i)\Delta x_i$，在实际运用中，为了简便起见省略其下标 $i$，并用 $\Delta A$ 表示任一小区间上的窄曲边梯形的面积，用 $[x, x+\mathrm{d}x]$ 表示任意小区间，取 $[x, x+\mathrm{d}x]$ 的左端点 $x$ 为 $\xi_i$，则窄曲边梯形的面积近似为以点 $x$ 处的函数值 $f(x)$ 为高，以区间 $[x, x+\mathrm{d}x]$ 为底的矩形面积（图 5 - 17 中阴影部分），即

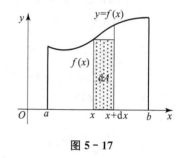

图 5 - 17

$$\Delta A \approx f(x)\mathrm{d}x$$

上式右端 $f(x)\mathrm{d}x$ 叫做**面积 $A$ 的微元**（也称为**面积元素**），记为

$$\mathrm{d}A = f(x)\mathrm{d}x$$

于是，面积 $A$ 就是将这些微元在区间 $[a, b]$ 上的无限累加（包括求和、取极限两步），即以面积微元 $\mathrm{d}A = f(x)\mathrm{d}x$ 为被积表达式，在闭区间 $[a, b]$ 上的定积分

$$A = \lim \sum f(x)\mathrm{d}x = \int_a^b f(x)\mathrm{d}x$$

概括上述过程，一般情况下，用定积分的方法求总量 $U$ 可以按以下步骤进行：

（1）根据问题的实际情况，建立合理的坐标系，并选定一个变量（如 $x$）作为积分变量，确定它的变化区间 $[a, b]$；

（2）寻找总量 $U$ 在 $[a, b]$ 内任意微小区间 $[x, x+\mathrm{d}x]$ 上的部分量 $\Delta U$ 的近似值，即微元 $\mathrm{d}U$

$$\mathrm{d}U = f(x)\mathrm{d}x$$

（3）将 $\mathrm{d}U$ 在 $[a, b]$ 上无限累加，即以微元 $\mathrm{d}U = f(x)\mathrm{d}x$ 为被积表达式，在闭区间 $[a, b]$ 上作定积分

$$U = \int_a^b \mathrm{d}U = \int_a^b f(x)\mathrm{d}x$$

从而得到总量 $U$ 的定积分表达式，进一步通过计算定积分就可求得总量 $U$ 的值. 这种方法称为**定积分的微元法**. 在自然科学研究和生产实践中有着广泛的应用. 事实上，凡是求对某区间具有可加性的非均匀连续变化量问题，一般都可以利用微元法转化为定积分来解决.

下面我们就利用微元法来分析并求解一些几何中的简单问题.

## 二、平面图形的面积

由定积分的几何意义可知利用定积分可以求曲边梯形的面积. 事实上，利用定积分还可

以计算一些更复杂的平面图形的面积. 以下介绍利用微元法求一般平面图形面积的方法.

**例 1** 计算由两条抛物线 $y^2 = x$ 和 $x^2 = y$ 所围成图形的面积.

**解** 这两条抛物线所围成的图形如图 5-18 所示. 利用微元法求其面积, 需经以下三个步骤:

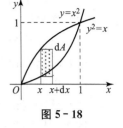
图 5-18

(1) 解方程组

$$\begin{cases} y^2 = x \\ y = x^2 \end{cases}$$

解得

$$\begin{cases} x_1 = 0 \\ y_1 = 0 \end{cases}, \quad \begin{cases} x_2 = 1 \\ y_2 = 1 \end{cases}$$

即两抛物线的交点为 $(0, 0)$, $(1, 1)$.

(2) 选择积分变量为 $x$, 由于两条抛物线所围成图形夹在直线 $x = 0$ 及 $x = 1$ 之间, 所以 $x$ 的变化区间为 $[0, 1]$. 在区间 $[0, 1]$ 上, 任取小区间 $[x, x + \mathrm{d}x]$, 与该小区间对应的窄曲边梯形的面积可用以 $\sqrt{x} - x^2$ 为高、以 $\mathrm{d}x$ 为宽的小矩形的面积 (见图中阴影部分) 来近似代替, 从而得到面积元素

$$\mathrm{d}A = (\sqrt{x} - x^2)\mathrm{d}x$$

(3) 以面积元素 $\mathrm{d}A = (\sqrt{x} - x^2)\mathrm{d}x$ 为被积表达式, 在闭区间 $[0, 1]$ 上作定积分, 计算此定积分就得到两条抛物线所围成图形的面积.

$$A = \int_0^1 \mathrm{d}A = \int_0^1 (\sqrt{x} - x^2)\mathrm{d}x = \left( \frac{2}{3}x^{\frac{3}{2}} - \frac{1}{3}x^3 \right) \Big|_0^1 = \frac{1}{3}$$

**提示** 一般地, 由曲线 $y = f(x)$, $y = g(x)$ ($f(x) \geqslant g(x)$) 及直线 $x = a$, $x = b$ 所围成的图形 (图 5-19) 的面积为

$$A = \int_a^b [f(x) - g(x)]\mathrm{d}x$$

其中面积元素为

$$\mathrm{d}A = [f(x) - g(x)]\mathrm{d}x$$

类似地, 由曲线 $x = \varphi(y)$, $x = \psi(y)$ ($\varphi(y) \geqslant \psi(y)$) 及直线 $y = c$, $y = d$ 所围成平面图形 (图 5-20) 的面积为

$$A = \int_c^d [\varphi(y) - \psi(y)]\mathrm{d}y$$

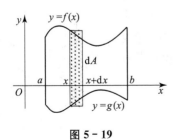

图 5-19

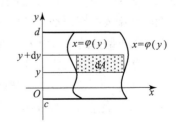

图 5-20

其中面积微元

$$dA=[\varphi(y)-\psi(y)]dy$$

**提示** 求平面图形面积的一般步骤为：

（1）作草图，并求出交点坐标；

（2）选择积分变量并确定积分区间；

（3）求出面积元素；

（4）以面积元素为被积表达式作定积分；

（5）计算定积分．

**例 2** 求曲线 $y=x^2$，$y=2-x$ 与 $x$ 轴所围成的第一象限内的平面图形的面积．

**解** 如图 5-21 所示，选择 $y$ 为积分变量，解方程组

$$\begin{cases} y=x^2 \\ y=2-x \end{cases}$$

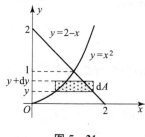

图 5-21

得两曲线的交点为 $(1，1)$．由此可知，所求图形在 $y=0$ 及 $y=1$ 两条直线之间，即积分区间为 $[0，1]$；在区间 $[0，1]$ 上任取小区间 $[y，y+dy]$，对应的窄曲边梯形的面积近似于长为 $(2-y)-\sqrt{y}$，宽为 $dy$ 的矩形（见图中阴影部分）面积，从而得到面积微元为

$$dA=[(2-y)-\sqrt{y}]dy=(2-y-\sqrt{y})dy$$

以 $dA=(2-y-\sqrt{y})dy$ 为被积表达式，在 $[0，1]$ 上作定积分得图形的面积为

$$A=\int_0^1(2-y-\sqrt{y})dy=\left(2y-\frac{y^2}{2}-\frac{2}{3}y^{\frac{3}{2}}\right)\bigg|_0^1=\frac{5}{6}$$

**注意** 本题若选取 $x$ 作为积分变量，则积分区间为 $[0，2]$，但面积元素在 $[0，1]$ 和 $[1，2]$ 这两部分区间上的表达式不同（如图 5-22 所示），在 $[0，1]$ 上的面积元素为 $dA_1=x^2dx$；在 $[1，2]$ 上的面积元素为 $dA_2=(2-x)dx$，因此所求面积为

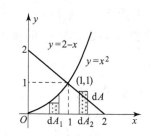

图 5-22

$$A=\int_0^1dA_1+\int_1^2dA_2=\int_0^1x^2dx+\int_1^2(2-x)dx=\frac{5}{6}$$

这种解法和前一种解法相比显然更烦琐一些，因此合理的选取积分变量可使计算更简单．

另外，充分利用图形的对称性，可以简化计算．

**例 3** 求 $y^2=x$ 与 $y^2=2-x$ 所围图形的面积．

**解** 两曲线围成的图形如图 5-23 所示，选取 $y$ 为积分变量，记第一象限内阴影部分的面积为 $A_1$，由对称性可知 $A=2A_1$，在第一象限内 $y\in[0，1]$，在任意小区间 $[y，y+dy]$ 上的面积元素为

$$dA_1=[(2-y^2)-y^2]dy=2(1-y^2)dy$$

以面积元素为被积表达式，在 $[0，1]$ 上作定积分，得

$$A=2A_1=2\int_0^1 2(1-y^2)dy$$

$$=4\left(y-\frac{y^3}{3}\right)\bigg|_0^1=\frac{8}{3}$$

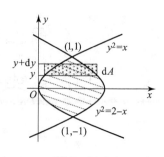

图 5-23

### 三、定积分在经济中应用

定积分在经济上有着十分广泛的应用，在此列举几个定积分在经济学方面常见的应用实例，并运用微元法建立积分表达式，以加强解决实际问题的能力.

#### 1. 由边际函数求总函数

由于总函数（如总成本、总收入、总利润等）的导数就是边际函数（如边际成本、边际收入、边际利润等），若已知边际函数，且总函数满足某种特定条件（即自变量在某一点处的函数值已知），则可以用不定积分求得总函数，也可以用定积分求出总函数.

若已知边际成本 $C'(q)$，固定成本 $C_0$，边际收入 $R'(q)$，则

(1) 总成本函数：$C(q) = \int_0^q C'(q)\mathrm{d}q + C_0$；

(2) 总收入函数：$R(q) = \int_0^q R'(q)\mathrm{d}q$；

(3) 总利润函数：$L(q) = \int_0^q [R'(q) - C'(q)]\mathrm{d}q - C_0$.

**例 4**　某种产品的边际成本为 $C'(q) = 4q + 20$，固定成本为 200 元，求总成本函数.

**解**（方法一）　产品的总成本函数为

$$C(q) = \int_0^q C'(q)\mathrm{d}q + C_0$$
$$= \int_0^q (4q + 20)\mathrm{d}q + 200$$
$$= 2q^2 + 20q + 200$$

（方法二）　由边际成本函数得

$$C(q) = \int C'(q)\mathrm{d}q = \int (4q + 20)\mathrm{d}q = 2q^2 + 20q + C$$

由题意知，固定成本为 200 元，即当 $q = 0$ 时，$C(0) = 200$ 元，代入上式可得，$C = 200$，于是该产品的总成本函数为

$$C(q) = 2q^2 + 20q + 200$$

#### 2. 由边际函数求总量函数的改变量

若已知边际利润函数为 $L'(q)$，则在产量 $q = q_0$ 的基础上，再生产 $\Delta q$ 个单位的产品，所增加的利润为

$$\Delta L = \int_{q_0}^{q_0 + \Delta q} L'(q)\mathrm{d}q$$

**例 5**　某产品每天生产 $q$ 件，边际成本 $C'(q) = 4q$（元/件），其固定成本为 10 元，边际收入为 $R'(q) = 60 - 2q$（元/件）. 求：

(1) 每天生产多少件产品时，总利润 $L(q)$ 最大，其值为多少？

(2) 在达到最大利润以后，若再多生产 5 件，其总利润有何变化？

(3) 若比最大利润时的生产量少生产 5 件，其利润又有何变化？

**解**　(1) 根据题意边际利润

$$L'(q) = R'(q) - C'(q) = 60 - 6q$$

生产 $q$ 件产品的总利润

$$L(q) = \int_0^q (60 - 6q) \mathrm{d}q - 10 = 60q - 3q^2 - 10$$

令 $L'(q) = 60 - 6q = 0$，解得 $q = 10$，又 $L''(q) = -6 < 0$，因此，每天生产 10 件产品可获得最大利润，最大利润为 $L(10) = 290$（元）.

（2）在达到最大利润以后，若再多生产 5 件，总利润的增加量为

$$\Delta L = \int_{10}^{15} [R'(q) - C'(q)] \mathrm{d}q = \int_{10}^{15} (60 - 6q) \mathrm{d}q = (60q - 3q^2) \Big|_{10}^{15} = -525 \text{（元）}$$

即当产量为 10 件时，再多生产 5 件产品，利润将减少 525 元.

（3）若比利润最大时的生产量少生产 5 件，则总利润的改变量为

$$\Delta L = \int_{10}^5 [R'(q) - C'(q)] \mathrm{d}q = \int_{10}^5 (60 - 6q) \mathrm{d}q = (60q - 3q^2) \Big|_{10}^5 = -75 \text{（元）}$$

即生产 5 件产品的总利润与生产 10 件产品的总利润相比较将减少 75 元.

# 习题 5 - 5

1. 计算下列各曲线所围成图形的面积：

（1）$y = x^3$，$y = x$；

（2）$y = \ln x$，$y = \ln 2$，$y = \ln 7$，$x = 0$；

（3）$y = \mathrm{e}^x$，$x = 0$，$y = \mathrm{e}$；

（4）$y = x^2$，$y = 2 - x^2$；

（5）$y^2 = 2x$，$x - y = 4$.

2. 求抛物线 $y = -x^2 + 4x - 3$ 及 $x$ 轴所围成图形的面积.

3. 求抛物线 $y^2 = 2px$ 及其在点 $\left( \dfrac{p}{2}, p \right)$（$p > 0$）处的法线所围成图形的面积.

4. 某商品的需求函数（价格 $p$ 与需求量 $q$ 的关系）为 $p = 10 - \dfrac{q}{5}$，且需求量与生产量相等. 求：

（1）需求量为 20 及 30 时的总收入 $R$、边际收入 $R'(q)$.

（2）总收入达到最大时的生产量.

5. 某企业生产某种商品 $q$ 单位的成本函数为 $C(q) = 5q + 200$（元），得到的收入函数为 $R(q) = 10q - 0.01q^2$（元），问每批生产多少时才能使利润最大？最大利润为多少？

6. 若某产品的边际成本为 $C'(q) = 400 + \dfrac{3}{2}q$（元/台），边际收入函数为 $R'(q) = 1\,000 + q$（元/台），其中 $q$ 为产品数量（单位：台），求：

（1）生产多少台时总利润最大？

（2）总利润最大时，总收入为多少？

# 复习题五

1. 填空题

（1）函数 $y = \sin 3x$ 的一个原函数是_____.

(2) 经过点 $(1，-2)$ 且切线斜率为 $2x$ 的曲线方程是_____.

(3) 若 $\int f(x)\mathrm{d}x = \dfrac{1}{x^2} + C$，则 $f'(x) =$_____.

(4) 若 $f(x)$ 的一个原函数是 $\sin x$，则 $\int f'(x)\mathrm{d}x =$_____.

(5) $\int_0^1 x^2 \mathrm{d}x =$_____.

(6) $\int_{-\pi}^{\pi} \sin 3x\mathrm{d}x =$_____.

(7) $\int_0^{\pi} \sin x\mathrm{d}x =$_____.

(8) $\dfrac{\mathrm{d}}{\mathrm{d}x}\int_0^1 f(x)\mathrm{d}x =$_____.

(9) $\dfrac{\mathrm{d}}{\mathrm{d}x}\int_0^x \mathrm{e}^{t^2}\mathrm{d}t =$_____.

(10) $\int_{-1}^1 |x|\,\mathrm{d}x =$_____.

2. 单选题

(1) $\int_{-1}^1 3\mathrm{d}x = ($　　$)$.

(A) 0 　　　　　(B) 2 　　　　　(C) 3 　　　　　(D) 6

(2) 计算定积分 $\int_0^2 \sqrt{4-x^2}\mathrm{d}x$ 时，可作（　　）变换.

(A) $x=2\tan t$ 　　(B) $x=4\cos t$ 　　(C) $x=2\sec t$ 　　(D) $x=2\sin t$

(3) 函数 $y=f(x)$ 在 $[-a，a]$ 上连续，则 $\int_{-a}^a x[f(x)+f(-x)]\mathrm{d}x = ($　　$)$.

(A) $2\int_{-a}^a xf(x)\mathrm{d}x$ 　　　　　　　(B) $2\int_0^a x[f(x)+f(-x)]\mathrm{d}x$

(C) 0 　　　　　　　　　　　　　(D) 不存在

(4) 下列积分值为零的积分是（　　）.

(A) $\int_{-1}^1 x^2\cos x\mathrm{d}x$ 　　　　　　(B) $\int_{-1}^1 x\sin^2 x\mathrm{d}x$

(C) $\int_{-1}^1 x\mathrm{e}^{-x}\mathrm{d}x$ 　　　　　　　(D) $\int_{-1}^3 x\mathrm{d}x$

(5) $\dfrac{\mathrm{d}}{\mathrm{d}x}\int_x^3 \cos^2 t\mathrm{d}t = ($　　$)$.

(A) $\cos^2 x$ 　　(B) $-\cos^2 x$ 　　(C) $\sin^2 x$ 　　(D) $\sin^2 3$

(6) 若 $y = \int_0^{x^2} \sin t\mathrm{d}t$，则 $\dfrac{\mathrm{d}y}{\mathrm{d}x}\Big|_{x=\frac{\pi}{4}} = ($　　$)$.

(A) $\dfrac{\pi}{2}$ 　　(B) $\dfrac{\pi}{2}\sin\dfrac{\pi^2}{4}$ 　　(C) $\dfrac{\pi}{2}\sin\dfrac{\pi^2}{16}$ 　　(D) $\dfrac{\pi}{2}\cos\dfrac{\pi^2}{16}$

(7) $F(x)$ 和 $G(x)$ 都是 $f(x)$ 的一个原函数，则有（　　）（$C$ 为常数）.

(A) $F(x)=G(x)$ 　　　　　　　(B) $F(x)=G(x)+C$

(C) $F(x)=CG(x)$      (D) $F(x)G(x)=C$

(8) 在可积函数 $f(x)$ 的积分曲线族中，每条曲线在横坐标相同的点上的切线（    ）.

(A) 平行于 $x$ 轴    (B) 平行于 $y$ 轴    (C) 相互平行    (D) 相互垂直

(9) 若 $f(x)=k\tan 2x$ 的一个原函数为 $\dfrac{2}{3}\ln\cos 2x$，则 $k=$（    ）.

(A) $-\dfrac{2}{3}$     (B) $\dfrac{3}{2}$     (C) $-\dfrac{4}{3}$     (D) $\dfrac{3}{4}$

(10) 下列等式正确的是（    ）.

(A) $d\displaystyle\int f(x)dx=f(x)$      (B) $\displaystyle\int f'(x)dx=f(x)+C$

(C) $\displaystyle\int df(x)=f(x)dx$      (D) $\dfrac{d}{dx}\displaystyle\int f(x)dx=f(x)+C$

(11) 在 $(a,b)$ 内有 $f'(x)=g'(x)$，则一定有（    ）.

(A) $f(x)=g(x)$      (B) $f(x)=g(x)+C$

(C) $\left[\displaystyle\int f(x)dx\right]'=\left[\displaystyle\int g(x)dx\right]'$      (D) $\displaystyle\int f(x)dx=\displaystyle\int g(x)dx$

(12) 若 $\displaystyle\int f(x)dx=\dfrac{1}{2}\cos 2x+C$，则 $f(x)=$（    ）.

(A) $\sin 2x+C$    (B) $-\sin 2x+C$    (C) $\sin 2x$    (D) $-\sin 2x$

(13) $\displaystyle\int 2^{x+1}dx=$（    ）.

(A) $2^{x+1}\ln 2+C$    (B) $\dfrac{2^{x+1}}{\ln 2}+C$    (C) $\dfrac{2^{x-1}}{\ln 2}+C$    (D) $2^{x-1}\ln 2+C$

(14) 若函数 $f(x)$ 的一个原函数为 $x^2$，则 $f'(x)=$（    ）.

(A) $2$     (B) $2x$     (C) $\dfrac{x^3}{3}$     (D) $\dfrac{x^4}{12}$

(15) 若函数 $f(x)$ 是可导的，且 $\lim\limits_{\Delta x\to 0}\dfrac{f(x+\Delta x)-f(x)}{\Delta x}=2x$，则 $f(x)=$（    ）.

(A) $x^2$    (B) $x^2+C$    (C) $x^2+1$    (D) $2x+1$

3. 判断下列各式正确与否，为什么？

(1) $\displaystyle\int g'(x)dx=g(x)$；     (2) $d\left[\displaystyle\int f(x)dx\right]=f(x)$；

(3) $\left(\displaystyle\int\cos x dx\right)'=\cos x$.

4. 函数 $\dfrac{1}{2}\sin^2 x+C_1$，$-\dfrac{1}{2}\cos^2 x+C_2$，$-\dfrac{1}{4}\cos 2x+C_3$ 是否都是积分 $\displaystyle\int\sin x\cos x dx$ 的结果，为什么？

5. 用适当的方法求下列不定积分：

(1) $\displaystyle\int\dfrac{\ln x}{x^3}dx$；     (2) $\displaystyle\int\dfrac{1}{x\sqrt{1+\ln^2 x}}dx$；

(3) $\displaystyle\int x^3\sqrt[5]{1-3x^4}dx$；     (4) $\displaystyle\int\dfrac{e^{\arctan x}}{1+x^2}dx$；

(5) $\int \dfrac{1+\cos x}{x+\sin x}\mathrm{d}x$;

(6) $\int \dfrac{\ln\ln x}{x}\mathrm{d}x$;

(7) $\int \sin x\cos 2x\,\mathrm{d}x$;

(8) $\int \dfrac{1}{x(x^9+1)}\mathrm{d}x$;

(9) $\int \dfrac{1}{\sqrt{x(1+x)}}\mathrm{d}x$;

(10) $\int \dfrac{\mathrm{d}x}{\sqrt{1+\mathrm{e}^x}}$;

(11) $\int x\cos^2 x\,\mathrm{d}x$;

(12) $\int \mathrm{e}^x\sin 2x\,\mathrm{d}x$;

(13) $\int \sqrt{x}\sin\sqrt{x}\,\mathrm{d}x$;

(14) $\int \ln(x^2+1)\,\mathrm{d}x$.

6. 计算下列定积分：

(1) $\displaystyle\int_0^\pi \sin\left(x+\dfrac{\pi}{3}\right)\mathrm{d}x$;

(2) $\displaystyle\int_0^{\frac{\pi}{2}} \sin t\cos^3 t\,\mathrm{d}t$;

(3) $\displaystyle\int_0^1 x(1+2x^2)^3\,\mathrm{d}x$;

(4) $\displaystyle\int_0^\pi (1-\sin^3 x)\,\mathrm{d}x$;

(5) $\displaystyle\int_0^\pi \sin^4 \dfrac{x}{2}\,\mathrm{d}x$;

(6) $\displaystyle\int_0^{\frac{\pi}{2}} (1+3\cos x)\sin^2 x\,\mathrm{d}x$;

(7) $\displaystyle\int_1^4 \dfrac{\mathrm{d}x}{\sqrt{x}(1+x)}$;

(8) $\displaystyle\int_a^{\sqrt{3}a} \dfrac{\sqrt{a^2+x^2}}{x}\,\mathrm{d}x \quad (a>0)$;

(9) $\displaystyle\int_0^{\sqrt{2}} \sqrt{2-x^2}\,\mathrm{d}x$;

(10) $\displaystyle\int_0^1 x\mathrm{e}^{-x}\,\mathrm{d}x$;

(11) $\displaystyle\int_1^4 \dfrac{\ln x}{\sqrt{x}}\,\mathrm{d}x$;

(12) $\displaystyle\int_0^\pi \mathrm{e}^x\sin x\,\mathrm{d}x$;

(13) $\displaystyle\int_{\frac{\pi}{4}}^{\frac{\pi}{3}} \dfrac{x}{\sin^2 x}\,\mathrm{d}x$;

(14) $\displaystyle\int_0^1 \arctan x\,\mathrm{d}x$;

(15) $\displaystyle\int_0^\pi \sqrt{1+\cos 2x}\,\mathrm{d}x$.

7. 证明下列等式成立：

(1) $\displaystyle\int_0^{2\pi} \sin^{2n}x\,\mathrm{d}x = 4\int_0^{\frac{\pi}{2}} \sin^{2n}x\,\mathrm{d}x$;

(2) $\displaystyle\int_0^{2\pi} \sin^{2n+1}x\,\mathrm{d}x = 0$.

8. 设一质点作直线运动，其速度 $v(t)=\dfrac{1}{3}t^2-\dfrac{1}{2}t^3$（单位：米/秒），开始时它位于原点，

(1) 求路程与时间的关系；

(2) 当 $t=2$ 秒时，质点位于何处？

(3) 运动进行到什么时刻，质点又位于原点？

9. 求曲线 $y=x^3$ 及直线 $y=-x$，$x=1$，$x=2$ 所围成的平面图形的面积.

10. 求曲线 $y=2-x^2$ 与 $y=|x|$ 所围成的平面图形的面积.

11. 已知某产品的边际成本为 $C'(q)=0.6q-9$（单位：元），当产出量为零时的费用为 10 元，若这种产品的售价为 21 元，求总利润，并求当产出量为多少时，可获得最大利润.

12. 某地区居民购买商品房的消费支出 $W(x)$ 的变化率是居民收入 $x$ 的函数，$W'(x)=\dfrac{1}{200\sqrt{x}}$，当地居民的总收入由 $x=4$ 亿元增加到 $x=9$ 亿元时，购买商品房的支出增加多少？

13. 已知某产品的边际成本和边际收入分别为

$$C'(q)=q^2-4q+6, \quad R'(q)=105-2x$$

且固定成本为 100 万元，其中 $q$ 为生产量（台）. 求：

（1）总成本函数、总收入函数、总利润函数；

（2）生产量为多少时，总利润最大？最大利润是多少？

（3）在利润最大的产出水平上，若多生产 1 台，总利润有何变化？若少生产 1 台，总利润又有何变化？解释其含义.

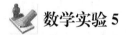

## 数学实验 5

### MATLAB 在积分运算中的应用

#### 一、实验背景与目的

不定积分和定积分是高等数学的重要部分，但是他们的求解很多都很复杂，我们使用 MATLAB 计算，会简单很多. 本实验主要是学会用 MATLAB 计算定积分和不定积分.

#### 二、利用 MATLAB 求不定积分与定积分

在 MATLAB 中求积分的命令为 int，利用该命令可以计算不定积和定积分，其调用格式如表 5-1 所示.

表 5-1

| 调用格式 | 说明 |
| --- | --- |
| int(f, v) | 给出函数 f 对指定变量 v 的不定积分（不带积分常数） |
| int(f, v, a, b) | 给出函数 f 对指定变量 v 的定积分 |

**例 1** 计算 $\displaystyle\int x^2 \ln x \, \mathrm{d}x$.

在 M 文件编辑窗口中输入命令：

```
syms  x
int(x^2 * log(x),x)   % 对函数求不定积
```

计算结果为：

```
ans=
    (x^3 * (log(x)−1/3))/3
```

**注** 系统不写出任意常数 $C$，需在运行结果后面加上.

**例 2** 计算 $\displaystyle\int \cos 3x \cos 2x \, \mathrm{d}x$.

在 M 文件编辑窗口中输入命令：

```
syms x
```

$f1 = \cos(3 * x) * \cos(2 * x);$

$R1 = \mathrm{int}(f1, x)$

计算结果为:

R1 =

$\sin(5 * x)/10 + \sin(x)/2$

**例 3**　计算 $\int_0^1 x\mathrm{e}^{2x}\mathrm{d}x.$

在 M 文件编辑窗口中输入命令:

syms　x

$f2 = x * \exp(2 * x);$

$R2 = \mathrm{int}(f2, x, 0, 1)$

计算结果为:

R2 =

$\exp(2)/4 + 1/4$

## 自己动手（五）

1. 利用 MATLAB 求下列不定积分:

(1) $\displaystyle\int 2x\sqrt{x^3}\,\mathrm{d}x$
(2) $\displaystyle\int \mathrm{e}^{x-3}\,\mathrm{d}x$
(3) $\displaystyle\int \frac{x}{1+x^4}\,\mathrm{d}x$

(4) $\displaystyle\int x\mathrm{e}^{-x^2}\,\mathrm{d}x$
(5) $\displaystyle\int 6x^2(x^3+1)\,\mathrm{d}x$
(6) $\displaystyle\int \frac{\mathrm{e}^{\sqrt{x}}}{5\sqrt{x}}\,\mathrm{d}x$

2. 利用 MATLAB 计算下列定积分:

(1) $\displaystyle\int_4^9 \sqrt{x}(1+\sqrt{x})\,\mathrm{d}x$
(2) $\displaystyle\int_0^{\frac{\pi}{2}} \cos^5 x\sin 2x\,\mathrm{d}x$
(3) $\displaystyle\int_0^{\frac{\pi}{2}} \cos^2 x\,\mathrm{d}x$

(4) $\displaystyle\int_0^{\pi} (1-\sin^3 x)\,\mathrm{d}x$
(5) $\displaystyle\int_0^1 t\mathrm{e}^{-\frac{t^2}{2}}\,\mathrm{d}t$
(6) $\displaystyle\int_1^{\mathrm{e}^2} \frac{\mathrm{d}x}{x\sqrt{1+\ln x}}$

 **阅读材料 5**

### 计算不规则阳台面积

建筑师们为了大楼整体的美观,有时会将外露阳台的外边沿设计成流线型,这种不规则的阳台的面积如何计算呢?

我们以图 5-24 为例来分析不规则阳台面积的计算方法. 我们可以将这种不规则的阳台视为曲边梯形,其中高 $AD$ 和 $BC$ 均垂直于底边 $AB$,下面我们采取微元法的思想来计算其面积的近似值:

(1) 建立直角坐标系:以图形底边 $AB$ 为 $x$ 轴,$AD$ 为 $y$ 轴,$A$ 点为坐标原点.

(2) 将底边 $AB$ 等分为 $N$ 份,从而将曲边梯形 $ABCD$ 划分为 $N$ 个窄曲边梯形,使每一个窄曲边梯形的曲边保持单调性不变. 本例按此原则将底边 $AB$ 等分为 14 等份,从而将曲边梯形 $ABCD$ 划分为 14 个窄曲边梯形(如图 5-25 所示),每个窄曲边梯形的底边长为

$x_{k+1}-x_k=0.3$ 米，测量出每个窄曲边梯形的高度 $f(x_k)$ 如表 5-2 所示.

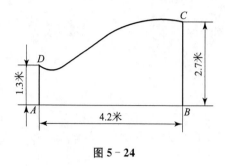

图 5-24

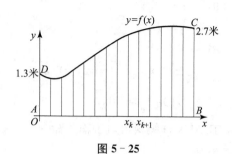

图 5-25

表 5-2

| $x_k$ | 0 | 0.3 | 0.6 | 0.9 | 1.2 | 1.5 | 1.8 | 2.1 |
|---|---|---|---|---|---|---|---|---|
| $f(x_k)$ | 1.3 | 1.14 | 1.18 | 1.41 | 1.64 | 1.88 | 2.11 | 2.33 |
| $x_k$ | 2.4 | 2.7 | 3 | 3.3 | 3.6 | 3.9 | 4.2 | |
| $f(x_k)$ | 2.50 | 2.62 | 2.71 | 2.76 | 2.77 | 2.76 | 2.7 | |

（3）阳台面积 $A$ 是每个曲顶窄梯形的面积 $A_k$ 的总和，每一曲顶窄梯形的面积 $A_k$ 可以近似按直边梯形 $A_k^*$ 计算，由此推得阳台的面积 $A$. 即

$$A = \sum_{k=0}^{N-1} A_k$$

而

$$A_k \approx A_k^* = \frac{x_{k+1}-x_k}{2}\left[f(x_k)+f(x_{k+1})\right]$$

其中 $x_{k+1}-x_k$ 是直边梯形的高度，$f(x_k)$，$f(x_{k+1})$ 是直边梯形的上、下底的长度.
这样

$$A = \sum_{k=0}^{N-1} A_k^* + R_N(f)$$

其中 $|R_N(f)|$ 表示 $A$ 由 $\sum_{k=0}^{N-1} A_k^*$ 计算产生的误差.

根据本例数据

$$A = \int_0^{4.2} f(x)\mathrm{d}x = \sum_{k=0}^{13}\int_{x_k}^{x_{k+1}} f(x)\mathrm{d}x$$

而

$$A = \sum_{k=0}^{13} A_k = \sum_{k=0}^{13}\int_{x_k}^{x_{k+1}} f(x)\mathrm{d}x$$

$$\approx \sum_{k=0}^{13} A_k^* = \frac{0.3}{2}\left[f(0)+2\sum_{k=1}^{13} f(x_k)+f(4.2)\right]$$

$$=9.243 \text{（平方米）}$$

（4）误差估计：每块窄曲边梯形有四种情况，但是计算面积的误差的方式类似. 我们以图 5-26 的情况为例来说明计算窄曲边梯形面积的误差不超过△$EFG$ 的面积. 总误差为其 14 块窄曲边梯形面积的误差之和. 即

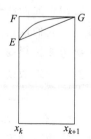

图 5-26

$$|R_{14}(f)| \leqslant \frac{0.3}{2} \sum_{k=0}^{13} |f(x_k) - f(x_{k+1})|$$

而

$$\frac{0.3}{2} \sum_{k=0}^{13} |f(x_k) - f(x_{k+1})| = 0.276 \text{（平方米）}$$

则

$$|R_{14}(f)| \leqslant 0.276 \text{（平方米）}$$

相对误差限：

$$\varepsilon = \frac{|R_{14}(f)|}{\sum_{k=0}^{13} A_k^*} = \frac{0.276}{9.243} = 0.029\ 86 \leqslant 3\%$$

思考问题：这样的不规则阳台的面积的精确度还可以提高吗？有哪些方法？

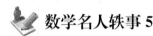 **数学名人轶事 5**

## 莱布尼茨

戈特弗里德·威廉·莱布尼茨（Gottfried Wilhelm Leibniz，1646 年 7 月 1 日—1716 年 11 月 14 日），出生于神圣罗马帝国的莱比锡，祖父三代人均曾在萨克森政府供职，父亲是 Friedrich Leibnütz，母亲是 Catherina Schmuck．莱布尼茨的父亲是莱比锡大学的伦理学教授，在莱布尼茨 6 岁时去世，留下了一个私人的图书馆．莱布尼茨在 12 岁时自学拉丁文，并着手学习希腊文，14 岁时进入莱比锡大学念书，20 岁时完成学业，专攻法律和一般大学课程．1666 年莱布尼茨于 Altdorf 拿到博士学位后，拒绝了教职的聘任，并经由当时政治家 Boineburg 男爵的介绍，任职于美茵茨选帝侯大主教 Johann Philipp von Schönborn 的高等法庭．

莱布尼茨

1672 年莱布尼茨被 Johann Philipp 派至巴黎，以动摇路易十四对入侵荷兰及其他西欧日耳曼邻国的兴趣，并将精力投于埃及．这项政治计划并没有成功，但莱布尼茨却进入了巴黎的知识圈，结识了马勒伯朗士和数学家惠更斯等人．这一时期的莱布尼茨专注于研究数学，而且发明了微积分．依据莱布尼茨的笔记，1675 年 11 月 11 日他已完成一套完整的微分学．他在 1684 年发表第一篇微分论文，从几何问题出发，运用分析学方法引进微分概念，得出运算法则，采用了微分符号"d$x$""d$y$"．1686 年他又发表了积分论文，讨论了微分与积分，使用了积分符号"$\int$"．他所创设的微积分符号对微积分的发展有着极大的影响，在当今的微积分学教科书中依然使用．莱布尼茨认识到好的数学符号能节省思维劳动，运用符号的技巧是数学成功的关键之一，它能很好地表达数学的严密性与系统性．莱布尼茨有个显著的信仰，即大量的人类推理可以被归结为某类运算，而这种运算可以解决看法上的差异．这点颇有当今计算机推演计算的功效．

1680 至 1685 年间，莱布尼茨担任哈茨山银矿的采矿工程师．在这期间，他致力于风车设计，以抽取矿坑中的地下水．1686 年完成《形而上学论》（Discours de métaphysique）．1689 年为完成 Braunschweig-Lüneburg 族谱研究，游历于意大利．其时结识了耶稣会派遣于中国的传教士，而开始对中国事物有更强烈的兴趣. 1695 年于期刊发表《新系统》，使莱布尼茨哲学中关于实体间与心物间之"预定和谐"理论被广泛认识. 1700 年莱布尼茨说服勃兰登堡选帝侯腓特烈三世于柏林成立科学院，并担任首任院长. 1704 年完成《人类理智新论》. 该文针对洛克的《人类理智论》，用对话的体裁，逐章节提出批评. 然而因洛克的突然过世，莱布尼茨不愿被落入欺负死者的口实，所以本书在莱布尼茨生前一直都没有出版. 1710 年，出于对 1705 年过世的普鲁士王后 Sophie Charlotte 的感念，出版《神义论》(Essais de Théodicée). 1714 年于维也纳著写《单子论》(La Monadologie，标题为后人所加）及《建立于理性上之自然与恩惠的原理》. 同年，汉诺威公爵 Georg Ludwig 继任为英国国王乔治一世，却拒绝将莱布尼茨带至伦敦，而将他疏远于汉诺威. 1716 年 11 月 14 日莱布尼茨于汉诺威孤独地过世，除了他自己的秘书外，即使 George Ludwig 本人正巧在汉诺威，宫廷也无其他人参加他的丧礼. 直到去世前几个月，才写完一份关于中国人宗教思想的手稿：《论中国人的自然神学》.

　　莱布尼茨是德国哲学家、数学家，历史上少见的通才. 他的著书约四成为拉丁文、三成为法文、一成五为德文，被誉为十七世纪的亚里士多德. 他本人是一名律师，经常往返于各大城镇，他许多的公式都是在颠簸的马车上完成的，他也自称具有男爵的贵族身份.

　　莱布尼茨在数学史和哲学史上都占有重要地位. 在数学上，他和牛顿先后独立发明了微积分，还对二进制的发展做出了贡献. 他以独特的视角进行了大量涉及内容广泛且极富前瞻性的研究，对科学发展的推动力不可估量.

　　在哲学上，莱布尼茨的乐观主义最为著名，例如，他认为"我们的宇宙，在某种意义上是上帝所创造的最好的一个". 他和笛卡尔、巴鲁赫·斯宾诺莎被认为是 17 世纪三位最伟大的理性主义哲学家. 莱布尼茨在哲学方面的工作在预见了现代逻辑学和分析哲学诞生的同时，也显然深受经验哲学传统的影响，更多地应用第一性原理或先验定义，而不是实验证据来推导以得到结论.

　　莱布尼茨对物理学和技术的发展也做出了重大贡献，并且提出了一些后来涉及广泛——包括生物学、医学、地质学、概率论、心理学、语言学和信息科学——的概念. 莱布尼茨在政治学、法学、伦理学、神学、哲学、历史学、语言学等诸多方面都留下了著作.

　　莱布尼茨对如此繁多的学科方向的贡献分散在各种学术期刊、成千上万封信件和未发表的手稿中，截至 2010 年，莱布尼茨的所有作品还没有收集完全. 戈特弗里德·威廉·莱布尼茨图书馆的莱布尼茨手稿藏品——Niedersächsische Landesbibliothek 2007 年被收入联合国教科文组织编写的世界记忆项目.

　　由于莱布尼茨曾在汉诺威生活和工作了近四十年，并且在汉诺威去世，为了纪念他和他的学术成就，2006 年 7 月 1 日，也就是莱布尼茨 360 周年诞辰之际，汉诺威大学正式改名为汉诺威莱布尼茨大学.

# 第六章

# 常微分方程

函数是客观事物的内部联系在数量方面的反映，利用函数关系又可以对客观事物的规律性进行研究．因此寻找函数关系在实践中具有重要的意义，在许多问题中，不能直接找出所需要的函数关系，但是根据问题所提供的条件可以列出含有要找的函数及其导数的关系式，这样的关系式就是微分方程．微分方程建立以后，研究和找出未知函数就是解微分方程．本章主要介绍微分方程的基本概念和几种常用微分方程的解法．

## 第一节　微分方程的基本概念

### 一、引例

为了说明微分方程的基本概念，我们先来看一个例子．

**例 1**　一条平面曲线通过点（1，3），且曲线上任意一点（$x$，$y$）处的切线斜率等于该点横坐标 $x$ 的 2 倍，求该曲线方程．

**解**　设所求的曲线方程为 $y=f(x)$，根据导数的几何意义可得

$$\frac{\mathrm{d}y}{\mathrm{d}x}=2x \quad 或 \quad \mathrm{d}y=2x\mathrm{d}x$$

为求得未知函数 $y$，对上式两端求不定积分得

$$\int \mathrm{d}y = \int 2x\mathrm{d}x$$

即
$$y=x^2+C$$

其中 $C$ 为任意常数．由于曲线通过点（1，3），因此，将 $y\mid_{x=1}=3$ 代入 $y=x^2+C$ 得 $C=2$，故所求的曲线方程为

$$y=x^2+2$$

上例中的方程 $\frac{\mathrm{d}y}{\mathrm{d}x}=2x$，$\mathrm{d}y=2x\mathrm{d}x$ 是含有未知函数的导数或微分的方程，这样的方程就是微分方程．

### 二、微分方程的概念

**定义 6.1**　含有未知函数、未知函数的导数（或微分）与自变量的等式叫做**微分方程**．

微分方程中的未知函数只含有一个自变量的微分方程叫做**常微分方程**.

在不引起混淆的情况下，微分方程可以简称方程，本章只研究常微分方程.

**定义 6.2**　微分方程中未知函数的最高阶导数的阶数，称为**微分方程的阶**. 例如，方程 $y'=2x$ 是一阶微分方程，$\dfrac{d^2 y}{dx^2}-3\dfrac{dy}{dx}+2y=0$ 是二阶微分方程，$(y''')^2+y''+y=0$ 是三阶微分方程.

一般地，$n$ 阶微分方程形如

$$y^{(n)}=f(x,\ y,\ y',\ y'',\ \cdots,\ y^{(n-1)})$$

**定义 6.3**　如果把一个函数 $y=\varphi(x)$ 代入微分方程能使微分方程成为恒等式，则函数 $y=\varphi(x)$ 叫做**微分方程的解**. 例如，函数 $y=x^2+C$ 和 $y=x^2+2$ 都是微分方程 $y'=2x$ 的解；函数 $y=e^x$ 和 $y=C_1 e^x+C_2 e^{2x}$ 都是微分方程 $y''-3y'+2y=0$ 的解.

如果微分方程的解中含有相互独立的任意常数且任意常数的个数与方程的阶数相同，这样的解叫做微分方程的**通解**. 例如，函数 $y=x^2+C$ 和 $y=C_1 e^x+C_2 e^{2x}$ 分别是微分方程 $y'=2x$ 和 $y''-3y'+2y=0$ 的通解.

在通解中利用已知条件确定了任意常数以后的解，称为微分方程的**特解**. 例如，$y=x^2+2$ 是方程 $y'=2x$ 的特解，$y=e^x$ 是方程 $y''-3y'+2y=0$ 的特解.

用来确定通解中任意常数的条件，叫做微分方程的**初始条件**，初始条件通常以下列形式给出：

（1）一阶微分方程初始条件为：$y(x_0)=y_0$；

（2）二阶微分方程初始条件为：$y(x_0)=y_0, y'(x_0)=y_0'$.

高阶微分方程的初始条件以此类推. 求微分方程满足初始条件的特解这样的问题称为**初值问题**. 例如

$$\begin{cases} y'=f(x,\ y) \\ y(x_0)=y_0 \end{cases}, \qquad \begin{cases} y''=f(x,\ y,\ y') \\ y(x_0)=y_0,\ y'(x_0)=y_0' \end{cases}$$

分别是一阶初值问题和二阶初值问题.

由微分方程求解未知函数的过程称为**解微分方程**，如例 1.

微分方程的解的图形是一条曲线，叫做微分方程的**积分曲线**. 一阶微分方程的初值问题的几何意义就是求微分方程的通过点 $(x_0,\ y_0)$ 的那条积分曲线，二阶微分方程的初值问题的几何意义就是求微分方程的通过点 $(x_0,\ y_0)$ 且在该点处的切线斜率为 $y'(x_0)$ 的那条积分曲线.

**例 2**　验证函数 $y=C_1 e^{2x}+C_2 e^{-2x}$ 是微分方程 $\dfrac{d^2 y}{dx^2}-4y=0$ 的解，并求满足初始条件 $y\big|_{x=0}=0, y'\big|_{x=0}=1$ 的特解.

**解**　对所给函数 $y=C_1 e^{2x}+C_2 e^{-2x}$ 求导，得

$$y'=2C_1 e^{2x}-2C_2 e^{-2x}, \quad y''=4C_1 e^{2x}+4C_2 e^{-2x}$$

将 $y$，$y''$ 代入微分方程，得

$$y''-4y=(4C_1 e^{2x}+4C_2 e^{-2x})-4(C_1 e^{2x}+C_2 e^{-2x})=0$$

即函数 $y=C_1 e^{2x}+C_2 e^{-2x}$ 代入所给微分方程以后使之成为了恒等式，因此它是该微分方程

的解.

将初始条件 $y|_{x=0}=0$ ，$y'|_{x=0}=1$ 分别代入 $y$ ，$y'$ 中，得

$$\begin{cases} C_1+C_2=0 \\ 2C_1-2C_2=1 \end{cases}$$

解得 $C_1=\dfrac{1}{4}$ ，$C_2=-\dfrac{1}{4}$ ，于是所求的特解为

$$y=\frac{1}{4}(\mathrm{e}^{2x}-\mathrm{e}^{-2x})$$

## 习题 6 - 1

1. 指出下列方程中哪些是微分方程，如果是微分方程，请指出其阶数：

(1) $y''-3y'+2y=0$ ；　　　　　(2) $y^2-3y+2=0$ ；

(3) $y'=2x+6$ ；　　　　　　　(4) $y=2x+6$ ；

(5) $x^2\mathrm{d}y+y^2\mathrm{d}x=0$ ；　　　　(6) $\dfrac{\mathrm{d}^2y}{\mathrm{d}x^2}=\sin x$ ；

(7) $y(y'+x)=1$ ；　　　　　　(8) $\dfrac{\mathrm{d}y}{\mathrm{d}x}+2x\left(\dfrac{\mathrm{d}^2y}{\mathrm{d}x^2}\right)^5=0.$

2. 指出下列各题中的函数是否为所给微分方程的解（其中 $C$ ，$C_1$ ，$C_2$ 是任意常数）：

(1) $x\dfrac{\mathrm{d}y}{\mathrm{d}x}=x^2+y^2+y$ ，函数 $y=x\tan(x+C)$ ；

(2) $y''+2y'-3y=0$ ，函数 $y=x^2+x$ ；

(3) $y''-(\lambda_1+\lambda_2)y'+\lambda_1\lambda_2y=0$ ，函数 $y=C_1\mathrm{e}^{\lambda_1 x}+C_2\mathrm{e}^{\lambda_2 x}.$

3. 验证 $y=C\sin x$ 是方程 $y'=y\cot x$ 的通解，并求满足初始条件 $y|_{x=\frac{\pi}{4}}=1$ 的特解.

4. 假设 $Q=C\mathrm{e}^{kt}$ 满足微分方程 $\dfrac{\mathrm{d}Q}{\mathrm{d}t}=-0.03Q$ ，由此，我们可以得出关于 $C$ 与 $k$ 的值的什么信息呢？

5. 已知 $y=x^2+k$ 是微分方程 $2y-xy'=10$ 的解，试求 $k$ 的值.

6. 一曲线通过点 $(1,0)$ ，且曲线上任意点 $(x,y)$ 处的切线斜率为 $x^2$ ，求该曲线方程.

# 第二节　一阶微分方程

## 一、可分离变量的微分方程

**定义 6.4**　可化为形如

$$\frac{\mathrm{d}y}{\mathrm{d}x}=f(x)g(y) \tag{6.2.1}$$

的微分方程叫做**可分离变量微分方程**.

　　**解法**　当 $g(y)\neq 0$ 时，可将方程变形为

$$\frac{\mathrm{d}y}{g(y)} = f(x)\mathrm{d}x$$

即把两个不同的变量分离在等式两端，然后两端再积分

$$\int \frac{\mathrm{d}y}{g(y)} = \int f(x)\mathrm{d}x$$

即可求得微分方程的隐式通解.

**注意**　如果 $g(y) = 0$ 的根为 $y_0$，则 $y = y_0$ 也是微分方程的解.

**例 1**　求微分方程 $y' = 2xy$ 的通解.

**解**　此微分方程是可分离变量微分方程，分离变量后得

$$\frac{\mathrm{d}y}{y} = 2x\mathrm{d}x \quad (y \neq 0)$$

两端积分得

$$\ln |y| = x^2 + C_1$$

即

$$|y| = \mathrm{e}^{x^2 + C_1} \quad 或 \quad y = \pm \mathrm{e}^{C_1} \mathrm{e}^{x^2}$$

令 $\pm \mathrm{e}^{C_1} = C$，从而

$$y = C\mathrm{e}^{x^2}$$

这就是原方程的通解. 显然 $y = 0$ 也是方程的解，它已经被包含在通解中.

**例 2**　求 $\sqrt{1-y^2} = x^2 yy'$ 的通解.

**解**　此微分方程是可分离变量微分方程，分离变量后得

$$\frac{y\mathrm{d}y}{\sqrt{1-y^2}} = \frac{\mathrm{d}x}{x^2}$$

两端分别积分得

$$\int \frac{y}{\sqrt{1-y^2}}\mathrm{d}y = \int \frac{1}{x^2}\mathrm{d}x$$

$$-\sqrt{1-y^2} = -\frac{1}{x} + C$$

即

$$\sqrt{1-y^2} - \frac{1}{x} + C = 0$$

这就是原方程的通解.

**例 3**　求方程 $\dfrac{\mathrm{d}y}{\mathrm{d}x} = \dfrac{1+y^2}{(1+x^2)\,xy}$ 满足条件 $y|_{x=1} = 1$ 的特解.

**解**　原方程分离变量变形为

$$\frac{y\mathrm{d}y}{1+y^2} = \frac{\mathrm{d}x}{x(1+x^2)}$$

两端分别积分得

$$\int \frac{y\mathrm{d}y}{1+y^2} = \int \frac{\mathrm{d}x}{x(1+x^2)}$$

因右式的被积函数可写成

$$\frac{1}{x(1+x^2)} = \frac{1}{x} - \frac{x}{1+x^2}$$

故计算不定积分得

$$\frac{1}{2}\ln(1+y^2)=\ln|x|-\frac{1}{2}\ln(1+x^2)+\frac{1}{2}\ln C$$

整理为

$$\ln[(1+y^2)(1+x^2)]=2\ln|x|+\ln C$$

所以原方程的通解为

$$(1+y^2)(1+x^2)=Cx^2$$

将 $y|_{x=1}=1$ 代入通解中，得 $C=4$. 因此，所求的特解为

$$(1+x^2)(1+y^2)=4x^2$$

## 二、齐次方程

**定义 6.5** 可化为形如

$$\frac{\mathrm{d}y}{\mathrm{d}x}=f\left(\frac{y}{x}\right) \tag{6.2.2}$$

的微分方程叫做**齐次方程**. 例如，方程 $y'=\dfrac{y}{x}+\cot\dfrac{y}{x}$ 为齐次方程.

**齐次方程的解法** 利用适当的变换，化成可分离变量微分方程. 具体地，设 $u(x)=\dfrac{y}{x}$，则

$$y=u(x)x$$

两端求导数

$$\frac{\mathrm{d}y}{\mathrm{d}x}=u(x)+x\frac{\mathrm{d}u}{\mathrm{d}x}$$

代入方程得

$$u+x\frac{\mathrm{d}u}{\mathrm{d}x}=f(u)$$

或化为

$$\frac{\mathrm{d}u}{\mathrm{d}x}=\frac{f(u)-u}{x}$$

分离变量得

$$\frac{\mathrm{d}u}{f(u)-u}=\frac{\mathrm{d}x}{x}$$

两端积分即可求出该方程的通解，再将 $u$ 换成 $\dfrac{y}{x}$ 即得到原方程的通解.

**例 4** 求微分方程 $y'=\dfrac{y}{x}+\cot\dfrac{y}{x}$ 的通解.

**解** 令 $u(x)=\dfrac{y}{x}$，两端对 $x$ 求导得 $u+xu'=y'$，代入原微分方程得

$$u+xu'=u+\cot u \quad \text{或} \quad x\frac{\mathrm{d}u}{\mathrm{d}x}=\cot u$$

分离变量得

$$\tan u\,\mathrm{d}u=\frac{1}{x}\mathrm{d}x$$

两端积分得
$$\int \tan u \, \mathrm{d}u = \int \frac{1}{x} \mathrm{d}x$$

$$-\ln|\cos u| = \ln|x| + \ln C \quad \text{或} \quad \sec u = Cx$$

再把 $u(x) = \frac{y}{x}$ 代回，即得原方程的通解为

$$\sec \frac{y}{x} = Cx$$

**例 5** 求微分方程 $(y^2 - 3x^2)\mathrm{d}x + 2xy\mathrm{d}y = 0$ 的通解.

**解** 原方程可变形为

$$\frac{\mathrm{d}y}{\mathrm{d}x} = \frac{3x^2 - y^2}{2xy}$$

将右端分式的分子、分母同时除以 $x^2$ 得

$$\frac{\mathrm{d}y}{\mathrm{d}x} = \frac{3 - \left(\frac{y}{x}\right)^2}{2\frac{y}{x}}$$

令 $u = \frac{y}{x}$，对 $x$ 求导得 $u + xu' = y'$，代入方程有

$$xu' + u = \frac{3 - u^2}{2u}$$

分离变量得

$$\frac{2u\mathrm{d}u}{3(1 - u^2)} = \frac{1}{x}\mathrm{d}x$$

两端积分得

$$\frac{1}{3}\int \frac{2u}{1 - u^2}\mathrm{d}u = \int \frac{1}{x}\mathrm{d}x$$

$$-\frac{1}{3}\ln|1 - u^2| = \ln|x| + C_1$$

即

$$\ln|x| + \frac{1}{3}\ln|1 - u^2| = -C_1$$

$$3\ln|x| + \ln|1 - u^2| = -3C_1$$

亦有

$$x^3(1 - u^2) = \pm e^{-3C_1}$$

$$x^3(1 - u^2) = C$$

其中 $C = \pm e^{-3C_1}$，再以 $u = \frac{y}{x}$ 代入，即得原方程的通解为

$$x^3 - xy^2 = C$$

## 三、一阶线性微分方程

**定义 6.6** 可化为形如

$$y' + P(x)y = Q(x) \tag{6.2.3}$$

的微分方程叫做一阶线性微分方程. 若 $Q(x) \equiv 0$，方程 (6.2.3) 变为 $y' + P(x)y = 0$，称为

一阶线性齐次方程；若 $Q(x)$ 不恒为零，则方程（6.2.3）称为**一阶线性非齐次微分方程**.

**一阶线性微分方程的解法**　对于方程 $y'+P(x)y=0$，它是可分离变量的微分方程，分离变量得

$$\frac{\mathrm{d}y}{y}=-P(x)\mathrm{d}x$$

两端积分得隐式通解

$$\ln|y|=-\int P(x)\mathrm{d}x+\ln C$$

变形为

$$y=Ce^{-\int P(x)\mathrm{d}x}$$

现在我们来求一阶线性非齐次微分方程（6.2.3）的通解.

在方程两边同乘以因子 $e^{\int P(x)\mathrm{d}x}$ 得到

$$y'e^{\int P(x)\mathrm{d}x}+ye^{\int P(x)\mathrm{d}x}P(x)=Q(x)e^{\int P(x)\mathrm{d}x}$$

根据两个函数乘积的导数运算法则，仔细观察方程的左端，它是 $ye^{\int P(x)\mathrm{d}x}$ 的导数，从而

$$\left(ye^{\int P(x)\mathrm{d}x}\right)'=Q(x)e^{\int P(x)\mathrm{d}x}$$

两端积分

$$\int\left(ye^{\int P(x)\mathrm{d}x}\right)'\mathrm{d}x=\int Q(x)e^{\int P(x)\mathrm{d}x}\mathrm{d}x$$

于是可得方程（6.2.3）的通解为

$$ye^{\int P(x)\mathrm{d}x}=\int Q(x)e^{\int P(x)\mathrm{d}x}\mathrm{d}x+C$$

经整理得到如下公式

$$y=e^{-\int P(x)\mathrm{d}x}\left(\int Q(x)e^{\int P(x)\mathrm{d}x}\mathrm{d}x+C\right)$$

$$=e^{-\int P(x)\mathrm{d}x}\int Q(x)e^{\int P(x)\mathrm{d}x}\mathrm{d}x+Ce^{-\int P(x)\mathrm{d}x} \qquad (6.2.4)$$

**例 6**　求微分方程 $\dfrac{\mathrm{d}y}{\mathrm{d}x}-\dfrac{2y}{x+1}=(x+1)^{\frac{3}{2}}$ 满足条件 $y|_{x=0}=3$ 的特解.

**解**　这是一阶线性非齐次微分方程，且 $P(x)=-\dfrac{2}{x+1}$，$Q(x)=(x+1)^{\frac{3}{2}}$. 利用通解公式（6.2.4）可得：

$$y=e^{-\int\left(-\frac{2}{x+1}\right)\mathrm{d}x}\left[\int(x+1)^{\frac{3}{2}}e^{\int\left(-\frac{2}{x+1}\right)\mathrm{d}x}\mathrm{d}x+C\right]$$

$$=e^{2\ln|x+1|}\left[\int(x+1)^{\frac{3}{2}}e^{-2\ln|x+1|}\mathrm{d}x+C\right]$$

$$=(x+1)^2\left[\int(x+1)^{\frac{3}{2}}\cdot\frac{1}{(x+1)^2}\mathrm{d}x+C\right]$$

$$=(x+1)^2\left[\int(x+1)^{-\frac{1}{2}}\mathrm{d}x+C\right]$$

$$=(x+1)^2\left[2(x+1)^{\frac{1}{2}}+C\right]$$

$$= 2(x+1)^{\frac{5}{2}} + C(x+1)^2$$

所以原方程的通解为

$$y = 2(x+1)^{\frac{5}{2}} + C(x+1)^2$$

将 $y|_{x=0}=3$ 代入通解中，得

$$2 + C = 3$$

解得 $C=1$，于是所求的特解为

$$y = 2(x+1)^{\frac{5}{2}} + (x+1)^2$$

**例 7** 求微分方程 $\dfrac{\mathrm{d}y}{\mathrm{d}x}=\dfrac{y}{y^2+x}$ 的通解.

**解** 从表面上看此方程既不是可分离变量方程，也不是齐次方程和线性方程，这只是按常规将 $y$ 视为因变量，$x$ 视为自变量而得出的结论. 但若把 $y$ 看作自变量，$x$ 看作因变量，则方程可变形为

$$\frac{\mathrm{d}x}{\mathrm{d}y}=\frac{1}{y}x+y \quad \text{或} \quad \frac{\mathrm{d}x}{\mathrm{d}y}-\frac{1}{y}x=y$$

这是一个关于未知函数 $x(y)$ 的一阶线性微分方程，且 $P(y)=-\dfrac{1}{y}$，$Q(y)=y$，由一阶线性非齐次微分方程的通解公式可得

$$x = \mathrm{e}^{-\int\left(-\frac{1}{y}\right)\mathrm{d}y}\left[\int y\mathrm{e}^{\int\left(-\frac{1}{y}\right)\mathrm{d}y}\mathrm{d}y + C\right]$$

$$= \mathrm{e}^{\ln|y|}\left[\int y\mathrm{e}^{-\ln|y|}\,\mathrm{d}y + C\right]$$

$$= |y|\left[\int y\frac{1}{|y|}\mathrm{d}y + C\right] (\text{注 } 容易验证不论 y 大于 0 还是小于 0，后面的结论均正确)$$

$$= y(y+C) = y^2 + Cy$$

所以原方程的通解（隐式通解）为 $x=y^2+Cy$.

# 习题 6 - 2

1. 求下列可分离变量微分方程的通解或特解：

(1) $xy' - y\ln y = 0$；

(2) $(1+y^2) - (1+x)y' = 0$；

(3) $\sec^2 x\tan y\mathrm{d}x + \sec^2 y\tan x\mathrm{d}y = 0$；

(4) $\sqrt{1-x^2}\,\mathrm{d}y - \sqrt{1-y^2}\,\mathrm{d}x = 0$；

(5) $(xy^2+x)\mathrm{d}x + (y-x^2y)\mathrm{d}y = 0$；

(6) $y' = 10^{x+y}$；

(7) $1+y^2-xyy'=0$，$y\big|_{x=1}=0$；

(8) $y'=\mathrm{e}^{2x-y}$，$y\big|_{x=0}=0$.

2. 求下列齐次方程的通解或特解：

(1) $(2x^2-y^2) + 3xy\dfrac{\mathrm{d}y}{\mathrm{d}x} = 0$；

(2) $xy' = y\ln\dfrac{y}{x}$；

(3) $\dfrac{\mathrm{d}y}{\mathrm{d}x} = \dfrac{x+y}{x-y}$；

(4) $y' = \mathrm{e}^{\frac{y}{x}} + \dfrac{y}{x}$；

(5) $x^2y'+y^2=xyy'$, $y\big|_{x=1}=1$;　　　　(6) $\dfrac{\mathrm{d}y}{\mathrm{d}x}=\dfrac{xy}{x^2-y^2}$, $y\big|_{x=0}=1$.

3. 求下列一阶线性微分方程的通解或特解：

(1) $y'-2y=x+2$;　　　　　　　(2) $xy'-3y=x^4\mathrm{e}^x$;

(3) $(1+x^2)y'-2xy=(1+x^2)^2$;　(4) $y'=\dfrac{1}{\mathrm{e}^y+x}$;

(5) $y'+y\cos x=\mathrm{e}^{-\sin x}$;　　　　(6) $\dfrac{\mathrm{d}x}{\mathrm{d}t}+3x=2$;

(7) $y'+y=\mathrm{e}^x$, $y\big|_{x=0}=2$;　　　(8) $(1+x^2)\mathrm{d}y=(1+xy)\mathrm{d}x$, $y\big|_{x=1}=0$.

4. 有没有 $n$ 使得 $y=x^n$ 为微分方程 $13x\dfrac{\mathrm{d}y}{\mathrm{d}x}=y$ 的一个解？如果有的话，$n$ 取何值？

5. 证明伯努利（Bernoulli）方程 $y'+p(x)y=q(x)y^\alpha$（$\alpha$ 为常数，且 $\alpha\neq0$，1）通过变量代换 $z(x)=y^{1-\alpha}$ 可化为关于 $z$ 的线性方程，并解下列方程：

$$y'+\frac{y}{x}=a(\ln x)y^2$$

# 第三节　二阶常系数线性微分方程

## 一、二阶线性微分方程解的结构

**定义 6.7**　形如

$$y''+py'+qy=f(x) \tag{6.3.1}$$

的微分方程称为**二阶常系数线性非齐次微分方程**，其中 $p$，$q$ 为常数，$f(x)$ 为已知的连续函数.

如果 $f(x)\equiv0$ 时，则方程（6.3.1）变为

$$y''+py'+qy=0 \tag{6.3.2}$$

方程（6.3.2）称为**二阶常系数线性齐次微分方程**.

本节我们将讨论二阶常系数线性齐次以及非齐次微分方程的解法.

**定理 6.1**　如果 $y_1$，$y_2$ 是微分方程（6.3.2）的两个解，$C_1$，$C_2$ 是任意常数，则 $y=C_1y_1+C_2y_2$ 也是方程（6.3.2）的解.

**证明**　由于 $y_1$ 与 $y_2$ 是方程（6.3.2）的解，所以有

$$y_1''+py_1'+qy_1=0$$
$$y_2''+py_2'+qy_2=0$$

将 $y=C_1y_1+C_2y_2$ 代入方程（6.3.2）的左边，得

$$(C_1y_1''+C_2y_2'')+p(C_1y_1'+C_2y_2')+q(C_1y_1+C_2y_2)$$
$$=C_1(y_1''+py_1'+qy_1)+C_2(y_2''+py_2'+qy_2)=0$$

所以 $y=C_1y_1+C_2y_2$ 是方程（6.3.2）的解.

定理 6.1 表明二阶常系数线性齐次微分方程的解符合叠加原理，那么叠加起来的解 $C_1y_1+C_2y_2$ 是不是方程（6.3.2）的通解呢？

我们知道，二阶微分方程的通解中应含有两个独立的任意常数.

若 $\dfrac{y_1}{y_2} \equiv k$（$k$ 为常数），则 $y_1 = ky_2$，从而 $y = C_1 y_1 + C_2 y_2$ 可化为

$$y = C_1 y_1 + C_2 y_2 = C_1 k y_2 + C_2 y_2 = (C_1 k + C_2) y_2 = C y_2$$

即 $y = C_1 y_1 + C_2 y_2$ 中实质只含有一个任意常数，因此 $C_1 y_1 + C_2 y_2$ 不是方程（6.3.2）的通解；反之，若 $\dfrac{y_1}{y_2}$ 不恒为常数，则 $y = C_1 y_1 + C_2 y_2$ 中的两个任意常数一定是相互独立的，所以 $C_1 y_1 + C_2 y_2$ 就是方程（6.3.2）的通解.

**定理 6.2** 如果 $y_1$，$y_2$ 是微分方程（6.3.2）的两个商不恒为常数 $\left(\dfrac{y_1}{y_2} \neq 常数\right)$ 的特解，则 $y = C_1 y_1 + C_2 y_2$ 是它的通解.

例如，容易验证 $y_1 = \mathrm{e}^{-x}$ 与 $y_2 = x\mathrm{e}^{-x}$ 都是微分方程 $y'' + 2y' + y = 0$ 的解，而 $\dfrac{y_1}{y_2} = \dfrac{1}{x} \neq 常数$，所以 $y = C_1 \mathrm{e}^{-x} + C_2 x \mathrm{e}^{-x}$ 是微分方程 $y'' + 2y' + y = 0$ 的通解.

**定理 6.3** 如果 $y^*$ 是微分方程（6.3.1）的一个特解，而 $Y = C_1 y_1 + C_2 y_2$ 是它对应的齐次方程（6.3.2）的通解，则 $y = Y + y^*$ 就是微分方程（6.3.1）的通解.

**证明** 据定理假设有

$$Y'' + pY' + qY = 0$$
$$y^{*''} + py^{*'} + qy^* = f(x)$$

相加得

$$(Y + y^*)'' + p(Y + y^*)' + q(x)(Y + y^*) = f(x)$$

即 $Y + y^*$ 是微分方程（6.3.1）的解，又因为 $Y = C_1 y_1 + C_2 y_2$ 中含有两个独立的任意常数，所以 $y = Y + y^*$ 是微分方程（6.3.1）的通解.

例如，微分方程

$$y'' + 2y' + y = x + 2$$

是二阶常系数线性非齐次方程，容易验证 $Y = C_1 \mathrm{e}^{-x} + C_2 x \mathrm{e}^{-x}$ 是对应的齐次方程 $y'' + 2y' + y = 0$ 的通解，$y^* = x$ 是所给微分方程的一个特解，因此

$$y = C_1 \mathrm{e}^{-x} + C_2 x \mathrm{e}^{-x} + x$$

是所给微分方程的通解.

## 二、二阶常系数线性齐次微分方程

对于二阶常系数线性齐次微分方程

$$y'' + py' + qy = 0$$

根据定理 6.2，为求其通解只需求得它的两个商不恒为常数的特解即可. 注意到它左端是 $y''$，$py'$ 和 $qy$ 三项之和，而右端为 0，显然，只有当某函数的二阶导数、一阶导数和它本身都是同一函数的倍数时，它们的代数和才有可能为 0. 根据求导的经验，不难想到只有指数函数 $\mathrm{e}^{rx}$ 具有这样的特点.

于是，设方程 $y'' + py' + qy = 0$ 有指数形式的特解 $y = \mathrm{e}^{rx}$（$r$ 为待定常数），将

$$y = \mathrm{e}^{rx}，\quad y' = r\mathrm{e}^{rx}，\quad y'' = r^2 \mathrm{e}^{rx}$$

代入微分方程 $y''+py'+qy=0$ 得到

$$r^2 e^{rx}+pr e^{rx}+q e^{rx}=0$$

经过整理得

$$(r^2+pr+q) e^{rx}=0$$

因为 $e^{rx}\neq0$，所以

$$r^2+pr+q=0 \tag{6.3.3}$$

方程 (6.3.3) 称为方程 (6.3.2) 的**特征方程**，这说明只要 $r$ 满足特征方程 (6.3.3)，$y=e^{rx}$ 就是方程 (6.3.2) 的一个特解. 而特征方程 (6.3.3) 的根有三种情况：

(1) 特征方程 (6.3.3) 有两个不相等的实根.

设这两个实根为 $r_1$，$r_2$ $(r_1\neq r_2)$，则

$$y_1=e^{r_1 x}, \quad y_2=e^{r_2 x}$$

为方程 (6.3.2) 的两个特解. 由于 $\dfrac{y_1}{y_2}=\dfrac{e^{r_1 x}}{e^{r_2 x}}=e^{(r_1-r_2)x}\neq$ 常数. 所以方程 (6.3.2) 的通解为

$$y=C_1 e^{r_1 x}+C_2 e^{r_2 x}$$

(2) 特征方程 (6.3.3) 有两个相等的实根.

设特征方程 (6.3.3) 的根为 $r_1=r_2=r$，显然 $r=-\dfrac{p}{2}$，于是可得方程 (6.3.2) 的一个特解 $y_1=e^{rx}$. 容易验证 $y_2=x e^{rx}$ 也是方程 (6.3.2) 的一个特解，且 $\dfrac{y_1}{y_2}=\dfrac{1}{x}$ 不是常数，故方程 (6.3.2) 的通解为

$$y=C_1 e^{rx}+C_2 x e^{rx}=(C_1+C_2 x) e^{rx}$$

(3) 特征方程 (6.3.3) 有一对共轭复根.

设共轭复根为 $r=\alpha\pm i\beta$，则

$$y_1=e^{(\alpha+i\beta)x}, \quad y_2=e^{(\alpha-i\beta)x}$$

是方程 (6.3.2) 的两个商不为常数的特解，为了得到实数形式的特解，利用定理 6.1 以及欧拉公式 $e^{ix}=\cos x+i\sin x$ 可得

$$y_1^*=\frac{1}{2}(y_1+y_2)=e^{\alpha x}\cos\beta x$$

$$y_2^*=\frac{1}{2i}(y_1-y_2)=e^{\alpha x}\sin\beta x$$

显然 $y_1^*$，$y_2^*$ 也是方程 (6.3.2) 的特解，且 $\dfrac{y_1^*}{y_2^*}=\cot\beta x$ 不是常数，所以方程 (6.3.2) 的通解为

$$y=e^{\alpha x}(C_1\cos\beta x+C_2\sin\beta x)$$

综上所述，求二阶常系数线性齐次微分方程的通解的步骤如下：

(1) 写出方程 (6.3.2) 的特征方程

$$r^2+pr+q=0;$$

(2) 求出特征方程的两个根 $r_1$，$r_2$；

(3) 根据表 6-1 的三种不同情形，写出方程 (6.3.2) 的通解.

表 6 - 1

| 特征方程根的情况 | 通解 |
|---|---|
| 有两个不等的实根 $r_1 \neq r_2$ | $y = C_1 e^{r_1 x} + C_2 e^{r_2 x}$ |
| 有两个相同实根 $r$ | $y = (C_1 + C_2 x) e^{rx}$ |
| 有一对共轭复根 $r_{1,2} = \alpha \pm \beta i$ | $y = e^{\alpha x}(C_1 \cos\beta x + C_2 \sin\beta x)$ |

**例 1** 求微分方程 $y'' + 3y' - 4y = 0$ 的通解.

**解** 微分方程的特征方程为

$$r^2 + 3r - 4 = 0$$

即

$$(r+4)(r-1) = 0$$

因此特征根为 $r_1 = -4$，$r_2 = 1$，于是方程的通解为

$$y = C_1 e^{-4x} + C_2 e^x$$

**例 2** 求微分方程 $y'' - 12y' + 36y = 0$ 满足初始条件 $y\big|_{x=0} = 1$，$y'\big|_{x=0} = 0$ 的特解.

**解** 特征方程为

$$r^2 - 12r + 36 = 0$$

特征根为 $r_1 = r_2 = 6$，因此方程的通解为

$$y = (C_1 + C_2 x) e^{6x}$$

将通解对 $x$ 求导，得

$$y' = e^{6x}(6C_1 + 6C_2 x + C_2)$$

将 $y\big|_{x=0} = 1$、$y'\big|_{x=0} = 0$ 分别代入通解 $y$ 及其导数 $y'$，得

$$\begin{cases} C_1 = 1 \\ 6C_1 + C_2 = 0 \end{cases}$$

解得 $C_1 = 1$，$C_2 = -6$，于是所求的特解为

$$y = (1 - 6x) e^{6x}$$

**例 3** 求微分方程 $y'' + 2y' + 5y = 0$ 的通解.

**解** 特征方程为

$$r^2 + 2r + 5 = 0$$

其特征根为 $r = -1 \pm 2i$，所以方程的通解为

$$y = e^{-x}(C_1 \cos 2x + C_2 \sin 2x)$$

## 三、二阶常系数线性非齐次微分方程的解法

根据定理 6.3 可知，二阶常系数线性非齐次微分方程

$$y'' + py' + qy = f(x) \tag{6.3.4}$$

的通解是由其对应的齐次微分方程 $y'' + py' + qy = 0$ 的通解与其自身的一个特解之和构成的. 由于二阶常系数线性齐次微分方程的通解问题已经解决，因此，我们只需求出其自身的一个特解即可. 下面针对 $f(x)$ 的两种不同类型，介绍如何求微分方程（6.3.4）的特解.

**1.** $f(x) = P_m(x)e^{\lambda x}$，其中 $P_m(x) = a_m x^m + a_{m-1} x^{m-1} + \cdots + a_1 x + a_0$

设微分方程（6.3.4）的特解形式为

$$y^* = x^k Q_m(x)e^{\lambda x}, \quad k = \begin{cases} 0 & \lambda \text{ 不是特征方程的根} \\ 1 & \lambda \text{ 是特征方程的一重根} \\ 2 & \lambda \text{ 是特征方程的二重根} \end{cases}$$

其中 $Q_m(x) = b_m x^m + b_{m-1} x^{m-1} + \cdots + b_1 x + b_0$，$Q_m(x)$ 是一个与 $P_m(x)$ 同次的多项式.

将 $y^*$ 代入微分方程（6.3.4）即可求出 $Q_m(x) = b_m x^m + b_{m-1} x^{m-1} + \cdots + b_1 x + b_0$ 中的待定系数 $b_i$（$i = 0, 1, 2, \cdots, m$），从而确定特解 $y^*$.

**例 4**　求微分方程 $y'' - 5y' + 6y = xe^{2x}$ 的通解.

**解**　由于原方程的特征方程为 $r^2 - 5r + 6 = 0$，其特征根为

$$r_1 = 2, \quad r_2 = 3$$

从而对应的齐次方程的通解为

$$Y = C_1 e^{2x} + C_2 e^{3x}$$

原方程右端 $f(x) = xe^{2x}$ 变形为

$$f(x) = (x + 0)e^{2x}$$

由于 $\lambda = 2$ 是特征方程的一重根，$P_m(x) = x + 0$ 为一次多项式，所以可设原方程特解为

$$y^* = x(b_1 x + b_0)e^{2x}$$

对 $y^*$ 分别求一阶导、二阶导得

$$y^{*\prime} = [2b_1 x^2 + 2(b_1 + b_0)x + b_0]e^{2x}$$

$$y^{*\prime\prime} = [4b_1 x^2 + 4(2b_1 + b_0)x + 2(b_1 + 2b_0)]e^{2x}$$

将 $y^*$，$y^{*\prime}$，$y^{*\prime\prime}$ 代入原方程，并化简得

$$-2b_1 x + 2b_1 - b_0 = x$$

根据恒等式的原理，比较系数得

$$b_1 = -\frac{1}{2}, \quad b_0 = -1$$

故所求特解为

$$y^* = -\left(\frac{x^2}{2} + x\right)e^{2x}$$

从而原方程的通解为

$$y = C_1 e^{2x} + C_2 e^{3x} - \left(\frac{x^2}{2} + x\right)e^{2x}$$

**2.** $f(x) = e^{\lambda x}[P_h(x)\cos(\omega x) + P_n(x)\sin(\omega x)]$，$P_h(x)$，$P_n(x)$ 分别为 $h$ 和 $n$ 次多项式

特解可设为

$$y^* = x^k e^{\lambda x}[R_m^{(1)}(x)\cos(\omega x) + R_m^{(2)}(x)\sin(\omega x)], \quad \begin{cases} k = 1 & \lambda \pm i\omega \text{ 是特征根} \\ k = 0 & \lambda \pm i\omega \text{ 不是特征根} \end{cases}$$

其中 $R_m^{(1)}(x)$，$R_m^{(2)}(x)$ 是 $m$ 次多项式，$m = \max(h, n)$.

将 $y^*$ 代入微分方程 $y'' + py' + qy = f(x)$ 中求出 $R_m^{(1)}(x)$，$R_m^{(2)}(x)$ 中的待定系数，即可确定特解 $y^*$.

**例 5** 求微分方程 $y''+2y'-3y=4\sin x$ 的一个特解.

**解** 原方程的特征方程为 $r^2+2r-3=0$，其特征根为 $r_1=-3$，$r_2=1$.

原方程右端变形为

$$f(x)=e^{0x}(0\cos x+4\sin x)$$

此处 $\lambda=0$，$\omega=1$，$h=0$，$n=0$，从而 $\lambda\pm i\omega=\pm i$ 不是特征方程的根. $m=\max\{h,\ n\}=0$，所以 $k$ 取 0，因此可设原方程的特解为

$$y^*=x^0 e^{0x}(A\cos x+B\sin x)=A\cos x+B\sin x$$

对 $y^*$ 分别求一阶导、二阶导得

$$y^{*\prime}=-A\sin x+B\cos x,\ y^{*\prime\prime}=-A\cos x-B\sin x$$

将 $y^*$，$y^{*\prime}$，$y^{*\prime\prime}$ 代入原方程得

$$(-4A+2B)\cos x+(-2A-4B)\sin x=0\cos x+4\sin x$$

根据恒等式的原理可得

$$-4A+2B=0,\ -2A-4B=4$$

解得

$$A=-\frac{2}{5},\ B=-\frac{4}{5}$$

于是，原方程的一个特解为

$$y^*=-\frac{2}{5}\cos x-\frac{4}{5}\sin x$$

## 习题 6 - 3

1. 验证 $y_1=e^{ax}$ 与 $y_2=e^{-ax}$ 是方程 $y''-a^2 y=0$ 的解，试求方程 $y''-a^2 y=1$ 的通解.

2. 求下列方程的通解：

(1) $y''-4y'+3y=0$；

(2) $y''-4y'=0$；

(3) $y''+2y'=0$；

(4) $y''+4y'+4y=0$；

(5) $y''+8y'+15y=0$；

(6) $y''+6y'+9y=0$；

(7) $y''+4y'+5y=0$；

(8) $y''+9y=0$；

(9) $x''+x=0$；

(10) $x''-5x'+6x=0$.

3. 求下列方程满足初始条件的特解：

(1) $4y''+4y'+y=0$，$y(0)=2$，$y'(0)=0$；

(2) $y''+2y'+2y=0$，$y(0)=1$，$y'(0)=1$.

4. 求下列方程的通解：

(1) $y''+3y'+2y=3xe^{-x}$；

(2) $2y''+5y'=5x^2-2x-1$；

(3) $y''+y=x\cos 2x$；

(4) $y''-2y'+5y=e^x\sin 2x$.

# 第四节　一阶微分方程的应用

微分方程在各个领域中都有着广泛的应用，用微分方程解决实际问题的步骤是：

(1) 分析题意，建立适合题意的微分方程及相应的初始条件；

(2) 求解微分方程，根据问题要求，求出通解或满足初始条件的特解；

(3) 依据问题的要求，用所求得的解对实际问题作出解释.

下面以几例说明.

**例1** （广告与利润）已知某企业的纯利润 $L$ 对广告费 $x$ 的变化率 $\dfrac{dL}{dx}$ 与常数 $A$ 和纯利润 $L$ 之差成正比. 当 $x=0$ 时，$L=L_0$. 求纯利润 $L$ 与广告费 $x$ 之间的函数关系.

**解** 依题意列出方程及初始条件为

$$\begin{cases} \dfrac{dL}{dx}=k(A-L) \\ L\Big|_{x=0}=L_0 \end{cases}$$

其中 $k$ 为比例系数，$k>0$. 分离变量并积分

$$\int \frac{dL}{A-L}=\int k\,dx$$

得

$$-\ln(A-L)=kx+\ln C_1$$

即

$$A-L=e^{-kx+\ln C_1^{-1}}$$

亦即

$$A-L=Ce^{-kx}$$

其中 $C=\dfrac{1}{C_1}$，所以

$$L=A-Ce^{-kx}$$

由初始条件 $L\Big|_{x=0}=L_0$，解得 $C=A-L_0$，所以纯利润 $L$ 与广告费 $x$ 之间的函数关系为

$$L=A-(A-L_0)e^{-kx}$$

**例2** （Logistic 曲线）在商品销售预测中，$t$ 时刻的销售量以 $x=x(t)$ 表示. 如果商品销售的增长速度 $\dfrac{dx(t)}{dt}$ 正比于销售量 $x(t)$ 与销售接近饱和水平的程度 $a-x(t)$ 之乘积（$a$ 为饱和水平），求销售量函数 $x(t)$.

**解** 由题意列出方程 $\dfrac{dx(t)}{dt}=kx(t)\cdot(a-x(t))$（$k$ 为比例因子），分离变量得

$$\frac{dx(t)}{x(t)\cdot(a-x(t))}=k\,dt$$

上式变形为

$$\left[\frac{1}{x(t)}+\frac{1}{a-x(t)}\right]dx(t)=ak\,dt$$

两端积分得

$$\ln\frac{x(t)}{a-x(t)}=akt+C_1 \quad (C_1 \text{ 为任意常数})$$

即

$$\frac{x(t)}{a-x(t)}=e^{akt+C_1}=C_2 e^{akt} \quad (C_2=e^{C_1} \text{ 为任意常数})$$

从而可得通解

$$x(t)=\frac{aC_2 e^{akt}}{1+C_2 e^{akt}}=\frac{a}{1+Ce^{-akt}} \quad \left(C=\frac{1}{C_2} \text{ 为任意常数}\right)$$

其中任意常数 $C$ 将由给定的初始条件确定.

在生物学、经济学等学科中可见到这种变量按 Logistic 曲线方程变化的模型.

**例 3** （房贷模型）某客户向银行申请住房贷款，贷款本金为 $y_0 = 20$ 万元，贷款月利率为 $\lambda = 0.004\ 5$，协议贷款时间为 300 个月，问该客户平均每月应向银行还贷本息为多少？（银行利息需计复利）

**解** 以 $y(k)$ 表示第 $k$ 个月还款后尚欠银行本息数，$x$ 表示每月还贷金额（为常数），则列出方程为

$$\begin{cases} y(k+1) - (1+\lambda)y(k) = -x \\ y(0) = y_0 \end{cases}$$

差分方程可近似为微分方程来求解，其方法是将离散变量函数 $y(k)$ 用连续变量函数 $y(t)$ 近似，将差分 $\Delta y(k) = y(k+1) - y(k)$ 用导数 $\dfrac{\mathrm{d}y}{\mathrm{d}t}$ 近似（要求 $k$ 取值范围较大），于是得微分方程

$$\begin{cases} \dfrac{\mathrm{d}y(t)}{\mathrm{d}t} - \lambda y(t) = -x \\ y(0) = y_0 \end{cases}$$

这是一阶线性常系数微分方程的初值问题，解得

$$y(t) = y_0 \mathrm{e}^{\lambda t} - \frac{x}{\lambda}(\mathrm{e}^{\lambda t} - 1)$$

将已知条件代入，取 $t = 300$，$y(300) = 0$，可得 $x = 1\ 214.97$ 元，从而原问题的解为客户每月应向银行还贷本息约 $1\ 214.97$ 元.

**例 4** （马尔萨斯人口方程）英国人口学家马尔萨斯（Malthus）根据百余年的人口统计资料提出了人口指数增长模型. 他的基本假设是：单位时间内人口的增长量与当时人口总数成正比. 根据我国国家统计局 2006 年 3 月 16 日发表的公报，2005 年 11 月 1 日零时我国人口总数为 13.06 亿，过去 5 年的年人口平均增长率为 $0.63\%$. 若今后的年增长率保持不变，试用马尔萨斯方程预测 2020 年我国的人口总数.

**解** 设 $t$ 时刻的人口总数为 $N(t)$，$k$ 为人口平均增长率，根据马尔萨斯假设，列出方程为

$$\begin{cases} \dfrac{\mathrm{d}N}{\mathrm{d}t} = kN \\ N(t_0) = N_0 \end{cases}$$

分离变量，并积分得

$$\int \frac{1}{N} \mathrm{d}N = \int k \mathrm{d}t$$

$$\ln N = kt + \ln C$$

所以

$$N = C\mathrm{e}^{kt}$$

将初始条件代入通解中，得 $C = \dfrac{N_0}{\mathrm{e}^{kt_0}}$，所以其特解为 $N = N_0 \mathrm{e}^{k(t-t_0)}$.

将 $t = 2\ 020$，$t_0 = 2\ 005$，$k = 0.006\ 3$ 代入特解中，可预测 2020 年我国的人口总数为 $N(2\ 020) = 13.06 \times \mathrm{e}^{0.006\ 3(2\ 020 - 2\ 005)} = 14.35$（亿）.

显然这个预测会有误差，主要是 15 年来人口增长率不会保持不变. 实际情况一般是当

人口增加到一定数量后，增长率就会随着人口的继续增加而逐步减小，因此这个指数模型在短期内的预测结果与实际情况吻合较好．

# 习题 6 – 4

1. 随着世界人口的增加，用来种植谷物的土地量也不断增加．假设 $A(t)$ 表示 $t$ 年时，用于种植谷物的土地的总公顷数．

（1）解释为什么可以使用微分方程 $A'(t)=kA(t)$ 来描述 $A(t)$．你对世界人口与所使用的土地之间的关系做了何种假设？

（2）1950 年时，大约有 $1\times10^9$ 公顷的土地用于种植谷物．1980 年时，这一数字变为 $2\times10^9$．如果可用于种植谷物的土地最大量为 $3.2\times10^9$ 公顷，请问该模型预言可用土地何时将枯竭？（假设 1950 年时，$t=0$）

2. 丙戊酸是人们用来控制癫痫病的一种药物，它在人体的半衰期约为 15 小时．

（1）使用半衰期来求方程 $\dfrac{dQ}{dt}=-kQ$ 的常数 $k$，这里 $Q$ 表示服用该药物 $t$ 小时后仍残留在病人体内的药物数量；

（2）多长时间后，原来服用剂量的 10% 仍残留在病人体内？

3. 在某一人群中推广一种技术．设该人群总数为 $N$，在 $t=0$ 时已掌握新技术的人数为 $y_0$；在任意时刻 $t$，已掌握新技术的人数为 $y(t)$．又已知 $y(t)$ 的变化率与该时刻已掌握新技术的人数及未掌握新技术的人数之积成正比，比例系数为 $k$，求 $y(t)$．

4. 一个关于雇工学习一件新任务的速度理论认为雇工知道得越多，他或者她学习得越慢．假设一个人学习的速度等于它尚未学习的任务的百分数值．如果 $y$ 表示到时刻 $t$ 时已学任务的百分数，那么，此刻尚未学习的百分数为 $100-y$，因此，我们可以使用下述微分方程来描述这一问题：

$$\frac{dy}{dt}=100-y$$

（1）求出该微分方程的通解；

（2）画出几条解的曲线；

（3）如果雇工从 $t=0$ 时（$t=0$ 时，$y=0$）开始学习，请给出该问题的特解．

# 复习题六

1. 填空题

（1）微分方程 $xy^2dx-y\sin xdy=0$ 的阶数为＿＿＿＿＿＿．

（2）微分方程 $y'-2y=0$ 的通解为＿＿＿＿＿＿．

（3）微分方程 $y'=\dfrac{y(1-x)}{x}$ 的通解为＿＿＿＿＿＿．

（4）微分方程 $(y+x^3)dx-2xdy=0$ 满足 $y\big|_{x=1}=\dfrac{6}{5}$ 的特解为＿＿＿＿＿＿．

(5) 微分方程 $y'' - 4y = 0$ 的通解为_____.

2. 单选题

(1) 微分方程 $(y')^2 - xy^3 y' + 3xy'' - xy^4 = 0$ 的阶数为（　　）.

(A) 1 　　　　　(B) 2 　　　　　(C) 3 　　　　　(D) 4

(2) 微分方程 $y'' - 2y' - 3y = 0$ 的通解为（　　）.

(A) $y = Ce^{3x}$ 　　　　　　　　　　(B) $y = Ce^{-x}$

(C) $y = C_1 e^{-x} + C_2 e^{3x}$ 　　　　(D) $y = C_1 e^x + C_2 e^{-3x}$

(3) 设 $y_1$, $y_2$ 是微分方程 $y'' + py' + qy = 0$ 的两个特解，则 $y = C_1 y_1 + C_2 y_2$（$C_1$, $C_2$ 为任意常数）（　　）.

(A) 是该方程的通解 　　　　　(B) 是该方程的特解

(C) 不一定是该方程的解 　　　(D) 是该方程的解

(4) 函数 $y = C_1 e^x + C_2 e^{-2x} + x e^x$ 满足的一个微分方程是（　　）.

(A) $y'' - y' - 2y = 3x e^x$ 　　　　(B) $y'' - y' - 2y = 3e^x$

(C) $y'' + y' - 2y = 3x e^x$ 　　　　(D) $y'' + y' - 2y = 3e^x$

(5) 已知 $y = \dfrac{x}{\ln x}$ 是微分方程 $y' = \dfrac{y}{x} + \Phi\left(\dfrac{x}{y}\right)$ 的解，则 $\Phi\left(\dfrac{x}{y}\right) =$ （　　）.

(A) $1 - \dfrac{y^2}{x^2}$ 　　(B) $\dfrac{y^2}{x^2}$ 　　(C) $-\dfrac{x^2}{y^2}$ 　　(D) $\dfrac{x^2}{y^2}$

(6) 设 $y'' + 3y' + 2y = e^{2x}$，$y(0) = y'(0) = 0$，则 $\lim\limits_{x \to 0} \dfrac{\ln(1 + x^2)}{y(x)} =$ （　　）.

(A) 11 　　　　　(B) 2 　　　　　(C) 3 　　　　　(D) 4

3. 求以下列各式所表示的函数为通解的微分方程：

(1) $(x + C)^2 + y^2 = 1$（$C$ 为任意常数）；

(2) $y = C_1 e^x + C_2 e^{2x}$（$C_1$, $C_2$ 为任意常数）.

4. 求下列微分方程的通解：

(1) $2y\,dx + x\,dy - xy\,dy = 0$；　　　　(2) $e^{-t}\left(1 + \dfrac{ds}{dt}\right) = 1$；

(3) $y' + \dfrac{1 - 2x}{x^2} y = 1$；　　　　(4) $y^2\,dx + x^2\,dy = xy\,dy$；

(5) $(x^2 \cos x - y)\,dx + x\,dy = 0$；　　(6) $y \ln y\,dx + (x - \ln y)\,dy = 0$；

(7) $2y'' + y' - y = 0$；　　　　　　(8) $y'' + 2y' + y = 0$；

(9) $y'' + 6y' + 10y = 0$；　　　　　(10) $y'' + 6y' + 13y = 0$；

(11) $y'' - y'^2 + y' = 0$；　　　　　(12) $xy'' + y' - 4x = 0$；

(13) $y'' - y' - x^2 = 0$；　　　　　(14) $y'' + 2y' - 8y = x e^{2x}$；

(15) $y'' - 4y = 3x e^x$；　　　　　(16) $y'' + y + \sin 2x = 0$.

5. 求下列微分方程的特解：

(1) $\begin{cases} y' = y(6x^2 + 5x + 1) \\ y\big|_{x=0} = 1 \end{cases}$ ；　　　　(2) $\begin{cases} \dfrac{dy}{dx} + \dfrac{1}{x} y = \dfrac{\sin x}{x} \\ y\big|_{x=\pi} = 1 \end{cases}$ ；

(3) $\begin{cases} y''=4y \\ y\big|_{x=0}=1,\ y'\big|_{x=0}=-1 \end{cases}$；　　　　(4) $\begin{cases} y''+4y'=12y \\ y\big|_{x=0}=4,\ y'\big|_{x=0}=8 \end{cases}$；

(5) $\begin{cases} y''+2y'+y=\cos x \\ y\big|_{x=0}=0,\ y\big|_{x=0}=\dfrac{3}{2} \end{cases}$.

6. 设降落伞自塔顶自由下落，已知阻力与速度成正比（比例系数为 $k$），求降落伞的下落速度与时间的函数关系.

7. 设有曲线 $y=f(x)$，过曲线上任意一点 $(x,y)$ 作两坐标轴的垂线与两轴所构成的矩形被曲线分为大小不等的两部分，一部分的面积是另一部分的两倍，求此曲线方程.

## 数学实验 6
### MATLAB 在求解微分方程中的应用

**一、实验目的**

了解命令 dsolve 的调用格式，掌握用 MATLAB 求解微分方程的通解和特解的方法.

**二、利用 MATLAB 求解微分方程**

在 MATLAB 中求解常微分方程的命令是 dsolve，其调用格式如表 6-2 所示.

表 6-2

| 调用格式 | 说明 |
|---|---|
| dsolve('Dy=f(x, y)','x') | 求微分方程 $y'=f(x, y)$ 的通解 |
| dsolve('Dy=f(x, y)','y(0)=a','x') | 求微分方程 $y'=f(x, y)$ 满足初始条件 $y(0)=a$ 的特解 |
| dsolve('D2y=f(x, y, Dy)','y(0)=a','Dy(0)=b','x') | 求二阶微分方程 $y''=f(x, y, y')$ 满足初始条件 $y(0)=a$，$y'(0)=b$ 的特解 |

**注**　(1) Dy 表示 $y$ 关于自变量的一阶导数，D2y 表示 $y$ 关于自变量的二阶导数，依此类推.

(2) 导数 Dy、D2y 中的字母"D"必须大写.

**例 1**　求解微分方程 $\dfrac{\mathrm{d}y}{\mathrm{d}x}+2xy=x\mathrm{e}^{-x^2}$，并加以验证.

在 M 文件编辑窗口中输入命令：

```
syms x y
y = dsolve('Dy + 2 * x * y = x * exp( - x^2)','x')
```

计算结果为：

```
y =
    C3/exp(x^2) + x^2/(2 * exp(x^2))    % C3 为任意常数
```

**例 2**　求微分方程 $xy'+y-\mathrm{e}^x=0$ 满足初始条件 $y(1)=2\mathrm{e}$ 的特解.

在 M 文件编辑窗口中输入命令：

```
syms x y
y = dsolve('x * Dy + y − exp(x) = 0','y(1) = 2 * exp(1)','x')
```
计算结果为：
```
y =
    (exp(1) + exp(x))/x
```

**例 3**　求微分方程 $(1+x^2)y''=2xy'$ 满足初始条件 $y\big|_{x=0}=2$，$y'\big|_{x=0}=3$ 的特解.

在 M 文件编辑窗口中输入命令：
```
syms x y
dsolve('(1 + x^2) * D2y = 2 * x * Dy','y(0) = 2','Dy(0) = 3','x')
```
计算结果为：
```
ans =
    x * (x^2 + 3) + 2
```

# 自己动手（六）

1. 用 MATLAB 求下列方程的通解：

(1) $(1+x^2)y'-2xy=(1+x^2)^2$；　　　　(2) $y'+y\cos x=\mathrm{e}^{-\sin x}$；

(3) $\dfrac{\mathrm{d}x}{\mathrm{d}t}+3x=2$；　　　　(4) $y''+8y'+15y=0$.

2. 用 MATLAB 求下列微分方程满足初始条件的特解：

(1) $y''-4y'+3y=0$，$y(0)=6$，$y'(0)=10$；

(2) $y''+2y'+2y=0$，$y(0)=1$，$y'(0)=1$.

## 阅读材料 6

## 微分方程在力学中的应用

在研究刚体转动的动力学问题中，动量矩定理具有极为重要的意义和作用.

### 1. 质点系的动量矩

质点系中所有质点的动量对于固定轴 $z$ 的矩的代数和，称为质点系对于该轴的**动量矩**，记为

$$
\begin{aligned}
L_z &= \sum M_z(m_i v_i) \\
&= \sum (x_i \cdot m_i v_{yi} - y_i \cdot m_i v_{xi})
\end{aligned} \tag{1}
$$

式中 $m_i$，$x_i$，$y_i$ 及 $v_{xi}$，$v_{yi}$ 分别为质点 $M_i$ 的质量、位置坐标及速度的投影值.

### 2. 定轴转动刚体的动量矩

设刚体以角速度 $\omega$ 绕固定轴 $z$ 转动（如图 6-1 所示）. 刚体内任一质点 $M_i$ 的质量为 $m_i$，到转动轴的距离为 $r_i$，速度为 $v_i$. 则质点 $M_i$ 的动量 $m_i v_i$ 对 $z$ 轴的动量矩为

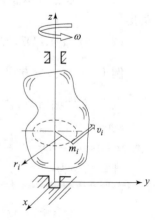

图 6-1

$$M_z(m_i v_i) = m_i v_i r_i = m_i r_i^2 \omega$$

则整个刚体对于转动轴 $z$ 的动量矩为

$$L_z = \sum M_z(m_i v_i) = \sum M_i r_i^2 \omega = \left( \sum M_i r_i^2 \right) \cdot \omega$$

令 $\sum m_i r_i^2 = J_z$，称为刚体对于 $z$ 轴的**转动惯量**，于是有

$$L_z = J_z \cdot \omega \tag{2}$$

即作定轴转动的刚体对于转轴的动量矩，等于刚体对于转轴的转动惯量与角速度的乘积.

### 3. 动量矩定理

研究由 $n$ 个质点组成的质点系，设质点系中第 $i$ 个质点 $M_i$ 的质量为 $m_i$，速度为 $v_i$，作用在该质点上的所有力为 $\boldsymbol{F}_i = \boldsymbol{F}_i^e + \boldsymbol{F}_i^i$，其中 $\boldsymbol{F}_i^e$ 为外力的合力，$\boldsymbol{F}_i^i$ 为内力的合力. 将式 (1) 对时间 $t$ 求导数，有

$$\begin{aligned}
\frac{\mathrm{d}L_z}{\mathrm{d}t} &= \frac{\mathrm{d}}{\mathrm{d}t} \sum M_z(m_i v_i) = \sum M_z \left[ \frac{\mathrm{d}}{\mathrm{d}t}(m_i v_i) \right] \\
&= \sum M_z(m_i a_i) = \sum M_z(F_i) \\
&= \sum M_z(F_i^e) + \sum M_z(F_i^i)
\end{aligned}$$

由于内力总是大小相等、方向相反、作用线相同的成对出现，因此有 $\sum M_z(F_i^i) \equiv 0$，于是得

$$\frac{\mathrm{d}L_z}{\mathrm{d}t} = \sum M_z(F_i^e) \tag{3}$$

即质点系对某固定轴的动量矩对时间的导数等于作用于质点系上全部外力对该轴力矩的代数和. 这称为质点系对固定轴的**动量矩定理**.

设有一刚体在外力作用下绕固定轴 $z$ 转动，由 (2) 式知，刚体对 $z$ 轴的动量矩为 $L_z = J_z \cdot \omega$，如果作用在刚体上的所有外力对 $z$ 轴的力矩的代数和为 $M_z^e$，则由 (3) 式得

$$\frac{\mathrm{d}}{\mathrm{d}t}(J_z \omega) = M_z^e$$

由于刚体对转动轴 $z$ 的转动惯量 $J_z$ 不随时间而变，同时有

$$\frac{\mathrm{d}\omega}{\mathrm{d}t} = a$$

代入上式中，得

$$J_z a = M_z^e \tag{4}$$

即刚体对转动轴的转动惯量与刚体角加速度的乘积等于作用在刚体上所有外力对该轴力矩的代数和. 这就是刚体绕定轴的转动微分方程，简称**转动微分方程**.

**例 1** 通风机的转动部分以角速度 $\omega_0$ 开始绕其轴转动，它所受空气的阻力矩的大小与角速度成正比，即 $|M| = k\omega$，其中 $k$ 为比例系数. 如转动部分对转动轴的转动惯量为 $J$，问经过多少时间后其转动角速度减小为初角速度的一半？在此时间内共转动了多少转？

**解** 取通风机转动部分为研究刚体，由式 (4) 有

$$J \frac{\mathrm{d}\omega}{\mathrm{d}t} = -k\omega$$

或

$$\frac{J}{k}\frac{\mathrm{d}\omega}{\omega}=-\mathrm{d}t$$

两边分别取积分得

$$\frac{J}{k}\ln\omega=-t+C$$

将初始条件 $t=0$ 时，$\omega=\omega_0$ 代入上式得

$$C=\frac{J}{k}\ln\omega_0$$

故有

$$t=\frac{J}{k}\ln\frac{\omega_0}{\omega}$$

因此，转动角速度减小为初角速度的一半所经历的时间为

$$t=\frac{J}{k}\ln 2$$

欲求在此时间内所转过的转数，可将转动微分方程改写为

$$J\frac{\mathrm{d}\omega}{\mathrm{d}t}=-k\frac{\mathrm{d}\varphi}{\mathrm{d}t}$$

或

$$\frac{J}{k}\mathrm{d}\omega=-\mathrm{d}\varphi$$

从而有

$$\frac{J}{k}\int_{\omega_0}^{\frac{\omega_0}{2}}\mathrm{d}\omega=-\int_0^{\varphi}\mathrm{d}\varphi$$

两边分别积分，得

$$\varphi=\frac{J}{2k}\omega_0$$

则转动部分相应的转数为

$$N=\frac{\varphi}{2\pi}=\frac{J\omega_0}{4\pi k}$$

### 数学名人轶事6

## 多产的数学家欧拉

欧拉（Leonhard Euler，1707 年 4 月 5 日—1783 年 9 月 8 日），瑞士数学家．欧拉出生在瑞士的巴塞尔（Basel）城，13 岁就读巴塞尔大学，得到当时最有名的数学家约翰·伯努利（Johann Bernoulli，1667—1748 年）的精心指导．

欧拉渊博的知识，无穷无尽的创作精力和空前丰富的著作，都是令人惊叹不已的．他从 19 岁开始发表论文，直到 76 岁，半个多世纪写下了浩如烟海的书籍和论文．至今几乎每一个数学领域都可以看到欧拉的名字，从初等几何的欧拉线，多面体的欧拉定理，立体解析几

何的欧拉变换公式，四次方程的欧拉解法到数论中的欧拉函数，微分方程的欧拉方程，级数论的欧拉常数，变分学的欧拉方程，复变函数的欧拉公式，等等．他对数学分析的贡献更独具匠心，《无穷小分析引论》一书便是他划时代的代表作，当时数学家们称他为"分析学的化身".

欧拉

欧拉是科学史上最多产的一位杰出的数学家，据统计他那不倦的一生，共写下了 886 本书籍和论文，其中分析、代数、数论占 40%，几何占 18%，物理和力学占 28%，天文学占 11%，弹道学、航海学、建筑学等占 3%，圣彼得堡科学院为了整理他的著作，足足忙碌了 47 年．

欧拉著作的惊人多产并不是偶然的，他可以在任何不良的环境中工作，他常常抱着孩子在膝上完成论文．他那顽强的毅力和孜孜不倦的治学精神，使他在双目失明以后，也没有停止对数学的研究．在失明后的 17 年间，他还口述了几本书和 400 篇左右的论文．19 世纪伟大数学家高斯（Gauss，1777 年—1855 年）曾说："研究欧拉的著作永远是了解数学的最好方法."

欧拉的父亲保罗·欧拉（Paul Euler）也是一个数学家，原希望小欧拉学神学，同时教他一点数学．由于小欧拉的才能和异常勤奋的精神，又受到约翰·伯努利的赏识和特殊指导，当他在 19 岁时写了一篇关于船桅的论文，获得巴黎科学院的奖金后，他的父亲就不再反对他攻读数学了．

1725 年约翰·伯努利的儿子丹尼尔·伯努利赴俄国，并向沙皇喀德林一世推荐了欧拉．这样，在 1727 年 5 月 17 日欧拉来到了彼得堡．1733 年，年仅 26 岁的欧拉担任了彼得堡科学院数学教授．1735 年，欧拉解决了一个天文学的难题（计算彗星轨道），这个问题经几个著名数学家几个月的努力才得到解决，而欧拉却用自己发明的方法，三天便完成了．然而过度的工作使他得了眼病，并且不幸右眼失明了，这时他才 28 岁．1741 年欧拉应普鲁士彼德烈大帝的邀请，到柏林担任科学院物理数学所所长，直到 1766 年．后来在沙皇喀德林二世的敦聘下重回彼得堡，不料没有多久，左眼视力衰退，最后完全失明．不幸的事情接踵而来，1771 年彼得堡的大火灾殃及欧拉住宅，带病而失明的 64 岁的欧拉被围困在大火中，虽然他被别人从火海中救了出来，但他的书房和大量研究成果全部化为灰烬了．

沉重的打击，仍然没有使欧拉倒下，他发誓要把损失夺回来．在他完全失明之前，还能朦胧地看见东西，他抓紧这最后的时刻，在一块大黑板上疾书他发现的公式，然后口述其内容，由他的学生特别是大儿子 A·欧拉（数学家和物理学家）笔录．欧拉完全失明以后，仍然以惊人的毅力与黑暗搏斗，凭着记忆和心算进行研究，直到逝世，竟达 17 年之久．

欧拉的记忆力和心算能力是罕见的，他能够复述年青时代笔记的内容，心算并不限于简单的运算，高等数学一样可以用心算去完成．有一个例子足以说明他的本领，欧拉的两个学生把一个复杂的收敛级数的 17 项加起来，算到第 50 位数字，两人相差一个单位，欧拉为了确定究竟谁对，用心算进行全部运算，最后把错误找了出来．欧拉在失明的 17 年中，还解决了使牛顿头痛的月离问题和很多复杂的分析问题．

欧拉的风格是高尚的，拉格朗日是稍后于欧拉的大数学家，从 19 岁起和欧拉通信，讨论等周问题的一般解法．等周问题是欧拉多年来苦心考虑的问题，拉格朗日的解法，博得欧拉的热烈赞扬，1759 年 10 月 2 日欧拉在回信中盛赞拉格朗日的成就，并谦虚地压下自己在这方面较不成熟的作品暂不发表，使年轻的拉格朗日的工作得以发表和流传，并赢得巨大的声誉．他晚年的时候，欧洲所有的数学家都把他当作老师，著名数学家拉普拉斯（Laplace）曾说过："欧拉是我们的导师."欧拉充沛的精力保持到最后一刻，1783 年 9 月 18 日下午，欧拉为了庆祝他计算气球上升定律的成功，请朋友们吃饭，那时天王星刚发现不久，欧拉写出了计算天王星轨道的要领，还和他的孙子逗笑，喝完茶后，突然疾病发作，烟斗从手中落下，欧拉终于"停止了生命和计算".

　　欧拉的一生，是为数学发展而奋斗的一生，他那杰出的智慧，顽强的毅力，孜孜不倦的奋斗精神和高尚的科学道德，永远是值得我们学习的.

## 第七章

■■■■■■■■■■■■■■➡
# 线性代数简介

线性代数是数学的一个分支，在现代科学技术和工程中都有着十分广泛的应用．行列式和矩阵是线性代数的基本内容，是研究近代数学以及许多应用科学和解决实际问题不可缺少的工具．本章主要介绍线性方程组、行列式、矩阵等线性代数的基础知识．

## 第一节 行列式

行列式的概念是人们在求解线性方程组的过程中产生的，是一个重要的数学工具，在数学本身及其他学科的研究中都有广泛的应用．本节主要介绍二、三阶行列式的概念以及计算方法．

### 一、二阶行列式

在中学数学里，我们曾经学过二元和三元线性方程组的求解方法．例如，二元线性方程组

$$\begin{cases} a_{11}x_1 + a_{12}x_2 = b_1 \\ a_{21}x_1 + a_{22}x_2 = b_2 \end{cases} \tag{7.1.1}$$

当 $a_{11}a_{22} - a_{12}a_{21} \neq 0$ 时，用加减消元法可求得（7.1.1）的唯一解为

$$\begin{cases} x_1 = \dfrac{a_{22}b_1 - a_{12}b_2}{a_{11}a_{22} - a_{12}a_{21}} \\ x_2 = \dfrac{a_{11}b_2 - a_{21}b_1}{a_{11}a_{22} - a_{12}a_{21}} \end{cases} \tag{7.1.2}$$

为了方便记忆，用记号 $\begin{vmatrix} a_{11} & a_{12} \\ a_{21} & a_{22} \end{vmatrix}$ 表示代数和 $a_{11}a_{22} - a_{12}a_{21}$，即

$$\begin{vmatrix} a_{11} & a_{12} \\ a_{21} & a_{22} \end{vmatrix} = a_{11}a_{22} - a_{12}a_{21} \tag{7.1.3}$$

公式（7.1.3）的左端称为**二阶行列式**，右端称为**二阶行列式的展开式**．其中数 $a_{ij}$（$i=1,2$；$j=1,2$）称为**行列式的元素**．$a_{ij}$ 的第一个下标 $i$ 称为**行标**，表示它位于自上而下的第 $i$ 行；第二个下标 $j$ 称为**列标**，表示它位于从左到右的第 $j$ 列．例如 $a_{21}$ 就表示位于第二行、第一列处的元素．

上述二阶行列式的定义可以用对角线法则来记忆. 如图 7-1 所示，实线称为行列式的**主对角线**，虚线称为行列式的**次对角线**. 于是，二阶行列式等于它的主对角线上两个元素的乘积减去次对角线上两个元素的乘积的差.

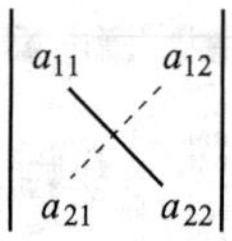

**图 7 - 1**

根据上述定义，表达式（7.1.2）的分子部分可表示为：

$$a_{22}b_1 - a_{12}b_2 = \begin{vmatrix} b_1 & a_{12} \\ b_2 & a_{22} \end{vmatrix}$$

$$a_{11}b_2 - a_{21}b_1 = \begin{vmatrix} a_{11} & b_1 \\ a_{21} & b_2 \end{vmatrix}$$

上述三个行列式常用 $D$，$D_1$，$D_2$ 来表示，即

$$D = \begin{vmatrix} a_{11} & a_{12} \\ a_{21} & a_{22} \end{vmatrix}, \ D_1 = \begin{vmatrix} b_1 & a_{12} \\ b_2 & a_{22} \end{vmatrix}, \ D_2 = \begin{vmatrix} a_{11} & b_1 \\ a_{21} & b_2 \end{vmatrix}$$

于是，当 $D \neq 0$ 时，二元线性方程组（7.1.1）的解可表示为：

$$x_1 = \frac{D_1}{D}, \ x_2 = \frac{D_2}{D}$$

其中 $D$ 是二元线性方程组（7.1.1）的**系数行列式**，$D_1$，$D_2$ 是用方程组（7.1.1）右端的常数项 $b_1$，$b_2$ 分别代替系数行列式 $D$ 中的第一列、第二列的元素所得到的两个二阶行列式. 利用行列式解线性方程组的方法称为**克莱姆法则**.

**例 1** 计算下列行列式的值：

(1) $\begin{vmatrix} 1 & 3 \\ -2 & 4 \end{vmatrix}$；　　　 (2) $\begin{vmatrix} a & b \\ b & a \end{vmatrix}$；　　　 (3) $\begin{vmatrix} \cos x & -\sin x \\ \sin x & \cos x \end{vmatrix}$.

**解** (1) $\begin{vmatrix} 1 & 3 \\ -2 & 4 \end{vmatrix} = 1 \times 4 - 3 \times (-2) = 10$；

(2) $\begin{vmatrix} a & b \\ b & a \end{vmatrix} = a^2 - b^2$；

(3) $\begin{vmatrix} \cos x & -\sin x \\ \sin x & \cos x \end{vmatrix} = \cos^2 x + \sin^2 x = 1$.

**例 2** 求解二元线性方程组

$$\begin{cases} 3x_1 - 2x_2 = 12 \\ 2x_1 + x_2 = 1 \end{cases}$$

**解** 由于

$$D = \begin{vmatrix} 3 & -2 \\ 2 & 1 \end{vmatrix} = 3 - (-4) = 7 \neq 0$$

$$D_1 = \begin{vmatrix} 12 & -2 \\ 1 & 1 \end{vmatrix} = 12 - (-2) = 14$$

$$D_2 = \begin{vmatrix} 3 & 12 \\ 2 & 1 \end{vmatrix} = 3 - 24 = -21$$

所以　　　　　　　 $x_1 = \dfrac{D_1}{D} = \dfrac{14}{7} = 2$，$x_2 = \dfrac{D_2}{D} = \dfrac{-21}{7} = -3$

### 二、三阶行列式

为了便于表达三元线性方程组

$$\begin{cases} a_{11}x_1+a_{12}x_2+a_{13}x_3=b_1 \\ a_{21}x_1+a_{22}x_2+a_{23}x_3=b_2 \\ a_{31}x_1+a_{32}x_2+a_{33}x_3=b_3 \end{cases} \tag{7.1.4}$$

的求解公式，类似于二阶行列式，引入三阶行列式的定义.

$$\begin{vmatrix} a_{11} & a_{12} & a_{13} \\ a_{21} & a_{22} & a_{23} \\ a_{31} & a_{32} & a_{33} \end{vmatrix}=a_{11}a_{22}a_{33}+a_{12}a_{23}a_{31}+a_{13}a_{21}a_{32}-a_{11}a_{23}a_{32}-a_{12}a_{21}a_{33}-a_{13}a_{22}a_{31}$$

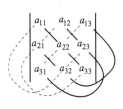

图 7 - 2

上式左端称为**三阶行列式**，右端的表达式称为**三阶行列式的展开式**，它包含 6 项，每项均为不同行不同列的三个元素的乘积再赋予正负号，其规律遵循图 7 - 2 所示的对角线法则：图中的三条实线看作是平行于主对角线的连线，三条虚线看作是平行于次对角线的连线，实线上的三个元素的乘积赋予正号，虚线上的三个元素的乘积赋予负号.

三元线性方程组（7.1.4）有四个行列式，通常分别记为 $D$，$D_1$，$D_2$，$D_3$，即

$$D=\begin{vmatrix} a_{11} & a_{12} & a_{13} \\ a_{21} & a_{22} & a_{23} \\ a_{31} & a_{32} & a_{33} \end{vmatrix}, D_1=\begin{vmatrix} b_1 & a_{12} & a_{13} \\ b_2 & a_{22} & a_{23} \\ b_3 & a_{32} & a_{33} \end{vmatrix}, D_2=\begin{vmatrix} a_{11} & b_1 & a_{13} \\ a_{21} & b_2 & a_{23} \\ a_{31} & b_3 & a_{33} \end{vmatrix}, D_3=\begin{vmatrix} a_{11} & a_{12} & b_1 \\ a_{21} & a_{22} & b_2 \\ a_{31} & a_{32} & b_3 \end{vmatrix}.$$

当系数行列式 $D\neq 0$ 时，方程组（7.1.4）的解可表示为：

$$x_1=\frac{D_1}{D}, \ x_2=\frac{D_2}{D}, \ x_3=\frac{D_3}{D}$$

**例 3**　计算下列三阶行列式的值.

$$(1) \begin{vmatrix} 2 & -4 & 1 \\ 1 & -5 & 3 \\ 1 & -1 & 1 \end{vmatrix}; \quad (2) \begin{vmatrix} 2 & 0 & 1 \\ 1 & -4 & -1 \\ -1 & 8 & 3 \end{vmatrix}.$$

**解**　(1) $\begin{vmatrix} 2 & -4 & 1 \\ 1 & -5 & 3 \\ 1 & -1 & 1 \end{vmatrix}=2\times(-5)\times1+(-4)\times3\times1+1\times1\times(-1)-$

$$1\times(-5)\times1-1\times(-4)\times1-2\times(-1)\times3=-8;$$

(2) $\begin{vmatrix} 2 & 0 & 1 \\ 1 & -4 & -1 \\ -1 & 8 & 3 \end{vmatrix}=2\times(-4)\times3+1\times8\times1+0\times(-1)\times(-1)-$

$$1\times(-4)\times(-1)-0\times1\times3-2\times(-1)\times8=-11.$$

二阶、三阶行列式的概念可类似地推广至四阶或更高阶的行列式，称四阶和四阶以上的行列式为**高阶行列式**. 例如行列式

$$\begin{vmatrix} 1 & 2 & 0 & 1 \\ 1 & 3 & 5 & 0 \\ 0 & 1 & 5 & 6 \\ 1 & 2 & 3 & 4 \end{vmatrix}$$

为四阶行式. 需要注意的是，对于高阶行列式的计算，上面的对角线法则不适用.

# 习题 7 - 1

1. 计算下列各行列式：

(1) $\begin{vmatrix} 1 & 2 \\ 3 & 4 \end{vmatrix}$ ;　　　　(2) $\begin{vmatrix} 3 & 2 \\ -5 & 6 \end{vmatrix}$ ;　　　　(3) $\begin{vmatrix} a+b & b \\ a+c & c \end{vmatrix}$ ;

(4) $\begin{vmatrix} 1 & 2 & 3 \\ -1 & 0 & 0 \\ 1 & -1 & 1 \end{vmatrix}$ ;　　(5) $\begin{vmatrix} 3 & 1 & -1 \\ -5 & 1 & 3 \\ 2 & 0 & 1 \end{vmatrix}$ ;　　(6) $\begin{vmatrix} a & b & 0 \\ c & 0 & b \\ 0 & c & a \end{vmatrix}$ .

2. 已知方程 $\begin{vmatrix} 3 & 0 & x+1 \\ x & -3 & 0 \\ -1 & 1 & 1 \end{vmatrix} = 0$ ，试求其根.

3. 用克莱姆法则求解线性方程组

$$\begin{cases} x_1 + 3x_2 = -2 \\ 2x_1 + x_2 = 6 \end{cases}$$

# 第二节　矩阵的基本概念

当线性方程组中方程的个数与未知数的个数相等，且系数行列式不等于 0 时，可以利用克莱姆法则来求解，但是在实际问题中，经常会遇到未知数的个数与方程的个数不相等的线性方程组，为了研究一般线性方程组的解法，本节引入一个重要的概念——矩阵.

## 一、矩阵的概念

在社会实践中我们会遇见许多表格，这些表格就是矩阵的原型. 我们把这些表格抽象成为一个数学问题就产生了矩阵的概念.

**定义 7.1**　由 $m \times n$ 个数 $a_{ij}$ $(i=1, 2, \cdots, m; j=1, 2, \cdots, n)$ 排成一个 $m$ 行，$n$ 列的矩形数表

$$\begin{bmatrix} a_{11} & a_{12} & \cdots & a_{1n} \\ a_{21} & a_{22} & \cdots & a_{2n} \\ \vdots & \vdots & & \vdots \\ a_{m1} & a_{m2} & \cdots & a_{mn} \end{bmatrix}$$

称为 $m$ 行 $n$ 列矩阵，简称为 $m \times n$ 矩阵. 矩阵常用大写英文字母 $A$，$B$，$C$，$\cdots$ 来表示，记作 $A_{m \times n}$ 或 $(a_{ij})_{m \times n}$，即

$$A_{m \times n} = \begin{bmatrix} a_{11} & a_{12} & \cdots & a_{1n} \\ a_{21} & a_{22} & \cdots & a_{2n} \\ \vdots & \vdots & & \vdots \\ a_{m1} & a_{m2} & \cdots & a_{mn} \end{bmatrix}$$

其中第 $i$ 行第 $j$ 列上的数 $a_{ij}$ 称为矩阵 $A_{m \times n}$ 的**元素**，而元素 $a_{ij}$ 双下标中的第一下标 $i$ 称为**行标**，第二下标 $j$ 称为**列标**.

**注意**　矩阵记号必须用括号 "〔〕" 或 "（）"，不能用 "｜｜" 或 "｛｝". 如：

$$A = \begin{bmatrix} 2 & 5 & 8 \\ -3 & 4 & 5 \\ 1 & 7 & 3 \\ 4 & 9 & 6 \end{bmatrix}_{4 \times 3} ; \quad B = \begin{bmatrix} 1 & 0 & 1 & -1 \\ 0 & 0 & 1 & 1 \end{bmatrix}_{2 \times 4} ; \quad C = \begin{bmatrix} 1 \\ 2 \\ 3 \\ 4 \\ 5 \end{bmatrix} ; \quad D = \begin{bmatrix} 1 & 2 & 3 & 4 & 5 \end{bmatrix}$$

等，都是矩阵.

**定义 7.2**　如果两个矩阵 $A$，$B$ 的行数和列数分别相等，则称矩阵 $A$，$B$ 为**同型矩阵**.

例如 $A = \begin{bmatrix} 1 & 2 & 0 \\ 5 & -6 & 7 \end{bmatrix}$，$B = \begin{bmatrix} -2 & 0 & 9 \\ 2 & -1 & 4 \end{bmatrix}$ 是同型矩阵.

**定义 7.3**　如果 $A = (a_{ij})$ 与 $B = (b_{ij})$ 是同型矩阵，并且它们的对应元素相等，即

$$a_{ij} = b_{ij} \quad (i = 1, 2, \cdots, m; \; j = 1, 2, \cdots, n)$$

则称**矩阵 $A$ 与矩阵 $B$ 相等**，记作 $A = B$.

设有矩阵 $A_{m \times n} = (a_{ij})_{m \times n}$，$B_{s \times t} = (b_{ij})_{s \times t}$，则有：

$$A_{m \times n} = B_{s \times t} \Leftrightarrow m = s, \; n = t \; \text{且} \; a_{ij} = b_{ij}$$

简单地说，矩阵相等是指两矩阵 "一模一样".

## 二、几种常见的特殊矩阵

（1）方阵：行数、列数都等于 $n$ 的矩阵称为 $n$ **阶方阵**，记作 $A_n$. 如

$$\begin{bmatrix} 13 & 6 & 3 \\ 1 & 2 & 2 \\ 2 & 0 & 2 \end{bmatrix}$$

是一个 3 阶方阵.

（2）零矩阵：当矩阵中的元素全为 0 时，称为**零矩阵**，记为 $O_{m \times n}$. 在不发生混淆时就记为 $O$. 如

$$O_{m \times n} = \begin{bmatrix} 0 & 0 & \cdots & 0 \\ 0 & 0 & \cdots & 0 \\ \vdots & \vdots & & \vdots \\ 0 & 0 & \cdots & 0 \end{bmatrix}_{m \times n}$$

**注意**　行数、列数不同的零矩阵是不同的矩阵.

（3）行矩阵与列矩阵：只有一行或只有一列的矩阵称为**行矩阵**或**列矩阵**. 一般形式为

$$[a_1 \quad a_2 \quad \cdots \quad a_n]_{1 \times n}, \quad \begin{bmatrix} b_1 \\ b_2 \\ \vdots \\ b_m \end{bmatrix}_{m \times 1}$$

（4）对角阵：如果方阵除主对角线外的元素全为 0，则称为**对角阵**. 一般形式为

$$\begin{bmatrix} \lambda_1 & 0 & \cdots & 0 \\ 0 & \lambda_2 & \cdots & 0 \\ 0 & 0 & \cdots & 0 \\ \vdots & \vdots & & \vdots \\ 0 & 0 & \cdots & \lambda_n \end{bmatrix}$$

（5）数量矩阵：当对角阵的主对角线上的元素均为同一元素 $\lambda$ 时，称为**数量矩阵**. 一般形式为

$$\begin{bmatrix} \lambda & 0 & \cdots & 0 \\ 0 & \lambda & \cdots & 0 \\ \vdots & \vdots & & \vdots \\ 0 & 0 & \cdots & \lambda \end{bmatrix}$$

（6）单位矩阵：在数量矩阵中当 $\lambda = 1$ 时，称为 $n$ **阶单位阵**，记为 $E_n$. 一般形式为

$$E_n = \begin{bmatrix} 1 & 0 & \cdots & 0 \\ 0 & 1 & \cdots & 0 \\ \vdots & \vdots & & \vdots \\ 0 & 0 & \cdots & 1 \end{bmatrix}$$

特殊矩阵在矩阵运算、矩阵理论上有着十分重要的意义.

# 习题 7 - 2

1. 指出下列矩阵哪些是零矩阵、单位矩阵、行矩阵、列矩阵、方阵：

（1）$\begin{bmatrix} 0 \\ 0 \\ 0 \end{bmatrix}$;　（2）$\begin{bmatrix} 1 & 0 & 0 \\ 0 & 1 & 0 \\ 0 & 0 & 1 \end{bmatrix}$;　（3）$\begin{bmatrix} 1 & 0 & 0 \\ 0 & 1 & 0 \end{bmatrix}$;

（4）$[1 \quad 0 \quad -2]$;　（5）$\begin{bmatrix} 1 & -1 \\ 0 & 1 \end{bmatrix}$;　（6）$\begin{bmatrix} 1 & 0 \\ 0 & 0 \\ 0 & 1 \end{bmatrix}$.

2. 已知 $A = \begin{bmatrix} 4b-2a & 3a-c \\ b-3d & a-b \end{bmatrix}$，如果 $A = E$，求 $a$，$b$，$c$，$d$ 的值.

# 第三节 矩阵的运算

## 一、矩阵的线性运算

矩阵的线性运算是指矩阵的加法、减法以及数乘运算.

**1. 矩阵的加法**

**定义 7.4** 设有两个 $m \times n$ 矩阵 $A_{m \times n} = (a_{ij})_{m \times n}$，$B_{m \times n} = (b_{ij})_{m \times n}$，则矩阵 $A$ 与 $B$ 的和记作 $A + B$，并规定

$$A_{m \times n} \pm B_{m \times n} = (a_{ij})_{m \times n} \pm (b_{ij})_{m \times n} = (a_{ij} \pm b_{ij})_{m \times n}$$

简单地说，矩阵的加法、减法就是对应元素相加减. 但是只有同型矩阵才能相加减，否则没有意义.

**例 1** 设有矩阵 $A = \begin{bmatrix} 2 & -3 & 4 \\ 3 & 5 & -2 \end{bmatrix}$，$B = \begin{bmatrix} 5 & 3 & 1 \\ -2 & -1 & 4 \end{bmatrix}$. 求：$A + B$，$B - A$；

**解** $A + B = \begin{bmatrix} 2 & -3 & 4 \\ 3 & 5 & -2 \end{bmatrix} + \begin{bmatrix} 5 & 3 & 1 \\ -2 & -1 & 4 \end{bmatrix} = \begin{bmatrix} 7 & 0 & 5 \\ 1 & 4 & 2 \end{bmatrix}$；

$B - A = \begin{bmatrix} 5 & 3 & 1 \\ -2 & -1 & 4 \end{bmatrix} - \begin{bmatrix} 2 & -3 & 4 \\ 3 & 5 & -2 \end{bmatrix} = \begin{bmatrix} 3 & 6 & -3 \\ -5 & -6 & 6 \end{bmatrix}$.

不难验证，矩阵的加法满足下列运算律：

**交换律** $A + B = B + A$

**结合律** $(A + B) + C = A + (B + C)$

**以及** $A + O = A$，$A - A = O$

**2. 矩阵的数乘**

**定义 7.5** 设有矩阵 $A_{m \times n} = (a_{ij})_{m \times n}$，$\lambda$ 是一个数，则 $\lambda$ 与矩阵 $A$ 的乘积记作 $\lambda A$，并规定

$$\lambda \cdot A_{m \times n} = \lambda \cdot (a_{ij})_{m \times n} = (\lambda a_{ij})_{m \times n}$$

简单地说，数乘矩阵，就是用这个数去遍乘矩阵中的每一个元素.

这样，数量矩阵可表示为数与单位矩阵的数乘，即

$$\lambda E_n = \lambda \begin{bmatrix} 1 & 0 & \cdots & 0 \\ 0 & 1 & \cdots & 0 \\ \vdots & \vdots & & \vdots \\ 0 & 0 & \cdots & 1 \end{bmatrix} = \begin{bmatrix} \lambda & 0 & \cdots & 0 \\ 0 & \lambda & \cdots & 0 \\ \vdots & \vdots & & \vdots \\ 0 & 0 & \cdots & \lambda \end{bmatrix}$$

**例 2** 设 $A = \begin{bmatrix} 5 & 2 & -1 \\ 3 & 0 & 2 \end{bmatrix}$，试计算 $3A$.

**解** 由定义知：

$$3A = 3 \begin{bmatrix} 5 & 2 & -1 \\ 3 & 0 & 2 \end{bmatrix} = \begin{bmatrix} 15 & 6 & -3 \\ 9 & 0 & 6 \end{bmatrix}$$

不难验证，矩阵的数乘满足以下运算律：

结合律 $(\lambda\mu)\boldsymbol{A}=\lambda(\mu\boldsymbol{A})=\mu(\lambda\boldsymbol{A})$

**矩阵对数的分配律** $(\lambda+\mu)\boldsymbol{A}=\lambda\boldsymbol{A}+\mu\boldsymbol{A}$

**数对矩阵的分配律** $\lambda(\boldsymbol{A}+\boldsymbol{B})=\lambda\boldsymbol{A}+\lambda\boldsymbol{B}$

特殊地 $1\boldsymbol{A}=\boldsymbol{A}$，$(-1)\boldsymbol{A}=-\boldsymbol{A}$，$\boldsymbol{OA}=\boldsymbol{O}$

有了矩阵的线性运算后，我们可以求解一些简单的矩阵方程.

**例 3** 求解矩阵方程

$$\begin{bmatrix}1 & 0 \\ 3 & -1\end{bmatrix}+2\boldsymbol{X}=3\begin{bmatrix}1 & 3 \\ -1 & 2\end{bmatrix}$$

**解** 由原式有

$$2\boldsymbol{X}=3\begin{bmatrix}1 & 3 \\ -1 & 2\end{bmatrix}-\begin{bmatrix}1 & 0 \\ 3 & -1\end{bmatrix}=\begin{bmatrix}2 & 9 \\ -6 & 7\end{bmatrix}$$

所以有

$$\boldsymbol{X}=\frac{1}{2}\begin{bmatrix}2 & 9 \\ -6 & 7\end{bmatrix}$$

## 二、矩阵的乘法

矩阵的乘法是矩阵的重要运算. 我们先看一个例子.

**例 4** 某工厂生产三种产品，各种产品每件所需的生产成本估计值以及各季度每种产品的生产件数由表 7 - 1，表 7 - 2 分别给出.

表 7 - 1

| 产品 | A | B | C |
|------|------|------|------|
| 原材料 | 0.11 | 0.45 | 0.33 |
| 劳动力 | 0.20 | 0.33 | 0.24 |
| 管理费 | 0.20 | 0.10 | 0.12 |

表 7 - 2

| 季度 | 一 | 二 | 三 | 四 |
|------|------|------|------|------|
| A | 5 000 | 4 500 | 3 500 | 1 000 |
| B | 2 000 | 2 400 | 2 200 | 1 800 |
| C | 6 000 | 6 300 | 7 000 | 5 900 |

现在我们希望给出一张各季度生产各类产品所需要的各项生产成本的明细表.

**解** 借助矩阵记号，可将上述两张表格写成矩阵形式

$$\boldsymbol{E}=\begin{bmatrix}0.11 & 0.45 & 0.33 \\ 0.20 & 0.33 & 0.24 \\ 0.20 & 0.10 & 0.12\end{bmatrix},\quad \boldsymbol{F}=\begin{bmatrix}5\,000 & 4\,500 & 3\,500 & 1\,000 \\ 2\,000 & 2\,400 & 2\,200 & 1\,800 \\ 6\,000 & 6\,300 & 7\,000 & 5\,900\end{bmatrix}$$

而每季度所需要的各项生产成本的明细表可表示为矩阵

$$\begin{bmatrix} a_{11} & a_{12} & a_{13} & a_{14} \\ a_{21} & a_{22} & a_{23} & a_{24} \\ a_{31} & a_{32} & a_{33} & a_{34} \end{bmatrix}$$

其中：

$a_{11}=0.11\times5\ 000+0.45\times2\ 000+0.33\times6\ 000=3\ 430$，表示第一季度的原材料总费用；

$a_{23}=0.20\times3\ 500+0.33\times2\ 200+0.24\times7\ 000=3\ 106$，表示第三季度的劳动力总费用；

··· ···

于是，得到矩阵

$$\begin{bmatrix} 3\ 430 & 3\ 654 & 3\ 685 & 2\ 876 \\ 3\ 100 & 3\ 204 & 3\ 106 & 2\ 210 \\ 1\ 920 & 1\ 896 & 1\ 760 & 1\ 088 \end{bmatrix}$$

其中各行分别表示"原材料""劳动力""管理费"；而各列分别表示一、二、三、四季度．各元素分别表示某种费用在某季度的总值．为了方便我们把它记为矩阵 $E$ 与 $F$ 的乘积．即

$$E \cdot F = \begin{bmatrix} 0.11 & 0.45 & 0.33 \\ 0.20 & 0.33 & 0.24 \\ 0.20 & 0.10 & 0.12 \end{bmatrix} \begin{bmatrix} 5\ 000 & 4\ 500 & 3\ 500 & 1\ 000 \\ 2\ 000 & 2\ 400 & 2\ 200 & 1\ 800 \\ 6\ 000 & 6\ 300 & 7\ 000 & 5\ 900 \end{bmatrix}$$

$$= \begin{bmatrix} 3\ 430 & 3\ 654 & 3\ 685 & 2\ 876 \\ 3\ 100 & 3\ 204 & 3\ 106 & 2\ 210 \\ 1\ 920 & 1\ 896 & 1\ 760 & 1\ 088 \end{bmatrix}$$

我们将问题一般化就得到矩阵乘法的概念．

**定义 7.6**　设 $A=(a_{ij})_{m\times s}$ 是一个 $m$ 行 $s$ 列的矩阵，$B=(b_{ij})_{s\times n}$ 是一个 $s$ 行 $n$ 列的矩阵，则矩阵 $A$ 与 $B$ 的乘积是一个 $m$ 行 $n$ 列的矩阵 $C=(c_{ij})_{m\times n}$，记作 $C=AB$，其中

$$c_{ij}=a_{i1}b_{1j}+a_{i2}b_{2j}+\cdots+a_{is}b_{sj}\quad(i=1,\ 2,\ \cdots,\ m;\ j=1,\ 2,\ \cdots,\ n)$$

矩阵乘法的几点说明：

（1）矩阵乘法中仅当左乘矩阵的列数等于右乘矩阵的行数时两个矩阵才能相乘，否则两个矩阵相乘是没有意义的．

（2）矩阵 $A$，$B$ 的乘积 $AB$ 仍为一个矩阵，它的行数等于左乘矩阵的行数，它的列数等于右乘矩阵的列数．

（3）乘积矩阵 $AB$ 中的第 $i$ 行第 $j$ 列的元素 $c_{ij}$ 是由 $A$ 中第 $i$ 行元素与 $B$ 中第 $j$ 列的元素对应相乘再相加所得，即遵循"左行×右列"的法则相乘．

**例 5**　设 $A=\begin{bmatrix} 1 & -1 & 0 \\ 2 & 1 & -2 \\ -1 & 0 & 1 \end{bmatrix}$，$B=\begin{bmatrix} 0 & 2 \\ -1 & 1 \\ 1 & 0 \end{bmatrix}$，试计算 $AB$．

**解**　$AB=\begin{bmatrix} 1 & -1 & 0 \\ 2 & 1 & -2 \\ -1 & 0 & 1 \end{bmatrix}\begin{bmatrix} 0 & 2 \\ -1 & 1 \\ 1 & 0 \end{bmatrix}$

$$=\begin{bmatrix} 1\times0-1\times(-1)+0\times1 & 1\times2-1\times1+0\times0 \\ 2\times0+1\times(-1)-2\times1 & 2\times2+1\times1-2\times0 \\ -1\times0+0\times(-1)+1\times1 & -1\times2+0\times1+1\times0 \end{bmatrix}=\begin{bmatrix} 1 & 1 \\ -3 & 5 \\ 1 & -2 \end{bmatrix}.$$

**例 6** 设 $A = \begin{bmatrix} 3 & 4 \\ 1 & 2 \end{bmatrix}$，$B = \begin{bmatrix} 1 & 2 \\ 4 & 5 \\ 3 & 6 \end{bmatrix}$，试求 $BA$.

**解** $BA = \begin{bmatrix} 1 & 2 \\ 4 & 5 \\ 3 & 6 \end{bmatrix} \begin{bmatrix} 3 & 4 \\ 1 & 2 \end{bmatrix} = \begin{bmatrix} 5 & 8 \\ 17 & 26 \\ 15 & 24 \end{bmatrix}$

显然这时 $AB$ 是没有意义的.

**例 7** 设 $A = \begin{bmatrix} 1 & -1 \\ -1 & 1 \end{bmatrix}$，$B = \begin{bmatrix} 1 & 1 \\ -1 & -1 \end{bmatrix}$，$C = \begin{bmatrix} 2 & 0 \\ 0 & -2 \end{bmatrix}$，试求 $AB$，$BA$，$AC$.

**解** $AB = \begin{bmatrix} 1 & -1 \\ -1 & 1 \end{bmatrix} \begin{bmatrix} 1 & 1 \\ -1 & -1 \end{bmatrix} = \begin{bmatrix} 2 & 2 \\ -2 & -2 \end{bmatrix}$；

$BA = \begin{bmatrix} 1 & 1 \\ -1 & -1 \end{bmatrix} \begin{bmatrix} 1 & -1 \\ -1 & 1 \end{bmatrix} = \begin{bmatrix} 0 & 0 \\ 0 & 0 \end{bmatrix}$；

$AC = \begin{bmatrix} 1 & -1 \\ -1 & 1 \end{bmatrix} \begin{bmatrix} 2 & 0 \\ 0 & -2 \end{bmatrix} = \begin{bmatrix} 2 & 2 \\ -2 & -2 \end{bmatrix}$.

**例 8** 已知 $A = \begin{bmatrix} 1 & -1 & 0 \\ -1 & 1 & 1 \end{bmatrix}$，$B = \begin{bmatrix} 2 & 0 \\ 0 & -2 \\ 3 & 0 \end{bmatrix}$，求 $AB$，$BA$.

**解** $AB = \begin{bmatrix} 1 & -1 & 0 \\ -1 & 1 & 1 \end{bmatrix} \begin{bmatrix} 2 & 0 \\ 0 & -2 \\ 3 & 0 \end{bmatrix} = \begin{bmatrix} 2 & 2 \\ 1 & -2 \end{bmatrix}$；

$BA = \begin{bmatrix} 2 & 0 \\ 0 & -2 \\ 3 & 0 \end{bmatrix} \begin{bmatrix} 1 & -1 & 0 \\ -1 & 1 & 1 \end{bmatrix} = \begin{bmatrix} 2 & -2 & 0 \\ 2 & -2 & -2 \\ 3 & -3 & 0 \end{bmatrix}$.

由此例可以看到，矩阵的乘法与我们所熟悉的数的乘法运算有许多不同之处，这是我们在矩阵运算中应随时注意的.

矩阵乘法中没有的运算律：

（1）矩阵乘法一般没有交换律. 即一般情况下 $AB \neq BA$.

因为有时 $AB$ 有意义，而 $BA$ 却不一定有意义，如例 6. 有时 $AB$ 与 $BA$ 都有意义，但 $AB$ 与 $BA$ 可能不同型，当然就谈不上相等；有时 $AB$ 与 $BA$ 都有意义，且 $AB$ 与 $BA$ 也同型，但仍有 $AB \neq BA$，如例 7. 所以矩阵乘法一般没有交换律.

要注意，在特殊情况下矩阵乘法有时可交换，如 $O_n \cdot A_n = A_n \cdot O_n = O_n$，$O$ 矩阵在矩阵乘法中有数 0 的作用；$E_n \cdot A_n = A_n \cdot E_n = A_n$，单位矩阵在矩阵乘法中有数 1 的作用. 又如

$$\begin{bmatrix} 2 & 5 \\ 1 & 3 \end{bmatrix} \begin{bmatrix} 3 & -5 \\ -1 & 2 \end{bmatrix} = \begin{bmatrix} 3 & -5 \\ -1 & 2 \end{bmatrix} \begin{bmatrix} 2 & 5 \\ 1 & 3 \end{bmatrix} = \begin{bmatrix} 1 & 0 \\ 0 & 1 \end{bmatrix} = E_2$$

这种矩阵是一类特殊矩阵，在后续课程中还要讨论.

（2）矩阵乘法一般没有零因子律，即一般情况下

"$AB = O \Rightarrow A$，$B$ 中至少一个为 $O$" 不成立.

如例 7 中 $AB = O$，但 $A$，$B$ 均不为零矩阵.

（3）矩阵乘法一般没有消去律. 即

$$\text{“}\boldsymbol{AB}=\boldsymbol{AC}\Rightarrow\boldsymbol{B}=\boldsymbol{C}\text{”不成立.}$$

如例 7 中，$\boldsymbol{AB}=\boldsymbol{AC}$ 但 $\boldsymbol{B}\neq\boldsymbol{C}$.

矩阵乘法中有的运算律：

（1）**结合律**　　$(\boldsymbol{AB})\boldsymbol{C}=\boldsymbol{A}(\boldsymbol{BC})$

（2）**数乘结合律**　$\lambda(\boldsymbol{AB})=(\lambda\boldsymbol{A})\boldsymbol{B}=\boldsymbol{A}(\lambda\boldsymbol{B})$

（3）**分配律**　　$\boldsymbol{A}(\boldsymbol{B}+\boldsymbol{C})=\boldsymbol{AB}+\boldsymbol{AC}$　　（左分配律）

　　　　　　　　$(\boldsymbol{B}+\boldsymbol{C})\boldsymbol{A}=\boldsymbol{BA}+\boldsymbol{CA}$　　（右分配律）

对单位矩阵 $\boldsymbol{E}$ 有：$\boldsymbol{E}_m\boldsymbol{A}_{m\times n}=\boldsymbol{A}_{m\times n}$，$\boldsymbol{A}_{m\times n}\boldsymbol{E}_n=\boldsymbol{A}_{m\times n}$.

矩阵的乘方运算，当 $\boldsymbol{A}$ 为方阵时定义：

$$\boldsymbol{A}^1=\boldsymbol{A},\ \boldsymbol{A}^2=\boldsymbol{AA},\ \cdots,\ \boldsymbol{A}^k=\underbrace{\boldsymbol{AA}\cdots\boldsymbol{A}}_{k\uparrow},\ \text{特别规定 }\boldsymbol{A}^0=\boldsymbol{E}.\ \text{于是有}$$

（4）**矩阵乘方的指数律**　$\boldsymbol{A}^k\boldsymbol{A}^l=\boldsymbol{A}^{k+l}$，$(\boldsymbol{A}^k)^l=\boldsymbol{A}^{kl}$

但是要注意一般情况下：$(\boldsymbol{AB})^k\neq\boldsymbol{A}^k\boldsymbol{B}^k$（第二指数律不成立）.

在引入了矩阵乘法后有一个重要意义，就是我们关心的线性方程组

$$\begin{cases}a_{11}x_1+a_{12}x_2+\cdots+a_{1n}x_n=b_1\\a_{21}x_1+a_{22}x_2+\cdots+a_{2n}x_n=b_2\\\qquad\qquad\cdots\\a_{m1}x_1+a_{m2}x_2+\cdots+a_{mn}x_n=b_m\end{cases}\tag{7.3.1}$$

中的系数、未知数、常数均可记为矩阵形式，并分别称为**系数矩阵、未知数矩阵、常数矩阵**. 记为：

$$\boldsymbol{A}_{m\times n}=\begin{bmatrix}a_{11}&a_{12}&\cdots&a_{1n}\\a_{21}&a_{22}&\cdots&a_{2n}\\\vdots&\vdots&&\vdots\\a_{m1}&a_{m2}&\cdots&a_{mn}\end{bmatrix}_{m\times n};\ \boldsymbol{X}=\begin{bmatrix}x_1\\x_2\\\vdots\\x_n\end{bmatrix};\ \boldsymbol{B}=\begin{bmatrix}b_1\\b_2\\\vdots\\b_m\end{bmatrix}$$

则方程组（7.3.1）可表示为矩阵运算形式：

$$\boldsymbol{A}_{m\times n}\boldsymbol{X}=\boldsymbol{B}，\text{简记为 }\boldsymbol{AX}=\boldsymbol{B}$$

## 三、矩阵的转置

**定义 7.7**　把矩阵 $\boldsymbol{A}$ 的行与列依次互换所得到的一个新矩阵，称为矩阵 $\boldsymbol{A}$ 的**转置矩阵**，记作 $\boldsymbol{A}^{\mathrm{T}}$.

$$\text{设 }\boldsymbol{A}=\begin{bmatrix}a_{11}&a_{12}&\cdots&a_{1n}\\a_{21}&a_{22}&\cdots&a_{2n}\\\vdots&\vdots&\vdots&\vdots\\a_{m1}&a_{m2}&\cdots&a_{mn}\end{bmatrix}_{m\times n},\ \text{则 }\boldsymbol{A}^{\mathrm{T}}=\begin{bmatrix}a_{11}&a_{21}&\cdots&a_{m1}\\a_{12}&a_{22}&\cdots&a_{m2}\\\vdots&\vdots&&\vdots\\a_{1n}&a_{2n}&\cdots&a_{mn}\end{bmatrix}_{n\times m}.$$

**注意**　矩阵转置后行数与列数要互换.

矩阵转置可以视为矩阵的一种运算，它有以下运算律：

（1）$(\boldsymbol{A}^{\mathrm{T}})^{\mathrm{T}}=\boldsymbol{A}$

（2）$(\boldsymbol{A}+\boldsymbol{B})^{\mathrm{T}}=\boldsymbol{A}^{\mathrm{T}}+\boldsymbol{B}^{\mathrm{T}}$

(3) $(\lambda A)^{\mathrm{T}} = \lambda A^{\mathrm{T}}$  （$\lambda$ 是一个数）

(4) $(AB)^{\mathrm{T}} = B^{\mathrm{T}} A^{\mathrm{T}}$

**例 9**  设 $A = \begin{bmatrix} 1 & 1 & 0 \\ 0 & -1 & 2 \end{bmatrix}$，$B = \begin{bmatrix} 4 & -1 \\ 0 & 2 \\ -3 & 2 \end{bmatrix}$，求 $A^{\mathrm{T}}$，$B^{\mathrm{T}}$，$(AB)^{\mathrm{T}}$，$B^{\mathrm{T}} A^{\mathrm{T}}$.

**解**  $A^{\mathrm{T}} = \begin{bmatrix} 1 & 0 \\ 1 & -1 \\ 0 & 2 \end{bmatrix}$；  $B^{\mathrm{T}} = \begin{bmatrix} 4 & 0 & -3 \\ -1 & 2 & 2 \end{bmatrix}$；$AB = \begin{bmatrix} 4 & 1 \\ -6 & 2 \end{bmatrix}$；

$(AB)^{\mathrm{T}} = \begin{bmatrix} 4 & 1 \\ -6 & 2 \end{bmatrix}^{\mathrm{T}} = \begin{bmatrix} 4 & -6 \\ 1 & 2 \end{bmatrix}$；

$B^{\mathrm{T}} A^{\mathrm{T}} = \begin{bmatrix} 4 & 0 & -3 \\ -1 & 2 & 2 \end{bmatrix} \cdot \begin{bmatrix} 1 & 0 \\ 1 & -1 \\ 0 & 2 \end{bmatrix} = \begin{bmatrix} 4 & -6 \\ 1 & 2 \end{bmatrix}$.

**例 10**  证明 $(ABC)^{\mathrm{T}} = C^{\mathrm{T}} B^{\mathrm{T}} A^{\mathrm{T}}$.

**证明**  $(ABC)^{\mathrm{T}} = ((AB)C)^{\mathrm{T}} = C^{\mathrm{T}}(AB)^{\mathrm{T}} = C^{\mathrm{T}} B^{\mathrm{T}} A^{\mathrm{T}}$.

由此例可得，多个矩阵相乘的转置等于分别转置后逆序相乘. 即

$$(ABC \cdots D)^{\mathrm{T}} = D^{\mathrm{T}} \cdots C^{\mathrm{T}} B^{\mathrm{T}} A^{\mathrm{T}}$$

特殊地，如果矩阵 $A_n$ 为方阵且 $A_n$ 中的元素关于主对角线对称，则称 $A_n$ 为**对称矩阵**. 对称矩阵显然有结论：

$$A \text{ 为对称阵} \Leftrightarrow A^{\mathrm{T}} = A$$

**例 11**  已知 $A$，$B$ 为对称阵，证明：$A \pm B$ 为对称阵.

**证明**  因为 $A$，$B$ 为对称阵，于是有 $A^{\mathrm{T}} = A$，$B^{\mathrm{T}} = B$，所以 $(A \pm B)^{\mathrm{T}} = A^{\mathrm{T}} \pm B^{\mathrm{T}} = A \pm B$，故 $A \pm B$ 为对称阵.

**例 12**  已知 $A$ 为任意矩阵，证明：$AA^{\mathrm{T}}$ 必为对称阵.

**证明**  因为 $(AA^{\mathrm{T}})^{\mathrm{T}} = (A^{\mathrm{T}})^{\mathrm{T}} A^{\mathrm{T}} = AA^{\mathrm{T}}$，所以 $AA^{\mathrm{T}}$ 为对称阵.

**注意**  对称阵的乘积不一定是对称阵.

# 习题 7 - 3

1. 设 $A = \begin{bmatrix} 1 & -1 & 2 \\ 3 & 0 & 2 \end{bmatrix}$，$B = \begin{bmatrix} 4 & 2 \\ 3 & -1 \\ 0 & 1 \end{bmatrix}$，$C = \begin{bmatrix} -1 & 2 & -1 \\ 0 & -5 & 1 \end{bmatrix}$，求：

(1) $A - 2B^{\mathrm{T}}$；  (2) $3A - 2C$；  (3) $AB$；

(4) $BA$；  (5) $(ABC)^{\mathrm{T}}$.

2. 计算下列乘积：

(1) $\begin{bmatrix} 4 & 3 & 1 \\ 0 & -1 & 3 \\ 5 & 7 & 0 \end{bmatrix} \begin{bmatrix} 7 & -1 \\ 0 & 1 \\ 1 & 0 \end{bmatrix}$；  (2) $\begin{bmatrix} 0 & 0 & 1 \\ 1 & 0 & 0 \\ 0 & 1 & 0 \end{bmatrix} \begin{bmatrix} 0 & 2 & 3 & 7 \\ 5 & 1 & 4 & 8 \\ 10 & -2 & 11 & 3 \end{bmatrix}$；

(3) $\begin{bmatrix} 1 & 2 & 3 \end{bmatrix}\begin{bmatrix} 3 \\ 2 \\ 1 \end{bmatrix}$;

(4) $\begin{bmatrix} 1 \\ 2 \\ 3 \end{bmatrix}\begin{bmatrix} -1 & 2 \end{bmatrix}$;

(5) $\begin{bmatrix} 2 & 1 & 4 & 0 \\ 1 & -1 & 3 & 4 \end{bmatrix}\begin{bmatrix} 1 & 2 & 0 & -1 \\ 0 & -1 & 2 & 0 \\ 1 & 0 & 1 & 0 \\ 4 & 1 & -3 & 2 \end{bmatrix}$;

(6) $\begin{bmatrix} x_1 & x_2 & x_3 \end{bmatrix}\begin{bmatrix} a_{11} & a_{12} & a_{13} \\ a_{21} & a_{22} & a_{23} \\ a_{31} & a_{32} & a_{33} \end{bmatrix}$.

3. 设 $A = \begin{bmatrix} -1 & 2 & 1 \\ 0 & -1 & 2 \end{bmatrix}$, $B = \begin{bmatrix} 1 & 0 & 3 \\ 2 & 1 & -1 \end{bmatrix}$, $C = \begin{bmatrix} 3 & 1 & 2 \\ -1 & -2 & 4 \\ 0 & 0 & 2 \end{bmatrix}$, 求：$AC + BC$,

$(A + B)C$.

4. 求矩阵 $X$ 使得

$$\begin{bmatrix} 3 & -6 & 2 & 0 \\ 1 & 5 & -1 & 8 \\ 4 & 3 & 1 & 7 \end{bmatrix} + 2X = \begin{bmatrix} 5 & 4 & -4 & 2 \\ 7 & 1 & 9 & 4 \\ 6 & -1 & 3 & 9 \end{bmatrix}.$$

5. 设 $A = \begin{bmatrix} 3 & 1 & 1 \\ 2 & 1 & 2 \\ 1 & 1 & 2 \end{bmatrix}$, $B = \begin{bmatrix} 1 & 1 & 1 \\ -1 & 2 & 0 \\ 1 & 0 & 1 \end{bmatrix}$, 求 $AB - BA$.

6. 已知 $B_1$, $B_2$ 都与 $A$ 乘积可交换，证明：$B_1 + B_2$，$B_1 B_2$ 与 $A$ 可交换.

# 第四节 矩阵的初等变换与矩阵的秩

矩阵放在我们面前就是一张数表，它有什么内在属性我们是看不见的. 为了发现矩阵的某些内在属性以便于更深入地研究矩阵，我们需要一种研究矩阵的工具，即矩阵的初等行变换. 矩阵的初等行变换来源于方程组求解时所使用的方程组变形规则.

## 一、矩阵的初等行变换

以下三种变换称为矩阵的**初等行变换**：
(1) 将矩阵的第 $i$ 行与第 $j$ 行的位置互换，称为矩阵的**互换变换**，记作 $r_i \leftrightarrow r_j$；
(2) 以非零数 $k$ 遍乘矩阵的第 $i$ 行，称为矩阵的**倍乘变换**，记作 $kr_i$；
(3) 将矩阵的第 $i$ 行遍乘数 $k$ 加到第 $j$ 行上去，称为矩阵的**倍加变换**，记作 $r_j + kr_i$.
**注意** 矩阵经过初等行变换后一般不再是原矩阵了，但它仍能保留原矩阵的一些本质属性.

例如，设矩阵 $A = \begin{bmatrix} 1 & 2 & 3 & 4 \\ 5 & 6 & 7 & 8 \\ 9 & 10 & 11 & 12 \end{bmatrix}$，于是

$$A = \begin{bmatrix} 1 & 2 & 3 & 4 \\ 5 & 6 & 7 & 8 \\ 9 & 10 & 11 & 12 \end{bmatrix} \xrightarrow{r_2 \leftrightarrow r_3} \begin{bmatrix} 1 & 2 & 3 & 4 \\ 9 & 10 & 11 & 12 \\ 5 & 6 & 7 & 8 \end{bmatrix};$$

$$A = \begin{bmatrix} 1 & 2 & 3 & 4 \\ 5 & 6 & 7 & 8 \\ 9 & 10 & 11 & 12 \end{bmatrix} \xrightarrow{3r_1} \begin{bmatrix} 3 & 6 & 9 & 12 \\ 5 & 6 & 7 & 8 \\ 9 & 10 & 11 & 12 \end{bmatrix};$$

$$A = \begin{bmatrix} 1 & 2 & 3 & 4 \\ 5 & 6 & 7 & 8 \\ 9 & 10 & 11 & 12 \end{bmatrix} \xrightarrow{r_2 - 5r_1} \begin{bmatrix} 1 & 2 & 3 & 4 \\ 0 & -4 & -8 & -12 \\ 9 & 10 & 11 & 12 \end{bmatrix}.$$

显然矩阵在经过初等行变换后不再是原矩阵，所以在对矩阵进行变换时不能用等号"="只能用"→".

在本教材中虽然只定义了初等行变换，这种变换也可以在列与列之间进行，称为**初等列变换**. 矩阵的初等行变换和初等列变换统称为**矩阵的初等变换**.

## 二、矩阵的秩

矩阵作为数表，显然含零越多越好，因为这时矩阵的属性就越容易观察出来. 在含零较多的矩阵中有一类特殊的矩阵在矩阵的运算中非常重要，这就是阶梯矩阵.

一般地，具有以下形式的矩阵

$$\begin{bmatrix} \otimes & \cdots & \cdots & \cdots & \cdots & \cdots & \cdots & \cdots & \cdots & \cdots & \cdots & \cdots & \cdots & \cdots \\ 0 & 0 & 0 & \otimes & \cdots & \cdots & \cdots & \cdots & \cdots & \cdots & \cdots & \cdots & \cdots & \cdots \\ 0 & 0 & 0 & 0 & \otimes & \cdots & \cdots & \cdots & \cdots & \cdots & \cdots & \cdots & \cdots & \cdots \\ 0 & 0 & 0 & 0 & 0 & 0 & \otimes & \cdots & \cdots & \cdots & \cdots & \cdots & \cdots & \cdots \\ 0 & 0 & 0 & 0 & 0 & 0 & 0 & 0 & \cdots & 0 & \otimes & \cdots & \cdots & \cdots \\ & & & & & & \cdots & & & & & & & \\ 0 & 0 & 0 & 0 & 0 & 0 & 0 & 0 & \cdots & \cdots & \cdots & 0 & \otimes & \cdots \\ 0 & 0 & 0 & 0 & 0 & 0 & 0 & 0 & \cdots & \cdots & \cdots & \cdots & \cdots & 0 \\ & & & & & & \cdots & & & & & & & \\ 0 & 0 & 0 & 0 & 0 & 0 & 0 & 0 & 0 & \cdots & \cdots & \cdots & \cdots & 0 \end{bmatrix}$$

称为**阶梯矩阵**. 其中元素"$\otimes$"为非零元素，且含有 $\otimes$ 的行称为**非零行**，不含 $\otimes$ 的行即全是零元素的行称为**零行**. 在阶梯矩阵中，从上到下非零行的零元素的个数逐行递增，而零行位于矩阵的最下方. 如

$$A = \begin{bmatrix} 1 & 0 & -1 & 0 \\ 0 & 2 & 3 & 7 \\ 0 & 0 & 1 & -2 \\ 0 & 0 & 0 & 0 \end{bmatrix}$$

**例 1** 将矩阵 $A = \begin{bmatrix} 1 & 3 & -1 & -2 \\ 2 & -1 & 2 & 3 \\ 3 & 2 & 1 & 1 \\ 1 & -4 & 3 & 5 \end{bmatrix}$ 用初等行变换化成阶梯矩阵.

解  $A=\begin{bmatrix} 1 & 3 & -1 & -2 \\ 2 & -1 & 2 & 3 \\ 3 & 2 & 1 & 1 \\ 1 & -4 & 3 & 5 \end{bmatrix} \xrightarrow[\substack{r_2-2r_1 \\ r_3-3r_1 \\ r_4-r_1}]{} \begin{bmatrix} 1 & 3 & -1 & -2 \\ 0 & -7 & 4 & 7 \\ 0 & -7 & 4 & 7 \\ 0 & -7 & 4 & 7 \end{bmatrix} \xrightarrow[\substack{r_3-r_2 \\ r_4-r_2}]{} \begin{bmatrix} 1 & 3 & -1 & -2 \\ 0 & -7 & 4 & 7 \\ 0 & 0 & 0 & 0 \\ 0 & 0 & 0 & 0 \end{bmatrix}$

这就是阶梯矩阵，其中有两个非零行.

例 1 中的初等行变换还可以继续进行下去以变出更多的零来.

$\xrightarrow[\substack{r_2 \times \left(-\frac{1}{7}\right)}]{} \begin{bmatrix} 1 & 3 & -1 & -2 \\ 0 & 1 & -\frac{4}{7} & -1 \\ 0 & 0 & 0 & 0 \\ 0 & 0 & 0 & 0 \end{bmatrix} \xrightarrow[\substack{r_1-3r_2}]{} \begin{bmatrix} 1 & 0 & \frac{5}{7} & 1 \\ 0 & 1 & -\frac{4}{7} & -1 \\ 0 & 0 & 0 & 0 \\ 0 & 0 & 0 & 0 \end{bmatrix}$

这时仍然是阶梯矩阵，而且非零行数仍为 2. 可以看出如果再继续进行初等行变换，非零行的数目不会减少，并且不可能变出更多的零来. 这种非零行的首非零元为 1，且它所在列的其余元素全为 0 的阶梯矩阵称为**最简型矩阵**.

根据上例可以得出如下结论：矩阵在初等行变换下所得到的阶梯矩阵的非零行的数目恒定不变.

矩阵在初等变换下的这种性质是矩阵的一种内在的本质属性. 我们将所得阶梯矩阵的非零行数称为矩阵的**秩**. 矩阵 $A$ 的秩记为 $r(A)$，并且矩阵在初等变换下其秩不变. 如例 1 中矩阵 $A$ 的秩为 2，记为 $r(A)=2$.

求矩阵秩的方法如下：将矩阵经过初等行变换化为阶梯矩阵，确定非零行数 $r$ 即为矩阵的秩.

例 2  设 $A=\begin{bmatrix} 0 & 16 & -7 & -5 & 5 \\ 1 & -5 & 2 & 1 & -1 \\ -1 & -11 & 5 & 4 & -4 \\ 2 & 6 & -3 & -3 & 7 \end{bmatrix}$，求 $r(A)$.

解  $A=\begin{bmatrix} 0 & 16 & -7 & -5 & 5 \\ 1 & -5 & 2 & 1 & -1 \\ -1 & -11 & 5 & 4 & -4 \\ 2 & 6 & -3 & -3 & 7 \end{bmatrix} \xrightarrow[\substack{r_1 \leftrightarrow r_2}]{} \begin{bmatrix} 1 & -5 & 2 & 1 & -1 \\ 0 & 16 & -7 & -5 & 5 \\ -1 & -11 & 5 & 4 & -4 \\ 2 & 6 & -3 & -3 & 7 \end{bmatrix}$

$\xrightarrow[\substack{r_3+r_1 \\ r_4-2r_1}]{} \begin{bmatrix} 1 & -5 & 2 & 1 & -1 \\ 0 & 16 & -7 & -5 & 5 \\ 0 & -16 & 7 & 5 & -5 \\ 0 & 16 & -7 & -5 & 9 \end{bmatrix} \xrightarrow[\substack{r_3+r_2 \\ r_4-r_2}]{} \begin{bmatrix} 1 & -5 & 2 & 1 & -1 \\ 0 & 16 & -7 & -5 & 5 \\ 0 & 0 & 0 & 0 & 0 \\ 0 & 0 & 0 & 0 & 4 \end{bmatrix}$

$\xrightarrow[\substack{r_3 \leftrightarrow r_4}]{} \begin{bmatrix} 1 & -5 & 2 & 1 & -1 \\ 0 & 16 & -7 & -5 & 5 \\ 0 & 0 & 0 & 0 & 4 \\ 0 & 0 & 0 & 0 & 0 \end{bmatrix}$

由于阶梯矩阵有三个非零行，所以矩阵的秩 $r(A)=3$.

显然，矩阵的秩有如下结论：

(1) $r(A_{m\times n})\leqslant\min\{m, n\}$，即任何矩阵的秩都不会超过其行数、列数的最小值.

(2) $r(A)=r(A^T)$.

## 习题 7 - 4

1. 求下列矩阵的秩：

(1) $A=\begin{bmatrix} 1 & 2 & 3 & 4 \\ 1 & -2 & 4 & 5 \\ 1 & 10 & 1 & 2 \end{bmatrix}$;

(2) $A=\begin{bmatrix} 0 & 1 & 1 & -1 & 2 \\ 0 & 2 & 2 & 2 & 0 \\ 0 & -1 & -1 & 1 & 1 \\ 1 & 1 & 0 & 0 & -1 \end{bmatrix}$;

(3) $A=\begin{bmatrix} -3 & 7 & 2 & 4 & 5 \\ 1 & -1 & 3 & 1 & 0 \\ -1 & 0 & 3 & 2 & 1 \\ 3 & -7 & -2 & -4 & -5 \end{bmatrix}$;

(4) $A=\begin{bmatrix} 2 & 14 & 13 \\ 4 & -2 & 1 \\ 1 & 2 & -2 \\ -1 & 8 & -7 \end{bmatrix}$;

(5) $A=\begin{bmatrix} 1 & 1 & 2 & -1 & 1 \\ 0 & 2 & 1 & -2 & 1 \\ 2 & 0 & 3 & -1 & 3 \\ 1 & 0 & 1 & 4 & -1 \end{bmatrix}$;

(6) $A=\begin{bmatrix} 1 & 0 & 0 & 1 & 4 \\ 0 & 1 & 0 & 2 & 5 \\ 0 & 0 & 1 & 3 & 6 \\ 1 & 2 & 3 & 14 & 32 \\ 4 & 5 & 6 & 32 & 77 \end{bmatrix}$.

# 第五节 逆 矩 阵

## 一、逆矩阵的概念

本节我们来讨论一类特殊的方阵，它们是乘法可交换的矩阵且乘积为单位矩阵. 如：

$$\begin{bmatrix} 2 & 5 \\ 1 & 3 \end{bmatrix}\begin{bmatrix} 3 & -5 \\ -1 & 2 \end{bmatrix}=\begin{bmatrix} 3 & -5 \\ -1 & 2 \end{bmatrix}\begin{bmatrix} 2 & 5 \\ 1 & 3 \end{bmatrix}=\begin{bmatrix} 1 & 0 \\ 0 & 1 \end{bmatrix}=E_2$$

为此我们定义如下：

**定义 7.8** 设有方阵 $A$，$B$ 满足：

$$AB=BA=E$$

则称 $A$，$B$ 为**可逆方阵**，并且记 $B=A^{-1}$，称为 $A$ 的**逆矩阵**. 同理，记 $A=B^{-1}$ 称为 $B$ 的逆矩阵.

由该定义知 $\begin{bmatrix} 2 & 5 \\ 1 & 3 \end{bmatrix}^{-1}=\begin{bmatrix} 3 & -5 \\ -1 & 2 \end{bmatrix}$，同理 $\begin{bmatrix} 3 & -5 \\ -1 & 2 \end{bmatrix}^{-1}=\begin{bmatrix} 2 & 5 \\ 1 & 3 \end{bmatrix}$.

由此可以看出 $A^{-1}$ 纯粹是一个记号，表示 $A$ 矩阵的逆矩阵不能理解为 $\dfrac{1}{A}$，况且矩阵中并没有定义这种运算，所以记号 $\dfrac{1}{A}$ 没有意义！

## 二、逆矩阵的简单性质

**性质 1** 若矩阵 $A$ 可逆，则 $A^{-1}$ 是唯一的.

**证明** 如果 $A$ 的逆矩阵有 $B$ 和 $C$，那么

$$AB = BA = E \quad 且 \quad AC = CA = E$$

则

$$B = BE = B(AC) = (BA)C = EC = C$$

即

$$B = C$$

故 $A^{-1}$ 是唯一的.

**性质 2** 若矩阵 $A$ 可逆，则 $A^{-1}$ 也可逆，且 $(A^{-1})^{-1} = A$.

**证明** 由逆矩阵的定义知 $A$ 与 $A^{-1}$ 互为对方的逆矩阵，即 $A^{-1}$ 的逆矩阵为 $A$，

$$(A^{-1})^{-1} = A$$

**性质 3** 若矩阵 $A$ 可逆，则 $A^{\mathrm{T}}$ 也可逆，且 $(A^{\mathrm{T}})^{-1} = (A^{-1})^{\mathrm{T}}$.

**证明** $AA^{-1} = A^{-1}A = E$，所以 $A^{\mathrm{T}}(A^{-1})^{\mathrm{T}} = (A^{-1}A)^{\mathrm{T}} = E^{\mathrm{T}} = E$. 故 $(A^{\mathrm{T}})^{-1} = (A^{-1})^{\mathrm{T}}$.

**性质 4** 若矩阵 $A$ 可逆，且数 $\lambda \neq 0$，则 $\lambda A$ 也可逆，且 $(\lambda A)^{-1} = \lambda^{-1}A^{-1} = \dfrac{1}{\lambda}A^{-1}$.

**证明** 因为 $\lambda A \left( \dfrac{1}{\lambda} A^{-1} \right) = \left( \lambda \dfrac{1}{\lambda} \right)(AA^{-1}) = E$，所以 $(\lambda A)^{-1} = \lambda^{-1}A^{-1} = \dfrac{1}{\lambda}A^{-1}$.

**性质 5** 若矩阵 $A$，$B$ 均可逆，则 $AB$ 也可逆且 $(AB)^{-1} = B^{-1}A^{-1}$.

**证明** 由 $A$，$B$ 可逆，于是有 $AA^{-1} = A^{-1}A = E$，$BB^{-1} = B^{-1}B = E$，所以

$$(AB)(B^{-1}A^{-1}) = A(BB^{-1})A^{-1} = AEA^{-1} = AA^{-1} = E$$

故 $(AB)^{-1} = B^{-1}A^{-1}$.

**性质 6** 若矩阵 $A$ 可逆且 $AB = O$，则 $B = O$. （零因子律成立）

**性质 7** 若矩阵 $A$ 可逆且 $AB = AC$，则 $B = C$. （消去律成立）

## 三、逆矩阵的求法

以上可逆矩阵的运算性质都是在矩阵可逆的前提下所得到的. 那么方阵在什么条件下可逆呢？这个问题就需用秩来说明.

方阵 $A$ 可逆的充分必要条件是 $A$ 为满秩方阵，即

$$A_n \text{ 可逆} \Leftrightarrow r(A_n) = n$$

也就是说方阵可逆时其秩等于它的阶数.

逆矩阵的求法：设矩阵 $A$ 可逆，我们在矩阵 $A$ 的右边靠上一个同阶单位矩阵 $E$ 合并成为一个新的矩阵，然后用初等行变换将其中的 $A$ 矩阵部分变为一个单位矩阵，而原单位矩阵部分就变为 $A$ 矩阵的逆矩阵 $A^{-1}$. 即

$$[A \vdots E] \xrightarrow{\text{初等行变换}} [E \vdots A^{-1}]$$

**例 1** 求 $\begin{bmatrix} 2 & 5 \\ 1 & 3 \end{bmatrix}$ 的逆矩阵.

**解** $\begin{bmatrix} 2 & 5 & \vdots & 1 & 1 \\ 1 & 3 & \vdots & 0 & 0 \end{bmatrix} \xrightarrow{r_1 \leftrightarrow r_2} \begin{bmatrix} 1 & 3 & \vdots & 0 & 1 \\ 2 & 5 & \vdots & 1 & 0 \end{bmatrix} \xrightarrow{r_2 - 2r_1} \begin{bmatrix} 1 & 3 & \vdots & 0 & 1 \\ 0 & -1 & \vdots & 1 & -2 \end{bmatrix}$

$$\xrightarrow{-1 \times r_2} \begin{bmatrix} 1 & 3 & \vdots & 0 & 1 \\ 0 & 1 & \vdots & -1 & 2 \end{bmatrix} \xrightarrow{r_1 - 3r_2} \begin{bmatrix} 1 & 0 & \vdots & 3 & -5 \\ 0 & 1 & \vdots & -1 & 2 \end{bmatrix}$$

所以
$$\begin{bmatrix} 2 & 5 \\ 1 & 3 \end{bmatrix}^{-1} = \begin{bmatrix} 3 & -5 \\ -1 & 2 \end{bmatrix}$$

**例 2** 已知 $A = \begin{bmatrix} 1 & 3 & 1 \\ 2 & 2 & 1 \\ 3 & 4 & 2 \end{bmatrix}$，试求 $A^{-1}$.

**解** $[A \vdots E] = \begin{bmatrix} 1 & 3 & 1 & \vdots & 1 & 0 & 0 \\ 2 & 2 & 1 & \vdots & 0 & 1 & 0 \\ 3 & 4 & 2 & \vdots & 0 & 0 & 1 \end{bmatrix} \xrightarrow[r_3 - 3r_1]{r_2 - 2r_1} \begin{bmatrix} 1 & 3 & 1 & \vdots & 1 & 0 & 0 \\ 0 & -4 & -1 & \vdots & -2 & 1 & 0 \\ 0 & -5 & -1 & \vdots & -3 & 0 & 1 \end{bmatrix} \xrightarrow{r_2 - r_3}$

$\begin{bmatrix} 1 & 3 & 1 & \vdots & 1 & 0 & 0 \\ 0 & 1 & 0 & \vdots & 1 & 1 & -1 \\ 0 & -5 & -1 & \vdots & -3 & 0 & 1 \end{bmatrix} \xrightarrow{r_3 + 5r_2} \begin{bmatrix} 1 & 3 & 1 & \vdots & 1 & 0 & 0 \\ 0 & 1 & 0 & \vdots & 1 & 1 & -1 \\ 0 & 0 & -1 & \vdots & 2 & 5 & -4 \end{bmatrix} \xrightarrow{-1 \times r_3}$

$\begin{bmatrix} 1 & 3 & 1 & \vdots & 1 & 0 & 0 \\ 0 & 1 & 0 & \vdots & 1 & 1 & -1 \\ 0 & 0 & 1 & \vdots & -2 & -5 & 4 \end{bmatrix} \xrightarrow{r_1 - r_3} \begin{bmatrix} 1 & 3 & 0 & \vdots & 3 & 5 & -4 \\ 0 & 1 & 0 & \vdots & 1 & 1 & -1 \\ 0 & 0 & 1 & \vdots & -2 & -5 & 4 \end{bmatrix} \xrightarrow{r_1 - 3r_2}$

$\begin{bmatrix} 1 & 0 & 0 & \vdots & 0 & 2 & -1 \\ 0 & 1 & 0 & \vdots & 1 & 1 & -1 \\ 0 & 0 & 1 & \vdots & -2 & -5 & 4 \end{bmatrix}$

所以
$$A^{-1} = \begin{bmatrix} 0 & 2 & -1 \\ 1 & 1 & -1 \\ -2 & -5 & 4 \end{bmatrix}$$

前面我们讲到的线性方程组

$$\begin{cases} a_{11}x_1 + a_{12}x_2 + \cdots + a_{1n}x_n = b_1 \\ a_{21}x_1 + a_{22}x_2 + \cdots + a_{2n}x_n = b_2 \\ \cdots \\ a_{m1}x_1 + a_{m2}x_2 + \cdots + a_{mn}x_n = b_m \end{cases}$$

可简记为 $AX = B$，即可视为矩阵方程，当系数矩阵 $A$ 为方阵且 $A$ 可逆时有

$$AX = B \Rightarrow A^{-1}AX = A^{-1}B$$
$$\Rightarrow EX = A^{-1}B$$
$$\Rightarrow X = A^{-1}B$$

即方程组的解为：$X = A^{-1}B$.

**例 3** 求解方程组 $\begin{cases} x_1 + x_2 = -4 \\ 2x_1 + x_2 - x_3 = 2 \\ 3x_1 + 4x_2 + 2x_3 = -1 \end{cases}$.

**解** 因为系数矩阵 $A = \begin{bmatrix} 1 & 1 & 0 \\ 2 & 1 & -1 \\ 3 & 4 & 2 \end{bmatrix}$，先求其逆矩阵.

$$[A \vdots E] = \begin{bmatrix} 1 & 1 & 0 & \vdots & 1 & 0 & 0 \\ 2 & 1 & -1 & \vdots & 0 & 1 & 0 \\ 3 & 4 & 2 & \vdots & 0 & 0 & 1 \end{bmatrix} \xrightarrow[r_3-3r_1]{r_2-2r_1} \begin{bmatrix} 1 & 1 & 0 & \vdots & 1 & 0 & 0 \\ 0 & -1 & -1 & \vdots & -2 & 1 & 0 \\ 0 & 1 & 2 & \vdots & -3 & 0 & 1 \end{bmatrix} \xrightarrow{r_2 \leftrightarrow r_3}$$

$$\begin{bmatrix} 1 & 1 & 0 & \vdots & 1 & 0 & 0 \\ 0 & 1 & 2 & \vdots & -3 & 0 & 1 \\ 0 & -1 & -1 & \vdots & -2 & 1 & 0 \end{bmatrix} \xrightarrow{r_3+r_2} \begin{bmatrix} 1 & 1 & 0 & \vdots & 1 & 0 & 0 \\ 0 & 1 & 2 & \vdots & -3 & 0 & 1 \\ 0 & 0 & 1 & \vdots & -5 & 1 & 1 \end{bmatrix} \xrightarrow{r_2-2r_3}$$

$$\begin{bmatrix} 1 & 1 & 0 & \vdots & 1 & 0 & 0 \\ 0 & 1 & 0 & \vdots & 7 & -2 & -1 \\ 0 & 0 & 1 & \vdots & -5 & 1 & 1 \end{bmatrix} \xrightarrow{r_1-r_2} \begin{bmatrix} 1 & 0 & 0 & \vdots & -6 & 2 & 1 \\ 0 & 1 & 0 & \vdots & 7 & -2 & -1 \\ 0 & 0 & 1 & \vdots & -5 & 1 & 1 \end{bmatrix}$$

所以

$$A^{-1} = \begin{bmatrix} -6 & 2 & 1 \\ 7 & -2 & -1 \\ -5 & 1 & 1 \end{bmatrix}$$

于是

$$X = A^{-1}B = \begin{bmatrix} -6 & 2 & 1 \\ 7 & -2 & -1 \\ -5 & 1 & 1 \end{bmatrix} \begin{bmatrix} -4 \\ 2 \\ -1 \end{bmatrix} = \begin{bmatrix} 27 \\ -31 \\ 21 \end{bmatrix}.$$

一般地，对于二阶方阵 $\begin{bmatrix} a & b \\ c & d \end{bmatrix}$，当 $ad-bc \neq 0$ 时存在可逆矩阵，且其逆矩阵为：

$$\begin{bmatrix} a & b \\ c & d \end{bmatrix}^{-1} = \frac{1}{ad-bc} \begin{bmatrix} d & -b \\ -c & a \end{bmatrix}$$

**例 4** 求解矩阵方程 $2X + \begin{bmatrix} 8 & 3 \\ 5 & 2 \end{bmatrix} X = \begin{bmatrix} 3 & 7 \\ -2 & 5 \end{bmatrix}$.

**解** 因为

$$2X + \begin{bmatrix} 8 & 3 \\ 5 & 2 \end{bmatrix} X = \left( 2E + \begin{bmatrix} 8 & 3 \\ 5 & 2 \end{bmatrix} \right) X = \begin{bmatrix} 10 & 3 \\ 5 & 4 \end{bmatrix} X$$

所以原方程可化简为

$$\begin{bmatrix} 10 & 3 \\ 5 & 4 \end{bmatrix} X = \begin{bmatrix} 3 & 7 \\ -2 & 5 \end{bmatrix}$$

于是，由上述公式可得

$$\begin{bmatrix} 10 & 3 \\ 5 & 4 \end{bmatrix}^{-1} = \frac{1}{25} \begin{bmatrix} 4 & -3 \\ -5 & 10 \end{bmatrix}$$

故 $X = \frac{1}{25} \begin{bmatrix} 4 & -3 \\ -5 & 10 \end{bmatrix} \cdot \begin{bmatrix} 3 & 7 \\ -2 & 5 \end{bmatrix} = \frac{1}{25} \begin{bmatrix} 18 & 13 \\ -35 & 15 \end{bmatrix}.$

**例 5** 求解矩阵方程 $X \begin{bmatrix} 2 & 1 & -1 \\ 2 & 1 & 0 \\ 1 & -1 & 1 \end{bmatrix} = \begin{bmatrix} 1 & -1 & 3 \\ 3 & 3 & 2 \end{bmatrix}$.

**解** 因为 $\begin{bmatrix} 2 & 1 & -1 & \vdots & 1 & 0 & 0 \\ 2 & 1 & 0 & \vdots & 0 & 1 & 0 \\ 1 & -1 & 1 & \vdots & 0 & 0 & 1 \end{bmatrix} \xrightarrow{r_1 \leftrightarrow r_3} \begin{bmatrix} 1 & -1 & 1 & \vdots & 0 & 0 & 1 \\ 2 & 1 & 0 & \vdots & 0 & 1 & 0 \\ 2 & 1 & -1 & \vdots & 1 & 0 & 0 \end{bmatrix}$

$$\xrightarrow[r_3-2r_1]{r_2-2r_1}\begin{bmatrix}1 & -1 & 1 & \vdots & 0 & 0 & 1\\0 & 3 & -2 & \vdots & 0 & 1 & -2\\0 & 3 & -3 & \vdots & 1 & 0 & -2\end{bmatrix}\xrightarrow{r_3-r_2}\begin{bmatrix}1 & -1 & 1 & \vdots & 0 & 0 & 1\\0 & 3 & -2 & \vdots & 0 & 1 & -2\\0 & 0 & -1 & \vdots & 1 & -1 & 0\end{bmatrix}$$

$$\xrightarrow[-1\times r_3]{\frac{1}{3}\times r_2}\begin{bmatrix}1 & -1 & 1 & \vdots & 0 & 0 & 1\\0 & 1 & -\frac{2}{3} & \vdots & 0 & \frac{1}{3} & -\frac{2}{3}\\0 & 0 & 1 & \vdots & -1 & 1 & 0\end{bmatrix}\xrightarrow[r_1-r_3]{r_2+\frac{2}{3}r_3}\begin{bmatrix}1 & -1 & 0 & \vdots & 1 & -1 & 1\\0 & 1 & 0 & \vdots & -\frac{2}{3} & 1 & -\frac{2}{3}\\0 & 0 & 1 & \vdots & -1 & 1 & 0\end{bmatrix}$$

$$\xrightarrow{r_1+r_2}\begin{bmatrix}1 & 0 & 0 & \vdots & \frac{1}{3} & 0 & \frac{1}{3}\\0 & 1 & 0 & \vdots & -\frac{2}{3} & 1 & -\frac{2}{3}\\0 & 0 & 1 & \vdots & -1 & 1 & 0\end{bmatrix}$$

所以 $\begin{bmatrix}2 & 1 & -1\\2 & 1 & 0\\1 & -1 & 1\end{bmatrix}^{-1}=\frac{1}{3}\begin{bmatrix}1 & 0 & 1\\-2 & 3 & -2\\-3 & 3 & 0\end{bmatrix}$

于是得 $X=\begin{bmatrix}1 & -1 & 3\\3 & 3 & 2\end{bmatrix}\cdot\begin{bmatrix}2 & 1 & -1\\2 & 1 & 0\\1 & -1 & 1\end{bmatrix}^{-1}=\begin{bmatrix}1 & -1 & 3\\3 & 3 & 2\end{bmatrix}\cdot\frac{1}{3}\begin{bmatrix}1 & 0 & 1\\-2 & 3 & -2\\-3 & 3 & 0\end{bmatrix}$

$$=\frac{1}{3}\begin{bmatrix}-6 & 6 & 3\\-9 & 15 & -3\end{bmatrix}=\begin{bmatrix}-2 & 2 & 1\\-3 & 5 & -1\end{bmatrix}.$$

## 习题 7 - 5

1. 判别下列矩阵 $A$，$B$ 是否互为逆矩阵？

(1) $A=\begin{bmatrix}1 & -1\\1 & 1\end{bmatrix}$，$B=\frac{1}{2}\begin{bmatrix}1 & 1\\-1 & 1\end{bmatrix}$；

(2) $A=\begin{bmatrix}1 & 2 & 3\\2 & 1 & 2\\1 & 3 & 3\end{bmatrix}$，$B=\frac{1}{4}\begin{bmatrix}-3 & 3 & 1\\-4 & 0 & 4\\5 & -1 & -3\end{bmatrix}$；

(3) $A=\begin{bmatrix}1 & 1 & 2\\1 & 2 & 2\\1 & 2 & 3\end{bmatrix}$，$B=\begin{bmatrix}2 & -1 & 0\\1 & 1 & -1\\-2 & 0 & 1\end{bmatrix}$.

2. 用初等行变换求下列矩阵的逆矩阵：

(1) $\begin{bmatrix}-2 & 7\\5 & 3\end{bmatrix}$；　　　　　(2) $\begin{bmatrix}4 & -3\\8 & 7\end{bmatrix}$；

(3) $\begin{bmatrix}1 & 2 & 2\\2 & 1 & -2\\2 & -2 & 1\end{bmatrix}$；　　　(4) $\begin{bmatrix}0 & 1 & 2\\1 & 1 & 4\\2 & -1 & 0\end{bmatrix}$；

$(5)\begin{bmatrix} 1 & 2 & 3 & 4 \\ 2 & 3 & 1 & 2 \\ 1 & 1 & 1 & -1 \\ 1 & 0 & -2 & -6 \end{bmatrix};$ $\qquad(6)\begin{bmatrix} 1 & 3 & -5 & 7 \\ 0 & 1 & 2 & 3 \\ 0 & 0 & 1 & 2 \\ 0 & 0 & 0 & 1 \end{bmatrix}.$

3. 解下列矩阵方程

$(1)\ \begin{bmatrix} 2 & 5 \\ 1 & 3 \end{bmatrix}\boldsymbol{X}=\begin{bmatrix} 4 & -6 \\ 2 & 1 \end{bmatrix};$

$(2)\ \boldsymbol{X}\begin{bmatrix} 2 & 1 \\ 0 & 1 \end{bmatrix}=\begin{bmatrix} 2 & -1 \\ -1 & 1 \end{bmatrix};$

$(3)\ \boldsymbol{X}=\boldsymbol{AX}+\boldsymbol{B},$ 其中 $\boldsymbol{A}=\begin{bmatrix} 0 & 1 & 0 \\ -1 & 1 & 1 \\ -1 & 0 & 3 \end{bmatrix},\ \boldsymbol{B}=\begin{bmatrix} 1 & -1 \\ 2 & 0 \\ 5 & -3 \end{bmatrix}.$

# 第六节　线性方程组

解线性方程组是在实际问题中经常遇到的，在初等数学中曾经学习过二元一次方程组和三元一次方程组的求解方法．但是在实际问题中常常需要求解未知数超过三个的方程组，而且方程个数常常与未知数个数不一致．所以我们需要研究求解线性方程组更一般的方法．

求解线性方程组分为三步：

(1) 线性方程组何时有解？　　　　　　　　　　　　　　　　（问题的定性）

(2) 当线性方程组有解时有多少个解？　　　　　　　　　　　（问题的定量）

(3) 当线性方程组有多个解时，如何求这些解？如何表示？　　（问题的定型）

## 一、线性方程组的基本概念

一般情况下，$n$ 个未知数、$m$ 个方程所组成的线性方程组可表示为：

$$\begin{cases} a_{11}x_1+a_{12}x_2+\cdots+a_{1n}x_n=b_1 \\ a_{21}x_1+a_{22}x_2+\cdots+a_{2n}x_n=b_2 \\ \quad\cdots \\ a_{m1}x_1+a_{m2}x_2+\cdots+a_{mn}x_n=b_m \end{cases} \tag{7.6.1}$$

其中 $x_j$ 为未知数，$a_{ij}$ 为第 $i$ 个方程中第 $j$ 个未知数的系数，$b_i$ 为第 $i$ 个方程的常数项（$i=1,\ 2,\ \cdots,\ m;\ j=1,\ 2,\ \cdots,\ n$）.

当线性方程组 (7.6.1) 中的常数项 $b_1,\ b_2,\ \cdots,\ b_m$ 不全为 0 时，称为**非齐次线性方程组**．而当 $b_1,\ b_2,\ \cdots,\ b_m$ 全为 0 时，即

$$\begin{cases} a_{11}x_1+a_{12}x_2+\cdots+a_{1n}x_n=0 \\ a_{21}x_1+a_{22}x_2+\cdots+a_{2n}x_n=0 \\ \quad\cdots \\ a_{m1}x_1+a_{m2}x_2+\cdots+a_{mn}x_n=0 \end{cases} \tag{7.6.2}$$

称为**齐次线性方程组**.

为研究方便，我们引入矩阵记号：

$$\boldsymbol{A}_{m \times n} = \begin{bmatrix} a_{11} & a_{12} & \cdots & a_{1n} \\ a_{21} & a_{22} & \cdots & a_{2n} \\ \vdots & \vdots & & \vdots \\ a_{m1} & a_{m2} & \cdots & a_{mn} \end{bmatrix}_{m \times n}, \quad \boldsymbol{X} = \begin{bmatrix} x_1 \\ x_2 \\ \vdots \\ x_n \end{bmatrix}, \quad \boldsymbol{B} = \begin{bmatrix} b_1 \\ b_2 \\ \vdots \\ b_m \end{bmatrix}, \quad \boldsymbol{O} = \begin{bmatrix} 0 \\ 0 \\ \vdots \\ 0 \end{bmatrix}$$

分别表示系数矩阵、未知数矩阵、常数项矩阵. 这时线性方程组（7.6.1）、（7.6.2）可分别表示为：

$$\boldsymbol{AX} = \boldsymbol{B}; \quad \boldsymbol{AX} = \boldsymbol{O}$$

若有 $\boldsymbol{X} = \boldsymbol{X}_0 = \begin{bmatrix} c_1 & c_2 & \cdots & c_n \end{bmatrix}^{\mathrm{T}}$，（即 $x_j = c_j$，$j = 1, 2, \cdots, n$），代入方程组（7.6.1）或（7.6.2），并使其成为恒等式，则 $\boldsymbol{X}_0$ 就称为**方程组（7.6.1）或（7.6.2）的解**.

由线性方程组的表现形式可知，方程组可由其系数与常数所唯一确定. 所以线性方程组可以由一个系数与常数组成的矩阵唯一表示，这个矩阵称为**增广矩阵**，记为

$$\widetilde{\boldsymbol{A}} = (\boldsymbol{A} \vdots \boldsymbol{B}) = \begin{bmatrix} a_{11} & a_{12} & \cdots & a_{1n} & \vdots & b_1 \\ a_{21} & a_{22} & \cdots & a_{2n} & \vdots & b_2 \\ \vdots & \vdots & & \vdots & \vdots & \vdots \\ a_{m1} & a_{m2} & \cdots & a_{mn} & \vdots & b_m \end{bmatrix}$$

显然，线性方程组（7.6.1）与增广矩阵 $\widetilde{\boldsymbol{A}}$ 是一一对应的.

**例 1**　试将线性方程组 $\begin{cases} 4x_1 - 5x_2 - x_3 = 1 \\ -x_1 + 5x_2 + x_3 = 2 \\ x_1 + x_3 = 0 \\ 5x_1 - x_2 + 3x_3 = 4 \end{cases}$ 写成矩阵形式，并写出它的增广矩阵.

**解**　该方程组的矩阵形式与增广矩阵分别为：

$$\begin{bmatrix} 4 & -5 & -1 \\ -1 & 5 & 1 \\ 1 & 0 & 1 \\ 5 & -1 & 3 \end{bmatrix} \begin{bmatrix} x_1 \\ x_2 \\ x_3 \end{bmatrix} = \begin{bmatrix} 1 \\ 2 \\ 0 \\ 4 \end{bmatrix}; \quad \widetilde{\boldsymbol{A}} = \begin{bmatrix} 4 & -5 & -1 & \vdots & 1 \\ -1 & 5 & 1 & \vdots & 2 \\ 1 & 0 & 1 & \vdots & 0 \\ 5 & -1 & 3 & \vdots & 4 \end{bmatrix}$$

## 二、线性方程组解的判定

设线性方程组（7.6.1）即 $\boldsymbol{AX} = \boldsymbol{B}$ 的增广矩阵为

$$\widetilde{\boldsymbol{A}} = (\boldsymbol{A} \vdots \boldsymbol{B}) = \begin{bmatrix} a_{11} & a_{12} & \cdots & a_{1n} & \vdots & b_1 \\ a_{21} & a_{22} & \cdots & a_{2n} & \vdots & b_2 \\ \vdots & \vdots & & \vdots & \vdots & \vdots \\ a_{m1} & a_{m2} & \cdots & a_{mn} & \vdots & b_m \end{bmatrix}$$

由初等行变换的性质可知，$\widetilde{\boldsymbol{A}}$ 总可以经过初等行变换化为阶梯矩阵，即

$$\widetilde{\boldsymbol{A}}=\begin{bmatrix} a_{11} & a_{12} & \cdots & a_{1n} & b_1 \\ a_{21} & a_{22} & \cdots & a_{2n} & b_2 \\ \vdots & \vdots & & \vdots & \vdots \\ a_{m1} & a_{m2} & \cdots & a_{mn} & b_m \end{bmatrix} \xrightarrow{\text{初等行变换}}$$

$$\begin{bmatrix} c_{11} & c_{12} & \cdots & c_{1j} & c_{1,j+1} & \cdots & c_{1n} & d_1 \\ 0 & c_{22} & \cdots & c_{2j} & c_{2,j+1} & \cdots & c_{2n} & d_2 \\ \vdots & \vdots & & \vdots & \vdots & & \vdots & \vdots \\ 0 & 0 & \cdots & c_{rj} & c_{r,j+1} & \cdots & c_m & d_r \\ 0 & 0 & \cdots & 0 & 0 & \cdots & 0 & d_{r+1} \\ 0 & 0 & \cdots & 0 & 0 & \cdots & 0 & 0 \\ \vdots & \vdots & & \vdots & \vdots & & 0 & 0 \\ 0 & 0 & \cdots & 0 & 0 & \cdots & 0 & 0 \end{bmatrix} \tag{7.6.3}$$

这个阶梯矩阵是经过初等行变换得到的，而初等行变换是线性方程组的同解变换，所以阶梯矩阵所表示的线性方程组与原方程组同解，但是阶梯矩阵所表示的方程组比原方程组简单得多.

**例 2**　求下列线性方程组的增广矩阵在初等行变换下的阶梯矩阵：

(1) $\begin{cases} x_1-2x_2+x_3=0 \\ 2x_1-3x_2+x_3=-4 \\ 4x_1-3x_2-2x_3=-2 \\ 3x_1-2x_3=5 \end{cases}$;　　(2) $\begin{cases} x_1-2x_2+x_3=0 \\ 2x_1-3x_2+x_3=-4 \\ 4x_1-3x_2-2x_3=-2 \\ 3x_1-2x_3=-42 \end{cases}$;

(3) $\begin{cases} x_1-2x_2+x_3=0 \\ 2x_1-3x_2+x_3=-4 \\ 4x_1-3x_2-x_3=-20 \\ 3x_1-3x_3=-24 \end{cases}$.

**解**　(1) $\widetilde{\boldsymbol{A}}=\begin{bmatrix} 1 & -2 & 1 & 0 \\ 2 & -3 & 1 & -4 \\ 4 & -3 & -2 & -2 \\ 3 & 0 & -2 & 5 \end{bmatrix} \xrightarrow[\substack{r_3-4r_1 \\ r_4-3r_1}]{r_2-2r_1} \begin{bmatrix} 1 & -2 & 1 & 0 \\ 0 & 1 & -1 & -4 \\ 0 & 5 & -6 & -2 \\ 0 & 6 & -5 & 5 \end{bmatrix} \xrightarrow[r_4-6r_2]{r_3-5r_2}$

$\begin{bmatrix} 1 & -2 & 1 & 0 \\ 0 & 1 & -1 & -4 \\ 0 & 0 & -1 & 18 \\ 0 & 0 & 1 & 29 \end{bmatrix} \xrightarrow{r_4+r_3} \begin{bmatrix} 1 & -2 & 1 & 0 \\ 0 & 1 & -1 & -4 \\ 0 & 0 & -1 & 18 \\ 0 & 0 & 0 & 47 \end{bmatrix}$

(2) $\widetilde{\boldsymbol{A}}=\begin{bmatrix} 1 & -2 & 1 & 0 \\ 2 & -3 & 1 & -4 \\ 4 & -3 & -2 & -2 \\ 3 & 0 & -2 & -42 \end{bmatrix} \xrightarrow[\substack{r_3-4r_1 \\ r_4-3r_1}]{r_2-2r_1} \begin{bmatrix} 1 & -2 & 1 & 0 \\ 0 & 1 & -1 & -4 \\ 0 & 5 & -6 & -2 \\ 0 & 6 & -5 & -42 \end{bmatrix} \xrightarrow[r_4-6r_2]{r_3-5r_2}$

$$
\begin{bmatrix}
1 & -2 & 1 & 0 \\
0 & 1 & -1 & -4 \\
0 & 0 & -1 & 18 \\
0 & 0 & 1 & -18
\end{bmatrix}
\xrightarrow{r_4+r_3}
\begin{bmatrix}
1 & -2 & 1 & 0 \\
0 & 1 & -1 & -4 \\
0 & 0 & -1 & 18 \\
0 & 0 & 0 & 0
\end{bmatrix}
$$

$$
(3)\ \widetilde{A}=
\begin{bmatrix}
1 & -2 & 1 & 0 \\
2 & -3 & 1 & -4 \\
4 & -3 & -1 & -20 \\
3 & 0 & -3 & -24
\end{bmatrix}
\begin{array}{c}\xrightarrow[\substack{r_3-4r_1\\r_4-3r_1}]{r_2-2r_1}\end{array}
\begin{bmatrix}
1 & -2 & 1 & 0 \\
0 & 1 & -1 & -4 \\
0 & 5 & -5 & -20 \\
0 & 6 & -6 & -24
\end{bmatrix}
\xrightarrow[\substack{r_4-6r_2}]{r_3-5r_2}
$$

$$
\begin{bmatrix}
1 & -2 & 1 & 0 \\
0 & 1 & -1 & -4 \\
0 & 0 & 0 & 0 \\
0 & 0 & 0 & 0
\end{bmatrix}
$$

由例 2 可见，增广矩阵的秩分别为 4、3、2，其中经过初等变换以后，元素全为零的行表示原方程组中的多余方程. 而阶梯矩阵中的非零行（元素不全为零的行）则表示方程组中对求解有用的方程. 在上例中与方程组（1）同解的方程组为

$$
\begin{cases}
x_1-2x_2+x_3=0 \\
\quad\quad x_2-x_3=0 \\
\quad\quad\quad\quad -x_3=18 \\
\quad\quad\quad\quad\quad\quad 0=47
\end{cases}
$$

显然，这里的 $0=47$ 是不成立的，这样的方程称为**矛盾方程**.

所以，方程组（1）没有解. 而方程组（2）、（3）中虽然出现了多余的方程，但是没有矛盾方程出现，所以方程组（2）、（3）有解. 由此可见，方程组是否有解可由方程组是否含有矛盾方程来决定. 对于一般情况，线性方程组（7.6.1）是否有解取决于其对应的阶梯矩阵（7.6.3）中最后一列的元素 $d_{r+1}$ 是否为零.

当 $d_{r+1}=0$ 时，方程组中没有矛盾方程，线性方程组（7.6.1）有解；当 $d_{r+1}\neq0$ 时，方程组中有矛盾方程存在，这时线性方程组（7.6.1）无解.

综上所述可得如下结论：

对于线性方程组 $AX=B$，有

（1）当 $r(A)\neq r(\widetilde{A})$ 时，方程组无解；

（2）当 $r(A)=r(\widetilde{A})=n$（$n$ 为未知数的个数）时，方程组有唯一解；

（3）当 $r(A)=r(\widetilde{A})<n$ 时，方程组有无穷多个解.

该结论回答了线性方程组求解的"定性"与"定量"两个问题.

在例 2 的方程组（1）中 $r(A)=3$，而 $r(\widetilde{A})=4$，它们不相等，所以方程组（1）无解；在方程组（2）中，$r(A)=r(\widetilde{A})=3=n$，所以方程组（2）有唯一解；在方程组（3）中，$r(A)=r(\widetilde{A})=2<n=3$，所以方程组（3）有无穷多解.

特别地，对于齐次线性方程组（7.6.2），显然，$x_1=x_2=\cdots=x_n=0$，即 $X=\begin{bmatrix}0 & 0 & \cdots & 0\end{bmatrix}^{\mathrm{T}}$ 是齐次线性方程组（7.6.2）的解，称为**零解**，也称为**平凡解**. 事实上，线

性齐次方程组（7.6.2）的增广矩阵为

$$\widetilde{A} = \begin{bmatrix} a_{11} & a_{12} & \cdots & a_{1n} & 0 \\ a_{21} & a_{22} & \cdots & a_{2n} & 0 \\ \vdots & \vdots & & \vdots & \vdots \\ a_{m1} & a_{m2} & \cdots & a_{mn} & 0 \end{bmatrix}$$

最后一列全为零，所以 $\widetilde{A}$ 在初等行变换下永远有 $r(A) = r(\widetilde{A})$. 因此，线性齐次方程组
（7.6.2）永远有解，至少它有平凡解（即零解）. 所以在讨论齐次线性方程组时，只需对其
系数矩阵 $A$ 进行初等行变换即可，并且有如下结论：

(1) 当 $r(A) = n$ 时，方程组（7.6.2）只有零解；

(2) 当 $r(A) < n$ 时，方程组（7.6.2）有非零解.

## 三、高斯消元法

由于矩阵的初等行变换来源于方程组的变形规则，也就是方程组的同解变换. 所以求解
方程组可以在其对应的增广矩阵 $\widetilde{A}$ 上进行，这就是**高斯消元法**. 其方法是：

(1) 写出方程组的增广矩阵；

(2) 利用初等行变换将增广矩阵化为行最简型矩阵；

(3) 写出最简同解方程组；

(4) 解此最简同解方程组；

(5) 将解写成矩阵形式.

**例 3**　求解线性方程组

$$\begin{cases} 2x_1 + 5x_2 + 3x_3 - 2x_4 = 3 \\ -3x_1 - x_2 + 2x_3 + x_4 = -4 \\ -2x_1 + 3x_2 - 4x_3 - 7x_4 = -13 \\ x_1 + 2x_2 + 4x_3 + x_4 = 4 \end{cases}$$

**解**　由高斯消元法得

$$\widetilde{A} = \begin{bmatrix} 2 & 5 & 3 & -2 & 3 \\ -3 & -1 & 2 & 1 & -4 \\ -2 & 3 & -4 & -7 & -13 \\ 1 & 2 & 4 & 1 & 4 \end{bmatrix} \xrightarrow{r_1 \leftrightarrow r_4} \begin{bmatrix} 1 & 2 & 4 & 1 & 4 \\ -3 & -1 & 2 & 1 & -4 \\ -2 & 3 & -4 & -7 & -13 \\ 2 & 5 & 3 & -2 & 3 \end{bmatrix} \xrightarrow[\substack{r_3 + 2r_1 \\ r_4 - 2r_1}]{r_2 + 3r_1}$$

$$\begin{bmatrix} 1 & 2 & 4 & 1 & 4 \\ 0 & 5 & 14 & 4 & 8 \\ 0 & 7 & 4 & -5 & -5 \\ 0 & 1 & -5 & -4 & -5 \end{bmatrix} \xrightarrow{r_2 \leftrightarrow r_4} \begin{bmatrix} 1 & 2 & 4 & 1 & 4 \\ 0 & 1 & -5 & -4 & -5 \\ 0 & 7 & 4 & -5 & -5 \\ 0 & 5 & 14 & 4 & 8 \end{bmatrix} \xrightarrow[\substack{r_4 - 5r_2}]{r_3 - 7r_2}$$

$$\begin{bmatrix} 1 & 2 & 4 & 1 & 4 \\ 0 & 1 & -5 & -4 & -5 \\ 0 & 0 & 39 & 23 & 30 \\ 0 & 0 & 39 & 24 & 33 \end{bmatrix} \xrightarrow{r_4 - r_3} \begin{bmatrix} 1 & 2 & 4 & 1 & 4 \\ 0 & 1 & -5 & -4 & -5 \\ 0 & 0 & 39 & 23 & 30 \\ 0 & 0 & 0 & 1 & 3 \end{bmatrix} \xrightarrow[\substack{r_2 + 4r_4 \\ r_1 - r_4}]{r_3 - 23r_4}$$

$$\begin{bmatrix} 1 & 2 & 4 & 0 & \vdots & 1 \\ 0 & 1 & -5 & 0 & \vdots & 7 \\ 0 & 0 & 39 & 0 & \vdots & -39 \\ 0 & 0 & 0 & 1 & \vdots & 3 \end{bmatrix} \xrightarrow{\frac{1}{39}r_3} \begin{bmatrix} 1 & 2 & 4 & 0 & \vdots & 1 \\ 0 & 1 & -5 & 0 & \vdots & 7 \\ 0 & 0 & 1 & 0 & \vdots & -1 \\ 0 & 0 & 0 & 1 & \vdots & 3 \end{bmatrix} \xrightarrow[r_1-4r_3]{r_2+5r_3}$$

$$\begin{bmatrix} 1 & 2 & 0 & 0 & \vdots & 5 \\ 0 & 1 & 0 & 0 & \vdots & 2 \\ 0 & 0 & 1 & 0 & \vdots & -1 \\ 0 & 0 & 0 & 1 & \vdots & 3 \end{bmatrix} \xrightarrow{r_1-2r_2} \begin{bmatrix} 1 & 0 & 0 & 0 & \vdots & 1 \\ 0 & 1 & 0 & 0 & \vdots & 2 \\ 0 & 0 & 1 & 0 & \vdots & -1 \\ 0 & 0 & 0 & 1 & \vdots & 3 \end{bmatrix}$$

所以原方程组的同解方程组为

$$\begin{cases} x_1 & & & =1 \\ & x_2 & & =2 \\ & & x_3 & =-1 \\ & & & x_4=3 \end{cases}$$

解得

$$\begin{cases} x_1=1 \\ x_2=2 \\ x_3=-1 \\ x_4=3 \end{cases}$$

写成矩阵形式

$$\boldsymbol{X}=\begin{bmatrix} 1 & 2 & -1 & 3 \end{bmatrix}^{\mathrm{T}}$$

由上例可以看出，在对 $\widetilde{\boldsymbol{A}}$ 做初等行变换时，将其化为行最简型矩阵以后，方程组最后的求解就非常方便了.

**例 4** 求解线性方程组

$$\begin{cases} x_1+x_2+x_3+x_4=4 \\ 2x_1+3x_2+x_3+x_4=9 \\ -3x_1+2x_2-8x_3-8x_4=-4 \end{cases}$$

**解** $\widetilde{\boldsymbol{A}}=\begin{bmatrix} 1 & 1 & 1 & 1 & \vdots & 4 \\ 2 & 3 & 1 & 1 & \vdots & 9 \\ -3 & 2 & -8 & -8 & \vdots & -4 \end{bmatrix} \xrightarrow[r_3+3r_1]{r_2-2r_1} \begin{bmatrix} 1 & 1 & 1 & 1 & \vdots & 4 \\ 0 & 1 & -1 & -1 & \vdots & 1 \\ 0 & 5 & -5 & -5 & \vdots & 8 \end{bmatrix} \xrightarrow{r_3-5r_2}$

$$\begin{bmatrix} 1 & 1 & 1 & 1 & \vdots & 4 \\ 0 & 1 & -1 & -1 & \vdots & 1 \\ 0 & 0 & 0 & 0 & \vdots & 3 \end{bmatrix}$$

故有 $r(\boldsymbol{A})=2\neq r(\widetilde{\boldsymbol{A}})=3$，因此该方程组无解.

**例 5** 求解线性方程组

$$\begin{cases} x_1+x_2+x_3+2x_4=3 \\ 2x_1-x_2+3x_3+8x_4=8 \\ -3x_1+2x_2-x_3-9x_4=-5 \\ x_2-2x_3-3x_4=-4 \end{cases}$$

**解**　$\widetilde{A}=\begin{bmatrix} 1 & 1 & 1 & 2 & \vdots & 3 \\ 2 & -1 & 3 & 8 & \vdots & 8 \\ -3 & 2 & -1 & -9 & \vdots & -5 \\ 0 & 1 & -2 & -3 & \vdots & -4 \end{bmatrix} \xrightarrow[r_3+3r_1]{r_2-2r_1} \begin{bmatrix} 1 & 1 & 1 & 2 & \vdots & 3 \\ 0 & -3 & 1 & 4 & \vdots & 2 \\ 0 & 5 & 2 & -3 & \vdots & 4 \\ 0 & 1 & -2 & -3 & \vdots & -4 \end{bmatrix} \xrightarrow{r_2 \leftrightarrow r_4}$

$\begin{bmatrix} 1 & 1 & 1 & 2 & \vdots & 3 \\ 0 & 1 & -2 & -3 & \vdots & -4 \\ 0 & 5 & 2 & -3 & \vdots & 4 \\ 0 & -3 & 1 & 4 & \vdots & 2 \end{bmatrix} \xrightarrow[r_4+3r_2]{r_3-5r_2} \begin{bmatrix} 1 & 1 & 1 & 2 & \vdots & 3 \\ 0 & 1 & -2 & -3 & \vdots & -4 \\ 0 & 0 & 12 & 12 & \vdots & 24 \\ 0 & 0 & -5 & -5 & \vdots & -10 \end{bmatrix} \xrightarrow[-\frac{1}{5}r_4]{\frac{1}{12}r_3}$

$\begin{bmatrix} 1 & 1 & 1 & 2 & \vdots & 3 \\ 0 & 1 & -2 & -3 & \vdots & -4 \\ 0 & 0 & 1 & 1 & \vdots & 2 \\ 0 & 0 & 1 & 1 & \vdots & 2 \end{bmatrix} \xrightarrow{r_4-r_3} \begin{bmatrix} 1 & 1 & 1 & 2 & \vdots & 3 \\ 0 & 1 & -2 & -3 & \vdots & -4 \\ 0 & 0 & 1 & 1 & \vdots & 2 \\ 0 & 0 & 0 & 0 & \vdots & 0 \end{bmatrix} \xrightarrow[r_2+2r_3]{r_1-r_3}$

$\begin{bmatrix} 1 & 1 & 0 & 1 & \vdots & 1 \\ 0 & 1 & 0 & -1 & \vdots & 0 \\ 0 & 0 & 1 & 1 & \vdots & 2 \\ 0 & 0 & 0 & 0 & \vdots & 0 \end{bmatrix} \xrightarrow{r_1-r_2} \begin{bmatrix} 1 & 0 & 0 & 2 & \vdots & 1 \\ 0 & 1 & 0 & -1 & \vdots & 0 \\ 0 & 0 & 1 & 1 & \vdots & 2 \\ 0 & 0 & 0 & 0 & \vdots & 0 \end{bmatrix}$

由于 $r(A)=r(\widetilde{A})=3<n=4$，所以该方程组有无穷多解.

该方程组的同解方程组为

$$\begin{cases} x_1+0+0+2x_4=1 \\ 0+x_2+0-x_4=0 \\ 0+0+x_3+x_4=2 \end{cases}$$

这里有四个未知数却只有三个方程，所以必有一个未知数为自由未知数（可以取任意实数的未知数），它的取值决定了其余三个未知数的值，我们令这个未知数为 $x_4$，于是，方程组的解为

$$\begin{cases} x_1=1-2x_4 \\ x_2=0+x_4 \\ x_3=2-x_4 \end{cases}$$

即

$$\begin{cases} x_1=1-2x_4 \\ x_2=0+x_4 \\ x_3=2-x_4 \\ x_4=0+x_4 \end{cases}$$

写成矩阵形式为

$$X = \begin{bmatrix} 1 \\ 0 \\ 2 \\ 0 \end{bmatrix} + c \begin{bmatrix} -2 \\ 1 \\ -1 \\ 1 \end{bmatrix}$$

其中 $c$ 为任意常数. $c$ 的不同取值就决定了方程组的不同的解. 所以这种解的表达式代表了方程组的无穷多个解, 理论上可以保证它表示了方程组的所有解. 这种解我们称为线性方程组的**通解**.

通过以上三例可以看出, 当线性方程组仅有唯一解和无解时的讨论都是很简单的, 只有在方程组有无穷多个解时问题的讨论要复杂些. 下面我们仅对线性方程组有无穷解的情况加以讨论.

根据线性方程组解的定性结论可知：

线性方程组 (7.6.1) 有无穷多个解 $\Leftrightarrow r(A) = r(\widetilde{A}) = r < n$ （$n$ 为未知数的个数）

其中系数矩阵 $A$ 与增广矩阵 $\widetilde{A}$ 的秩 $r$, 表示线性方程组中对求解方程组真正有用的方程的个数. 因为这时 $r < n$, 即用于求解未知数的方程的个数少于未知数的个数. 也就是说, 这时只能从中解出 $r$ 个未知数, 其余 $n-r$ 个未知数只能人为地视为已知数即常数, 这 $n-r$ 个未知数称为**自由未知数**, 它们的取值决定了其余 $r$ 个未知数的值. 而且正是这 $n-r$ 个自由未知数的自由性导致了方程组的解有无穷多个.

所以, 当 $r(A) = r(\widetilde{A}) = r < n$ 时, 需令 $n-r$ 个自由未知数, 方法是保留最简矩阵中 $r$ 个非零行的首非零元对应的未知数, 将其余 $n-r$ 个未知数作为自由未知数, 然后再求解方程组.

以上讨论显然对齐次方程组同样有效.

**例 6** 求解齐次方程组

$$\begin{cases} x_1 + x_2 + x_3 + x_4 + x_5 = 0 \\ 3x_1 + 2x_2 + x_3 - 3x_5 = 0 \\ x_2 + 2x_3 + 3x_4 + 6x_5 = 0 \\ 5x_1 + 4x_2 + 3x_3 + 2x_4 + x_5 = 0 \end{cases}$$

**解** 由于齐次方程组只需对其系数矩阵进行变换即可, 于是得

$$A = \begin{bmatrix} 1 & 1 & 1 & 1 & 1 \\ 3 & 2 & 1 & 0 & -3 \\ 0 & 1 & 2 & 3 & 6 \\ 5 & 4 & 3 & 2 & 1 \end{bmatrix} \xrightarrow[r_4 - 5r_1]{r_2 - 3r_1} \begin{bmatrix} 1 & 1 & 1 & 1 & 1 \\ 0 & -1 & -2 & -3 & -6 \\ 0 & 1 & 2 & 3 & 6 \\ 0 & -1 & -2 & -3 & -4 \end{bmatrix} \xrightarrow[r_4 + r_3]{r_2 + r_3}$$

$$\begin{bmatrix} 1 & 1 & 1 & 1 & 1 \\ 0 & 0 & 0 & 0 & 0 \\ 0 & 1 & 2 & 3 & 6 \\ 0 & 0 & 0 & 0 & 2 \end{bmatrix} \xrightarrow[\frac{1}{2}r_4]{r_2 \leftrightarrow r_3} \begin{bmatrix} 1 & 1 & 1 & 1 & 1 \\ 0 & 1 & 2 & 3 & 6 \\ 0 & 0 & 0 & 0 & 0 \\ 0 & 0 & 0 & 0 & 1 \end{bmatrix} \xrightarrow{r_3 \leftrightarrow r_4} \begin{bmatrix} 1 & 1 & 1 & 1 & 1 \\ 0 & 1 & 2 & 3 & 6 \\ 0 & 0 & 0 & 0 & 1 \\ 0 & 0 & 0 & 0 & 0 \end{bmatrix} \xrightarrow[r_1 - r_3]{r_2 - 6r_3}$$

$$\begin{bmatrix} 1 & 1 & 1 & 1 & 0 \\ 0 & 1 & 2 & 3 & 0 \\ 0 & 0 & 0 & 0 & 1 \\ 0 & 0 & 0 & 0 & 0 \end{bmatrix} \xrightarrow{r_1-r_2} \begin{bmatrix} 1 & 0 & -1 & -2 & 0 \\ 0 & 1 & 2 & 3 & 0 \\ 0 & 0 & 0 & 0 & 1 \\ 0 & 0 & 0 & 0 & 0 \end{bmatrix}$$

故有 $r(\boldsymbol{A}) = 3 < 5 = n$，方程组有非零解，令 $x_3$，$x_4$ 为自由未知数，于是方程组的解为

$$\begin{cases} x_1 = x_3 + 2x_4 \\ x_2 = -2x_3 - 3x_4 \\ x_3 = x_3 \\ x_4 = x_4 \\ x_5 = 0 \end{cases}$$

即方程组的通解为

$$\boldsymbol{X} = c_1 \begin{bmatrix} 1 \\ -2 \\ 1 \\ 0 \\ 0 \end{bmatrix} + c_2 \begin{bmatrix} 2 \\ -3 \\ 0 \\ 1 \\ 0 \end{bmatrix}$$

其中 $c_1$，$c_2$ 为任意常数，当它们取值不全为 0 时得到该齐次方程组的非零解.

# 习题 7 - 6

1. 判断下列方程组解的情况：

(1) $\begin{bmatrix} 2 & 1 & 1 \\ 1 & 3 & 1 \\ 1 & 1 & 5 \\ 2 & 3 & -3 \end{bmatrix} \begin{bmatrix} x_1 \\ x_2 \\ x_3 \end{bmatrix} = \begin{bmatrix} 2 \\ 5 \\ -7 \\ 14 \end{bmatrix}$；

(2) $\begin{bmatrix} 2 & 1 & -1 & 1 \\ 3 & -2 & 2 & -3 \\ 5 & 1 & -1 & 2 \\ 2 & -1 & 1 & -3 \end{bmatrix} \begin{bmatrix} x_1 \\ x_2 \\ x_3 \\ x_4 \end{bmatrix} = \begin{bmatrix} 1 \\ 2 \\ -1 \\ 4 \end{bmatrix}$；

(3) $\begin{cases} x_1 - 3x_2 - 2x_3 - x_4 = 6 \\ 3x_1 - 8x_2 + x_3 + 5x_4 = 0 \\ -2x_1 + x_2 - 4x_3 + 2x_4 = -4 \\ -x_1 - 2x_2 - 6x_3 + x_4 = 2 \end{cases}$；

(4) $\begin{cases} 3x_1 + 2x_2 + 5x_3 + 3x_4 = 0 \\ 4x_1 - 5x_2 + 3x_4 = 0 \\ -2x_1 - x_3 - 3x_4 = 0 \\ 5x_1 - 3x_2 + 2x_3 + 5x_4 = 0 \end{cases}$

2. 解下列方程组：

(1) $\begin{cases} 3x_1 - 9x_2 + 6x_3 + 15x_4 = -3 \\ -3x_1 - 3x_2 + 2x_3 + 5x_4 = -1 \\ 5x_1 - 15x_2 + 10x_3 + 25x_4 = -5 \end{cases}$；

(2) $\begin{cases} -3x_1 - 2x_2 + 3x_3 + 4x_4 = -6 \\ x_1 + 5x_2 + 2x_3 - 4x_4 = 3 \\ -2x_1 + 6x_2 + 4x_3 + 4x_4 = -5 \\ -x_1 + 3x_2 - x_3 - 4x_4 = -2 \\ 2x_1 + 13x_2 + 3x_3 - 12x_4 = 4 \end{cases}$；

(3) $\begin{cases} x_1 + 2x_2 - 3x_3 - x_4 = -11 \\ 2x_1 - 3x_2 + x_3 + 5x_4 = 6 \\ -3x_1 + x_2 + 2x_3 - 4x_4 = 5 \end{cases}$；

(4) $\begin{cases} 2x_1 - x_2 + 3x_3 - x_4 = 1 \\ 3x_1 - 2x_2 - 2x_3 + 3x_4 = 3 \\ x_1 - x_2 - 5x_3 - 3x_4 = 2 \\ 7x_1 - 5x_2 - 9x_3 + 10x_4 = 8 \end{cases}$；

$$(5)\begin{bmatrix} 3 & -5 & 1 & -2 \\ 2 & 3 & -5 & 1 \\ -1 & 7 & -4 & 3 \\ 4 & 15 & -7 & 9 \end{bmatrix}\begin{bmatrix} x_1 \\ x_2 \\ x_3 \\ x_4 \end{bmatrix}=\begin{bmatrix} 0 \\ 0 \\ 0 \\ 0 \end{bmatrix}.$$

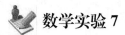 **数学实验 7**

## MATLAB 在线性代数中的应用

### 一、实验目的

了解 rank，inv，rref 等命令的调用格式，学习利用 MATLAB 进行矩阵的相关运算，以及求解线性方程组.

### 二、MATLAB 在矩阵运算中的应用

#### 1. 矩阵的生成

（1）直接输入规则。

将矩阵的元素按行依次写入 ［ ］ 内，同一行的元素之间用空格或逗号间隔，不同行的元素之间用分号间隔.

设 $A=(a_{ij})_{m\times n}$，输入格式为

$$A=\begin{bmatrix} a_{11}, & a_{12}, & \cdots, & a_{1n}; & a_{21}, & a_{22}, & \cdots, & a_{2n}; & \cdots; & a_{m1}, & a_{m2}, & \cdots, & a_{mn} \end{bmatrix}$$

**例 1** 输入矩阵 $A=\begin{bmatrix} 1 & 2 & 3 \\ 4 & 5 & 6 \\ 7 & 8 & 9 \end{bmatrix}$

在 M 文件编辑窗口中输入命令：

A = ［1,2,3;4,5,6;7,8,9］

计算结果为：

A =

  1     2     3

  4     5     6

  7     8     9

（2）特殊矩阵的生成。

对于一些比较特殊的矩阵，由于其具有特殊的结构，MATLAB 提供了一些函数用于生成这些矩阵. 常用的几个如表 7-3 所示.

表 7-3

| 函 数 | 说 明 |
|---|---|
| zeros(n) | 生成 n 阶全 0 矩阵（称为 0 矩阵） |
| eye(n) | 生成 n 阶单位矩阵 |

| 函　　数 | 说　　明 |
|---|---|
| ones(n) | 生成 n 阶全 1 矩阵 |
| rand(n) | 生成 n 阶均匀分布的随机阵 |
| randn(n) | 生成 n 阶正态分布的随机矩阵 |

### 2. 矩阵的运算

矩阵的运算包括加法、减法、乘法、乘方、除法运算，其含义与数字运算几乎相同，但计算时要满足其数学要求（如同型矩阵才可以加减）. 在 MATLAB 中矩阵的除法有两种形式：左除"\"和右除"/". 在传统的 MATLAB 算法中，右除是先计算矩阵的逆再相乘，而左除则不需要计算逆矩阵直接进行除运算. 通常右除要快一点，但左除可避免被除矩阵的奇异性所带来的麻烦. 矩阵运算常用命令的调用格式如表 7 - 4 所示.

表 7 - 4

| 调用格式 | 说　　明 | 调用格式 | 说　　明 |
|---|---|---|---|
| A+B | 矩阵的加法 | A—B | 矩阵的减法 |
| A * B | 矩阵的乘法 | A. * B | 数组乘法对，对元素相乘 |
| A／B | 矩阵右除，即 $A \cdot B^{-1}$ | A\B | 矩阵左除，即 $A^{-1} \cdot B$. |
| A. ／B | 数组右除，对应元素相除 | A. \B | 数组左除，对应元素相除 |
| A^b | 矩阵乘方 | A. ^b | 数组乘方，A 矩阵的每个元素 b 次方 |
| A' | 矩阵的转置 | det(A) | 求矩阵 A 的行列式 |
| inv(A) | 求矩阵 A 的逆矩阵 | rank(A) | 求矩阵 A 的秩 |
| eig(A) | 求矩阵 A 的特征值和特征向量 | rref(A) | 将矩阵 A 化为最简阶梯型矩阵 |

**例 2**　已知矩阵 $A = \begin{bmatrix} 2 & 1 & -3 & -1 \\ 3 & 1 & 0 & 7 \\ -1 & 2 & 4 & -2 \\ 1 & 0 & -1 & 5 \end{bmatrix}$，求 $|A|$、$A^{-1}$、$r(A)$，并将矩阵 $A$ 化为最简

阶梯型矩阵.

在 M 文件编辑窗口中输入命令：

A = [2,1, - 3, - 1;3,1,0,7; - 1,2,4, - 2;1,0, - 1,5];

a = det(A);

B = inv(A)

r = rank(A)

C = rref(A)

计算结果为：

B =

　　 - 0.0471　　0.5882　　 - 0.2706　　 - 0.9412

$$\begin{array}{cccc} 0.3882 & -0.3529 & 0.4824 & 0.7647 \\ -0.2235 & 0.2941 & -0.0353 & -0.4706 \\ -0.0353 & -0.0588 & 0.0471 & 0.2941 \end{array}$$

r =

    4

C =

$$\begin{array}{cccc} 1 & 0 & 0 & 0 \\ 0 & 1 & 0 & 0 \\ 0 & 0 & 1 & 0 \\ 0 & 0 & 0 & 1 \end{array}$$

**例 3** 已知 $A = \begin{bmatrix} 1 & 2 \\ 3 & 4 \end{bmatrix}$，$B = \begin{bmatrix} 1 & 0 & -2 \\ 3 & 1 & 0 \end{bmatrix}$，求 $A^{\mathrm{T}}$、$A^3$、$AB$、$A^{-1}B$.

在 M 文件编辑窗口中输入命令：

A = [1,2;3,4]

B = [1,0,-2;3,1,0]

C1 = A'

C2 = A^3

C3 = A * B

C4 = inv(A) * B

C5 = A\B

计算结果为：

C1 =

$$\begin{array}{cc} 1 & 3 \\ 2 & 4 \end{array}$$

C2 =

$$\begin{array}{cc} 37 & 54 \\ 81 & 118 \end{array}$$

C3 =

$$\begin{array}{ccc} 7 & 2 & -2 \\ 15 & 4 & -6 \end{array}$$

C4 =

$$\begin{array}{ccc} 1.0000 & 1.0000 & 4.0000 \\ 0.0000 & -0.5000 & -3.0000 \end{array}$$

C5 =

$$\begin{array}{ccc} 1.0000 & 1.0000 & 4.0000 \\ 0 & -0.5000 & -3.0000 \end{array}$$

## 三、利用 MATLAB 求解线性方程组

线性方程组 $AX = B$（$A$ 为 $m \times n$ 的矩阵，$X$，$B$ 为 $n$ 维列向量）的解法分为两种情况：

（1）当 $|A| \neq 0$ 时，$X = A^{-1}B$；

（2）当 $|A| = 0$ 时，则先用 rref 命令将线性方程组的增广矩阵 $\widetilde{A}$ 化为最简阶梯型矩阵，再根据高斯消元法的原理进行求解．

**例 4** 求解线性方程组

$$\begin{cases} x_1 - 2x_2 + x_3 = 0 \\ 2x_1 - 3x_2 + x_3 = 4 \\ 4x_1 - 3x_2 - 2x_3 = 2 \end{cases}$$

在 M 文件编辑窗口中输入命令：

```
A = [1 -2 1;2 -3 1;4 -3 -2];
b = [0;4;2];
X = inv(A)*b
```

计算结果为：

```
X =
    26.0000
    22.0000
    18.0000
```

**例 5** 求解线性方程组

$$\begin{cases} x_1 - 2x_2 + x_3 = 0 \\ 2x_1 - 3x_2 + x_3 = -4 \\ 4x_1 - 3x_2 - 1x_3 = -20 \\ 3x_1 - 3x_3 = -24 \end{cases}$$

在 M 文件编辑窗口中输入命令：

```
A = [1 -2 1;2 -3 1;4 -3 -1;3 0 -3];
b = [0;-4;-20;-24];
C = [A,b];
D = rref(C)
```

计算结果为：

```
D =
    1    0    -1    -8
    0    1    -1    -4
    0    0     0     0
    0    0     0     0
```

所以原方程组的解为

$$\begin{cases} x_1 = x_3 - 8 \\ x_2 = x_3 - 4 \end{cases}$$

# 自己动手（七）

1. 设 $A=\begin{bmatrix} -1 & 2 & 1 \\ 0 & -1 & 2 \end{bmatrix}$, $B=\begin{bmatrix} 1 & 0 & 3 \\ 2 & 1 & -1 \end{bmatrix}$, $C=\begin{bmatrix} 3 & 1 & 2 \\ -1 & -2 & 4 \\ 0 & 0 & 2 \end{bmatrix}$, 用 MATLAB 求

$AC+BC$；$(A+B)C$.

2. 用 MATLAB 求下列矩阵的逆矩阵：

(1) $\begin{bmatrix} 1 & 2 & 2 \\ 2 & 1 & -2 \\ 2 & -2 & 1 \end{bmatrix}$；　(2) $\begin{bmatrix} 0 & 1 & 2 \\ 1 & 1 & 4 \\ 2 & -1 & 0 \end{bmatrix}$.

3. 用 MATLAB 解下列矩阵方程：

(1) $\begin{bmatrix} 2 & 5 \\ 1 & 3 \end{bmatrix}X=\begin{bmatrix} 4 & -6 \\ 2 & 1 \end{bmatrix}$；　(2) $X\begin{bmatrix} 2 & 1 \\ 0 & 1 \end{bmatrix}=\begin{bmatrix} 2 & -1 \\ -1 & 1 \end{bmatrix}$.

4. 用 MATLAB 求解下列方程组：

(1) $\begin{cases} 3x_1-9x_2+6x_3+15x_4=-3 \\ -3x_1-3x_2+2x_3+5x_4=-1 \\ 5x_1-15x_2+10x_3+25x_4=-5 \end{cases}$；　(2) $\begin{cases} -3x_1-2x_2+3x_3+4x_4=-6 \\ x_1+5x_2+2x_3-4x_4=3 \\ -2x_1+6x_2+4x_3+4x_4=-5 \\ -x_1+3x_2-x_3-4x_4=-2 \end{cases}$.

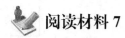

## 阅读材料 7

### 数学在经济分析中的应用

**一、最佳现金持有量的测算方法——存货模型**

现金是一种流动性最强的资产，又是一种盈利性最差的资产．现金不足，影响生产经营；现金过多，会使企业盈利水平下降．因此，在保持企业经营活动所需现金的同时，尽量减少企业闲置的现金数量，提高资金的收益率．那么，企业应持有多少现金才合适呢？这便是最佳现金持有量的确定问题.

**例1** 预计全年需要现金 100 000 元，现金与有价证券的转换成本为每次 200 元，有价证券的利息率为 10%．试问怎样才能达到最佳现金持有量呢？现金持有量又是多少？

**背景知识**

这一模型最早由美国学者鲍默儿（W. J. Baumol）于1952年提出．存货模型是确定最佳现金持有量的常用方法，但存货模型基于以下假设：

（1）分析期内的现金支付持续、规则且确定；

（2）分析期内所有的现金收入都可准确预测；

（3）分析期内的有价证券投资收益率不变；

（4）现金与证券组合之间的转换在任何时候都可以进行，而且转换费用固定.

**注** 在此不考虑短缺成本，因其存在很大的不确定性和无法计量性；不考虑管理成本，

因其与现金持有量一般没有关系.

**机会成本**：指企业因持有现金而放弃的再投资的收益，现金的再投资收益一般是指将现金投资于有价证券所能获得的收益.

**转换成本**：指企业用现金购入有价证券以及转让有价证券换取现金时付出的交易费用.

设 $T$ 为特定时期内的现金总需求量；$F$ 为每次转换有价证券的转换成本；$Q$ 为最佳现金持有量；$K$ 为有价证券利息率；$TC$ 为总成本（机会成本与转换成本之和）. 则

$$现金总成本＝机会成本＋转换成本$$

即

$$TC=\frac{Q}{2}\cdot K+\frac{T}{Q}\cdot F$$

对自变量 $Q$ 求导可知

$$\frac{\mathrm{d}(TC)}{\mathrm{d}Q}=\frac{K}{2}-\frac{T\cdot F}{Q^2}$$

令 $\dfrac{\mathrm{d}(TC)}{\mathrm{d}Q}=0$，则 $\dfrac{K}{2}=\dfrac{T\cdot F}{Q^2}$. 即当机会成本等于转换成本时，现金总成本最低.

从而最佳现金持有量为 $Q=\sqrt{\dfrac{2TF}{K}}$；最佳现金管理总成本为 $TC=\sqrt{2T\cdot F\cdot K}$；转换成本为 $\dfrac{T}{Q}\cdot F$；机会成本为 $\dfrac{Q}{2}\cdot K$；转换次数为 $\dfrac{T}{Q}=\sqrt{\dfrac{T\cdot K}{2F}}$.

**解** 现金持有量（元）：$Q=\sqrt{\dfrac{2\cdot100\,000\cdot200}{10\%}}=20\,000$.

转换成本：$(100\,000\div20\,000)\times200=1\,000$（元）.

持有机会成本：$(20\,000\div2)\times10\%=1\,000$（元）.

最低总成本（元）：$TC=\sqrt{2\times100\,000\times200\times10\%}=2\,000$.

显然，存货模型是一种简单、直观的模型. 其最重要的实践意义在于用存货的库存数量变化来模拟现金的数量变化，从而为人们粗略地估算现金存量找到了一种比较简单的方法. 另外，该模型从成本角度来考察企业现金持有量的合理性，为企业加强现金管理提供了新思路.

## 二、投资项目风险的衡量

在形形色色的投资市场中，我们在进行任何一项投资活动时首先会考虑的问题是投资收益和投资风险. 投资者在进行投资决策时要寻求投资收益和投资风险的平衡.

**例2** 某项资产在未来4种状态下的收益率情况，每种经济状态出现的概率如表7-5所示，请问该项资产的预期收益率以及标准差为多少？

表7-5

| 经济状态 | 概率 | 资产收益率/% |
|---|---|---|
| 1 | 0.2 | 10 |
| 2 | 0.1 | —10 |
| 3 | 0.3 | 20 |
| 4 | 0.4 | 30 |

**背景知识**

**投资风险**：指未来资产价格或收益率的不确定性．衡量投资风险大小通常有方差（标准差）和变异系数两种方法．

其中，通过概率来估算预期收益率的标准差，其公式为：

$$\sigma(R) = \sqrt{\sum_{i=1}^{n} P_i [R_i - E(R)]^2}$$

式中 $E(R)$ 为预期收益率；$R_i$ 为第 $i$ 期的收益率；$P_i$ 为第 $i$ 种经济状态出现的概率．

**解** 首先计算该项资产的预期收益率：

$$E(R) = \sum_{i=1}^{n} P_i R_i = 0.2 \cdot 10\% + 0.1 \cdot (-10\%) + 0.3 \cdot 20\% + 0.4 \cdot 30\% = 19\%$$

计算标准差：

$$\begin{aligned}
\sigma(R) &= \sqrt{\sum_{i=1}^{n} P_i [R_i - E(R)]^2} \\
&= [(10\% - 19\%)^2 \cdot 0.2 + (-10\% - 19\%)^2 \cdot 0.1 + (20\% - 19\%) \cdot 0.3 + \\
&\quad (30\% - 19\%)^2 \cdot 0.4]^{\frac{1}{2}} \\
&= 12.21\%
\end{aligned}$$

显然，投资风险是投资收益的孪生兄弟．收益率的方差是一种衡量资产的各种可能收益率相对于期望收益率的分散程度的指标．一般地，某种资产的收益率的方差越大，那么该资产的风险也就越大，投资者所要求的风险报酬也就越高．

在这里，用标准差的大小来衡量不同投资项目的风险大小，必须具备期望收益率相等这一前提条件．如果我们要比较不同投资项目之间（具有不同期望值的）的风险大小，就需采用另一分析指标即变异系数．

**例 3** 假设有两只股票 A 和 B 可供选择，其在一年后的预期收益率和风险情况如表 7-6 所示．请问应该选择哪一只股票？

表 7-6

|  | 股票 A | 股票 B |
|---|---|---|
| 预期收益率 | 0.12 | 0.14 |
| 标准差 | 0.15 | 0.20 |

**背景知识**

**变异系数**：指预期收益率的标准差与预期收益率的比值．变异系数的含义是每单位预期收益率所承担的风险．显然，其数值越小越好．

$$变异系数 = \frac{标准差}{期望收益率}$$

**解** 股票 A 收益的变异系数为：$\dfrac{0.15}{0.12} = 1.25$；股票 B 收益的变异系数为：$\dfrac{0.20}{0.14} = 1.43$.

显然，综合来看 A 股票较 B 股票的风险要小．因此，投资者应该投资 A 股票．

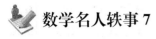

## 数学名人轶事7

### 数学王子高斯

卡尔·弗里德里希·高斯（Johann Carl Friedrich Gauss，1777 年 4 月 30 日—1855 年 2 月 23 日），德国著名数学家、物理学家、天文学家、大地测量学家，有"数学王子""数学家之王"的美称. 高斯和牛顿、阿基米德，被誉为有史以来的三大数学家. 高斯是近代数学奠基者之一. 他 18 岁时发现了质数分布定理和最小二乘法. 通过对足够多的测量数据的处理，可以得到一个新的、概率性质的测量结果. 在这些基础之上，高斯随后专注于曲面与曲线的计算，并成功得到高斯钟形曲线（正态分布曲线），其函数被命名为标准正态分布（或高斯分布），并在概率计算中大量使用. 1799 年高斯于黑尔姆施泰特大学因证明代数基本定理而获博士学位. 从 1807 年起担任哥廷根大学教授兼哥廷根天文台台长直至逝世. 高斯的肖像已经被印在从 1989 年至 2001 年流通的 10 元面值德国马克的纸币上.

高斯

高斯是一对普通夫妇的儿子. 他的母亲是一个贫穷石匠的女儿，虽然十分聪明，但却没有接受过教育，近似于文盲. 在她成为高斯父亲的第二个妻子之前，她从事女佣工作. 他的父亲曾做过园丁、工头、商人的助手和一个小保险公司的评估师. 高斯三岁时便能够纠正他父亲的借债账目的错误，这已经成为一个轶事流传至今.

高斯的父亲对他要求极为严厉，甚至有些过分，常常喜欢凭自己的经验为年幼的高斯规划人生. 高斯尊重他的父亲，并且秉承了其父诚实、谨慎的性格.

在成长过程中，幼年的高斯主要得力于母亲和舅舅的帮助. 高斯的舅舅富有智慧，为人热情而又聪明能干，投身于纺织贸易且颇有成就. 他发现姐姐的儿子聪明伶俐，因此就把一部分精力花在这位小天才身上，用生动活泼的方式开发高斯的智力. 若干年后，已成年并已成就显赫的高斯回想起舅舅为他所做的一切，深感对他成才之重要. 正是由于舅舅慧眼识英才，经常劝导姐夫让孩子向学者方面发展，才使得高斯没有成为园丁或者泥瓦匠.

7 岁那年，高斯第一次上学了. 头两年没有什么特殊的事情. 1787 年高斯 10 岁，他进入了学习数学的班次，这是一个首次创办的班，孩子们在这之前都没有听说过算术这么一门课程. 数学教师是布特纳，他对高斯的成长也起了一定的作用.

一天，布特纳布置了一道题，就是那个著名的自然数从 1 到 100 的求和. 当然，这也是一个等差数列的求和问题. 当布特纳写完时，高斯也算完并把写有答案的小石板交了上去.

1788 年，11 岁的高斯进入了文科学校，他在新的学校里，所有的功课都极好，特别是古典文学、数学尤为突出. 经过巴特尔斯等人的引荐，布伦兹维克公爵召见了 14 岁的高斯. 这位朴实、聪明但家境贫寒的孩子赢得了公爵的同情，公爵慷慨地提出愿意作高斯的资助人，让他继续学习. 布伦兹维克公爵在高斯的成才过程中起了举足轻重的作用. 不仅如此，这种作用实际上反映了欧洲近代科学发展的一种模式，表明在科学研究社会化以前，私人的资助是科学发展的重要推动因素之一.

1792 年高斯进入布伦兹维克的卡罗琳学院继续学习. 1795 年，公爵又为他支付各种费用，送他入德国著名的哥廷根大学，这样就使得高斯得以按照自己的理想，勤奋地学习和开始进行创造性的研究. 1799 年，高斯完成了博士论文，且被授予了博士学位，同时也获得了讲师职位，但由于他没有能成功地吸引学生，因此只能回老家. 正当他为自己的前途、生计担忧而病倒时，又是公爵伸手救援了他. 公爵为高斯支付了长篇博士论文的印刷费用，送给他一幢公寓，又为他印刷了《算术研究》，使该书得以在 1801 年问世，还负担了高斯的所有生活费用. 所有这一切，令高斯十分感动. 他在博士论文和《算术研究》中，写下了情真意切的献词："献给大公""你的仁慈，将我从所有烦恼中解放出来，使我能从事这种独特的研究".

1806 年，布伦兹维克公爵在抵抗拿破仑统帅的法军时不幸在耶拿战役中阵亡，这给高斯以沉重的打击. 他悲痛欲绝，长时间对法国人有一种深深的敌意. 公爵的去世给高斯带来了经济上的拮据，德国处于法军奴役下的不幸，以及第一个妻子的逝世，这一切使得高斯有些心灰意冷，但他是位刚强的汉子，从不向他人透露自己的窘况，也不让朋友安慰自己的不幸.

慷慨、仁慈的资助人去世了，因此高斯必须找一份合适的工作，以维持一家人的生计. 由于高斯在天文学、数学方面的杰出工作，他的名声从 1802 年起就已开始传遍欧洲. 彼得堡科学院不断暗示他，自从 1783 年莱昂哈德·欧拉去世后，欧拉在彼得堡科学院的位置一直在等待着像高斯这样的天才. 公爵在世时坚决劝阻高斯去俄国，他甚至愿意给高斯增加薪金，为他建立天文台.

为了不使德国失去最伟大的天才，德国著名学者洪堡联合其他学者和政界人物，为高斯争取到了享有特权的哥廷根大学数学和天文学教授，以及哥廷根天文台台长的职位. 1807 年，高斯赴哥廷根就职，全家迁居于此. 从这时起，除了一次到柏林去参加科学会议以外，他一直住在哥廷根. 洪堡等人的努力，不仅使得高斯一家人有了舒适的生活环境，高斯本人可以充分发挥其天才，而且为哥廷根数学学派的创立、德国成为世界科学中心和数学中心创造了条件. 同时，这也标志着科学研究社会化的一个良好开端.

1827 年他发表了《曲面的一般研究》，涵盖一部分大学"微分几何"的内容. 1833 年高斯从他的天文台拉了一条长八千尺的电线，跨过许多人家的屋顶，一直到韦伯的实验室，以伏特电池为电源，构造了世界上第一个电报机. 高斯对自己的工作态度是精益求精，非常严格地对待自己的研究成果. 他自己曾说：宁可少发表，也要保证发表的东西是成熟的成果. 许多当时的数学家建议他，不要太认真，把结果写出来发表，这对数学的发展是很有帮助的. 美国的著名数学家贝尔，在他著的《数学工作者》一书里曾经这样批评高斯：在高斯死后，人们才知道他早就预见了一些 19 世纪的数学，而且在 1800 年之前已经期待它们的出现. 如果他能把他所知道的一些东西泄露，很可能比当今数学还要先进半个世纪或更多的时间. 阿贝尔和雅各比可以从高斯所停留的地方开始工作，而不是把他们最好的努力花在发现高斯早在他们出生时就知道的东西上. 而那些非欧几何学的创造者，也可以把他们的天才用到其他方面去.

虽然高斯作为一个数学家而闻名于世，但这并不意味着他热爱教书. 尽管如此，他越来越多的学生成为有影响的数学家，如后来闻名于世的戴德金和黎曼等.

# 第八章

# 随机事件及其概率

自然界中的现象分为两个大类：一类是必然现象，也称为确定现象；另一类是随机现象，也称为不确定现象．而且自然界中的所有现象大多是以随机的形式呈现出来的，所以对自然界中的随机现象进行研究就显得尤为重要．概率统计就是专门用于研究随机现象的统计规律性的数学分支．根据需要我们仅介绍其中主要的和基本的内容．

## 第一节　概率论的基本概念

### 一、必然现象与随机现象

在自然界和人的实践活动中经常会遇到各种各样的现象，这些现象大致可以分为两类：一类是必然现象，另一类是随机现象．

**必然现象：** 在一定条件下事先能断定必然发生或不发生某种结果的现象称为必然现象．例如，在标准大气压下，水加热到 100 ℃时一定会沸腾；氢气在氧气中燃烧必然会产生水；向上抛一块石子必然下落；同性电荷相斥，异性电荷相吸，等等．

必然现象的特征是条件和结果有确定的因果关系，结果的确定性、可预见性．

**随机现象：** 在一定条件下进行试验或观察会出现不同的结果（也就是说有多于一种可能的结果），而且在每次试验之前都无法预知会出现哪一种结果的现象．例如，在相同条件下，向上抛一枚质地均匀的硬币，其结果可能是正面向上，也可能是背面向上；同一门大炮向同一目标进行多次射击（同一型号的炮弹），各次射击的弹着点可能不尽相同；当我们走到装有交通信号灯的十字路口时，可能会遇到绿灯，也可能会遇到红灯或黄灯；从一批产品中任意抽取 10 件，每一次抽取的次品数可能会不相同；在相同条件下，向上抛一枚质地均匀的骰子，可能会出现 1 点，也可能会出现 2 点、3 点、4 点、5 点、6 点，等等．

随机现象的特征是条件与结果没有确定的因果关系，结果的不确定性、不可预知性即随机性．

### 二、随机试验与样本空间

随机现象也并不是一切都不确定，在大量重复试验中其结果呈现某种规律性，即统计规律性，而研究随机现象的统计规律性最好的办法就是进行试验与观察，即进行随机试验．

**定义 8.1**　在概率论中，把具有以下三个特征的试验称为**随机试验**，记为 $E$.

（1）试验在相同条件下可以重复进行；

（2）试验的结果不止一个，并且能事先明确试验的所有可能结果；

（3）试验前不能确定哪一个结果会发生.

定义 8.1 的条件分别为：可重复性、所有结果的可预见性、每次结果的随机性. 关于"相同条件"只能是相对而言的，事实上正因为有很多不确定、难以控制的因素的影响，才造成了结果的不确定性.

随机试验的所有可能结果所构成的集合称为随机试验的**样本空间**，记为 $\Omega$. 随机试验的每一个可能结果称为随机试验的**样本点**，样本空间是所有样本点的集合.

例如，

（1）掷一枚骰子观察点数这一随机试验的样本空间 $\Omega_1=\{1,2,3,4,5,6\}$；

（2）从一批产品中任意抽取 10 件，观察其中的次品数这一随机试验的样本空间 $\Omega_2=\{0,1,2,3,4,5,6,7,8,9,10\}$；

（3）掷一枚硬币，观察其出现正面还是反面这一随机试验的样本空间 $\Omega_3=\{$正，反$\}$；

（4）在一批灯泡中任取一只，测试它的寿命这一随机试验的样本空间 $\Omega_4=[0,+\infty)$.

## 三、随机事件

在随机试验中可能发生也可能不发生的事件称为**随机事件**，用大写字母 $A$，$B$，$C$，… 表示. 随机事件是样本空间的子集，所以也是样本点的集合.

设某一随机试验的样本空间为 $\Omega$，$A$ 是它的一个随机事件，则在一次试验中随机事件 $A$ 发生了是指 $A$ 中的一个样本点出现了，反之在一次试验中事件 $A$ 的一个样本点出现了，我们就称事件 $A$ 发生了.

今后在不发生混淆的情况下我们将随机事件简称为**事件**.

样本空间 $\Omega$ 包含所有的样本点，它是 $\Omega$ 自身的子集，在每次试验中它总会发生，称为**必然事件**. 空集 $\varnothing$ 不包含任何样本点，但它也是样本空间的子集，而且在每次试验中都不可能发生，所以称为**不可能事件**，由一个样本点构成的事件称为**基本事件**.

# 习题 8-1

写出下列随机试验的样本空间：

（1）袋中有标号为 1，2，3，4，5 的五个球：

①随机取 2 次，1 次取 1 个球，取后不放回，观察取到球的编号；

②随机取 2 次，1 次取 1 个球，取后放回，观察取到球的编号；

③一次随机取 2 个球，观察取到球的编号.

（2）向目标射击直到命中为止，记录射击的总次数.

（3）公交车每 10 分钟一辆，某人随机到车站候车，记录候车的时间.

（4）对某厂生产的产品进行检查，合格的记上"正品"，不合格的记上"次品"，如果连续 2 次遇到次品则停止检查，记录检查的结果.

（5）掷一枚骰子，观察出现的点数.

（6）从一批灯泡中任意抽取一只，测试它的寿命.

# 第二节　随机事件的关系及运算

由于事件的概念与集合类似，所以也具有与集合类似的关系运算，只不过它具有概率意义下的解释.

### 1. 事件的包含关系

若事件 $B$ 发生必然导致事件 $A$ 发生. 则称事件 $B$ 包含于事件 $A$，或称 $A$ 包含 $B$，记为 $B \subseteq A$.

例如，在掷骰子的试验中，令 $B$ 表示"掷出 2 点"，$A$ 表示"掷出偶数点"，则 $B \subseteq A$. 又如，在产品检验中，以事件 $A$ 表示"抽到合格品"，事件 $B$ 表示"抽到一级品"，则显然有 $B \subseteq A(B \subset A)$.

### 2. 事件的相等

若事件 $B \subseteq A$ 且 $A \subseteq B$，则称事件 $A$ 等于事件 $B$，记为 $A = B$.

### 3. 事件的和

事件 $A$ 和事件 $B$ 至少有一个发生，称为事件 $A$、$B$ 的和事件，记为 $A \cup B$，叙述为"$A$ 发生或者 $B$ 发生". 事件的和是事件运算中十分重要的运算，只要在事件的表述中用到"至少"一般都要用事件的和来表示.

例如，在 10 件产品中有 2 件次品，从中任取 2 件，以 $A=$"恰有一件次品"，$B=$"恰有两件次品"，$C=$"至少有一件次品"，则有 $C = A \cup B$.

### 4. 事件的积

事件 $A$ 与事件 $B$ 同时发生，称为事件 $A$、$B$ 的积事件，记为 $A \cap B$ 或 $AB$，叙述为"$A$、$B$ 都发生".

### 5. 事件的不相容

若事件 $A$ 与事件 $B$ 不可能同时发生，即 $AB = \varnothing$，则称 $A$、$B$ 事件互不相容.

例如，$A$、$B$ 分别表示掷一枚骰子出现"3 点"和"5 点"，则由于掷一枚骰子不可能同时得到"3 点"和"5 点"，即 $AB = \varnothing$，所以事件 $A$、$B$ 不相容.

### 6. 对立事件

若事件 $A$ 与事件 $B$ 的积事件为不可能事件，和事件为必然事件，即 $A \cap B = \varnothing$，$A \cup B = \Omega$，则称事件 $A$、$B$ 互为对立事件，记为 $A = \bar{B}$，$B = \bar{A}$.

它相当于集合的补运算，显然 $A$ 与 $\bar{A}$ 是不相容的，即 $A$ 与 $\bar{A}$ 不可能同时发生.

### 7. 事件的差

事件 $A$ 发生而事件 $B$ 不发生，称为事件 $A$ 与事件 $B$ 的差事件，记为 $A - B$. 显然，$\bar{A} = \Omega - A$，而且有 $A - B = A - AB = A\bar{B}$.

在以上 7 条中，1、2、5 称为事件间的关系，其余的称为事件的运算. 由于事件与集合类似，所以有与集合类似的运算性质.

**事件的运算性质：**

(1) $A \cup B = B \cup A$，$A \cap B = B \cap A$；

(2) $(A \cup B) \cup C = A \cup (B \cup C)$，$(A \cap B) \cap C = A \cap (B \cap C)$；

(3) $A \cap (B \cup C) = (A \cap B) \cup (A \cap C)$，$A \cup (B \cap C) = (A \cup B) \cap (A \cup C)$；

(4) $\varnothing \subset AB \subset A \subset A \cup B \subset \Omega$；

(5) $A \cup \varnothing = A$，$A \cup \Omega = \Omega$，$A \cap \varnothing = \varnothing$，$A \cap \Omega = A$；

(6) $A \cup \overline{A} = \Omega$，$A \cap \overline{A} = \varnothing$；

(7) $A \cup A = A$，$A \cap A = A$；

(8) $B \subset A \Rightarrow A \cup B = A$，$A \cap B = B$；

(9) $A \cap (A \cup B) = A$，$A \cup (A \cap B) = A$；

(10) $\overline{(A \cup B)} = \overline{A} \cap \overline{B}$，$\overline{A \cap B} = \overline{A} \cup \overline{B}$；

引入事件的运算是为了将复杂的事件用简单的事件的运算来表示.

**例 1** 设 $A$、$B$、$C$ 为同一随机试验的事件，试用运算表示下列事件：

(1) $A$ 发生，$B$、$C$ 不发生；

(2) $A$、$B$、$C$ 至少有一个发生；

(3) $A$、$B$、$C$ 至少有两个发生；

(4) $A$、$B$、$C$ 都发生；

(5) $A$、$B$、$C$ 恰有一个发生；

(6) $A$、$B$、$C$ 不多于一个发生；

(7) $A$、$B$、$C$ 不多于一个不发生；

(8) $A$、$B$、$C$ 至多两个不发生.

**解** (1) 所求事件可表示为：$A \overline{B} \overline{C}$；

(2) 所求事件可表示为：$A \cup B \cup C$；

(3) 所求事件可表示为：$(AB) \cup (BC) \cup (AC)$；

(4) 所求事件可表示为：$ABC$；

(5) 所求事件可表示为：$(A \overline{B} \overline{C}) \cup (\overline{A} B \overline{C}) \cup (\overline{A} \overline{B} C)$；

(6) 所求事件可表示为：$(A \overline{B} \overline{C}) \cup (\overline{A} B \overline{C}) \cup (\overline{A} \overline{B} C) \cup (\overline{A} \overline{B} \overline{C})$；

(7) 所求事件可表示为：$(\overline{A} BC) \cup (A \overline{B} C) \cup (AB \overline{C}) \cup (ABC)$；

(8) 所求事件可表示为：$\overline{A} \cup \overline{B} \cup \overline{C}$.

# 习题 8 - 2

1. 袋中有 10 个球，分别编有 1～10，从中任取一球，设 $A =$ "取到偶数号球"，$B =$ "取到奇数号球"，$C =$ "取到号码小于 5 的球"，说明下列事件运算所表示的事件意义：

(1) $A \cup B$； (2) $AB$； (3) $AC$； (4) $\overline{A} \overline{C}$； (5) $\overline{B \cup C}$.

2. 设 $A$、$B$、$C$ 为三个事件，试用运算表示下列事件：

(1) $A$ 不发生，$B$、$C$ 都发生； (2) $A$、$B$、$C$ 都发生；

(3) $A$、$B$、$C$ 恰有一个不发生； (4) $A$、$B$、$C$ 中至少有两个发生；

(5) $A$、$B$、$C$ 中至多有两个不发生.

# 第三节 随机事件的概率及性质

研究随机事件是为了揭示随机事件内在的规律性. 随机事件在一次试验中可能发生也可能不发生, 既然有可能性, 就有可能性大小的度量问题. 事件 $A$ 发生的可能性大小就称为**事件 $A$ 发生的概率**, 通常用 $[0, 1]$ 中的一个数来刻画, 并记为 $P(A)$. 即

$$0 \leqslant P(A) \leqslant 1$$

对于特殊的不可能事件 $\varnothing$ 和必然事件 $\Omega$, 由概率的含义可知

$$P(\varnothing) = 0, P(\Omega) = 1 \Rightarrow 0 = P(\varnothing) \leqslant P(A) \leqslant P(\Omega) = 1$$

### 1. 概率的几何意义

概率可以用如图 8-1 所示的面积来表示: 矩形表示样本空间 $\Omega$, 其面积为 1, 事件 $A$ 为 $\Omega$ 的一部分, 概率 $P(A)$ 为 $A$ 的面积.

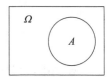

**图 8-1**

### 2. 概率的基本性质

(1) 若事件 $A$、$B$ 有 $A \subset B$, 则有 $P(A) \leqslant P(B)$ 且 $P(B-A) = P(B) - P(A)$.

由事件的运算性质有 $0 = P(\varnothing) \leqslant P(AB) \leqslant P(A) \leqslant P(A \cup B) \leqslant P(\Omega) = 1$. 而对任意事件 $A$、$B$ 恒有 $P(A-B) = P(A) - P(AB)$.

(2) 对立事件的概率计算公式: $P(\overline{A}) = 1 - P(A)$ 或 $P(A) = 1 - P(\overline{A})$.

(3) 概率的加法公式: 设 $A$、$B$ 事件互不相容, 则有 $P(A \cup B) = P(A) + P(B)$.

一般地, 若 $A_1$, $A_2$, $\cdots$, $A_n$, $\cdots$ 两两互不相容, 则

$$P(A_1 \cup A_2 \cup \cdots \cup A_n \cup \cdots) = P(A_1) + P(A_2) + \cdots + P(A_n) + \cdots$$

(4) 概率的广义加法公式: 对于任意两个事件 $A$、$B$, 有

$$P(A \cup B) = P(A) + P(B) - P(AB)$$

该公式也可以推广到多个事件的和. 例如, 对于任意三个事件 $A$、$B$、$C$, 有

$$P(A \cup B \cup C) = P(A) + P(B) + P(C) - P(AB) - P(BC) - P(AC) + P(ABC)$$

# 第四节 古典概率及其计算

本节讨论一类最简单直观的随机试验, 也是概率论发展初期就开始研究的一类概率问题, 这就是古典型随机试验, 简称古典概型.

**定义 8.2** 设随机试验 $E$ 满足如下条件:

(1) $E$ 的样本空间仅含有限个样本点, 即 $\Omega = \{e_1, e_2, \cdots, e_n\}$;

(2) 每一个样本点在一次试验中以相等的可能性出现, 即 $P(e_1) = P(e_2) = \cdots = P(e_n)$.

则称 $E$ 为**古典型随机试验**, 简称**古典概型**.

若随机试验 $E$ 的样本空间中仅有 $n$ 个样本点, $A$ 为 $E$ 中的一个事件, $A$ 中的样本点为 $k_A$ 个, 则事件 $A$ 发生的概率有如下的计算公式:

$$P(A) = \frac{k_A}{n}$$

可以用古典概型方式计算的概率称为**古典概率**. 由于古典概率的计算需要对样本空间 $\Omega$ 和事件 $A$ 中的样本点进行计数，所以古典概率的计算中大量用到排列组合这一计数工具.

**例1** 掷一枚硬币，求出现正面的概率.

**解** 显然 $\Omega=\{$正，反$\}$，因此 $n=2$，设 $A=$"出现正面"，则 $k_A=1$，于是可得

$$P(A)=\frac{k_A}{n}=\frac{1}{2}$$

**例2** 掷两枚硬币，求恰有一个出现正面的概率.

**解** 记正面向上为"＋"，背面向上为"－"，则 $\Omega=\{(-,-),(+,-),(-,+),(+,+)\}$，因此 $n=4$，设 $A=$"恰有一个出现正面"，则 $k_A=2$，于是

$$P(A)=\frac{2}{4}=\frac{1}{2}$$

该例中若将样本空间中的所有可能结果视为：$(-,-)$，$(-,+)$，$(+,+)$，那么 $P(A)=\frac{1}{3}$，这样解释对吗？

**例3** 掷两枚均匀骰子，求出现点数之和为8的可能性大小.

**解** 设事件 $A=$"点数之和为8"，则

$$P(A)=\frac{5}{6^2}=\frac{5}{36}$$

**例4** 设有 $N$ 件产品，其中有 $M$ 件次品，现从这 $N$ 件产品中随机抽取 $n$ 件，求这 $n$ 件产品中恰有 $m$ 件次品的概率.

**解** 设事件 $A=$"$n$ 件中恰有 $m$ 件次品"，则

$$P(A)=\frac{C_M^m \cdot C_{N-M}^{n-m}}{C_N^n}$$

**例5** 从1，2，3，4，5，6，7，8，9这九个数字中任取一个，求取到的是2或3的倍数的概率.

**解** 设事件 $A=$"取到2或3的倍数"，则

$$P(A)=\frac{6}{C_9^1}=\frac{2}{3}$$

**例6** 求 $n$ 个人（$n\leqslant 365$）中至少有两个人同一天生日的概率（一年按365天计算）.

**解** 设每人生日在365天中的任一天都是等可能的，于是令 $A=$"至少有两人同一天生日"，但是 $A$ 中的计数太复杂，我们反过来讨论 $\overline{A}=$"所有人的生日都不同"，故由对立事件的概率计算公式有

$$P(A)=1-P(\overline{A})=1-\frac{C_{365}^n}{365^n}$$

由该例可见，直接计算概率较复杂时，用对立事件的概率计算公式来计算概率，可使计算大大简化. 对不同的 $n$ 可以由上式计算概率，当 $n=23$ 时，可得 $P(A)>0.5$，所以在23人或更多的人在一起时，打赌说至少两人生日相同是有利的.

**例7** $n$ 张奖票中有 $m$ 张（$m<n$）为中奖奖票，如今有 $n$ 个人采取排队抽取的方式每人

抽一张，问排在第 $k$ 位的人中奖的概率是多少.（抽奖问题）

　　**解**　令 $A=$ "第 $k$ 人抽到中奖奖票".

　　（方法一）因为只关心第 $k$ 人中奖，而不用关心后面的人的抽取情况，所以只考察前 $k$ 张奖票的排列问题，于是，

$$P(A)=\frac{A_m^1 \cdot A_{n-1}^{k-1}}{A_n^k}=\frac{m}{n}$$

该结果与排序无关，说明无论排在什么位置中奖的概率都相等.

　　（方法二）把 $n$ 张奖票全部拿来排序，则所求概率为

$$P(A)=\frac{A_m^1 \cdot A_{n-1}^{n-1}}{A_n^n}=\frac{m}{n}$$

　　（方法三）由于只关心中奖与否，所以所有奖票仅有中与不中之分. 于是在所有中奖奖票排定以后，其余奖票的排位随之而定，即视为 $n$ 个人来抽取 $m$ 张中奖奖票. 则根据排列组合知识可得，所求概率为

$$P(A)=\frac{C_{n-1}^{m-1}}{C_n^m}=\frac{m}{n}$$

该例说明同一随机现象可以用不同的模型来描述，也就是说在解决古典概型问题时，可以有不同的计算方法，但其结论一般只有一个，而且概型一旦确定就不能随意变动.

# 习题 8 - 4

1. 一批产品中有 37 件正品，3 件次品，现从中任取 3 件. 求：

（1）恰有一件次品的概率；

（2）全为次品的概率；

（3）全为正品的概率；

（4）至少有一件次品的概率.

2. 一部五卷文集按任意方式放到书架上，求卷号恰好成序的概率.

3. 从 1～10 号球中任取三个，求最大号码为 5 的概率.

4. 现有甲、乙、丙三个密码破译员，设各自独立正确破译某份密码的概率都是 $\frac{1}{4}$，甲、丙同时正确破译这份密码的概率是 $\frac{1}{8}$，而甲与乙和乙与丙均不能同时正确破译这份密码，试求至少有一位破译员能正确破译这份密码的概率.

5. 将 20 支球队分成 2 组进行比赛，求最强两队分在不同组的概率？

6. 袋中有 5 白 3 黑共 8 个球，从中随机抽取两球，求：

（1）取到两球同色的概率；

（2）至少有一个是白球的概率.

7. 袋中有 5 红 4 黄 3 白共 12 个球，从中任取 4 个，问取到的 4 个球中各种颜色都有的概率.

# 第五节　条件概率与乘法公式

在自然界中，事物是相互联系、相互影响的，这对随机事件也不例外. 在同一试验中，一个事件发生与否对其他事件发生的可能性的大小究竟是如何影响的? 这就是本节将要研究的内容.

## 一、条件概率

上一节所讨论的概率 $P(A)$ 都是在随机试验 $E$ 的确定条件下事件 $A$ 发生的概率，称为原条件下的概率，简称原发概率. 而实际问题中常常需要考虑"在事件 $B$ 已发生"的条件下，事件 $A$ 发生的概率. 这种概率就称为条件概率.

**定义 8.3**　如果事件 $A$、$B$ 是同一随机试验下的两个随机事件，那么在事件 $B$ 发生的前提下，事件 $A$ 发生的概率称为**条件概率**，记为 $P(A|B)$，且

$$P(A|B) = \frac{P(AB)}{P(B)} \quad (P(B)>0)$$

相应地，称 $P(A)$ 为**无条件概率**或**原发概率**.

**例 1**　设盒子中有不同质地和颜色的 14 个球（如表 8-1 所示），现从中任取一球，问:

(1) 取到红球的概率是多少?

(2) 取到木球的概率是多少?

(3) 取到的球既是红球又是木球的概率是多少?

(4) 取到木球的前提下是红球的概率是多少?

表 8-1

|  | 木质 | 玻璃 | 合计 |
|---|---|---|---|
| 红 | 3 | 2 | 5 |
| 白 | 5 | 4 | 9 |
| 合计 | 8 | 6 | 14 |

**解**　令 $H=$ "取到的是红球"，$M=$ "取到的是木球"，则

(1) $P(H) = \dfrac{C_5^1}{C_{14}^1} = \dfrac{5}{14}$;

(2) $P(M) = \dfrac{C_8^1}{C_{14}^1} = \dfrac{8}{14}$;

(3) $P(HM) = \dfrac{C_3^1}{C_{14}^1} = \dfrac{3}{14}$;

(4) $P(H|M) = \dfrac{P(HM)}{P(M)} = \dfrac{C_3^1}{C_8^1} = \dfrac{3}{8} = \dfrac{\dfrac{3}{14}}{\dfrac{8}{14}} = \dfrac{P(HM)}{P(M)}$.

**例 2**　一个家庭有三个小孩，求:

(1) 至少有一个男孩的概率；

(2) 有男有女的概率；

(3) 在已知有一个女孩的前提下，至少有一个男孩的概率.

**解**　(1) 设 $A=$ "至少有一个男孩"，因为 "至少有一个男孩" 包括 "恰有一个男孩" "恰有两个男孩" "恰有三个男孩"，这样考虑太繁琐了，我们考虑其对立事件 $\bar{A}=$ "全是女孩"，于是有

$$P(A)=1-P(\bar{A})=1-\frac{1}{2^3}=\frac{7}{8}$$

(2) 设 $B=$ "有男有女"，于是有

$$P(B)=\frac{6}{8}=\frac{3}{4}$$

(3) 设 $C=$ "至少有一个女孩"，则所求概率为

$$P(A\mid C)=\frac{6}{7} \quad \text{（收缩样本空间法）}$$

**例 3**　某种仪器能使用 10 年的概率为 0.8，能使用 15 年的概率为 0.4，求已使用了 10 年的仪器还能用 5 年的概率.

**解**　设 $B=$ "仪器使用了 10 年"，$A=$ "仪器使用了 15 年"，则显然有 $A\subset B$，所以有 $AB=A$，于是所求概率为

$$P(A\mid B)=\frac{P(AB)}{P(B)}=\frac{P(A)}{P(B)}=\frac{0.4}{0.8}=0.5$$

## 二、乘法公式

由条件概率的计算公式，立即可得概率的乘法公式：

$$P(AB)=P(A)P(B\mid A)=P(B)P(A\mid B)$$

同样可得三个事件的乘法公式：

$$P(ABC)=P(C\mid AB)P(B\mid A)P(A)$$

**例 4**　袋中有 4 白 6 红共 10 个球，不放回地抽取两次，每次任取一球，求第一次取到白球，第二次取到红球的概率.

**解**　令 $A=$ "第一次取到白球"，$B=$ "第二次取到红球"，由题意得

$$P(A)=\frac{4}{10}=\frac{2}{5},\ P(B\mid A)=\frac{6}{9}=\frac{2}{3}$$

于是所求概率为

$$P(AB)=P(A)P(B\mid A)=\frac{4}{15}$$

该例也可直接令所求事件为 $H$，用古典概率来计算：

$$P(H)=\frac{A_4^1 A_6^1}{A_{10}^2}=\frac{4}{15}$$

**例 5**　老师提出一个问题，甲先回答，答对的概率是 0.4；若甲答错了再由乙答，而乙答对的概率是 0.5，求问题由乙答出的概率是多少？

**解**  令事件 $A=$ "甲答错"，$B=$ "乙答对"，则所求概率为

$$P(AB)=P(A)P(B|A)=0.6\times0.5=0.3$$

## 习题 8−5

1. 向三个相邻的军火库中投掷一颗炸弹，炸中一个，其余两个也要爆炸，求军火库发生爆炸的概率.

2. 某城市有 50% 的住户订日报，有 65% 的住户订晚报，有 85% 的住户至少订阅其中的一种，求同时订阅这两种报纸的住户的百分比.

3. 某种产品的次品率为 0.05，而正品中有 85% 为一级品，从中任取一件，求取到的为一级品的概率.

4. 根据以往资料，一个 3 口之家，患某种传染病的概率有以下规律：孩子得病的概率为 0.6，在孩子得病的情况下母亲得病的概率为 0.5，在孩子和母亲都得病的情况下父亲得病的概率为 0.4，求孩子和母亲都得病但父亲未得病的概率.

# 第六节  随机事件的独立性

在学习条件概率时，我们曾经指出：条件概率 $P(A|B)$ 与原发概率 $P(A)$ 一般是不同的（即 $P(A)\neq P(A|B)$）. 它表明事件 $B$ 的发生影响了事件 $A$ 发生的概率，但在特殊情况下条件概率 $P(A|B)$ 与原发概率 $P(A)$ 有可能相等.

**例 1**  袋中有 8 个红球和 2 个白球，分放回与不放回两种方式从中依次抽取两次，每次取一个，在这两种方式下分别求事件"第二次取到红球"的概率和"第一次取到红球的条件下第二次又取到红球"的概率.

**解**  令 $A=$ "第一次取到红球"，$B=$ "第二次取到红球".

在不放回抽样情况下：

$$P(B)=P(AB\bigcup\overline{A}B)=P(AB)+P(\overline{A}B)$$
$$=P(A)P(B|A)+P(\overline{A})P(B|\overline{A})$$
$$=\frac{8}{10}\cdot\frac{7}{9}+\frac{2}{10}\cdot\frac{8}{9}=\frac{4}{5}$$

而

$$P(B|A)=\frac{7}{9}$$

这时 $P(B)\neq P(B|A)$，这是因为第一次抽样不放回，对第二次抽样产生了影响，使第二次抽到红球的可能性减小了.

在放回抽样的情况下：

$$P(B)=P(AB\bigcup\overline{A}B)=P(AB)+P(\overline{A}B)$$
$$=P(A)P(B|A)+P(\overline{A})P(B|\overline{A})$$
$$=\frac{8}{10}\cdot\frac{8}{10}+\frac{2}{10}\cdot\frac{8}{10}=\frac{4}{5}$$

而

$$P(B|A)=\frac{4}{5}$$

这里 $P(B) = P(B|A)$，这是因为第一次抽样后放回，对第二次抽样不会产生影响，所以附加条件"$A$ 发生"对"$B$ 发生"没有影响. 这种事件 $A$、$B$ 的发生互不影响的性质，就是事件的独立性.

**定义 8.4** 设 $A$、$B$ 是两个事件，如果满足等式

$$P(AB) = P(A)P(B)$$

则称事件 $A$ 与 $B$ **相互独立**.

根据上面的分析，事件 $A$ 与 $B$ 相互独立是指事件 $A$ 与 $B$ 的发生互不影响. 于是有

$$\text{事件 } A\text{、}B \text{ 相互独立} \Leftrightarrow P(B) = P(B|A) \text{ 或 } P(A) = P(A|B)$$

事件相互独立的基本性质：

(1) 对于事件 $A$，若有 $P(A) = 0$ 或 $P(A) = 1$，则事件 $A$ 与任何事件相互独立；

**证明** 当 $P(A) = 0$ 时，对于任意事件 $B$，有

$$\varnothing \subset AB \subset A \Rightarrow 0 \leqslant P(AB) \leqslant P(A) = 0$$

因此 $P(AB) = 0$，于是 $P(AB) = 0 \cdot P(B) = P(A)P(B)$. 所以 $A$ 与 $B$ 相互独立.

当 $P(A) = 1$ 时，对于任何事件 $B$，有

$$A \subset A \cup B \subset \Omega \Rightarrow 1 = P(A) \leqslant P(A \cup B) \leqslant P(\Omega) = 1$$

即

$$P(A \cup B) = 1$$

而

$$1 = P(A \cup B) = P(A) + P(B) - P(AB)$$

因此

$$P(AB) = P(B) = 1 \cdot P(B) = P(A)P(B)$$

所以 $A$ 与 $B$ 相互独立.

(2) 设 $A$、$B$ 为两事件，如果 $A$ 与 $B$、$\overline{A}$ 与 $B$、$A$ 与 $\overline{B}$、$\overline{A}$ 与 $\overline{B}$ 这四对事件中有一对独立，则其余三对事件一定独立.

**证明** 这里仅证明如果 $A$、$B$ 相互独立，则 $\overline{A}$、$B$ 也相互独立.

由事件 $A$、$B$ 相互独立可得 $P(AB) = P(A)P(B)$，而

$$P(\overline{A}B) = P(B-A) = P(B) - P(AB) = P(B) - P(A)P(B)$$
$$= [1 - P(A)]P(B) = P(\overline{A})P(B)$$

所以 $\overline{A}$、$B$ 相互独立.（其余证明类似）

事件的相互独立性是根据"试验方式"或"经验"来加以判断的. 如，在放回抽样中"第一次抽取"与"第二次抽取"是没有影响的，所以放回抽样也称为"独立抽样"；两部机床互不联系的各自运转，则"这部机床出故障"与"那部机床出故障"应该是相互独立的；而两人同时向一个目标射击，各自命中目标的情况也应该是相互独立的. 这是我们判断事件独立性的基本方法.

事件的相互独立性可以推广到多个事件上去，这里我们就不赘述了.

**例 2** 设有两个人同时向一目标射击，甲的命中率为 0.4、乙的命中率为 0.5，求：

(1) 两人同时击中目标的概率；

(2) 甲命中，而乙没有命中的概率；

(3) 恰有一人命中目标的概率；

(4) 目标被命中的概率.

**解** 设 $A =$ "甲命中目标"，$B =$ "乙命中目标"，显然 $A$、$B$ 独立，则

(1) 所求事件"两人同时击中目标"可表示为 $AB$，于是所求概率为

$$P(AB)=P(A)P(B)=0.4\times0.5=0.2$$

（2）所求事件"甲命中，而乙没有命中"可表示为 $A\bar{B}$，于是所求概率为

$$P(A\bar{B})=P(A)P(\bar{B})=0.4\times0.5=0.2$$

（3）所求事件"恰有一人命中目标"可表示为 $(A\bar{B})\bigcup(\bar{A}B)$，于是所求概率为

$$P((A\bar{B})\bigcup(\bar{A}B))=P(A\bar{B})+P(\bar{A}B)$$
$$=P(A)P(\bar{B})+P(\bar{A})P(B)$$
$$=0.4\times0.5+0.6\times0.5=0.5$$

（4）所求事件"目标被击中"可表示为 $A\bigcup B$，于是所求概率为

$$P(A\bigcup B)=P(A)+P(B)-P(AB)$$
$$=P(A)+P(B)-P(A)P(B)$$
$$=0.4+0.5-0.4\times0.5=0.7$$

**例 3** 甲、乙、丙三人独自破译一个密码，他们能译出的概率分别为 $\dfrac{1}{5}$、$\dfrac{1}{3}$、$\dfrac{1}{4}$，求三人中至少有一人能译出该密码的概率.

**解** 设事件 $A$、$B$、$C$ 分别表示甲、乙、丙译出该密码，则三人中至少有一人能译出该密码的事件可表示为 $A\bigcup B\bigcup C$，于是所求概率为

$$P(A\bigcup B\bigcup C)=1-P(\overline{A\bigcup B\bigcup C})$$
$$=1-P(\bar{A}\,\bar{B}\,\bar{C})$$
$$=1-P(\bar{A})P(\bar{B})P(\bar{C})$$
$$=1-\frac{4}{5}\cdot\frac{2}{3}\cdot\frac{3}{4}=\frac{3}{5}$$

**例 4** 某公司招收职工，需要通过三项考核，若三项考核的通过率分别为 0.6、0.8、0.85，求招收人员时的淘汰率.

**解** 设事件 $A$、$B$、$C$ 分别表示通过相应的考核. 某应试人员被淘汰，说明该应试人员至少有一项考核未过关，于是所求概率为

$$P(\bar{A}\bigcup\bar{B}\bigcup\bar{C})=P(\overline{ABC})=1-P(ABC)$$
$$=1-P(A)P(B)P(C)$$
$$=1-0.6\times0.8\times0.85=0.592$$

事件的独立性在概率计算中有着十分重要的地位，在处理许多复杂问题时一般都要用到.

# 习题 8 - 6

1. 设事件 $A$、$B$ 相互独立，已知 $P(A\bigcup B)=0.6$，$P(A)=0.4$，求 $P(B)$.

2. 假设某校学生英语四级考试的及格率为 $98\%$，其中有 $70\%$ 的学生能通过英语六级考试，求任取一名学生能通过六级考试的可能性.

3. 一个自动报警器由雷达和计算机两部分组成，这两部分任何一个失灵，这个报警器就失灵. 若使用 100 小时后，雷达失灵的概率为 0.1，计算机失灵的概率为 0.3，若两部分失灵是相互独立的，求这个报警器在使用了 100 小时后失灵的概率.

4. 甲、乙、丙三人同时独立地对飞机进行射击，三人命中飞机的概率分别为 0.4、0.5、0.7，问三人中至少有一人命中飞机的概率是多少？

5. 一个工人看管三台机床，在 1 小时内这三台机床不需要有人看管的概率分别为 0.9、0.8、0.7. 求在 1 小时内这三台机床中最多有一台需要有人看管的概率.

6. 若每个人的血清中含有肝炎病毒的概率为 0.3，假设每个人的血清中是否含有肝炎病毒是相互独立的，混合 10 个人的血清，求此血清中含有肝炎病毒的概率.

# 第七节　伯努利概型

伯努利概型又称为 $n$ 重独立试验，其定义如下：

**定义 8.5**　若随机试验 $E$ 满足条件：

(1) 在相同条件下可重复进行 $n$ 次；

(2) 每次试验只关心事件 $A$ 发生或不发生，其中 $P(A)=p$；

(3) 各次试验是相互独立的.

则 $E$ 就称为**伯努利概型**.

在伯努利概型中我们关心的是在 $n$ 次独立重复试验中事件 $A$ 发生的次数（记为 $X$），即

$$\{X=k\}=\text{“在 } n \text{ 次独立重复试验中事件 } A \text{ 恰好发生了 } k \text{ 次”}$$

于是，伯努利概型的概率计算公式为

$$P\{X=k\}=C_n^k p^k (1-p)^{n-k} \quad (k=0,\ 1,\ 2,\ \cdots,\ n)$$

它表示在 $n$ 次试验中事件 $A$ 恰好发生了 $k$ 次，而余下的 $n-k$ 次中事件 $A$ 不发生.

**例 1**　某人射击，命中率为 0.6，现重复射击 5 次，求：

(1) 恰好命中两次的概率；

(2) 至少命中 3 次的概率；

(3) 最多命中一次的概率.

**解**　设 $\{X=k\}=$ "5 次射击中命中了 $k$ 次"，则

(1) 恰好命中两次的概率为

$$P\{X=2\}=C_5^2 0.6^2 0.4^3=10\times0.36\times0.064=0.230\ 4$$

(2) 至少命中 3 次的概率为

$$P\{X\geqslant3\}=P\{X=3\}+P\{X=4\}+P\{X=5\}$$
$$=C_5^3 0.6^3 \cdot 0.4^2+C_5^4 0.6^4 \cdot 0.6+C_5^5 0.6^5$$
$$=10\times0.216\times0.16+5\times0.129\ 6\times0.4+0.077\ 76$$
$$=0.682\ 56$$

(3) 最多命中一次的概率为

$$P\{X\leqslant1\}=P\{X=0\}+P\{X=1\}$$
$$=C_5^0 0.6^0 \cdot 0.4^5+C_5^1 0.6 \cdot 0.4^4$$
$$=0.087\ 04$$

该例中 $X=0$，1，2，3，4，5 的概率之和为 1，这刚好与事件 $\{0\leqslant X\leqslant5\}$ 为必然事件相吻合.

**例 2** 某车间有 12 台车床独立工作，每台停车的概率为 $\dfrac{1}{3}$，求恰好有 4 台车床处于停车状态的概率.

**解** 设 $\{X=k\}=$ "12 台车床中恰有 $k$ 台处于停车状态"，则所求概率为

$$P\{X=4\}=C_{12}^4\left(\frac{1}{3}\right)^4\left(\frac{2}{3}\right)^8\approx0.238$$

## 习题 8 - 7

1. 某人忘记了电话号码的最后一位数字，因而随意地拨出最后一个号码，求不超过三次就能拨通电话的概率.

2. 在某种考试中假设 $A$、$B$、$C$ 三人考中的可能性分别为 $\dfrac{2}{5}$，$\dfrac{3}{4}$，$\dfrac{1}{3}$，且三人各自独立考试，求：

（1）三人都考中的概率；

（2）只有两人考中的概率.

3. 加工某一零件须经过三道工序，这三道工序出次品的概率分别为 0.02，0.03，0.05，若三道工序各自独立工作，求加工零件为次品的概率.

4. 某工人每天出次品的概率为 0.2，求此人工作四天仅有一天出次品的概率？

5. 一批产品中有 20% 的次品，进行 5 次有放回抽样，求：

（1）5 次中恰有两次抽到次品的概率；

（2）5 次中最多有两次抽到次品的概率.

6. 商店收到 1 000 瓶矿泉水，每个瓶子在运输过程中破损的概率为 0.003，求商店收到 1 000 瓶矿泉水中，

（1）恰有两瓶破损的概率？

（2）超过两瓶破损的概率？

（3）至少有一瓶破损的概率？

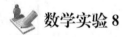 **数学实验 8**

### MATLAB 在排列组合中的应用

### 一、实验目的

学习利用 MATLAB 计算排列数、组合数等，掌握 factorial、nchoosek、prod 等命令的调用格式.

### 二、利用 MATLAB 计算阶乘、组合数、排列数

在 MATLAB 中，计算阶乘、组合数、排列数的命令及调用格式如表 8 - 2 所示.

表 8 - 2

| 调用格式 | 说　明 | 调用格式 | 说　明 |
|---|---|---|---|
| factorial（n） | 计算 n 的阶乘 | combntns(x, m) | 列举出从 n 个元素中取出 m 个元素的组合. 其中, x 是含有 n 个元素的向量 |
| nchoosek(n, m) | 从 n 个元素中取 m 个元素的所有组合数 | nchoosek(x, m) | 从向量 x 中取 m 个元素的组合 |
| perms(x) | 给出向量 x 的所有排列 | prod(m：n) | 计算排列数：<br>m * (m+1) * (m+2) * … * (n−1) * n<br>若计算 $A_n^m$ 可用命令<br>prod(n−m+1：n) |

**例 1**　试求从 2，3，6，7，10，15，17 中任取 6 个数的所有排列.

在 M 文件编辑窗口中输入命令：

t = [2 3 6 7 10 15 17]；

combntns(t, 6)

计算结果为：

ans =

|   |   |   |   |   |   |
|---|---|---|---|---|---|
| 2 | 3 | 6 | 7 | 10 | 15 |
| 2 | 3 | 6 | 7 | 10 | 17 |
| 2 | 3 | 6 | 7 | 15 | 17 |
| 2 | 3 | 6 | 10 | 15 | 17 |
| 2 | 3 | 7 | 10 | 15 | 17 |
| 2 | 6 | 7 | 10 | 15 | 17 |
| 3 | 6 | 7 | 10 | 15 | 17 |

**例 2**　某班有 50 人，试求至少有两人生日相同的概率.

**解**　$P\{至少有两人生日相同\} = 1 - P\{所有人生日不同\}$

$$= 1 - \frac{A_{365}^{50}}{365^{50}}$$

在 M 文件编辑窗口中输入命令：

P = 1 − prod(365 − 50 + 1：365)/365^50

计算结果为：

P =

0.97037357957799

**例 3**　有 50 件产品，已知其中有 4 件不合格品，从中随机取出 5 件，试求没有不合格品的概率.

**解**　所求概率 $P = \dfrac{C_{46}^5}{C_{50}^5}$

在 M 文件编辑窗口中输入命令：

P = nchoosek(46,5)/ nchoosek(50,5)

计算结果为：

P =

    0.6470

**例 4**   袋子中有 5 只白球，6 只黑球，从中取出 3 只球.

（1）采用不放回抽样，求所取 3 只球顺序为黑、白、黑的概率；

（2）采用放回抽样，求所取 3 只球顺序为黑、白、黑的概率；

（3）采用不放回抽样，求所取 3 只球为 2 黑 1 白的概率.

**解**   （1）所求概率为：$P = \dfrac{C_6^1 C_5^1 C_5^1}{A_{11}^3}$

（2）所求概率为：$P = \dfrac{C_6^1 C_5^1 C_6^1}{11^3}$

（3）所求概率为：$P = \dfrac{C_6^2 C_5^1}{A_{11}^3}$

在 M 文件编辑窗口中输入命令：

P1 = nchoosek(6,1) * nchoosek(5,1) * nchoosek(5,1)/prod(11 − 3 + 1:11)

P2 = nchoosek(6,1) * nchoosek(5,1) * nchoosek(6,1)/11^3

P3 = nchoosek(6,2) * nchoosek(5,1)/prod(11 − 3 + 1:11)

计算结果为：

P1 =

    0.15151515151515

P 2 =

    0.1127

P 3 =

    0.0758

# 自己动手（八）

1. 用 MATLAB 计算下列各式的值：

（1）8！；　　（2）$C_{10}^4$；　　（3）$A_8^3$；　　（4）$C_{32}^7$.

2. 试求从 2，3，4，5，9，7，8，6 中任取 5 个数的所有排列.

3. 一个口袋中有外形相同的 10 个球，其中 4 个白球，6 个红球，现从中任取 3 个，试用 MATLAB 计算：

（1）取出的 3 个球都是红球的概率；

（2）取出的 3 个球中恰有一个是白球的概率.

4. 设在 12 件产品中有 3 件次品，现从中随机抽取 5 件，试求：

（1）取出的 5 件产品中至少有一件次品的概率；

（2）取出的 5 件产品中至多有一件次品的概率.

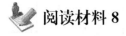

## 阅读材料8

# 数学史上三大危机

在数学发展的历史上，并不是一帆风顺的，曾经产生过许多矛盾. 如具体与抽象、有限与无限、连续与离散、存在与构造、逻辑与直观等. 数学的发展史同时也是一部矛盾的斗争和解决的历史，而当矛盾激化到涉及整个数学的基础时，就产生了数学危机.

在数学史上已被大家公认的较大的危机有三次.

## 第一次数学危机

1. 起因：在公元前580—568年之间的古希腊，数学家毕达哥拉斯建立了毕达哥拉斯学派. 这个学派集宗教、科学和哲学于一体，该学派人数固定，知识保密，所有发明创造都归于学派领袖. 当时人们对有理数的认识还很有限，对于无理数的概念更是一无所知. 毕达哥拉斯学派所说的数，原来是指整数，他们不把分数看成一种数，而仅看作两个整数之比，他们错误地认为，宇宙间的一切现象都归结为整数或整数之比，即"万物皆数". 该学派的成员希伯索斯根据勾股定理（西方称为毕达哥拉斯定理），通过逻辑推理发现，边长为1的正方形的对角线长度既不是整数，也不是整数的比所能表示的. 希伯索斯的发现导致了数学史上第一个无理数 $\sqrt{2}$ 的诞生. 小小 $\sqrt{2}$ 的出现，在当时的数学界掀起了一场巨大风暴. 希伯索斯的发现被认为是荒谬和违反常识的事. 它不仅严重地违背了毕达哥拉斯学派的信条，也冲击了当时希腊人的传统见解，使当时希腊数学家们深感不安. 相传希伯索斯因这一发现被投入海中淹死，这就是第一次数学危机.

2. 解决：这场危机通过在几何学中引进不可通约量的概念而得到解决. 两条几何线段，如果存在第三条线段能同时量尽它们，就称这两条线段是可通约的，否则就称是不可通约的. 正方形的一条边与对角线，就不存在能同时量尽它们的第三条线段，因此它们是不可通约的. 很显然，只要承认不可通约量的存在使几何量不再受整数的限制，所谓的数学危机也就不复存在了.

第一次危机的真正解决是在1872年，德国数学家对无理数给出了严格的定义.

3. 意义：不可通约量的研究使几何学更加完备，其成果被欧几里得所吸收，部分被收入到他的《几何原本》中.

## 第二次数学危机

1. 起因：17世纪下半叶，英国著名科学家牛顿和德国科学家莱布尼兹分别独立地创立了微积分. 微积分的形成给数学界带来了革命性的变化，在各个科学领域得到广泛应用，但是微积分在理论上存在矛盾的地方. 无穷小量是微积分的基础概念之一. 微积分的主要创始人牛顿在一些典型的推导过程中，第一步用了无穷小量作分母进行除法，当然无穷小量不能为零；第二步牛顿又把无穷小量看作零，去掉那些包含它的项，从而得到所要的公式. 在力学和几何学的应用中证明了这些公式是正确的，但它的数学推导过程却在逻辑上自相矛盾. 其焦点是：无穷小量是零还是非零？如果是零，怎么能用它做除数？如果不是零，又怎么能把包含着无穷小量的那些项去掉呢？

2. 解决：直到 19 世纪，柯西详细而有系统地发展了极限理论. 柯西认为把无穷小量作为确定的量，即使是零，都说不过去，它会与极限的定义发生矛盾. 无穷小量应该是要怎样小就怎样小的量，因此本质上它是变量，而且是以零为极限的变量，至此柯西澄清了前人的无穷小的概念. 另外魏尔斯特拉斯创立了极限理论，加上实数理论、集合论的建立，从而把无穷小量从形而上学的束缚中解放出来，第二次数学危机基本解决.

3. 意义：第二次数学危机的解决使微积分理论更加完善，形成了科学体系.

### 第三次数学危机

1. 起因：19 世纪下半叶，康托尔创立了著名的集合论，在集合论刚产生时，曾遭到许多人的猛烈攻击. 但不久这一开创性成果就为广大数学家所接受了，并且获得了广泛而高度的赞誉. 数学家们发现，从自然数与康托尔集合论出发可建立起整个数学大厦. 因而集合论成为现代数学的基石.

可是，好景不长. 1903 年，一个震惊数学界的消息传出：集合论是有漏洞的！这就是英国数学家罗素提出的著名的罗素悖论.

罗素构造了一个集合 $S$：$S$ 由一切不是自身元素的集合所组成. 然后罗素问：$S$ 是否属于 $S$ 呢？根据排中律，一个元素或者属于某个集合，或者不属于某个集合. 因此，对于一个给定的集合，问是否属于它自己是有意义的. 但对这个看似合理的问题的回答却会陷入两难境地. 如果 $S$ 属于 $S$，根据 $S$ 的定义，$S$ 就不属于 $S$；反之，如果 $S$ 不属于 $S$，同样根据定义，$S$ 就属于 $S$. 无论如何都是矛盾的. 因而形成了数学史上更大的危机.

2. 解决：数学家们就开始为这场危机寻找解决的办法，其中之一是把集合论建立在一组公理之上，以回避悖论. 首先进行这个工作的是德国数学家策梅罗，他提出七条公理，建立了一种不会产生悖论的集合论，又经过德国的另一位数学家弗芝克尔的改进，形成了一个无矛盾的集合论公理系统. 即所谓 ZF 公理系统. 这场数学危机到此缓和下来. 数学危机给数学发展带来了新的动力.

3. 意义：在这场危机中集合论得到了较快的发展，大大促进了数学基础研究以及数理逻辑的现代性.

## 数学名人轶事 8
### 业余数学家贝叶斯

贝叶斯（Thomas Bayes，1702—1763）英国牧师、业余数学家. 1702 年出生于伦敦，做过神甫. 1742 年成为英国皇家学会会员，1763 年 4 月 7 日逝世.

生活在 18 世纪的贝叶斯生前是位受人尊敬的英格兰长老会牧师. 为了证明上帝的存在他发明了概率统计学原理. 遗憾的是，他的这一美好愿望至死也未能实现. 贝叶斯在数学方面主要研究了概率论. 他首先将归纳推理法用于概率论基础理论的研究，并创立了贝叶斯统计理论，对于统计决策函数、统计推

贝叶斯

断、统计的估算等做出了贡献. 1763 年发表了这方面的论著，对于现代概率论和数理统计都有很重要的作用. 贝叶斯的另一著作《机会的学说概论》发表于 1758 年. 贝叶斯所采用的许多术语被沿用至今.

贝叶斯的思想和方法对概率统计的发展产生了深远的影响. 在今天，贝叶斯的思想和方法在许多领域都获得了广泛的应用. 从 20 世纪 20～30 年代开始，概率统计学出现了"频率学派"和"贝叶斯学派"的争论. 至今两派的恩恩怨怨仍在继续.

贝叶斯对统计推理的主要贡献是使用了"逆概率"这个概念，并把它作为一种普遍的推理方法提出来. 贝叶斯定理原本是概率论中的一个定理，这一定理可用一个数学公式来表达，这个公式就是著名的贝叶斯公式，是他在 1763 年提出来的.

贝叶斯公式是概率论中较为重要的一个公式，它是一种建立在概率和统计理论基础上的数据分析和辅助决策工具. 由于其坚实的理论基础、自然的表示方式、灵活的推理能力和方便的决策机制，因而受到越来越多研究学者的重视. 如今，贝叶斯网络已经广泛应用在医学、信息传递、生产、侦破案件等方面.

# ■ 第九章
# 随机变量及其数字特征

在前一章我们只能对古典概型的随机试验计算概率，而大量的随机试验都不是古典概型（多数是因为不具有"等可能性"或"样本空间为无穷"），从而需要借助于更高级的工具——微积分来处理.

## 第一节　随机变量及其分布函数

### 一、随机变量的概念

无论在什么情况下，概率论的研究对象即随机事件的概率规律性是不会变的. 为了使用微积分，我们必须引入变量来表示随机事件，即将随机事件数量化，于是就有了随机变量.

当然，随机变量具有随机性，即在试验前它的取值是不确定的，而且它的取值随着试验结果的不同而不同，即它是变量. 常用 $X$，$Y$，$Z$，…表示. 随机变量 $X$ 表示事件的方式有：$\{a \leqslant X \leqslant b\}$；$\{a < X < b\}$；$\{X \leqslant a\}$；$\{X < a\}$；$\{X \geqslant a\}$；$\{X > a\}$；$\{X = a\}$，等等.

例如，以 $X$ 表示随机抽取 $n$ 件产品中的次品数，则 $X$ 是随机变量. 事件"抽取 $n$ 件产品中至少有一件次品"可表示为 $\{X \geqslant 1\}$；"恰有 5 件次品"可表示为 $\{X = 5\}$. 这里随机变量 $X = 0$，1，2，…，$n$.

又如，某设备的使用寿命为 $Z$（小时），则 $Z$ 是随机变量. $\{Z \geqslant 10\,000\}$ 表示事件"该设备至少可使用 10 000 小时"；$\{5\,000 < Z < 10\,000\}$ 表示"该设备寿命在 5 000 到 10 000 小时之间".

引入随机变量 $X$ 就为使用更高级的数学工具打下了基础.

### 二、随机变量的分布函数

由于随机事件可以用随机变量来表示，因此我们要研究的随机事件的概率规律，就是随机变量取任何实数值时的概率. 为了达到这个目的，我们引入分布函数的概念.

**定义 9.1**　设随机试验 $E$ 上定义了随机变量 $X$，则对于任意实数 $x$ 所确定的函数

$$F(x) = P\{X \leqslant x\}$$

称为随机变量 $X$ 的**分布函数**.

在引入了分布函数后，随机事件的概率可以用分布函数的函数值来确定. 例如，

(1) $P\{a<X\leqslant b\}=P\{(X\leqslant b)-(X\leqslant a)\}=P\{X\leqslant b\}-P\{X\leqslant a\}=F(b)-F(a)$;

(2) $P\{X>a\}=1-P\{X\leqslant a\}=1-F(a)$.

从分布函数的定义可以看到，分布函数实际上就是一系列特殊事件的概率. 只要确定了随机变量 $X$ 的分布函数，就可以求出任何事件的概率. 所以随机变量的分布函数确定了随机试验所有事件的概率分布，从而在整体上把握了该随机试验的概率规律.

### 三、随机变量的分类

随机变量分为两个大类：离散型随机变量和连续型随机变量.

当随机变量 $X$ 的取值为 $X=x_1,x_2,\cdots,x_n,\cdots$ 时，$X$ 就称为**离散型随机变量**；当随机变量 $X$ 的取值范围形成了一个区间，如 $X\in[a,b]$ 时，$X$ 就称为**连续型随机变量**.

例如，某人投篮 10 次，投中的次数 $X$ 就是一个随机变量，这时 $X=0,1,2,\cdots,10$. $X$ 是离散型随机变量；

又如，从一批产品中随机抽取 5 件，其中的次品数 $Y=0,1,2,3,4,5$. 所以 $Y$ 也是离散型随机变量；

再如，某种产品的使用寿命 $T$ 是一个随机变量，且由于 $T\in[0,+\infty)$，所以 $T$ 是连续型随机变量.

## 第二节　离散型随机变量及其分布

**定义 9.2**　设 $X$ 是一个离散型随机变量，则 $X$ 取各个可能值 $x_i$ 的概率：
$$P\{X=x_i\}=p_i \quad (i=1,2,3,\cdots,n,\cdots)$$
称为随机变量 $X$ 的**概率分布律**.

离散型随机变量的概率分布律（以下简称分布律）可以用表格形式来表示：

| $X$ | $x_1$ | $x_2$ | $x_3$ | $\cdots$ | $x_n$ | $\cdots$ |
|-----|-------|-------|-------|----------|-------|----------|
| $p_i$ | $p_1$ | $p_2$ | $p_3$ | $\cdots$ | $p_n$ | $\cdots$ |

也可以记为
$$X\sim\begin{bmatrix}x_1 & x_2 & \cdots & x_n & \cdots \\ p_1 & p_2 & \cdots & p_n & \cdots\end{bmatrix}$$

离散型随机变量的分布律具有以下性质：

(1) $0\leqslant p_i\leqslant 1$　　　　　　　　　　　　　　　（非负性）

(2) $\sum_i p_i=p_1+p_2+\cdots+p_n+\cdots=1$　　　　　（规范性）

**例 1**　掷两枚骰子以 $X$ 表示出现的点数之和，则 $X$ 为离散型随机变量，由古典概率的计算方法可得随机变量 $X$ 的分布律为：

| $X$ | 2 | 3 | 4 | 5 | 6 | 7 | 8 | 9 | 10 | 11 | 12 |
|---|---|---|---|---|---|---|---|---|---|---|---|
| $p_i$ | $\frac{1}{36}$ | $\frac{2}{36}$ | $\frac{3}{36}$ | $\frac{4}{36}$ | $\frac{5}{36}$ | $\frac{6}{36}$ | $\frac{5}{36}$ | $\frac{4}{36}$ | $\frac{3}{36}$ | $\frac{2}{36}$ | $\frac{1}{36}$ |

在有了分布律之后，我们就可以用它来求事件发生的概率，例如，

(1) "得到 6 点的概率"为：$P\{X=6\}=\dfrac{5}{36}$；

(2) "不超过 5 点的概率"为：

$$P\{X\leqslant 5\}=P\{X=2\}+P\{X=3\}+P\{X=4\}+P\{X=5\}=\frac{5}{18}$$

(3) "点数在 10 到 12 之间的概率"为：$P\{10<X<12\}=P\{X=11\}=\dfrac{1}{18}$；

(4) "点数超过 20 的概率"为：$P\{X>20\}=0$.

**例 2**  10 件产品中有 3 件次品，随机抽取 1 件，求抽到次品件数 $X$ 的分布律.

**解**  因为只抽一件，所以 $X=0，1$，于是 $X$ 的分布律为

| $X$ | 0 | 1 |
|---|---|---|
| $p_i$ | 0.7 | 0.3 |

**定义 9.3**  一般情况下，若随机变量 $X$ 的分布律为

| $X$ | 0 | 1 |
|---|---|---|
| $p_i$ | $1-p$ | $p$ |

则称随机变量 $X$ 服从参数为 $p$ 的**两点分布**.

在实际问题中任何只关心两个可能结果的随机试验，都可以用一个服从两点分布的随机事件来描述. 例如射击中的"中"与"不中"；产品检验中的"合格"与"不合格"；某项试验的"成功"与"不成功"，等等.

**例 3**  两个人比赛胜率相同，采用五局三胜制，现甲以 $2:1$ 领先，试用随机变量 $X$ 的分布律说明甲的赢率.

**解**  记"$-$"代表甲获胜，"$+$"代表乙获胜，于是在所剩两局比赛中的所有情况为：$(-，-)，(-，+)，(+，-)，(+，+)$，其中有三种情况甲都是获胜，设随机变量

$$X=\begin{cases}1 & 甲获胜\\0 & 其他\end{cases}$$

于是 $X$ 的分布律为

| $X$ | 0 | 1 |
|---|---|---|
| $p_i$ | 0.25 | 0.75 |

**定义 9.4**  若随机变量 $X$ 的分布律为

$$B(n，p)=C_n^k p^k (1-p)^{n-p}，\ k=0，1，2，\cdots，n$$

则称随机变量 $X$ 服从参数为 $n$，$p$ 的**二项分布**，记为 $X \sim B(n, p)$.

**例 4** 某车间有独立工作的车床 9 台，每台车床在任意时刻停车的概率为 0.3. 求：

（1）同一时刻停车台数 $X$ 的分布律；

（2）同一时刻有 3 台车床停车的概率；

（3）同一时刻至少有一台车床停车的概率.

**解** （1）我们将它视为 9 次独立重复试验，即随机变量 $X \sim B(9, 0.3)$. 所以同一时刻停车台数 $X$ 的分布律为

$$P\{X=k\} = C_9^k 0.3^k 0.7^{9-k}, \quad k=0, 1, 2, \cdots, 9$$

（2）$P\{X=3\} = C_9^3 0.3^3 0.7^6 \approx 0.266\ 8$；

（3）$P\{X \geqslant 1\} = 1 - P\{X < 1\} = 1 - P\{X=0\} = 1 - 0.7^9 \approx 0.959\ 6$.

显然，当二项分布 $B(n, p)$ 中参数 $n$ 较大（$n > 10$）时计算量太大，这给应用带来极大的不便. 为此概率论中给出了如下近似计算方法：

若随机变量 $X \sim B(n, p)$，当 $n$ 较大而 $p$ 较小（$n \geqslant 10$，$p \leqslant 0.1$），且 $0.1 \leqslant \lambda = np \leqslant 10$ 时，有近似计算公式

$$P\{X=k\} = C_n^k p^k (1-p)^{n-p} \approx e^{-\lambda} \frac{\lambda^k}{k!} \quad (\lambda = np)$$

虽然右端的计算式 $e^{-\lambda} \dfrac{\lambda^k}{k!}$ 仍然很难计算，但是可以查表，这个表就是泊松分布表.

**例 5** 已知一年中某保险人群的死亡率为 0.000 5，现该人群中有 10 000 人参加人寿保险，每人缴纳保费 5 元，若未来一年投保人死亡，则赔付 5 000 元，试求该项保险亏本的概率.

**解** 设以年为单位来计算，保险公司的收入为 50 000 元，则一年内死亡超过 10 人时保险公司就会亏本.

设随机变量 $X$ 表示一年内死亡的人数，则随机变量 $X \sim B(10\ 000, 0.000\ 5)$，于是保险公司亏本的概率为

$$P\{X > 10\} = 1 - P\{X \leqslant 10\} = 1 - \sum_{k=0}^{10} P\{X=k\}$$

$$= 1 - \sum_{k=0}^{10} C_{10\ 000}^k 0.000\ 5^k 0.999\ 5^{10\ 000-k}$$

$$\approx 1 - \sum_{k=0}^{10} e^{-5} \frac{5^k}{k!} \approx 1 - 0.982\ 305$$

$$= 0.013\ 69$$

即保险公司亏本的概率约为 1.37%，所以保险公司开设该种保险盈利的概率为 98.63%.

**定义 9.5** 若随机变量 $X$ 的分布律为

$$P\{X=k\} = e^{-\lambda} \frac{\lambda^k}{k!}, \quad k=0, 1, 2, \cdots$$

则称随机变量 $X$ 服从参数为 $\lambda$ 的**泊松分布**，记作 $X \sim \pi(\lambda)$，其中 $\lambda > 0$.

## 习题 9 - 2

1. 袋中有 2 白 4 黑共 6 个球，现不放回地抽取 3 次，每次取一个，求取得白球的个数 $X$ 的概率分布律.

2. 从一批含有 7 件正品及 3 件次品的产品中一件一件地抽取，在下列情况下，分别求出"直到取得正品为止"所需抽取次数 $X$ 的概率分布律.

(1) 每次做不放回抽样；

(2) 每次做放回抽样.

3. 设随机变量 $Y$ 的分布律为 $P\{Y=k\}=\dfrac{k}{6}$，$k=1$，2，3，试求：$P\{Y=1\}$，$P\{Y>2\}$，$P\{Y\leqslant3\}$，$P\{0.5<Y<0.9\}$，$P\{1.5<Y<5\}$，$P\{Y>\sqrt{3}\}$.

4. 气象记录表明，某地在 11 月份的 30 天中，平均有 3 天下雪，试问明年 11 月份至多有 3 天下雪的概率.

5. 某射手射击一个固定目标，每次命中率为 0.3，现进行三次独立射击，求命中次数 $X$ 的概率分布律.

6. 某大楼装有 5 个同类型的供水设备，调查表明，在某一时刻 $t$ 每个设备被使用的概率为 0.1，求在同一时刻：

(1) 设备被使用的个数 $X$ 的概率分布；

(2) 恰有两个设备被使用的概率；

(3) 至少有一个设备被使用的概率.

## 第三节  连续型随机变量及其分布

离散型随机变量 $X$ 的概率规律可以用分布律来描述，那么连续型随机变量的概率规律又如何来描述呢？

对于连续型随机变量 $X$ 而言，$X$ 的取值可能形成某个区间. 其概念如下：

**定义 9.6**  若对随机变量 $X$，存在可积函数 $p(x)>0$（$x\in R$），对任意的实数 $a$，$b$（$a<b$）有

$$P\{a\leqslant X\leqslant b\}=\int_a^b p(x)\mathrm{d}x$$

则称 $X$ 为**连续型随机变量**，$p(x)$ 为随机变量 $X$ 的**概率密度函数**（简称**概率密度**），并称 $X$ **服从概率密度** $p(x)$，记为随机变量 $X\sim p(x)$.

**注意**  随机变量 $X$ 的概率密度函数 $p(x)$ 的函数值本身并不是概率，但它却决定了 $X$ 取值的概率规律，即在 $p(x_0)$ 的值较大时，随机变量 $X$ 在 $x_0$ 附近取值的可能性就较大，反之就较小. 所以密度函数 $p(x)$ 完全决定了随机变量 $X$ 的概率规律. 于是对于连续型随机变量 $X$，只要找到了它的概率密度函数 $p(x)$，也就把握了 $X$ 的宏观概率结构. 概率密度函数 $p(x)$ 只有经过一次积分才能得到概率.

另外，若随机变量 $X$ 的概率密度为 $p(x)$，则

$$P\{X = x_0\} = P\{x_0 \leqslant X \leqslant x_0\} = \int_{x_0}^{x_0} p(x)\mathrm{d}x = 0$$

所以，对于连续型随机变量而言，它取任何指定实数值 $x_0$ 的概率均为零. 于是在计算连续型随机变量落在某一区间的概率时，可以不区分开区间或闭区间或半开半闭区间，即

$$P\{a < X < b\} = P\{a \leqslant X < b\} = P\{a \leqslant X \leqslant b\}$$

在这里，事件 $\{X = x_0\}$ 并非不可能事件，但是 $P\{X = x_0\} = 0$. 这就是说，若 $A$ 是不可能事件，则有 $P(A) = 0$；反之，若 $P(A) = 0$，则不能推出 $A$ 是不可能事件.

设随机变量 $X$ 的概率密度为 $p(x)$，则 $p(x)$ 有如下性质：

(1) $p(x) \geqslant 0$；　　　　　　（非负性）

(2) $\int_{-\infty}^{+\infty} p(x)\mathrm{d}x = 1$　　　（规范性）

也就是说，任何函数 $p(x)$，只要它满足：非负性，规范性，它就可以作为某连续型随机变量的概率密度函数.

因为对于连续型随机变量 $X$ 有 $P\{X = x_0\} = 0$，于是可得：

$$P\{a < X < b\} = P\{a < X \leqslant b\} = P\{a \leqslant X < b\} = \int_a^b p(x)\mathrm{d}x$$

我们约定只要提到随机变量 $X$ 的概率密度为 $p(x)$，就一定是指 $X$ 为连续型随机变量，下面不再做特殊说明.

**例 1**　设随机变量 $X$ 的概率密度为 $p(x) = \begin{cases} kx + 1 & 0 \leqslant x \leqslant 2 \\ 0 & \text{其他} \end{cases}$，求参数 $k$ 的值，以及 $P\{0 \leqslant X \leqslant 1\}$、$P\{|X| \leqslant 1\}$、$P\{1 < X < 5\}$.

**解**　由概率密度函数的规范性可得

$$1 = \int_{-\infty}^{+\infty} p(x)\mathrm{d}x = \int_0^2 (kx + 1)\mathrm{d}x = 2k + 2$$

解得 $k = -\dfrac{1}{2}$，于是随机变量 $X$ 的概率密度函数为

$$p(x) = \begin{cases} 1 - \dfrac{1}{2}x & 0 \leqslant x \leqslant 2 \\ 0 & \text{其他} \end{cases}$$

所以，由连续型随机变量的概率计算公式有

$$P\{0 \leqslant X \leqslant 1\} = \int_0^1 \left(1 - \frac{1}{2}x\right)\mathrm{d}x = \frac{3}{4}$$

$$P\{|X| \leqslant 1\} = P\{-1 \leqslant X \leqslant 1\} = \int_{-1}^1 p(x)\mathrm{d}x = \int_0^1 \left(1 - \frac{1}{2}x\right)\mathrm{d}x = \frac{3}{4}$$

$$P\{1 < X < 5\} = \int_1^5 p(x)\mathrm{d}x = \int_1^2 \left(1 - \frac{1}{2}x\right)\mathrm{d}x = \frac{1}{4}$$

**例 2**　设随机变量 $X$ 的概率密度为 $p(x) = \begin{cases} \lambda & a \leqslant x \leqslant b \\ 0 & \text{其他} \end{cases}$，求参数 $\lambda$，以及 $P\{x_0 < X < x_0 + \Delta x\}$ $(a < x_0 < x_0 + \Delta x < b)$.

**解**　由连续型随机变量概率密度函数的规范性得

$$1 = \int_{-\infty}^{+\infty} p(x)\mathrm{d}x = \lambda \int_a^b \mathrm{d}x = \lambda(b-a)$$

即
$$\lambda = \frac{1}{b-a}$$

所以，随机变量 $X$ 的概率密度为

$$p(x) = \begin{cases} \dfrac{1}{b-a} & a \leqslant x \leqslant b \\ 0 & \text{其他} \end{cases}$$

于是

$$P\{x_0 < X < x_0 + \Delta x\} = \int_{x_0}^{x_0+\Delta x} p(x)\mathrm{d}x = \frac{1}{b-a}\int_{x_0}^{x_0+\Delta x}\mathrm{d}x = \frac{\Delta x}{b-a}$$

这个结果与 $x_0$ 无关，仅与积分区间的长度 $\Delta x$ 有关. 说明随机变量 $X$ 落入某区间的概率只与该区间的长度 $\Delta x$ 有关，所以随机变量 $X$ 的分布是均匀的，因而称为均匀分布.

**定义 9.7** 一般地，若随机变量 $X$ 的概率密度为

$$p(x) = \begin{cases} \dfrac{1}{b-a} & a \leqslant x \leqslant b \\ 0 & \text{其他} \end{cases}$$

则称随机变量 $X$ 服从区间 $[a, b]$ 上的**均匀分布**，记为随机变量 $X \sim U(a, b)$.

**定义 9.8** 若随机变量 $X$ 的概率密度为

$$p(x) = \begin{cases} \lambda\mathrm{e}^{-\lambda x} & x \geqslant 0 \\ 0 & \text{其他} \end{cases}$$

则称随机变量 $X$ 服从参数为 $\lambda$ 的**指数分布**，并记为 $X \sim \exp(\lambda)$.

指数分布多用于研究随机寿命问题.

**例 3** 某种设备出故障前正常运行的时间 $T$（单位：小时）服从参数为 $\dfrac{1}{200}$ 的指数分布，求该设备能正常运行 50 到 500 小时的概率.

**解** 因为随机变量 $T \sim \exp(0.005)$，所以概率密度函数为

$$p(t) = \begin{cases} 0.005\mathrm{e}^{-0.005t} & t \geqslant 0 \\ 0 & \text{其他} \end{cases}$$

于是，该设备能正常运行 50 到 500 小时的概率为

$$P\{50 \leqslant T \leqslant 500\} = \int_{50}^{500} 0.005\mathrm{e}^{-0.005t}\mathrm{d}t \approx 0.368$$

下面介绍连续型随机变量的一种非常重要的分布——正态分布.

**定义 9.9** 若随机变量 $X$ 的概率密度为

$$p(x) = \frac{1}{\sqrt{2\pi}\sigma}\mathrm{e}^{-\frac{(x-\mu)^2}{2\sigma^2}}, \quad -\infty < x < +\infty$$

则称随机变量 $X$ 服从参数为 $\mu$、$\sigma^2$ 的**正态分布**，记为 $X \sim N(\mu, \sigma^2)$.

正态分布的概率模型为：若随机变量 $X$ 的取值受诸多因素的影响，而任何一种因素都是非决定性的，也就是说 $X$ 的取值是所有因素共同影响的结果，这时 $X$ 就服从或近似服从正态分布. 这种随机现象在自然界中大量存在，所以正态分布的应用非常广泛.

正态分布中参数 $\mu$、$\sigma$ 的意义：

(1) $\mu$ 表示随机变量 $X$ 在概率意义下的取值中心，随机变量 $X$ 在 $\mu$ 附近取值的可能性最大，即只要进行试验，$X$ 最容易在 $\mu$ 的附近取值，$\mu$ 是 $X$ 取值最密的地方，且 $P(\mu) = \dfrac{1}{\sqrt{2\pi}\sigma}$ 为概率密度函数的最大值.

(2) $\sigma$ 表示随机变量 $X$ 在概率意义下的集中程度，它反映了随机变量 $X$ 在以 $\mu$ 为中心取值较为集中的范围. $\sigma$ 越小集中程度就越好，也就是取值越集中，反之，集中程度就不好，取值就较为分散.

所有正态分布中最重要的是标准正态分布 $N(0,1)$，即中心在原点，集中程度为一个单位的正态分布. 它的概率密度函数用专门记号表示.

**定义 9.10**　若随机变量 $X \sim N(0,1)$，其密度函数为：

$$\varphi(x) = \frac{1}{\sqrt{2\pi}} e^{-\frac{x^2}{2}}, \quad -\infty < x < +\infty$$

则称 $X$ 服从**标准正态分布**.

正态分布的概率计算：

由于服从正态分布的随机变量属于连续型随机变量，于是，当随机变量 $X \sim N(\mu, \sigma^2)$ 时

$$P\{a < x < b\} = \int_a^b \frac{1}{\sqrt{2\pi}\sigma} e^{-\frac{(x-\mu)^2}{2\sigma^2}} \, \mathrm{d}x$$

该积分的计算很麻烦，且没有简单的计算方法. 不过现在可以用标准正态分布的分布函数来解决.

设随机变量 $X \sim N(0,1)$，则有概率密度函数为

$$\varphi(x) = \frac{1}{\sqrt{2\pi}} e^{-\frac{x^2}{2}}, \quad -\infty < x < +\infty$$

于是其分布函数为

$$\Phi(x) = P\{X \leqslant x\} = \frac{1}{\sqrt{2\pi}} \int_{-\infty}^x e^{-\frac{t^2}{2}} \, \mathrm{d}t$$

$\Phi(x)$ 的函数值可通过查标准正态分布表来得到. 我们有如下查表公式：

(1) 若随机变量 $X \sim N(0,1)$，则有

$$\Phi(-x) = 1 - \Phi(x) \text{（负值的查表公式）}$$

(2) 若随机变量 $X \sim N(0,1)$，则有

① $P\{X < b\} = P\{X \leqslant b\} = \Phi(x)$；

② $P\{X \geqslant a\} = 1 - p\{x < a\} = 1 - \Phi(a)$；

③ $P\{a \leqslant X \leqslant b\} = \Phi(b) - \Phi(a)$；

④ $P\{|X| \leqslant a\} = 2\Phi(a) - 1$.

**例 4**　设随机变量 $X \sim N(0,1)$，利用标准正态分布表，求下列概率值：

(1) $P\{X < -1.96\}$；　　　　(2) $P\{0.5 < X < 1.5\}$；

(3) $P\{X \geqslant 2\}$；　　　　　(4) $P\{|X| \leqslant 2.58\}$；

(5) $P\{|X| > 3\}$.

**解** (1) $P\{X<-1.96\}=\Phi(-1.96)=1-\Phi(1.96)=1-0.975=0.025$；

(2) $P\{0.5<X<1.5\}=\Phi(1.5)-\Phi(0.5)=0.933\,2-0.691\,5=0.241\,7$；

(3) $P\{X\geqslant2\}=1-\Phi(2)=1-0.997\,2=0.022\,8$；

(4) $P\{|X|\leqslant2.58\}=2\phi(2.58)-1=2\times0.995\,1-1=0.990\,2$；

(5) $P\{|X|>3\}=1-P\{|X|\leqslant3\}=1-[2\Phi(3)-1]=0.002\,7$.

当随机变量 $Y\sim N(\mu,\sigma^2)$ 时，我们有 $\dfrac{Y-\mu}{\sigma}\sim N(0,1)$，所以 $\dfrac{Y-\mu}{\sigma}$ 称为**标准化变换**. 于是有

$$P\{a\leqslant Y\leqslant b\}=P\left\{\frac{a-\mu}{\sigma}\leqslant\frac{Y-\mu}{\sigma}\leqslant\frac{b-\mu}{\sigma}\right\}=\Phi\left(\frac{b-\mu}{\sigma}\right)-\Phi\left(\frac{a-\mu}{\sigma}\right)$$

这就是非标准正态分布求概率的查表公式.

**例 5** 设随机变量 $X\sim N(1.5,4)$，求 $P\{X\leqslant3.5\}$ 与 $P\{1<X\leqslant2.5\}$.

**解** $P\{X\leqslant3.5\}=P\left\{\dfrac{X-1.5}{2}\leqslant\dfrac{3.5-1.5}{2}\right\}=P\left\{\dfrac{X-1.5}{2}\leqslant1\right\}=\Phi(1)=0.841\,3$；

$$P\{1<X\leqslant2.5\}=P\left\{\frac{1-1.5}{2}<\frac{X-1.5}{2}\leqslant\frac{2.5-1.5}{2}\right\}$$

$$=P\left\{-0.25<\frac{X-1.5}{2}\leqslant0.5\right\}=\Phi(0.5)-\Phi(-0.25)$$

$$=\Phi(0.5)-[1-\Phi(0.25)]=0.691\,5-(1-0.598\,7)=0.290\,2.$$

**例 6** 已知一批零件的尺寸与标准尺寸的误差 $X$（单位：mm）服从正态分布 $N(0,2^2)$，如果误差不超过 2.5 mm 就算合格，求：

(1) 这批零件的合格率.

(2) 若要求这批零件的合格率为 95%，应规定误差不超过多少 mm.

**解** (1) 所求概率为

$$P\{|X|<2.5\}=P\left\{\frac{|X-0|}{2}<1.25\right\}=2\Phi(1.25)-1=2\times0.894\,4-1=0.788\,8$$

(2) 设误差为 $\alpha$ 时能使合格率达到 95%，则有

$$P\{|X|<\alpha\}=95\%=0.95$$

于是由

$$P\{|X|<\alpha\}=P\left\{\frac{|X|}{2}<\frac{\alpha}{2}\right\}=2\Phi\left(\frac{\alpha}{2}\right)-1$$

知

$$2\Phi\left(\frac{\alpha}{2}\right)-1=0.95\Rightarrow\Phi\left(\frac{\alpha}{2}\right)=0.975$$

查表得 $\dfrac{\alpha}{2}=1.96$，即 $\alpha=3.92\approx4$（mm），即要使合格率达到 95%，必须放宽误差范围到 4 mm.

**说明** (1) 二项分布的正态近似. 设随机变量 $X\sim B(n,p)$，只要 $n$ 充分大，那么

$$\frac{X-np}{\sqrt{np(1-p)}}\sim N(0,1)$$

即 $\dfrac{X-np}{\sqrt{np(1-p)}}$ 近似服从标准正态分布，或 $X$ 近似服从 $N(np,np(1-p))$. 这为在 $n$ 充分大

（$n>30$）时的二项分布 $B(n, p)$ 提供了一种正态分布近似计算方法.

（2）正态分布的 $3\sigma$ 原理. 设随机变量 $X \sim N(\mu, \sigma^2)$，则

$$P\{|X-\mu|<\sigma\}=P\left\{\left|\frac{X-\mu}{\sigma}\right|<1\right\}=2\Phi(1)-1=0.682\,6$$

$$P\{|X-\mu|<2\sigma\}=P\left\{\left|\frac{X-\mu}{\sigma}\right|<2\right\}=2\Phi(2)-1=0.954\,4$$

$$P\{|X-\mu|<3\sigma\}=P\left\{\left|\frac{X-\mu}{\sigma}\right|<3\right\}=2\Phi(3)-1=0.997\,4$$

这说明尽管服从正态分布的随机变量 $X$ 的取值范围是（$-\infty, +\infty$），但它的值落在以 $\mu$ 为中心，以 $3\sigma$ 为半径的区间 $(\mu-3\sigma, \mu+3\sigma)$ 内几乎是肯定的事（如图 9-1 所示）. 这就是正态分布的"$3\sigma$ 原则"，它是正态分布的一个重要性质.

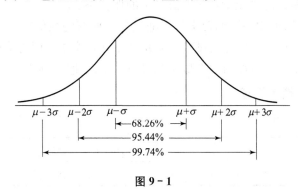

图 9-1

# 习题 9-3

1. 设随机变量 $X$ 的概率密度为 $p(x)=\begin{cases} Ax & 0 \leqslant x \leqslant 2 \\ 0 & \text{其他} \end{cases}$，求：

（1）$A$ 的值；（2）$P\{X \leqslant 0.5\}$；（3）$P\{0.5<X<1.5\}$.

2. 设随机变量 $X$ 在 $[0, 10]$ 上服从均匀分布，求：

（1）$X$ 的概率密度；（2）$P\{X<3\}$；（3）$P\{X \geqslant 6\}$ 及 $P\{3 \leqslant X \leqslant 8\}$.

3. 设随机变量 $X$ 的概率密度为

$$f(x)=\begin{cases} \dfrac{1}{\theta}\mathrm{e}^{-\frac{x}{\theta}} & x \geqslant 0 \\ 0 & x<0 \end{cases} \quad (\theta>0)$$

求 $a$ 的值，使得 $P\{X>a\}=\dfrac{1}{2}$.

4. 设 $X \sim N(0, 1)$，求：$P\{1<X<2\}$，$P\{-2 \leqslant X \leqslant 3\}$.

5. 设 $X \sim N(10, 4)$. （1）求 $P\{7<X<15\}$；（2）求 $d$，使 $P\{|X-10|<d\}=0.9$.

6. 抽样调查结果表明，考生的外语成绩 $X$ 近似服从正态分布 $N(72, 12^2)$，试求考生的外语成绩在 60～80 分之间的概率.

# 第四节　随机变量的数字特征

前面我们学习了随机变量的概率分布，它从宏观上对随机变量的概率规律进行了描述，并解决了用随机变量表示的事件的概率计算问题．这对从整体上了解随机变量的概率规律有着十分重要的意义．但从分布的角度上来看，分布的某些特征并没有体现出来，如：分布的中心集中程度等，在这一节中我们着重讨论这些随机变量的分布特征，并将这些特征用数字来体现，称为随机变量的数字特征．

## 一、数学期望

数学期望的意义是：随机变量在概率意义下的取值中心．

"在概率意义下的取值中心"的含义是将随机变量所有的取值在考虑了取值的可能性大小以后的中心．也就是说，只要进行试验，随机变量在这个中心附近取值的可能性最大，它也可以理解为随机变量的所有取值"在概率意义下的平均值"．所以数学期望又常称为均值．

**1. 离散型随机变量的期望**

设随机变量 $X$ 的分布律为

| $X$ | $x_1$ | $x_2$ | $x_3$ | $\cdots$ | $x_n$ | $\cdots$ |
|-----|-------|-------|-------|----------|-------|----------|
| $p_i$ | $p_1$ | $p_2$ | $p_3$ | $\cdots$ | $p_n$ | $\cdots$ |

随机变量 $X$ 的数学期望记为 $E(X)$，且

$$E(X) = \sum_i x_i p_i.$$

这就是离散型随机变量的数学期望的计算公式．

**例 1**　设随机变量 $X \sim \begin{pmatrix} 1 & 0 \\ p & 1-p \end{pmatrix}$ $(0 < p < 1)$，求 $E(X)$．

**解**　$E(X) = 0 \times (1-p) + 1 \times p = p.$

**例 2**　设随机变量 $X$ 分布律为

| $X$ | $-3$ | $-1$ | $1$ | $4$ | $6$ |
|-----|------|------|-----|-----|-----|
| $p_i$ | 0.1 | 0.2 | 0.3 | 0.2 | 0.2 |

求 $E(X)$．

**解**　$E(X) = -3 \times 0.1 - 1 \times 0.2 + 1 \times 0.3 + 4 \times 0.2 + 6 \times 0.2 = 1.8.$

**注意**　数学期望 $E(X)$ 不是概率，所以它可以为负或大于 1. $E(X)$ 描述的是随机变量 $X$ 取值的一种规律性．

**例 3**　设随机变量 $X$ 的分布律为

| $X$ | $x_1$ | $x_2$ | $\cdots$ | $x_n$ |
|-----|-------|-------|----------|-------|
| $p_i$ | $\dfrac{1}{n}$ | $\dfrac{1}{n}$ | $\cdots$ | $\dfrac{1}{n}$ |

称为离散型均匀分布，求 $E(X)$.

**解** $E(X) = \sum_{i=1}^{n} x_i \cdot \frac{1}{n} = \frac{1}{n} \sum_{i=1}^{n} x_i$ ——这是 $x_1$，$x_2$，$\cdots$，$x_n$ 的算术平均值.

所以 $E(X)$ 是一种广义平均值. 可以证明：

（1）当随机变量 $X \sim B(n, p)$ 时，$E(X) = np$；

（2）当随机变量 $X \sim \pi(\lambda)$ 时，$E(X) = \lambda$.

**2. 连续型随机变量的数学期望**

设连续型随机变量 $X$ 的概率密度为 $p(x)$，则

$$E(X) = \int_{-\infty}^{+\infty} x p(x) \mathrm{d}x$$

这就是连续型随机变量的数学期望的计算公式.

几种常见的连续型分布的数学期望：

（1）均匀分布：若随机变量 $X \sim U[a, b]$，且 $p(x) = \begin{cases} \dfrac{1}{b-a} & a \leqslant x \leqslant b \\ 0 & 其他 \end{cases}$，则

$$E(X) = \int_{-\infty}^{+\infty} x p(x) \mathrm{d}x - \int_a^b \frac{x}{b-a} \mathrm{d}x = \frac{a+b}{2}$$

（2）指数分布：若随机变量 $X \sim \exp(\lambda)$，且 $p(x) = \begin{cases} \lambda \mathrm{e}^{-\lambda x} & x \geqslant 0 \\ 0 & 其他 \end{cases}$，则

$$E(X) = \int_{-\infty}^{+\infty} x p(x) \mathrm{d}x = \int_0^{+\infty} x \lambda \mathrm{e}^{-\lambda x} \mathrm{d}x = \frac{1}{\lambda}$$

（3）正态分布：随机变量 $X \sim N(\mu, \sigma^2)$，则 $E(X) = \mu$.

**例 4** 设随机变量 $X$ 的概率密度为

$$p(x) = \begin{cases} 1 - \dfrac{x}{2} & 0 \leqslant x \leqslant 2 \\ 0 & 其他 \end{cases}$$

试求 $E(X)$.

**解** $E(X) = \int_{-\infty}^{+\infty} x p(x) \mathrm{d}x = \int_0^2 x \left(1 - \frac{x}{2}\right) \mathrm{d}x = \frac{2}{3}$.

**3. 随机变量的函数的数学期望**

设随机变量 $X \sim P(X = x_i) = p_i$，那么 $X^2$ 也是随机变量，且

$$E(X^2) = \sum_i x_i^2 \cdot p_i$$

设随机变量 $X \sim p(x)$，那么 $X^2$ 也是随机变量，且

$$E(X^2) = \int_{-\infty}^{+\infty} x^2 p(x) \mathrm{d}x$$

**4. 数学期望的性质**

（1）常数 $C$ 的数学期望就是这个常数本身，即 $E(C) = C$；

（2）随机变量的线性函数的数学期望等于这个随机变量的数学期望的同一线性函数，即

$$E(kX+b)=E(kX)+b=kE(X)+b$$

（3）两个随机变量的和的数学期望等于这两个随机变量的数学期望的和，即

$$E(X+Y)=E(X)+E(Y)$$

（4）两个相互独立的随机变量乘积的数学期望等于它们的数学期望的乘积，即

$$E(XY)=E(X)E(Y)$$

## 二、方差

方差的意义是：随机变量 $X$ 在概率意义下的集中程度.

若随机变量 $X$ 的数学期望 $E(X)$ 存在，则称 $E[(X-E(X))^2]$ 为 $X$ 的方差. 记为

$$D(X)=E[(X-E(X))^2]$$

显然方差 $D(X)$ 是一个非负数，这个常数的大小反映了随机变量 $X$ 的取值在概率意义下的集中程度，当 $X$ 的取值密集在 $E(X)$ 附近时，$D(X)$ 就小；当随机变量 $X$ 的取值与 $E(X)$ 偏离较大时，方差 $D(X)$ 就较大.

方差实际上就是随机变量函数 $(X-E(X))^2$ 的期望，但计算起来太烦琐. 我们有简化公式如下：

$$D(X)=E(X^2)-E^2(X)$$

**注意** 方差 $D(X)$ 刻画的是随机变量 $X$ 取值到中心 $E(X)$ 的集中程度，由公式可以看到，它反映的是距离的平方，所以必须开方才能真实反映 $X$ 的偏离程度，故有

$$\sigma(X)=\sqrt{D(X)} \qquad \text{（标准差）}$$

例如，对于离散型两点分布：随机变量 $X\sim\begin{pmatrix}1 & 0\\ p & 1-p\end{pmatrix}$，有 $E(X)=p$，而 $E(X^2)=1^2\times p+0^2\times(1-p)=p$，所以 $D(X)=E(X^2)-E^2(X)=p-p^2=p(1-p)$.

一般地，对于二项分布，即随机变量 $X\sim B(n,\ p)$，有 $E(X)=np$，$D(X)=np(1-p)$.

对于泊松分布，即随机变量 $X\sim\pi(\lambda)$，有 $E(X)=\lambda$，$D(X)=\lambda$.

对于连续型均匀分布，即随机变量 $X\sim U[a,\ b]$，有 $E(X)=\dfrac{a+b}{2}$，而

$$E(X^2)=\int_{-\infty}^{+\infty}x^2p(x)\mathrm{d}x=\frac{1}{b-a}\int_a^b x^2\mathrm{d}x=\frac{b^3-a^3}{3(b-a)}=\frac{a^2+ab+b^2}{3}$$

所以 $\qquad D(X)=E(X^2)-E^2(X)=\dfrac{a^2+ab+b^2}{3}-\left(\dfrac{a+b}{2}\right)^2=\dfrac{(b-a)^2}{12}$

类似地，对于指数分布，即随机变量 $X\sim\exp(\lambda)$，有 $E(X)=\dfrac{1}{\lambda}$，$D(X)=\dfrac{1}{\lambda^2}$.

对于正态分布，即随机变量 $X\sim N(\mu,\ \sigma^2)$，有 $E(X)=\mu$，$D(X)=\sigma^2$.

**例 5** 设甲、乙两台机床每天生产的废品数分别为 $X$，$Y$，其分布律如下：

| $X$ | 0 | 1 | 2 | 3 |
|-----|-----|-----|-----|-----|
| $p_i$ | 0.3 | 0.3 | 0.2 | 0.2 |

| $Y$ | 0 | 1 | 2 | 3 |
|-----|-----|-----|-----|-----|
| $p_i$ | 0.2 | 0.5 | 0.25 | 0.05 |

问哪台机床的生产情况较好？

**解** $E(X)=0\times0.3+1\times0.3+2\times0.2+3\times0.2=1.3$，

$E(X^2)=0^2\times0.3+1^2\times0.3+2^2\times0.2+3^2\times0.2=2.9$,

$D(X)=E(X^2)-E^2(X)=2.9-1.3^2=1.21$.

同理可得　$E(Y)=1.15$，$D(Y)=0.625$.

因为 $E(X)>E(Y)$，所以甲机床可能生产次品的数量比乙机床大；又因为 $D(X)>D(Y)$，所以甲机床的工作情况没有乙机床的工作情况稳定. 因此可以得出结论：乙机床的工作情况比甲机床的工作情况好.

**例 6**　设随机变量 $X\sim f(x)=\begin{cases}2x & 0\leqslant x\leqslant1 \\ 0 & \text{其他}\end{cases}$，求：$E(X)$，$D(X)$.

**解**　$E(X)=\displaystyle\int_{-\infty}^{+\infty}xf(x)\mathrm{d}x=\int_0^1 2x^2\mathrm{d}x=\dfrac{2}{3}$,

$\qquad E(X^2)=\displaystyle\int_{-\infty}^{+\infty}x^2f(x)\mathrm{d}x=\int_0^1 2x^3\mathrm{d}x=\dfrac{1}{2}$,

$\qquad D(X)=E(X^2)-E^2(X)=\dfrac{1}{18}$.

## 习题 9－4

1. 设随机变量 $X\sim\begin{bmatrix}-1 & 0 & 0.5 & 1 & 2 \\ \dfrac{1}{3} & \dfrac{1}{6} & \dfrac{1}{6} & \dfrac{1}{24} & \dfrac{1}{4}\end{bmatrix}$，求：$E(X)$，$E(2-X)$，$E(X^2)$，$D(X)$.

2. 设随机变量 $X\sim p(x)=\begin{cases}2(1-x) & 0<x<1 \\ 0 & \text{其他}\end{cases}$，求：$E(X)$，$E(2X-3)$，$E(X^2)$，$D(X)$.

3. 设随机变量 $X\sim f(x)=\begin{cases}Ax^2 & 0<x<2 \\ 0 & \text{其他}\end{cases}$，求：

（1）试确定常数 $A$；

（2）求概率 $P\{-2<X<0.5\}$；

（3）求 $E(X)$，$D(X)$.

4. 已知每次射击的命中率为 0.6，如果进行 10 次射击，用 $X$ 表示 10 次射击中命中目标的次数，求：$E(X)$，$D(X)$.

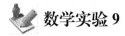

## 数学实验 9

### MATLAB 在概率论中的应用

#### 一、实验目的

学习利用 MATLAB 计算随机变量的概率、数学期望和方差等，掌握 MATLAB 中的 binopdf、binocdf、unifcdf、Normcdf、binostat、unifstat、normstat 等命令的调用格式.

#### 二、利用 MATLAB 计算随机变量的概率

在 MATLAB 中计算随机变量的概率的常用命令如表 9－1 所示.

表 9 - 1

| 调用格式 | 说　明 | 调用格式 | 说　明 |
|---|---|---|---|
| binopdf(k,n,p) | 服从二项分布 B(n,p) 的随机变量 X＝k 的概率 | poisspdf(k,lambda) | 参数为 lambda 的泊松分布的概率密度函数值 |
| unifpdf(x,a,b) | 在[a,b]上服从均匀分布的随机变量的概率密度函数在 x 处的值 | normpdf(x,mu,sigma) | 参数为 mu,sigma 的正态分布的概率密度函数值 |
| exppdf(x,lambda) | 参数为 lambda 的指数分布的概率密度函数值 | tpdf(x,n) | 自由度为 n 的 t 分布的概率密度函数值 |
| chi2pdf(x,n) | 自由度为 n 的卡方分布的概率密度函数值 | fpdf(x,n1,n2) | 第一自由度为 n1,第二自由度为 n2 的 F 分布的概率密度函数值 |
| binocdf(k,n,p) | 服从二项分布 B(n,p) 的随机变量的分布函数在 k 处的值 | normcdf(x,mu,sigma) | 参数为 mu、sigma 的正态分布的分布函数在 x 处的值 |
| unifcdf(x,a,b) | 在[a,b]上服从均匀分布的随机变量的分布函数在 x 处的值 | expcdf(x,lambda) | 参数为 lambda 的指数分布的分布函数在 x 处的值 |
| chi2cdf(x,n) | 自由度为 n 的卡方分布的分布函数在 x 处的值 | tcdf(x,n) | 自由度为 n 的 t 分布的分布函数在 x 处的值 |
| fcdf(x,n1,n2) | 第一自由度为 n1,第二自由度为 n2 的 F 分布的分布函数在 x 处的值 | poisscdf(x,lambda) | 参数为 lambda 的泊松分布的分布函数在 x 处的值 |

**例 1**　某射手向一固定目标连续射击 20 次，每次射击的命中率为 0.6，设这 20 次射击中命中目标的次数为 $X$，求 $P(X＝15)$ 和 $P(X\leqslant15)$.

在 M 文件编辑窗口中输入命令：

P1 = binopdf(15,20,0.6)

P2 = binocdf(15,20,0.6)

计算结果为：

P1 =

　　0.0746

P2 =

　　0.9490

**例 2**　设某种股票的价格在 [0，100] 上服从均匀分布，即 $X\sim U(0,100)$，试计算 $P\{60\leqslant X\leqslant80\}$.

在 M 文件编辑窗口中输入命令：

P = unifcdf(80,0,10) - unifcdf(60,0,100)

计算结果为：

P =

　0.4000

**例 3**　设随机变量 $X$ 服从正态分布 $N(10,2^2)$，求 $P\{X \geqslant 9\}$.

**解**　由于 $X \sim N(10,2^2)$，且 $P\{X \geqslant 9\} = 1 - P\{X < 9\}$，于是

在 M 文件编辑窗口中输入命令：

p = normcdf(9,10,2);

p1 = 1 - p

计算结果为：

p1 =

　0.6915

**例 4**　设随机变量 $X$ 的密度函数为 $p(x) = \begin{cases} -\dfrac{1}{2}x + 1 & 0 \leqslant x \leqslant 2 \\ 0 & \text{其他} \end{cases}$，求 $P(0 \leqslant X \leqslant 1)$、

$P(1 < X < 5)$.

**解**　$P(0 \leqslant X \leqslant 1) = \displaystyle\int_0^1 p(x)\,\mathrm{d}x = \int_0^1 \left(-\frac{1}{2}x + 1\right)\mathrm{d}x$，

$$P(1 < X < 5) = \int_1^5 p(x)\,\mathrm{d}x$$
$$= \int_1^2 \left(-\frac{1}{2}x + 1\right)\mathrm{d}x + \int_2^5 0\,\mathrm{d}x$$
$$= \int_1^2 \left(-\frac{1}{2}x + 1\right)\mathrm{d}x.$$

在 M 文件编辑窗口中输入命令：

syms t

f = 1 - 1/2 * t;

p1 = int(f,t,0,1)

p2 = int(f,t,1,2)

计算结果为：

p1 =

　3/4

p2 =

　1/4

## 三、利用 MATLAB 计算随机变量的数学期望和方差

在 MATLAB 中，计算常见分布的数学期望和方差的命令如表 9－2 所示.

一般地，计算离散型、连续型随机变量的期望和方差的方法如下：

（1）离散型随机变量 $X$ 的期望和方差.

若随机变量 $X$ 的分布列为：$P\{X = x_i\} = p_i$，$i = 1, 2, \cdots, n$，计算期望和方差的方法

如下：

表 9 - 2

| 调用格式 | 说　　明 | 调用格式 | 说　　明 |
| --- | --- | --- | --- |
| $[E,D]=$ binostat$(n,p)$ | 计算二项分布 $B(n,p)$ 的期望和方差 | $[E,D]=$ expstat$($lambda$)$ | 计算指数分布 $E(\lambda)$ 的期望和方差 |
| $[E,D]=$ poisstat$($lambda$)$ | 计算泊松分布 $\pi(\lambda)$ 的期望和方差 | $[E,D]=$ unifstat$(a,b)$ | 计算均匀分布 $U(a,b)$ 的期望和方差 |
| $[E,D]=$ chi2stat$(n)$ | 计算卡方分布 $\chi^2(n)$ 的期望和方差 | mean$(X)$ | 计算样本 X 的平均值 |
| Var$(X)$ | 计算样本 X 的方差 | std$(X)$ | 计算样本 X 的标准差 |

X = [x1 x2 x3… xn];

P = [p1 p2 p3… pn];

EX = X * P`

DX = X.^2 * p` - (X * p`)^2

（2）连续型随机变量 $X$ 的期望和方差.

若随机变量 $X$ 的概率密度函数为 $y = p(x)$，计算期望和方差的方法如下：

syms x y

y = p(x);

EX = int(x * y,x,a,b)

DX = int(x^2 * y,x,a,b) - ( int(x * y,x,a,b))^2

**例 5**　计算一组随机数 $X = [70，63，58，89，45，90，68，82]$ 的均值和方差.

在 M 文件编辑窗口中输入命令：

X = [70,63,58,89,45,90,68,82];

EX = mean(X)

VX = var(X)

DX = std(X)

计算结果为：

EX =

　　　70.6250

VX =

　　　246.2679

DX =

　　　15.6929

**例 6**　设随机变量 $X$ 的密度函数为 $f(x) = \begin{cases} 2x & 0 \leqslant x \leqslant 1 \\ 0 & \text{其他} \end{cases}$，求 $E(X)$，$D(X)$.

在 M 文件编辑窗口中输入命令：

```
syms x y
y = 2 * x;
EX = int(x * y,x,0,1)
DX = int(x^2 * y,x,0,1) - (int(x * y,x,0,1))^2
```
计算结果为：
```
EX =
    2/3
DX =
    1/18
```

<h1 style="text-align:center">自己动手（九）</h1>

1. 设随机变量 $X$ 的概率密度为 $p(x)=\begin{cases} ax & 0\leqslant x\leqslant 2 \\ 0 & 其他 \end{cases}$，求：

(1) $a$ 的值；(2) $P(X\leqslant 0.5)$；(3) $P(0.5<X<1.5)$.

2. 设 $X\sim N(0,1)$，求 $P(1<X<2)$、$P(-2\leqslant X\leqslant 3)$.

## 阅读材料 9
<h2 style="text-align:center">概率论的起源与发展</h2>

　　概率论就是运用数学方法研究随机现象统计规律性的一门数学学科．概率，简单地说就是对随机现象出现的可能性大小的一种度量．概率论是近代数学的重要组成部分，也是很有特色的一个数学分支．现在，概率论在自然科学、社会科学、工程技术、军事科学及工农业生产等诸多领域中都有着广泛的应用．不过，令人想不到的是概率论竟起源于赌博．

　　三四百年前，在欧洲许多国家，贵族之间盛行赌博之风．概率论的老祖之一、16世纪意大利的医生兼数学家卡尔达诺（Cardano，1501—1576，又称卡当）就曾进行过大量的赌博，他在赌博时研究过不输的方法，实际上这就是概率论的萌芽．据说卡尔达诺曾参加过这样的一种赌法：把两颗骰子掷出去，以每个骰子朝上的点数之和作为赌的内容．已知骰子的六个面上分别为 $1\sim6$ 点，那么，赌注下在多少点上最有利呢？

　　两个骰子朝上的面共有36种可能，点数之和分别可为 $2\sim12$ 共11种．卡尔达诺就曾预言押7最好．现在看来这个想法很简单，可是在卡尔达诺的时代，应该说是非常杰出的思想方法．

　　卡尔达诺以及当时意大利的学者塔塔里亚等人从数学角度研究了赌博问题．同时，他们还研究了人口、保险等问题，但由于卡尔达诺等人的思想未引起重视，概率论概念的要旨也不明确，于是很快就被人淡忘了．

　　赌金分配问题的圆满解决标志着概率论的创立．1653年夏天，法国著名数学家、物理学家帕斯卡前往埔埃托镇度假．旅途中，他遇到了骑士梅累．此人是经常出入于赌场的"赌坛老手"．为了消除旅途的寂寞，梅累吹嘘起"赌博经"，并向帕斯卡提出了一个十分有趣的"分赌注"的问题．

　　问题是这样的：一次，梅雷与其赌友掷骰子．每人押了32个金币的赌注，并约定，如果梅累先掷出三个 6 点，或其赌友先掷出三个 4 点，便算赢家．遗憾的是．这场赌注不算小的赌博并未能顺利结束．当梅累已掷出两次 6 点，其赌友掷出一次 4 点时，梅累接到通知，要他马上陪同国王接见外宾．君命难违，但就此收回各自的赌注，又不甘心．他们只好按照已有的成绩分配这 64 个金币．这下可把他们难住了．赌友说，他要再碰上两次 4 点，或梅累要再碰上一次 6 点就算赢了，所以．他有权分得梅累的一半，即 64 个金币的 2/3．但梅累不同意这样分，他说，即使下次赌友掷出一个 4 点，他也可以分得赌金的 1/2，即 32 个金币，而且下一次他还有一半的希望掷出 6 点，这样又可分得 16 个金币，因此他至少应得到 64 个金币的 3/4．谁是谁非，争论不休，其结局也就不得而知了．

梅累的问题看似简单，却将帕斯卡真正难住了．经过长时间的探索，还是不得要领．于是，在 1654 年他不得不写信与他的好友费马讨论．这时恰巧荷兰数学家惠更斯也在巴黎，当他听到这个消息后也加入了他们的讨论，惠更斯回国以后独立地进行了研究．帕斯卡和费马一边亲自做赌博实验，一边仔细分析计算赌博中出现的各种问题．1654 年 7 月至 10 月，帕斯卡与费马共计通信 7 次，并且在 7 月 29 日帕斯卡写给费马的信中圆满地解决了"赌金分配问题"．因此，概率论史学家将 1654 年 7 月 29 日视为概率论诞生的日子．

帕斯卡在解决了"赌金分配问题"以后将此题的解法推广至更一般的情况，从而建立了概率论的一个基本概念——数学期望．而惠更斯经过多年的潜心研究，解决了掷骰子中的一些数学问题．1657 年，他将自己的研究成果写成了专著《论掷骰子游戏中的计算》．这本书迄今为止被认为是概率论中最早的论著．因此，可以说早期概率论的真正创立者是帕斯卡、费马和惠更斯．这一时期被称为组合概率时期，计算各种古典概率．

在他们之后，对概率论这一学科做出贡献的是瑞士数学家族——伯努利家族的几位成员．雅各布·伯努利在前人研究的基础上，继续分析赌博中的其他问题，给出了"赌徒输光问题"的详尽解法，并证明了被称为"大数定律"的一个定理，这是古典概率中的极其重要的结论．大数定律证明的发现过程是极其困难的，他做了大量的实验和计算，首先猜想到这一事实，然后为了完善这一猜想的证明，雅各布花了 20 年的时光．雅各布将他的全部心血倾注到这一数学研究之中，从中发现了不少新方法，取得了许多新成果．

随着 18、19 世纪科学的发展，人们注意到某些生物、物理和社会现象与机会游戏相似，从而由机会游戏起源的概率论被应用到了这些领域中，同时也大大推动了概率论本身的发展．法国数学家拉普拉斯将古典概率论推向了近代概率论，他首先明确给出了概率的古典定义，并在概率论中引入了更有力的数学分析工具，从而将概率论推向一个新的发展阶段．

概率论在 20 世纪再度迅速地发展起来，则是由于科学技术发展的迫切需要．1906 年，俄国数学家马尔科夫提出了所谓"马尔科夫链"的数学模型．1934 年，苏联数学家辛钦又提出了一种在时间中均匀进行着的平稳过程理论．

如何把概率论建立在严格的逻辑基础上，这是从概率诞生时起人们就关注的问题．多年来，许多数学家都进行过尝试，终因条件不成熟，一直拖了三百年才得以解决．

20 世纪初完成的勒贝格测度与积分理论以及随后发展起来的抽象测度和积分理论，为概率公理体系的建立奠定了基础．在这种背景下柯尔莫哥洛夫 1933 年在他的《概率论基础》一书中首次给出了概率的测度论定义和一套严密的公理体系．他的公理化方法成为现代概率论的基础，使概率论从此成了一门严谨的数学分支．

现在，概率论与以它作为基础的数理统计学科一起，在自然科学、社会科学、工程技术、军事科学以及工农业生产等诸多领域中都起着不可或缺的作用．直观地说，卫星上天、导弹巡航、飞机制造、宇宙飞船遨游太空等都有概率论的一份功劳；及时准确的天气预报、海洋探险、考古研究等更离不开概率论与数理统计；电子技术的发展、影视文化的进步、人口普查以及教育等同概率论与数理统计也是密不可分的．

根据概率论中用投针试验估计 π 值的思想产生的蒙特卡罗方法，是一种建立在概率论与数理统计基础上的计算方法．借助于电子计算机这一工具，使这种方法在核物理、表面物理、电子学、生物学、高分子化学等学科的研究中起着重要的作用．

概率论作为理论严谨、应用广泛的数学分支正日益受到人们的重视，并将随着科学技术的发展而得到发展．

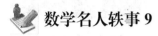

## 数学名人轶事 9

### 伯努利家族

瑞士的伯努利家族（图 9-2），3 代人中产生了 8 位科学家，出类拔萃的至少有 3 位．而在他们一代又一代的众多子孙中，至少有一半相继成为杰出人物．伯努利家族的后裔有不少于 120 位被人们系统地追溯过，他们在数学、科学、技术、工程乃至法律、管理、文学、艺术等方面享有名望，有的甚至声名显赫．最不可思议的是这个家族中有两代人，他们中的大多数是数学家，并非有意选择数学为职业，然而却忘情地沉溺于数学之中，有人调侃他们就像酒鬼碰到了烈酒．

老尼古拉·伯努利

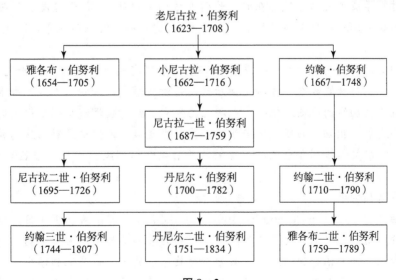

图 9-2

**老尼古拉·伯努利生平**

老尼古拉·伯努利（Nicolaus Bernoulli，1623—1708 年）生于巴塞尔，受过良好教育，曾在当地政府和司法部门任高级职务．他有3个有成就的儿子．其中长子雅各布和第三个儿子约翰成为著名的数学家，第二个儿子小尼古拉在成为圣彼得堡科学院数学界的一员之前，是伯尔尼的第一个法律学教授．

### 雅各布·伯努利生平

雅各布·伯努利（Jacob Bernoulli, 1654年12月27日—1705年8月16日）生于巴塞尔，毕业于巴塞尔大学，1671年17岁时获艺术硕士学位．这里的艺术指"自由艺术"，包括算术、几何学、天文学、数理音乐和文法、修辞、雄辩术共7大门类．遵照父亲的愿望，他于1676年22岁时又取得了神学硕士学位．然而，他也违背父亲的意愿，自学了数学和天文学．1676年，他到日内瓦做家庭教师．从1677年起，他开始在那里撰写内容丰富的《沉思录》．

雅各布·伯努利

1678年和1681年，雅各布·伯努利两次外出旅行学习，到过法国、荷兰、英国和德国，接触和交往了许德、玻意耳、胡克、惠更斯等科学家，写了有关于彗星理论（1682年）、重力理论（1683年）方面的科技文章．1687年，雅各布在《教师学报》上发表数学论文《用两相互垂直的直线将三角形的面积四等分的方法》，同年成为巴塞尔大学的数学教授，直至1705年8月16日逝世．

1699年，雅各布当选为巴黎科学院外籍院士；1701年被柏林科学协会（后为柏林科学院）接纳为会员．

许多数学成果与雅各布的名字相联系．例如悬链线问题（1690年），曲率半径公式（1694年），"伯努利双纽线"（1694年），"伯努利微分方程"（1695年），"等周问题"（1700年）等．

雅各布对数学最重大的贡献是在概率论研究方面．他从1685年起发表了关于赌博游戏中输赢次数问题的论文，后来写成巨著《猜度术》，这本书在他死后8年，即1713年才得以出版．

最为人们津津乐道的轶事之一，是雅各布醉心于研究对数螺线，这项研究从1691年就开始了．他发现，对数螺线经过各种变换后仍然是对数螺线，如它的渐屈线和渐伸线都是对数螺线，自极点至切线的垂足的轨迹，以极点为发光点经对数螺线反射后得到的反射线，以及与所有这些反射线相切的曲线（回光线）都是对数螺线．他惊叹这种曲线的神奇，竟在遗嘱里要求后人将对数螺线刻在自己的墓碑上，并附以颂词"纵然变化，依然故我"，用以象征死后永生不朽．

### 约翰·伯努利生平

约翰·伯努利（Johann Bernoulli, 1667年7月27日—1748年1月1日）出生于瑞士巴塞尔，是一位杰出的数学家．他是雅各布·伯努利的弟弟是丹尼尔·伯努利（伯努利定律发明者）与尼古拉二世·伯努利的父亲．数学大师莱昂哈德·欧拉是他的学生．

约翰的父亲经营香料事业，是一位成功的商人．父亲很希望约翰跟着他去学做生意，以后接手延续家庭的香料事业．可是，约翰对做生意实在没有什么兴趣．约翰千方百计地说服固执的父亲，准许他去学习医术，以期将来能够悬壶济世．1683年，约翰进入巴塞尔大学，主修医科．但是，约翰打心底并不喜欢学医．空闲的时候，他开始与他哥哥雅各布一起读数学. 后来，他们大多数的时间都用在研读刚刚发现的微积分上. 在那个时代，他们不但是最早研读微积分的数学家，而且是最先应用微积分来解决各种问题的数学家.

从巴塞尔大学毕业后，约翰迁移至日内瓦，在那里教微分方程. 1694 年，约翰与 Dorothea Falkner 共结连理. 不久后，他成为格罗宁根大学的数学教授. 1705 年，由于岳父病重，想要与女儿共享天伦之乐. 因此，约翰决定返回巴塞尔家乡教书. 在归途中，他得到哥哥雅各布因患肺结核过世的噩耗. 约翰原本去巴塞尔大学当希腊文教授的计划也因此而改变. 为了纪念雅各布对学术界的贡献，巴塞尔大学聘请他继承哥哥的数学教授职位.

在举世瞩目的牛顿—莱布尼茨辩论中，牛顿与莱布尼茨两派人马，因为谁是微积分的发明者，产生了激烈地争执. 约翰是莱布尼茨的学生，因此站在莱布尼茨这一边，约翰甚至为莱布尼茨辩护. 对一些牛顿方法无法解答的问题，莱布尼茨有方法可以给予圆满的答案. 但是，由于约翰对于牛顿的反对，以及他和笛卡儿跟随者的合作，他大力支持笛卡儿的涡旋理论，同时又强烈地攻击牛顿万有引力定律. 因此，牛顿理论被拖延了很久才在欧洲地区被广泛接受.

在约翰毕业于巴塞尔大学之前，他曾经与雅各布一起共事. 毕业之后不久，两兄弟逐渐产生了一种嫉妒与竞争的关系. 约翰嫉妒雅各布在大学里崇高的位置. 在私底下甚至在大庭广众下，两兄弟时常互相较劲. 雅各布过世后，约翰的嫉妒又转移到丹尼尔，他的天才儿子身上. 1738 年，父子俩几乎同时发表了各自在流体力学的研究. 约翰故意提前了自己的作品日期，使这日期比儿子的作品日期还早两年. 这样，他企图获得优先的荣誉.

1691 年，约翰成功地解答了雅各布著名的悬链线问题，这使兄弟俩之间的紧张关系更犹如火上浇油. 1696 年，约翰提出了自己已解出的最速降线问题. 在短短的两年内，他接到五个解答，其中一个是雅各布给予的.

### 丹尼尔·伯努利生平

丹尼尔（Daniel，公元 1700 年—1782 年）出生于荷兰的格罗宁根，其父亲约翰·伯努利曾试图迫使他去经商，然而丹尼尔宁可选择做一名医生也不愿意去经商. 丹尼尔在 1716 年获艺术硕士学位，1721 年又获医学博士学位. 他曾申请解剖学和植物学教授职位，但未成功.

丹尼尔·伯努利

丹尼尔受父兄影响，一直很喜欢数学. 1724 年，他在威尼斯旅途中发表《数学练习》，引起学术界关注，并被邀请到圣彼得堡科学院工作. 同年，他还用变量分离法解决了微分方程中的里卡提方程. 1725 年，25 岁的丹尼尔受聘为圣彼得堡的数学教授. 1727 年，20 岁的欧拉，到圣彼得堡成为丹尼尔的助手.

然而，丹尼尔认为圣彼得堡那地方的生活比较粗鄙，以至于 8 年以后的 1733 年，他找到机会返回巴塞尔，终于在那里成为了解剖学和植物学教授，最后又成为物理学教授.

1734 年，丹尼尔荣获巴黎科学院奖金，以后又 10 次获得该奖金. 能与丹尼尔媲美的只有大数学家欧拉. 丹尼尔和欧拉保持了近 40 年的学术通信，在科学史上留下一段佳话.

在伯努利家族中，丹尼尔是涉及科学领域较多的人. 他出版了经典著作《流体动力学》

（1738 年），研究弹性弦的横向振动问题（1741—1743 年），提出声音在空气中的传播规律（1762 年）. 他的论著还涉及天文学（1734 年）、地球引力（1728 年）、湖汐（1740 年）、磁学（1743、1746 年），振动理论（1747 年）、船体航行的稳定（1753、1757 年）和生理学（1721、1728 年）等. 凡尼尔的博学成为伯努利家族的代表.

丹尼尔于 1747 年当选为柏林科学院院士，1748 年当选巴黎科学院院士，1750 年当选英国皇家学会会员. 他一生获得过多项荣誉称号.

# 第十章
# 数理统计基础

与概率论一样数理统计学的研究对象也是随机现象的统计规律性. 概率论是从理论上即已知随机现象的概率模型的基础上，对随机现象的概率规律进行描述. 而数理统计是以概率论为基础，从现象出发即从实际观察或试验中得到的数据对随机现象的概率模型进行估计或推断. 简言之，数理统计就是对随机现象进行估计或推断的科学.

## 第一节  基本概念

### 一、总体、个体与样本

#### 1. 总体与个体

在数理统计中，通常将研究对象的某个数量指标的所有可能取值的全体称为**总体**（或母体），而构成总体的每个元素称为**个体**.

例如，考察某厂生产的一批电视机显像管的质量，若仅以使用寿命为考察指标，这批显像管的使用寿命的全部可能取值就构成了该指标的总体，而每个显像管具体的寿命值就是构成该总体的个体. 如果总体中所包含的个体数目是有限的，则称该总体为**有限总体**，否则称为**无限总体**. 如考察一批产品的质量，因为这批产品本身数量是有限的，所以这时总体也就是有限总体. 而将某种设备的使用寿命 $T$ 而言，显然总有 $0 \leqslant T < +\infty$，所以这时的总体为无限总体.

总体常用表示随机变量的大写字母 $X$，$Y$，$T$…表示.

#### 2. 抽样与样本

为了了解某总体 $X$ 的某一指标，需要对总体中的个体进行调查. 当然最准确的方法是普查，即将所有个体都调查一遍，但这样做费工、费时，也费资源，而且对于无限总体是不可能做到的. 就是对于有限总体而言，如果调查试验是破坏性的就不可能使用普查. 因此在研究总体 $X$ 时常常使用抽样调查的方法.

从总体 $X$ 中抽取一个个体，就称为对总体的一次抽样. 为了使所得信息较为准确，往往需要进行多次抽样，这就构成了一个样本. 为了使样本能客观地反映总体的情况，我们在抽样时必须满足：

（1）随机性：即保证总体中每一个个体被抽中的可能性相同；

（2）独立性：即保证每次抽样的结果要互不影响.

将满足以上条件的样本称为**简单随机样本**，将得到简单随机样本的抽样方法称为**简单随机抽样**. 以简单随机抽样方式对总体进行 $n$ 次抽样，得到 $n$ 个个体记为：

$$X_1, \ X_2, \ \cdots, \ X_n$$

称为总体 $X$ 的一个容量为 $n$ 的**样本**.

显然，简单随机样本 $X_1, \ X_2, \ \cdots, \ X_n$ 是 $n$ 个独立随机变量，它们来自同一总体 $X$，当然与总体 $X$ 具有相同的分布，称 $X_1, \ X_2, \ \cdots, \ X_n$ 为**独立同分布的随机变量**.

数理统计就是根据总体 $X$ 的样本 $X_1, \ X_2, \ \cdots, \ X_n$ 的性质特征去估计或推断总体 $X$ 的性质特征，其工具是统计量.

## 二、统计量

为了获得总体的分布信息或总体的某些数字特征，需要从总体 $X$ 中抽取样本 $X_1, \ X_2, \ \cdots, \ X_n$，然后对其进行加工处理，即针对不同的问题构造出相应的样本函数，然后再利用所构造的样本函数对总体做出种种合理的推断.

**定义 10.1** 设 $X_1, \ X_2, \ \cdots, \ X_n$ 为总体 $X$ 的一个样本，$f(X_1, \ X_2, \ \cdots, \ X_n)$ 是一个样本函数，若 $f(X_1, \ X_2, \ \cdots, \ X_n)$ 中不含未知参数，则称 $f(X_1, \ X_2, \ \cdots, \ X_n)$ 为**统计量**.

常见的统计量有：

（1）样本均值：$\overline{X} = \dfrac{1}{n} \sum\limits_{i=1}^{n} X_i$；

（2）样本方差：$S^2 = \dfrac{1}{n-1} \sum\limits_{i=1}^{n} (X_i - \overline{X})^2 = \dfrac{1}{n-1} \left( \sum\limits_{i=1}^{n} X_i^2 - n\overline{X}^2 \right)$；

（3）样本均方差：$S = \sqrt{\dfrac{1}{n-1} \sum\limits_{i=1}^{n} (X_i - \overline{X})^2} = \sqrt{\dfrac{1}{n-1} \left( \sum\limits_{i=1}^{n} X_i^2 - n\overline{X}^2 \right)}$.

从总体 $X$ 中每抽取一个个体，就是对总体的一次随机试验，重复进行 $n$ 次试验就得到了总体 $X$ 的一组数值 $x_1, \ x_2, \ \cdots, \ x_n$，称为相应于样本 $X_1, \ X_2, \ \cdots, \ X_n$ 的样本值.

因为 $X_1, \ X_2, \ \cdots, \ X_n$ 都是随机变量，而统计量 $f(X_1, \ X_2, \ \cdots, \ X_n)$ 是随机变量的函数，因此统计量是一个随机变量. 如果 $X_1, \ X_2, \ \cdots, \ X_n$ 是相应于样本 $X_1, \ X_2, \ \cdots, \ X_n$ 的一组样本值，则称 $f(X_1, \ X_2, \ \cdots, \ X_n)$ 为 $f(X_1, \ X_2, \ \cdots, \ X_n)$ 的观察值.

我们仍称：

$$\overline{x} = \frac{1}{n} \sum_{i=1}^{n} x_i; \quad s^2 = \frac{1}{n-1} \sum_{i=1}^{n} (x_i - \overline{x})^2 = \frac{1}{n-1} \left( \sum_{i=1}^{n} x_i^2 - n\overline{x}^2 \right); \quad s = \sqrt{s^2}$$

为样本均值、样本方差、样本均方差. 使用时应注意它们的区别.

**例** 某商场抽查了 10 个柜组，每个柜组某月的人均销售额（万元）分别为：

$$2.5, \ 2.8, \ 2.9, \ 3.0, \ 3.0, \ 3.2, \ 3.3, \ 3.5, \ 3.8, \ 4.0$$

求该商场 10 个柜组人均销售额的均值和标准差.

**解** $\overline{x} = \dfrac{1}{n} \sum\limits_{i=1}^{n} x_i = \dfrac{1}{10}(2.5 + 2.8 + 2.9 + 3.0 + 3.0 + 3.2 + 3.3 + 3.5 + 3.8 + 4.0)$

$\qquad = 3.2 \,（万元）,$

$$s^2 = \frac{1}{n-1}\sum_{i=1}^{n}(x_i-\bar{x})^2 = \frac{1}{9}\left[(2.5-3.2)^2+(2.8-3.2)^2+\cdots+(4.0-3.2)^2\right]$$

$$= 0.213\,333,$$

$$s \approx 0.46\,(\text{万元}).$$

因此该商场所抽到的 10 个柜组人均销售额为 3.2 万元，标准差为 0.46 万元.

# 第二节　参数的点估计与区间估计

当总体 $X$ 的分布形态为已知，但决定分布的参数 $\theta$ 为未知时，通过样本值 $x_1$，$x_2$，$\cdots$，$x_n$ 对未知参数 $\theta$ 的理论值进行估计的方法称为**参数估计法**.

**注意**　可能总体 $X$ 的分布中需要估计的参数不止一个，可能有 $\theta_1$，$\cdots$，$\theta_r$ 共 $r$ 个. 当然需要估计的参数越多，计算就越复杂，但方法是相同的.

## 一、参数的点估计

参数的点估计就是要构造一个适当的统计量 $\hat{\theta}(X_1，X_2，\cdots，X_n)$，用它的观察值 $\hat{\theta}(x_1，x_2，\cdots，x_n)$ 作为未知参数 $\theta$ 的近似值（或称估计值）. 我们称 $\hat{\theta}(X_1，X_2，\cdots，X_n)$ 为 $\theta$ 的估计量，称 $\hat{\theta}(x_1，x_2，\cdots，x_n)$ 为 $\theta$ 的估计值. 参数的点估计方法主要有两种：一种是矩估计法，另一种是极大似然估计法. 下面重点介绍前一种方法.

总体 $X$ 的理论矩：

$E(X)$：$X$ 的一阶原点矩；　　　　　$E(|X-E(X)|)$：$X$ 的一阶中心矩；

$E(X^2)$：$X$ 的二阶原点矩；　　　　　$E(|X-E(X)|^2)$：$X$ 的二阶中心矩；

　　　　$\cdots\cdots$　　　　　　　　　　　　　　$\cdots\cdots$

$E(X^k)$：$X$ 的 $k$ 阶原点矩；　　　　　$E(|X-E(X)|^k)$：$X$ 的 $k$ 阶中心矩.

可以看出，总体 $X$ 的一阶原点矩就是 $X$ 的数学期望 $E(X)$，$X$ 的二阶中心矩就是 $X$ 的方差 $D(X)$. 为了方便，我们记

$$\mu_k = E(X^k)$$

总体 $X$ 的样本矩为

$$\hat{\mu}_k = \frac{1}{n}\sum_{i=1}^{n}X_i^k \qquad (k \text{ 阶样本原点矩})$$

显然，一阶样本原点矩 $\hat{\mu}_1$ 就是总体均值 $\bar{X}$ 的估计量.

参数的矩估计就是用样本矩 $\hat{\mu}_k$ 作为理论矩 $\mu_k$ 的估计量，即 $\hat{\mu}_k = \mu_k$. 这在概率论中有"大数定律"作为理论保证.

**例1**　设总体 $X$ 服从参数为 $\mu$，$\sigma^2$ 的正态分布 $N(\mu，\sigma^2)$，试根据来自总体 $X$ 的样本 $X_1$，$X_2$，$\cdots$，$X_n$ 对未知参数 $\mu$，$\sigma^2$ 进行估计.

**解**　因为总体 $X$ 有：$E(X)=\mu, D(X)=E(X^2)-E^2(X)=\sigma^2$，所以 $\mu_1=\mu$，$\mu_2-\mu_1^2=\sigma^2$，于是由矩估计法有

$$\begin{cases} \hat{\mu}_1 = \hat{\mu} = \dfrac{1}{n}\sum_{i=1}^{n}x_i = \bar{x} \\[2mm] \hat{\mu}_2 = \hat{\sigma}^2 + \hat{\mu}_1^2 = \hat{\sigma}^2 + \bar{x}^2 = \dfrac{1}{n}\sum_{i=1}^{n}x_i^2 \end{cases}$$

其中　$\hat{\sigma}^2 = \dfrac{1}{n}\sum_{i=1}^{n} x_i^2 - \bar{x}^2 = \dfrac{1}{n}\left(\sum_{i=1}^{n} x_i^2 - n\bar{x}^2\right) = \dfrac{1}{n}\left(\sum_{i=1}^{n} x_i^2 - \sum_{i=1}^{n}\bar{x}^2\right)$

$\qquad\quad = \dfrac{1}{n}\left(\sum_{i=1}^{n} x_i^2 - 2\sum_{i=1}^{n}\bar{x}^2 + \sum_{i=1}^{n}\bar{x}^2\right) = \dfrac{1}{n}\left(\sum_{i=1}^{n} x_i^2 - 2\bar{x}\dfrac{1}{n}\sum_{i=1}^{n} x_i + \sum_{i=1}^{n}\bar{x}^2\right)$

$\qquad\quad = \dfrac{1}{n}\left(\sum_{i=1}^{n} x_i^2 - \sum_{i=1}^{n} 2x_i\bar{x} + \sum_{i=1}^{n}\bar{x}^2\right) = \dfrac{1}{n}\sum_{i=1}^{n}(x_i^2 - 2x_i\bar{x} + \bar{x}^2)$

$\qquad\quad = \dfrac{1}{n}\sum_{i=1}^{n}(x_i - \bar{x})^2$

故估计量为

$$\begin{cases} \hat{\mu} = \bar{x} = \dfrac{1}{n}\sum_{i=1}^{n} x_i \\[2mm] \hat{\sigma}^2 = \dfrac{1}{n}\sum_{i=1}^{n}(x_i - \bar{x})^2 = \dfrac{n-1}{n}s^2 \end{cases}$$

这是正态总体 $X \sim N(\mu, \sigma^2)$ 中参数 $\mu$，$\sigma^2$ 的矩估计公式.

**例 2**　一批钢筋的抗拉强度 $X$（公斤）服从正态分布 $N(\mu, \sigma^2)$，今随机抽取了 5 个样品，测得抗拉强度分别为：1 502，1 578，1 454，1 366，1 650，试用矩估计法对总体均值 $\mu$ 与方差 $\sigma^2$ 进行估计.

**解**　由例 1 中的参数 $\mu$，$\sigma^2$ 的矩估计公式可得

$$\hat{\mu} = \frac{1}{5}(1\,502 + 1\,578 + 1\,454 + 1\,366 + 1\,650) = 1\,510\,(公斤)$$

$$\hat{\sigma}^2 = \frac{1}{5}(8^2 + 68^2 + 56^2 + 144^2 + 140^2) = 9\,632$$

**例 3**　设总体 $X$ 服从均匀分布 $U[0, \beta]$，若 1.3，0.6，1.7，2.2，0.3，1.1 是来自总体的一个样本，试对未知参数 $\beta$ 做出估计.

**解**　由于 $E(X) = \dfrac{\beta}{2}$，因此，由矩估计 $\hat{E}(X) = \bar{x}$，得 $\dfrac{\hat{\beta}}{2} = \bar{x}$，即 $\hat{\beta} = 2\bar{x}$，代入样本值，得

$$\bar{x} = \frac{1}{6}(1.3 + 0.6 + 1.7 + 2.2 + 0.3 + 1.1) = 1.2$$

所以 $\hat{\beta} = 2\bar{x} = 2.4$.

## 二、参数的区间估计

由于样本取值的随机性，不同的样本值用点估计会得到不同的参数估计值，虽然这些估计值可能相对比较集中，但我们仍然不能确定究竟哪一个是正确的或都是近似的，近似程度如何？为解决这个问题，我们给出参数的另一种估计方式——**区间估计**.

参数的区间估计是在总体 $X$ 的分布形态为已知，但含有未知参数 $\theta$ 的情况下，要求在一定的置信度（可信度）下，给出参数 $\theta$ 的理论值所在范围，即区间 $[\hat{\theta}_1, \hat{\theta}_2]$.

**定义 10.2**　设 $\theta$ 是总体 $X$ 分布中的未知参数，$\hat{\theta}_1(x_1, x_2, \cdots, x_n)$，$\hat{\theta}_2(x_1, x_2, \cdots, x_n)$ 是总体 $X$ 的样本 $x_1, x_2, \cdots, x_n$ 的两个统计量. 如果对给定正数 $\alpha$（$0 < \alpha < 1$），有

$$P(\hat{\theta}_1 \leqslant \theta \leqslant \hat{\theta}_2) = 1 - \alpha$$

成立，则称区间 $[\hat{\theta}_1, \hat{\theta}_2]$ 为未知参数 $\theta$ 在置信度为 $1-\alpha$ 下的**置信区间**.

下面我们只讨论正态总体下的均值 $\mu$ 与方差 $\sigma^2$ 的区间估计.

**1. 均值 $\mu$ 的区间估计**

（1）已知总体 $X \sim N(\mu, \sigma_0^2)$，$\sigma_0^2$ 为已知时，$\mu$ 的区间估计.

设 $X_1, X_2, \cdots, X_n$ 是来自总体 $X$ 的样本，则

$$\overline{X} = \frac{1}{n} \sum_{i=1}^{n} X_i \sim N\left(\mu, \frac{\sigma_0^2}{n}\right)$$

标准化变化后

$$\frac{\sqrt{n}(\overline{X} - \mu)}{\sigma_0} \sim N(0, 1)$$

在置信度 $1-\alpha$ 下，反查正态分布表：$\Phi(\mu_{\frac{\alpha}{2}}) = 1 - \frac{\alpha}{2}$，得到临界值 $\mu_{\frac{\alpha}{2}}$. 于是，置信度

为 $1-\alpha$ 的置信区间为：$\left[\overline{X} - \mu_{\frac{\alpha}{2}} \dfrac{\sigma_0}{\sqrt{n}}, \overline{X} + \mu_{\frac{\alpha}{2}} \dfrac{\sigma_0}{\sqrt{n}}\right]$.

常用临界值：当 $\alpha = 0.1$ 时，$\mu_{\frac{\alpha}{2}} = \mu_{0.05} = 1.645$；当 $\alpha = 0.05$ 时，$\mu_{\frac{\alpha}{2}} = \mu_{0.025} = 1.960$；当 $\alpha = 0.01$ 时，$\mu_{\frac{\alpha}{2}} = \mu_{0.005} = 2.675$.

**例 4**　某车间生产钢球，其直径 $X \sim N(\mu, 0.04)$，今从该车间生产的钢球中随机抽取 9 件，测得数据如下：

$$14.6, \ 15.1, \ 14.8, \ 15.2, \ 15.0, \ 14.9, \ 15.3, \ 15.3, \ 14.8$$

试求钢球直径均值 $\mu$ 在置信度为 95% 时的置信区间.

**解**　置信度为 95% 时的临界值 $\mu_{\frac{\alpha}{2}} = \mu_{0.025} = 1.960$，$\sigma_0 = 0.2$，$\sqrt{n} = \sqrt{9} = 3$，

$$\mu_{\frac{\alpha}{2}} \frac{\sigma_0}{\sqrt{n}} = 1.96 \times \frac{0.2}{3} \approx 0.151$$

而　　$\overline{x} = \dfrac{1}{9}(14.6 + 15.1 + 14.8 + 15.2 + 15.0 + 14.9 + 15.3 + 15.3 + 14.8) = 15$

故所求置信区间为（14.849，15.151）.

（2）已知总体 $X \sim N(\mu, \sigma^2)$，$\sigma^2$ 未知时，$\mu$ 的区间估计.

设 $X_1, X_2, \cdots, X_n$ 是来自总体 $X$ 的样本，因为 $\sigma^2$ 未知，我们用它的估计量 $S^2$ 代替，构造统计量

$$T = \frac{\sqrt{n}(\overline{X} - \mu)}{S}$$

$T$ 服从自由度为 $n-1$ 的 $t$ 分布.

$\mu$ 在置信度为 $1-\alpha$ 下的置信区间为

$$\left[\overline{X} - t_{\frac{\alpha}{2}}(n-1) \frac{S}{\sqrt{n}}, \overline{X} + t_{\frac{\alpha}{2}}(n-1) \frac{S}{\sqrt{n}}\right]$$

其中 $t_{\frac{\alpha}{2}}(n-1)$ 为自由度为 $n-1$ 的 $t$ 分布之临界值，它可通过查 $t$ 分布表得到. 如 $\alpha =$

0.05 时：

$$t_{\frac{\alpha}{2}}(4)=2.776,\ t_{\frac{\alpha}{2}}(5)=2.571,\ t_{\frac{\alpha}{2}}(6)=2.447,$$

$$t_{\frac{\alpha}{2}}(7)=2.365,\ t_{\frac{\alpha}{2}}(8)=2.306,\ t_{\frac{\alpha}{2}}(9)=2.262.$$

**例 5**　某商店购进一批茶叶，现从中随机抽取 8 包进行检查，结果如下：（单位：克）502，505，499，501，498，497，499，501，已知茶叶的重量 $X$ 服从正态分布，试求这批茶叶每包平均重量在 95％的置信度下的置信区间.

**解**　$\bar{x}=\dfrac{1}{8}(502+505+499+501+498+497+499+501)=500.25,$

$s^2=\dfrac{1}{8-1}(1.75^2+4.75^2+1.25^2+0.75^2+2.25^2+3.25^2+1.25^2+0.75^2)=6.5,$

$s=\sqrt{6.5}=2.55,$

在 $1-\alpha=95\%$ 时，$\alpha=0.05$，查得 $t_{\frac{\alpha}{2}}(7)=2.365$，故

$$\bar{x}+t_{\frac{\alpha}{2}}(n-1)\frac{s}{\sqrt{n}}=500.25+2.365\frac{2.55}{\sqrt{8}}=502.383$$

$$\bar{x}-t_{\frac{\alpha}{2}}(n-1)\frac{s}{\sqrt{n}}=500.25-2.365\frac{2.55}{\sqrt{8}}=498.118$$

因此所求置信区间为（498.118，502.383）.

**2. 方差 $\sigma^2$ 的区间估计**

在总体样本 $X_1，X_2，\cdots，X_n$ 下构造统计量：

$$\chi^2=\frac{(n-1)S^2}{\sigma^2}\sim\chi^2(n-1)$$

读作"统计量'卡方'服从自由度为 $n-1$ 的'卡方分布'".

这时 $\sigma^2$ 在置信度为 $1-\alpha$ 下的置信区间为

$$\left[\frac{(n-1)S^2}{\chi^2_{\frac{\alpha}{2}}(n-1)},\ \frac{(n-1)S^2}{\chi^2_{1-\frac{\alpha}{2}}(n-1)}\right]$$

其中 $\chi^2_{\frac{\alpha}{2}}(n-1)$，$\chi^2_{1-\frac{\alpha}{2}}(n-1)$ 为自由度为 $n-1$ 的卡方分布的临界值. 可通过查 $\chi^2$ 分布表得到. 如最常用的 $\alpha=0.05$ 时的临界值有：

$$\chi^2_{\frac{\alpha}{2}}(4)=11.1,\ \chi^2_{\frac{\alpha}{2}}(5)=12.8,\ \chi^2_{\frac{\alpha}{2}}(6)=14.4,\ \chi^2_{\frac{\alpha}{2}}(7)=16.0;$$

$$\chi^2_{1-\frac{\alpha}{2}}(4)=0.484,\ \chi^2_{1-\frac{\alpha}{2}}(5)=0.831,\ \chi^2_{1-\frac{\alpha}{2}}(6)=1.24,\ \chi^2_{1-\frac{\alpha}{2}}(7)=1.69.$$

**例 6**　求例 5 中总体方差的置信度为 0.95 的置信区间.

**解**　现在 $\dfrac{\alpha}{2}=0.025$，$1-\dfrac{\alpha}{2}=0.975$，$n-1=7$，查表得 $\chi^2_{\frac{\alpha}{2}}(n-1)=\chi^2_{0.025}(7)=16.0$，

$\chi^2_{1-\frac{\alpha}{2}}(n-1)=\chi^2_{0.975}(7)=1.69$，又 $s^2=6.5$，所以 $\sigma^2$ 的一个置信度为 0.95 的置信区间为

$$\left[\frac{7\times6.5}{16.0},\ \frac{7\times6.5}{1.69}\right]$$

即 [2.843 75，26.923 08].

置信区间长度与置信度和样本容量间的关系：

（1）在样本容量 $n$ 确定时，置信度 $1-\alpha$ 越高，置信区间一般就越长，反之越短；

（2）在置信度 $1-\alpha$ 确定时，样本容量 $n$ 越大，置信区间一般就越短，反之越长. 从估计值的精度来看，显然参数的估计区间越短越好.

## 习题 10 - 2

1. 设总体 $X$ 的一组观测值为（单位：mm）

$$482,493,457,471,510,446,435,418,394,469$$

试用矩估计法估计这组观测值的均值与方差.

2. 已知某产品的使用寿命 $X$ 服从正态分布 $N(\mu,\sigma^2)$，现从中随机抽取 8 个测得其寿命（小时）分别如下：

$$14\ 100,14\ 200,14\ 600,14\ 000,14\ 000,13\ 800,14\ 000,13\ 600$$

试求总体 $X$ 的均值与方差的矩估计，并估计这种产品寿命大于 14 500 小时的概率.

3. 来自正态总体 $X\sim N(\mu,0.09)$ 的容量为 9 的简单随机样本有 $\bar{x}=5$，求未知参数 $\mu$ 在置信度为 95％下的置信区间.

4. 从一大批电子管中随机抽取 100 只，测得平均使用寿命为 1 000 小时. 设电子管寿命服从正态分布，均方差 $\sigma=40$ 小时，求这批电子管平均使用寿命 $\mu$ 在置信度为 95％下的置信区间.

5. 设总体 $X\sim N(\mu,\sigma^2)$，$\sigma^2$ 未知，对以下已知值求均值 $\mu$ 的 95％ 的置信区间.

（1）$n=5$，$\bar{x}=12.3$，$s=0.2$；

（2）$n=21$，$\bar{x}=13.2$，$s^2=5$.

6. 从一批零件中随机抽取 16 件，测得它们的直径（mm）的数据如下：

$$12.12\quad 12.15\quad 12.01\quad 12.08\quad 12.09\quad 12.16\quad 12.03\quad 12.01$$
$$12.06\quad 12.13\quad 12.07\quad 12.11\quad 12.08\quad 12.01\quad 12.03\quad 12.06$$

这批零件的直径服从正态分布 $N(\mu,\sigma^2)$，试求：

（1）置信度为 95％时 $\mu$ 的置信区间；

（2）置信度为 95％时 $\sigma^2$ 的置信区间.

## 第三节　一元线性回归分析

一元线性回归分析研究的是两个随机变量 $X$，$Y$ 之间的关系. 现实生活中变量之间的关系可分为两类：一类是确定性关系，称为函数关系. 例如圆的面积 $S$ 与圆的半径 $r$ 间的关系是 $S=\pi r^2$.

另一类是非确定关系，即变量之间存在一定的依存关系，但又不是确定的和严格依存的关系. 如人们的身高 $T$ 与体重 $W$ 之间，一般来说，身高越高的人体重就越大，但并非是身高越高体重就一定越高，身高 $T$ 与体重 $W$ 有关系但并非确定性的；又如市场需求量 $q$ 与价格 $p$ 之间有关系但并非确定性的. 变量之间的这种非确定性的关系称为**相关关系**.

当变量之间存在显著的相关关系时便可以配合一定的数学模型（经验公式或回归方程）进行回归分析. 回归有不同的种类，按自变量的个数可分为一元回归和多元回归. 只有一个自变量的回归称为**一元回归**，有两个或两个以上自变量的回归称为**多元回归**. 按照回归线的形状可分为线性回归和非线性回归. 下面介绍一元线性回归分析方法.

回归分析包含两个方面的问题：其一是回归方程如何建立；其二是建立的回归方程是否有效，即它是否能真正地反映变量之间的线性依存关系，其代表性如何？

设有随机变量 $X$、$Y$，通过观测得到一组对应数据：

$$X: x_1, x_2, \cdots, x_n;$$
$$Y: y_1, y_2, \cdots, y_n.$$

首先在 $X, Y$ 中选择一个作为控制变量，如果选择 $X$ 作为控制变量，这时 $X$ 就不再随机了，所以我们常常将控制变量记为 $x$.

假设线性回归方程为 $\hat{y} = a + bx$，则只要确定了参数 $a, b$，回归方程也就确定了，所以 $a, b$ 又称为**回归系数**. 而回归系数 $a, b$ 可通过求解下列方程组得到.

$$\begin{cases} \sum_{i=1}^{n} y_i = na + b \sum_{i=1}^{n} x_i \\ \sum_{i=1}^{n} x_i y_i = a \sum_{i=1}^{n} x_i + b \sum_{i=1}^{n} x_i^2 \end{cases}$$

解该方程组得

$$\begin{cases} a = \bar{y} - b\bar{x} \\ b = \dfrac{L_{xy}}{L_{xx}} \end{cases}$$

其中 $\bar{x} = \dfrac{1}{n} \sum_{i=1}^{n} x_i$，$\bar{y} = \dfrac{1}{n} \sum_{i=1}^{n} y_i$，$L_{xx} = \sum_{i=1}^{n} x_i^2 - \dfrac{1}{n} \left( \sum_{i=1}^{n} x_i \right)^2$，$L_{yy} = \sum_{i=1}^{n} y_i^2 - \dfrac{1}{n} \left( \sum_{i=1}^{n} y_i \right)$，$L_{xy} = \sum_{i=1}^{n} x_i y_i - \dfrac{1}{n} \sum_{i=1}^{n} x_i \sum_{i=1}^{n} y_i$.

然而，求得的线性回归方程 $\hat{y} = a + bx$ 是否有效，还需要加以检验，称为**显著性检验**. 方法是求出 $X, Y$ 的相关系数 $r_{xy}$，然后查表检验. 其中

$$r_{xy} = \frac{L_{xy}}{\sqrt{L_{xx} L_{yy}}}$$

若 $r_{xy}$ 大于查表所得的相关系数检验的临界值，则称**回归方程具有显著性**，即回归方程有意义；若 $r_{xy}$ 小于查表所得的相关系数检验的临界值，我们称**回归方程不显著**，即回归方程意义不大.

**例** 随机抽取生产同类产品的 10 家企业，调查了它们的产量和生产费用的情况，得到数据如表 10 - 1 所示：

表 10 - 1

| 产量 $x$/吨 | 40 | 42 | 48 | 55 | 65 | 79 | 88 | 100 | 120 | 140 |
|---|---|---|---|---|---|---|---|---|---|---|
| 生产费用 Y/千元 | 150 | 140 | 160 | 170 | 150 | 162 | 185 | 165 | 190 | 185 |

求生产费用 $Y$ 关于产量 $x$ 的回归方程.

**解** 列表计算，如表 10 - 2 所示：

表 10 - 2

| 序号 | 产量/吨 $x_i$ | 费用/千元 $y_i$ | $x_i^2$ | $y_i^2$ | $x_i y_i$ |
|------|------|------|------|------|------|
| 1 | 40 | 150 | 1 600 | 22 500 | 6 000 |
| 2 | 42 | 140 | 1 764 | 19 600 | 5 880 |
| 3 | 48 | 160 | 2 304 | 25 600 | 7 680 |
| 4 | 55 | 170 | 3 025 | 28 900 | 9 350 |
| 5 | 65 | 150 | 4 225 | 22 500 | 9 750 |
| 6 | 79 | 162 | 6 241 | 26 244 | 12 798 |
| 7 | 88 | 185 | 7 744 | 34 225 | 16 280 |
| 8 | 100 | 165 | 10 000 | 27 225 | 16 500 |
| 9 | 120 | 190 | 14 400 | 36 100 | 22 800 |
| 10 | 140 | 185 | 19 600 | 34 225 | 25 900 |
| 合计 | 777 | 1 657 | 70 903 | 277 119 | 132 938 |

由表得：$n=10$，

$$\bar{x}=77.7, \quad \bar{y}=165.7$$
$$L_{xx}=70\ 903-10\times77.7^2=10\ 530.1$$
$$L_{xy}=132\ 938-0.1\times777\times1\ 657=418\ 9.1$$
$$L_{yy}=277\ 119-10\times165.7^2=255\ 4.1$$

于是，回归系数为

$$b=\frac{L_{xy}}{L_{xx}}=0.397\ 821\ 483\approx0.4$$
$$a=\bar{y}-b\bar{x}=134.789\ 208\approx134.8$$

所求回归方程为

$$\hat{y}=134.8+0.4x$$

相关系数为

$$r_{xy}=\frac{L_{xy}}{\sqrt{L_{xx}L_{yy}}}\frac{4\ 189.1}{\sqrt{10\ 530.1\times2\ 554.1}}=0.807\ 766$$

由 $n-2=8$，在 $\alpha=0.05$（置信度为 95%）时查相关系数检验临界表得：

$$r_{0.05}=0.631\ 9<0.807\ 766=r_{xy}$$

因此所求得的回归方程 $\hat{y}=134.8+0.4x$ 具有显著性，即 $Y$ 与 $x$ 的线性关系是显著的.

# 习题 10 - 3

1. 某地区近几年来按月统计，智力投资 $y$ 与职工月平均收入 $x$ 的关系如表 10 - 3 所示（千元）

表 10 - 3

| 月均收入（$x_i$） | 3.5 | 4.6 | 5.0 | 6.4 | 8.3 | 8.9 | 9.0 | 9.5 |
|---|---|---|---|---|---|---|---|---|
| 智力投资（$y_i$） | 0.5 | 0.4 | 0.7 | 1.1 | 1.6 | 1.8 | 1.9 | 2.2 |

试求智力投资 $y$ 关于职工月平均收入 $x$ 的线性回归方程，并在 $\alpha = 0.05$ 时，即显著水平为 95％时对线性回归方程的显著性进行检验.

2. 表 10 - 4 数据是退火温度 $x$(℃) 对黄铜延展性 $Y$ 效应的试验结果，$Y$ 是以延展长度计算的.

表 10 - 4

| $x$/℃ | 300 | 400 | 500 | 600 | 700 | 800 |
|---|---|---|---|---|---|---|
| Y/％ | 40 | 50 | 55 | 60 | 67 | 70 |

（1）作出 $x$ 与 $Y$ 的散点图，判断 $Y$ 与 $x$ 之间是否存在线性相关关系？

（2）求 $Y$ 与 $x$ 的一元线性回归方程.

（3）对所得的回归方程作显著性检验（$\alpha = 0.05$）.

# 数学实验 10
## MATLAB 在数理统计中的应用

## 一、实验目的

学习利用 MATLAB 根据样本数据对总体分布中的未知参数值进行估计、假设检验，以及线性回归分析，掌握 MATLAB 中的 normfit、regress 等命令的调用格式.

## 二、利用 MATLAB 进行点估计、区间估计

在 MATLAB 中，利用样本数据对总体分布中的未知参数进行点估计和区间估计的常用命令是 normfit，其调用格式为

$$[\text{mu,sig,muci,sigci}] = \text{normfit(x,alpha)}$$

**说明**

x：由样本数据构成的向量.

alpha：给定的显著性水平 $\alpha$（即置信度为 $(1-\alpha)$％，缺省时默认 $\alpha = 0.05$，置信度为 95％）.

mu、sig：分别为参数 $\mu$，$\sigma^2$ 的点估计值.

muci、sigci：分别为参数 $\mu$，$\sigma^2$ 的区间估计.

**例 1** 从某超市的货架上随机抽取 9 包 0.5 千克装的食糖，测得其重量分别为（单位：千克）：0.497，0.506，0.518，0.524，0.488，0.510，0.510，0.515，0.512，从长期的实践中知道，该品牌的食糖重量服从正态分布 $N(\mu, \sigma^2)$. 若给定置信水平为 0.95，试根据样本数据对总体的均值及方差进行点估计和区间估计.

在 M 文件编辑窗口中输入命令：

x = [0.497,0.506,0.518,0.524,0.488,0.510,0.510,0.515,0.512];

alpha = 0.05;

[mu,sig,muci,sigci] = normfit(x,alpha)

计算结果为：

mu = 0.5089          sig = 0.0109

muci = 0.5005          0.5173

sigci = 0.0073          0.0208

结果显示，总体均值的点估计为 0.508 9，总体方差的点估计为 0.010 9. 在 95% 置信水平下，总体均值的区间估计为 （0.500 5，0.517 3），总体方差的区间估计为 （0.007 3，0.020 8）.

## 三、利用 MATLAB 进行一元线性回归分析

在 MATLAB 中，对样本数据进行一元线性回分析的命令为 regress，其调用格式为：

$$[b,bint] = regress(Y,X,alpha)$$

**说明**

b：回归模型中的常数项及回归系数.

bint：各系数的 95% 的置信区间.

**例2** 随机地抽取生产同类产品的 11 家企业，调查了它们的产量 $X$（单位：吨）和生产费用 $Y$（单位：万元）的情况，得到数据如表 10 - 5 所示：

表 10 - 5

| $X$ | 5 | 10 | 15 | 20 | 30 | 40 | 50 | 60 | 70 | 90 | 120 |
|---|---|---|---|---|---|---|---|---|---|---|---|
| $Y$ | 6 | 10 | 10 | 13 | 16 | 17 | 19 | 23 | 25 | 29 | 46 |

试求生产费用 $Y$ 与产量 $X$ 的回归直线方程.

在 M 文件编辑窗口中输入命令：

X1 = [5,10,15,20,30,40,50,60,70,90,120];

Y = [6,10,10,13,16,17,19,23,25,29,46];

X = [ones(11,1),X1];

[b,bint] = regress(Y,X)

计算结果为：

b =

　　　5.3444

　　　0.3043

bint =

　　　　2.7909　　7.8979

　　　　0.2602　　0.3485

结果显示，生产费用 $Y$ 对产量 $X$ 的回归直线方程为：$\hat{y} = 5.344\ 4 + 0.304\ 3x$.

这里的回归系数 $b=0.304\,3$，其含义为产量 $X$ 每增加一个单位，生产费用 $Y$ 平均增加 $0.304\,3$ 个单位.

# 自己动手（十）

1. 设总体 $X$ 的一组观测值为（单位：mm）

$$482,\ 493,\ 457,\ 471,\ 510,\ 446,\ 435,\ 418,\ 394,\ 469$$

试用 MATLAB 估计这组观测值的均值与方差.

2. 已知某产品的使用寿命 $X$ 服从正态分布 $N(\mu,\ \sigma^2)$，现从中随机抽取 8 个，测得其寿命（小时）分别如下：

$$14\,100,\ 14\,200,\ 14\,600,\ 14\,000,\ 14\,000,\ 13\,800,\ 14\,000,\ 13\,600$$

试用 MATLAB 估计总体 $X$ 的均值与方差，并估计这种产品寿命大于 14 500 小时的概率.

3. 从一大批电子管中随机抽取 100 只，测得平均使用寿命为 1 000 小时. 设电子管寿命服从正态分布，均方差 $\sigma=40$ 小时，试用 MATLAB 计算这批电子管平均使用寿命 $\mu$ 在置信度为 95％时的置信区间.

4. 表 10 - 6 数据是退火温度 $x$（℃）对黄铜延展性 $Y$ 效应的试验结果，$Y$ 是以延展长度计算的.

表 10 - 6

| $x$/℃ | 300 | 400 | 500 | 600 | 700 | 800 |
|---|---|---|---|---|---|---|
| $Y$/％ | 40 | 50 | 55 | 60 | 67 | 70 |

试用 MATLAB 计算 $Y$ 与 $x$ 的一元线性回归方程.

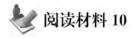 **阅读材料 10**

## 数学建模简介

### 一、数学模型与数学建模

在当今的时代，国家的繁荣富强，关键在于高新的科学技术和高效率的经济管理. 这是当代有识之士的一个共同见解，也已为发达国家的历史所证实. 大量的事实表明，高新技术是保持国家竞争力的关键因素. 高新技术的基础是应用科学，而应用科学的基础是数学. 高技术的出现使得数学与工程技术之间在更广阔的范围内和更深刻的程度上直接地相互作用，从而把我们的社会推进到数学工程技术的新时代. 当代社会和经济发展的一个特点就是定量化和定量思维的不断加强. 它不仅适用于科学技术工作，在经济管理工作中也日益体现出了它的重要作用. 直观思维、逻辑推理、精确计算以及结论的明确无误，这些都将成为精明的科技人员和经济工作者所应具备的工作素质. 因此可以预言：数学以及数学的应用在科学技术、经济建设、商业贸易和日常生活中所起的作用将愈来愈大.

要充分发挥数学的作用，首先就要懂得如何将所要考察的现实世界中的问题归结为一个相应的数学问题，即数学模型，什么是数学模型呢？

其实大家早在中学的时候就已经碰到过数学模型了，当然其中许多问题是老师为了教会学生知识而人为设置的．譬如你一定解过下面这样的"航行问题"：甲乙两地相距 750 千米，船从甲到乙顺水航行需 30 小时，从乙到甲逆水航行需 50 小时，问船速、水速各为多少？

假设用 $x$，$y$ 分别代表船速和水速，可以列出方程：$(x+y) \times 30 = 750$，$(x-y) \times 50 = 750$，求解得到 $x = 20$，$y = 5$．于是回答船速为每小时 20 千米，水流速度为每小时 5 千米．

当然，实际问题的数学模型通常要复杂得多，但是建立数学模型的基本思想已经包含在解这个代数应用题的过程中了．那就是：根据建立数学模型的目的和问题的背景做出必要的简化假设（航行中设船速和水速为常数）；用字母表示待求的未知量（$x$，$y$ 代表船速和水速）；利用相应的物理或其他规律（匀速运动的距离等于速度乘以时间），列出数学式子（二元一次方程）；求出数学上的解（$x = 20$，$y = 5$）；用这个答案解决问题（船速和水速分别为 20 km/h 和 5 km/h）；最后还要用实际现象来验证上述结果．

事实上，当我们需要从定量的角度分析和研究一个实际问题时，就要在深入调查研究、了解对象信息、做出简化假设、分析内在规律等工作的基础上，用数学的符号和语言，把它表述为数学式子，也就是数学模型．

确切地说，数学模型就是对于一个特定的对象，为了一个特定目标，根据特有的内在规律，做出一些必要的简化假设，并运用适当的数学工具，得到的一个数学结构．这里的数学结构可以是数学公式、算法、表格、图示等．

数学建模，是指根据需要针对实际问题建立数学模型的过程，这里所说的"数学"是指广义的数学，也就是说，它除去通常所说的经典的数学之外还包括统计学、运筹学以及计算机的使用等．数学建模的过程包括简化问题、建立模型、求解模型、模型分析和检验等．

## 二、大学生数学建模竞赛的起源与发展

美国从 1938 年以来，在大学生中举办了 50 届普特南（Putnam）数学竞赛，这项竞赛对培养青年数学家有积极的作用，但弗萨罗教授发现这项竞赛有三个问题：一是过于纯粹，而大多数学生将从事各种领域的应用问题；二是不能用计算工具，不能看参考书，与时代的发展、与真正科研的条件不同；三是个人独立做，而现代科学研究往往要一个团队合作进行．于是他和一些看法相同的同行发起，在 1985 年举办了美国大学生首届数学建模竞赛，以后每年举办一次．它吸引了世界上许多国家和地区的大学生参加．自 1989 年以来，我国学生积极参加美国大学生数学建模竞赛．近年来我国参赛队数接近于其总数的三分之一，而且还取得了很好的成绩，充分展示出我国大学生的智慧和创造性．

1992 年，由中国工业与应用数学学会组织举办了我国 10 个城市的大学生数学模型联赛，有 74 所院校的 314 队（每队 3 名同学）参加．教育部领导及时发现、扶植并培育了这一新生事物，决定从 1994 年起改由教育部高教司和中国工业与应用数学学会共同主办全国大学生数学建模竞赛，每年一届．20 年来这项竞赛的规模以平均年增长 20% 以上的速度发展，目前这项竞赛已成为全国高校规模最大、影响最大的基础性学科竞赛，也是世界上规模最大的数学建模竞赛．

## 三、参加大学生数学建模竞赛的意义

开展数学建模教学或数学建模竞赛，能够培养学生各方面的综合能力，提高学生的综合

素质，对于当前数学教育教学改革有着极为重要的现实意义.

### 1. 数学建模能够丰富和优化学生的知识结构，开拓学生的视野

数学建模所涉及的许多问题都超出了学生所学的专业，为了解决这些问题，学生必须查阅和学习与该问题相关的专业书籍和科技资料，了解这些专业的相关知识，从而软化或削弱了目前教育中僵死的专业界限，使学生掌握宽广而扎实的基础知识、视野开阔，使他们不断拓宽分析问题、解决问题的思路，朝着复合型人才和具备全面综合素质人才的方向发展.

### 2. 提高学生将实际问题转化为数学问题的能力，以及运用数学知识和相关专业知识解决实际问题的能力

数学建模要求建模者利用自己所掌握的数学知识及对实际问题的理解，通过积极主动的思维，提出适当的假设，并建立相应的数学模型，进而利用恰当的数学方法求解此模型，并对模型结果做出评价，必要时对模型做出改进. 因此，参加数学建模活动有助于培养和提高学生解决实际问题的能力.

### 3. 数学建模能够培养学生的创造力、想象力、联想力和洞察力

数学模型来源于客观实际，错综复杂，没有现成的答案和固定的模式，因此学生在建立和求解这类模型时，必须积极动脑，而且常常需要另辟蹊径. 在这里，常常会迸发出打破常规、突破传统的思维火花. 通过这种实践活动，可以培养学生的创造能力，促使他们在头脑中树立推崇创新、追求创新和以创新为荣的意识. 在从实际问题中抽象出数学模型的过程中，须把实际关系转化为数学关系，这要求他们敢于想象，此外他们还要从貌似不同的问题中抓住其本质的和共性的东西，这将培养他们把握问题内在本质的能力，即洞察力. 可以说，培养学生的这些能力始终贯穿在数学建模的整个过程.

### 4. 数学建模可以培养学生熟练运用计算机的能力

利用计算机来解决数学建模中所遇到的问题，是数学建模过程中的一个必不可少的重要环节. 因为对复杂的实际问题，在建模之前往往需要先计算一些数据或直观地考察一些图表，以便据此进行分析、判断或猜想来确定模型. 更重要的是，在建立数学模型后，求解过程中大量的数学运算、解方程、画图等都需要靠相应的数学软件包的帮助才能完成，直至最后论文的编辑排版、打印都离不开计算机. 计算机的应用给学生提供了一种评价自己某些想法的试验场所. 因此通过数学建模，不但可以促使学生熟练掌握计算机的使用方法，提高他们使用计算机及其软件包的能力，而且可以改变他们多年以来形成的数学观念.

### 5. 数学建模可以培养学生的自学能力和使用文献资料的能力

由于数学建模涉及的题型众多，内容广泛，所以需要很多书本以外的新知识，而这些知识大部分是学生以前没有接触到的，又不可能有充足的时间由老师来一一讲解，只能通过学生自学和讨论来理解和掌握，这恰恰是对学生自学能力的培养. 在参加竞赛时，还需要在很短的时间内从浩如烟海的资料中迅速查到和消化自己所需要的东西，这就大大锻炼和提高了学生使用资料的能力，而这两种能力不仅可以对他们日常的学习起到积极作用，而且也是他们毕业后在工作中所必需的.

### 6. 培养团队合作精神、组织协调能力

由于建模绝不是一件轻而易举的事，需要学生对实际问题进行反复多次的研究、分析、

观察和对模型进行反复多次的计算、论证及修改等，整个过程是一个非常艰辛的探索过程，这可以培养学生高度的责任感、坚韧不拔的毅力、遭遇挫折后较强的心理承受能力以及孜孜不倦、精益求精的探索精神，使他们具有良好的心理素质与精神状态. 同时数学建模是由三个人组成的团队来完成的，其成功与否，完全取决于大家能否进行密切的合作，既要合理分工，又要密切配合，这样又可以培养学生的组织管理能力、协调能力和相互协作的团队精神，这些对他们今后走向工作岗位都是大有裨益的.

此外，因为数学建模过程还需要实现自然语言、数学语言和计算机语言之间的转换和翻译，这能够极大地锻炼学生的语言组织能力；数学建模的最终成果一般体现为一篇完整的论文，论文要写得条理清晰、论述完整、重点突出，这样才能使人容易接受，这无疑会对培养学生的论文写作能力和语言表达能力起到积极的作用.

 **数学名人轶事 10**

## 泊 松

泊松（Simeon-Denis Poisson，1781—1840），法国数学家、几何学家和物理学家. 1781年6月21日生于法国卢瓦雷省的皮蒂维耶，1840年4月25日卒于法国索镇. 1798年进入巴黎综合工科学校深造，1806年任该校教授，1812年当选为巴黎科学院院士.

泊松的父亲是一位退役军人，退役后在村里作小职员，法国革命爆发时任村长. 泊松最初奉父命学医，但他对医学并无兴趣，不久便转向数学. 1798年，他以当年第一名的成绩进入巴黎综合理工学院，并立刻受到学校里教授们的注意. 他们让他按自己的爱好进行学习. 在1800年，入学不到两年，他已经发表了两本备忘录，一本关于艾蒂安·贝祖的消去法，另外一本关于有限差分方程的积分的个数. 后一本备忘录由西尔韦斯特·弗朗索瓦·拉克鲁瓦和阿德里安—马里·勒让德检验，他们推荐将它发表于《陌生学者集》，对于18岁的青年来讲这是无上的荣誉. 这次成功给了泊松进入科学圈子的机会. 他在理

泊松

工学院上过拉格朗日函数理论的课. 拉格朗日很早就认识到他的才华，并与他成了朋友. 泊松追随拉普拉斯的足迹，拉普拉斯将他几乎当作儿子看待.

在理工学院完成他的学业之后，他立刻被聘为复讲员. 他其实在学生时代就业余担任过. 因为他的同学们经常在遇到困难的课程之后就到他房间求助于他，要求他重复并解释该堂课. 在1802年泊松成了代课教授，并于1806年成为了正教授. 1808年，他成为子午线局的天文学家；在1809年科学教员团体建立时，他被聘为理论力学教授. 他于1812年成为学院的会员，于1815年成为圣西尔军事专科学校的检查员，于1816年离开理工学院的检查员职位，于1820年成为大学的顾问，并于1827年继拉普拉斯之后成为子午线局的几何学家.

1817年，他娶了南茜·德巴迪. 他父亲因为早年经历而痛恨贵族，以第一共和国的教条来培养他. 在大革命时期、帝国时期和复辟时期，泊松对政治毫无兴趣，专心于数学. 他于1821年被授予男爵荣誉，但是他从未拿出过证书或者使用头衔. 1830年七月革命威胁到

他所得的荣誉．路易—菲利普政府的这个不光彩的事情被弗朗索瓦·阿拉戈有技巧地避免了，他在内阁密谋取消泊松头衔的时候，邀请泊松到皇宫赴宴，在那里泊松受到公民，国王的公开欢迎，并被大家"记住"了．此后，当然剥夺他的荣誉不可能再发生了．7 年后，他被选为法国贵族院议员，不是因为政治原因，而是作为法国科学界的代表．

与当时的许多科学家一样，他是一个无神论者．

作为数学教师，泊松不是一般的成功，就如他早年成功担任理工学院的复讲员时所预示的那样．作为科学工作者，他的成就罕有匹敌．在众多的教职工作之余，他挤出时间发表了300 余篇作品，有些是完整的论述，有些是处理纯数学、应用数学、数学物理和理论力学的最深奥的问题的备忘录．有句通常归于他名下的话："人生只有两样美好的事情：发现数学和教数学"．

在数学中以他的姓名命名的有：泊松定理、泊松公式、泊松方程、泊松分布、泊松过程、泊松积分、泊松级数、泊松变换、泊松代数、泊松比、泊松流、泊松核、泊松括号、泊松稳定性、泊松积分表示、泊松求和法等．

# 附　录

## 附录一　常用公式

### 一、求导与微分法则

$(Cv)'=Cv'$　　　　　　　　　$d(Cv)=Cdv$

$[u\pm v]'=u'\pm v'$　　　　　　$d(u\pm v)=du\pm dv$

$[uv]'=u'v+uv'$　　　　　　$d(uv)=vdu+udv$

$\left[\dfrac{u}{v}\right]'=\dfrac{u'v-uv'}{v^2}$　　　　　　$d\left(\dfrac{u}{v}\right)=\dfrac{vdu-udv}{v^2}$

### 二、导数及微分公式

(1) $(C)'=0$　　　　　　　　$d(C)=0$

(2) $(x^\mu)'=\mu x^{\mu-1}$　　　　　$d(x^n)=nx^{n-1}dx$

(3) $(\sqrt{x})'=\dfrac{1}{2\sqrt{x}}$　　　　　$d(\sqrt{x})=\dfrac{1}{2\sqrt{x}}dx$

(4) $\left(\dfrac{1}{x}\right)'=-\dfrac{1}{x^2}$　　　　$d\left(\dfrac{1}{x}\right)=-\dfrac{1}{x^2}dx$

(5) $(a^x)'=a^x\ln a$　　　　$d(a^x)=a^x\ln a dx$

(6) $(e^x)'=e^x$　　　　　　$d(e^x)=e^x dx$

(7) $(\log_a x)'=\dfrac{1}{x\ln a}$　　　$d(\log_a x)=\dfrac{1}{x\ln a}dx$

(8) $(\ln x)'=\dfrac{1}{x}$　　　　　$d(\ln x)=\dfrac{1}{x}dx$

(9) $(\sin x)'=\cos x$　　　$d(\sin x)=\cos x dx$

(10) $(\cos x)'=-\sin x$　　$d(\cos x)=-\sin x dx$

(11) $(\tan x)'=\sec^2 x$　　　$d(\tan x)=\sec^2 x dx$

(12) $(\cot x)'=-\csc^2 x$　　$d(\cot x)=-\csc^2 x dx$

(13) $(\sec x)'=\sec x\tan x$　　$d(\sec x)=\sec x\tan x dx$

(14) $(\csc x)'=-\csc x\cot x$　　$d(\csc x)=-\csc x\cot x dx$

(15) $(\arcsin x)'=\dfrac{1}{\sqrt{1-x^2}}$　　$d(\arcsin x)=\dfrac{1}{\sqrt{1-x^2}}dx$

(16) $(\arccos x)'=-\dfrac{1}{\sqrt{1-x^2}}$　　$d(\arccos x)=-\dfrac{1}{\sqrt{1-x^2}}dx$

(17) $(\arctan x)' = \dfrac{1}{1+x^2}$      $\mathrm{d}(\arctan x) = \dfrac{1}{1+x^2}\mathrm{d}x$

(18) $(\mathrm{arccot}x)' = -\dfrac{1}{1+x^2}$      $\mathrm{d}(\mathrm{arccot}x) = -\dfrac{1}{1+x^2}\mathrm{d}x$

## 三、常用积分公式

(1) $\displaystyle\int k\,\mathrm{d}x = kx + C$   (*k* 是常数)

(2) $\displaystyle\int x^{\alpha}\,\mathrm{d}x = \dfrac{1}{\alpha+1}x^{\alpha+1} + C$   $(\alpha \neq -1)$

(3) $\displaystyle\int \dfrac{1}{x}\,\mathrm{d}x = \ln|x| + C$

(4) $\displaystyle\int a^x\,\mathrm{d}x = \dfrac{a^x}{\ln a} + C$   $(a > 0,\ a \neq 1)$

(5) $\displaystyle\int \mathrm{e}^x\,\mathrm{d}x = \mathrm{e}^x + C$

(6) $\displaystyle\int \mathrm{e}^{ax}\,\mathrm{d}x = \dfrac{1}{a}\mathrm{e}^x + C$

(7) $\displaystyle\int \sin x\,\mathrm{d}x = -\cos x + C$

(8) $\displaystyle\int \cos x\,\mathrm{d}x = \sin x + C$

(9) $\displaystyle\int \sin ax\,\mathrm{d}x = -\dfrac{1}{a}\cos ax + C$

(10) $\displaystyle\int \cos ax\,\mathrm{d}x = \dfrac{1}{a}\sin ax + C$

(11) $\displaystyle\int \sec x\tan x\,\mathrm{d}x = \sec x + C$

(12) $\displaystyle\int \csc x\cot x\,\mathrm{d}x = -\csc x + C$

(13) $\displaystyle\int \sec^2 x\,\mathrm{d}x = \int \dfrac{1}{\cos^2 x}\,\mathrm{d}x = \tan x + C$

(14) $\displaystyle\int \csc^2 x\,\mathrm{d}x = \int \dfrac{1}{\sin^2 x}\,\mathrm{d}x = -\cot x + C$

(15) $\displaystyle\int \dfrac{1}{1+x^2}\,\mathrm{d}x = \arctan x + C$

(16) $\displaystyle\int \dfrac{1}{\sqrt{1-x^2}}\,\mathrm{d}x = \arcsin x + C$

(17) $\displaystyle\int \tan x\,\mathrm{d}x = -\ln|\cos x| + C$

(18) $\displaystyle\int \cot x\,\mathrm{d}x = \ln|\sin x| + C$

(19) $\displaystyle\int \dfrac{\mathrm{d}x}{a^2+x^2} = \dfrac{1}{a}\arctan \dfrac{x}{a} + C$

(20) $\displaystyle\int \dfrac{\mathrm{d}x}{\sqrt{a^2-x^2}} = \arcsin \dfrac{x}{a} + C$

(21) $\displaystyle\int \dfrac{1}{x^2-a^2}\,\mathrm{d}x = \dfrac{1}{2a}\ln\left|\dfrac{x-a}{x+a}\right| + C$

(22) $\displaystyle\int \sec x\,\mathrm{d}x = \ln|\sec x + \tan x| + C$

(23) $\displaystyle\int \csc x\,\mathrm{d}x = \ln|\csc x - \cot x| + C$

(24) $\displaystyle\int \dfrac{\mathrm{d}x}{\sqrt{x^2 \pm a^2}} = \ln\left|x + \sqrt{x^2 \pm a^2}\right| + C$

## 四、常用三角函数公式

### 1. 诱导公式

$\sin(\pi \pm \alpha) = \mp\sin\alpha$      $\cos(\pi \pm \alpha) = -\cos\alpha$

$\tan(\pi \pm \alpha) = \pm\tan\alpha$      $\cot(\pi \pm \alpha) = \pm\cot\alpha$

$\sin(2k\pi + \alpha) = \sin\alpha$      $\cos(2k\pi + \alpha) = \cos\alpha$

$\tan(2k\pi + \alpha) = \tan\alpha$      $\tan(2k\pi + \alpha) = \tan\alpha$

$\sin(-\alpha) = -\sin\alpha$      $\cos(-\alpha) = \cos\alpha$

$\tan(-\alpha) = -\tan\alpha$      $\cot(-\alpha) = -\cot\alpha$

$\sin(2\pi - \alpha) = -\sin\alpha$      $\cos(2\pi - \alpha) = \cos\alpha$

$$\tan(2\pi-\alpha)=-\tan\alpha \qquad \cot(2\pi-\alpha)=-\cot\alpha$$

$$\sin\left(\frac{\pi}{2}\pm\alpha\right)=\cos\alpha \qquad \cos\left(\frac{\pi}{2}\pm\alpha\right)=\mp\sin\alpha$$

$$\tan\left(\frac{\pi}{2}\pm\alpha\right)=\mp\cot\alpha \qquad \cot\left(\frac{\pi}{2}\pm\alpha\right)=\mp\tan\alpha$$

$$\sin\left(\frac{3\pi}{2}\pm\alpha\right)=-\cos\alpha \qquad \cos\left(\frac{3\pi}{2}\pm\alpha\right)=\pm\sin\alpha$$

$$\tan\left(\frac{3\pi}{2}\pm\alpha\right)=\mp\cot\alpha \qquad \cot\left(\frac{3\pi}{2}\pm\alpha\right)=\mp\tan\alpha$$

## 2. 同角三角函数的关系

$$\sin\alpha\cdot\csc\alpha=1 \qquad \cos\alpha\cdot\sec\alpha=1 \qquad \tan\alpha\cdot\cot\alpha=1$$

$$\tan\alpha=\frac{\sin\alpha}{\cos\alpha} \qquad \cot\alpha=\frac{\cos\alpha}{\sin\alpha}$$

$$\sin^2\alpha+\cos^2\alpha=1 \qquad 1+\tan^2\alpha=\sec^2\alpha \qquad 1+\cot^2\alpha=\csc^2\alpha$$

## 3. 两角和差的三角函数

$$\cos(\alpha\pm\beta)=\cos\alpha\cos\beta\mp\sin\alpha\sin\beta$$

$$\sin(\alpha\pm\beta)=\sin\alpha\cos\beta\pm\cos\alpha\sin\beta$$

$$\tan(\alpha\pm\beta)=\frac{\tan\alpha\pm\tan\beta}{1\mp\tan\alpha\tan\beta}$$

## 4. 倍角公式

$$\sin2\alpha=2\sin\alpha\cos\alpha$$

$$\cos2\alpha=\cos^2\alpha-\sin^2\alpha=2\cos^2\alpha-1=1-2\sin^2\alpha$$

$$\tan2\alpha=\frac{2\tan\alpha}{1-\tan^2\alpha}$$

$$\sin^2x=\frac{1-\cos2x}{2}$$

$$\cos^2x=\frac{1+\cos2x}{2}$$

## 5. 和差化积公式

$$\sin\alpha-\sin\beta=2\cos\frac{\alpha+\beta}{2}\sin\frac{\alpha-\beta}{2} \qquad \sin\alpha+\sin\beta=2\sin\frac{\alpha+\beta}{2}\cos\frac{\alpha-\beta}{2}$$

$$\cos\alpha-\cos\beta=-2\sin\frac{\alpha+\beta}{2}\sin\frac{\alpha-\beta}{2} \qquad \cos\alpha+\cos\beta=2\cos\frac{\alpha+\beta}{2}\sin\frac{\alpha-\beta}{2}$$

## 6. 积化和差公式

$$\sin\alpha\cos\beta=\frac{1}{2}\left[\sin(\alpha+\beta)+\sin(\alpha-\beta)\right] \qquad \cos\alpha\sin\beta=\frac{1}{2}\left[\sin(\alpha+\beta)-\sin(\alpha-\beta)\right]$$

$$\cos\alpha\cos\beta=\frac{1}{2}\left[\cos(\alpha+\beta)+\cos(\alpha-\beta)\right] \qquad \sin\alpha\sin\beta=-\frac{1}{2}\left[\cos(\alpha+\beta)-\cos(\alpha-\beta)\right]$$

# 附录二 标准正态分布函数值表

$$\Phi(x) = \frac{1}{\sqrt{2\pi}} \int_{-\infty}^{x} e^{-\frac{u^2}{2}} du = \int_{-\infty}^{x} \varphi(x) du$$

| $x$ | 0.00 | 0.01 | 0.02 | 0.03 | 0.04 | 0.05 | 0.06 | 0.07 | 0.08 | 0.09 |
|---|---|---|---|---|---|---|---|---|---|---|
| 0.0 | 0.5000 | 0.5040 | 0.5080 | 0.5120 | 0.5160 | 0.5199 | 0.5239 | 0.5279 | 0.5319 | 0.5359 |
| 0.1 | 0.5398 | 0.5438 | 0.5478 | 0.5517 | 0.5557 | 0.5596 | 0.5636 | 0.5675 | 0.5714 | 0.5753 |
| 0.2 | 0.5793 | 0.5832 | 0.5871 | 0.5910 | 0.5948 | 0.5987 | 0.6026 | 0.6064 | 0.6103 | 0.6141 |
| 0.3 | 0.6179 | 0.6217 | 0.6255 | 0.6293 | 0.6331 | 0.6368 | 0.6406 | 0.6443 | 0.6480 | 0.6517 |
| 0.4 | 0.6554 | 0.6591 | 0.6628 | 0.6664 | 0.6700 | 0.6736 | 0.6772 | 0.6808 | 0.6844 | 0.6879 |
| 0.5 | 0.6915 | 0.6950 | 0.6985 | 0.7019 | 0.7054 | 0.7088 | 0.7123 | 0.7157 | 0.7190 | 0.7224 |
| 0.6 | 0.7257 | 0.7291 | 0.7324 | 0.7357 | 0.7389 | 0.7422 | 0.7454 | 0.7486 | 0.7517 | 0.7549 |
| 0.7 | 0.7580 | 0.7611 | 0.7642 | 0.7673 | 0.7704 | 0.7734 | 0.7764 | 0.7794 | 0.7823 | 0.7852 |
| 0.8 | 0.7881 | 0.7910 | 0.7939 | 0.7967 | 0.7995 | 0.8023 | 0.8051 | 0.8078 | 0.8106 | 0.8133 |
| 0.9 | 0.8159 | 0.8186 | 0.8212 | 0.8238 | 0.8264 | 0.8289 | 0.8315 | 0.8340 | 0.8365 | 0.8389 |
| 1.0 | 0.8413 | 0.8438 | 0.8461 | 0.8485 | 0.8508 | 0.8531 | 0.8554 | 0.8577 | 0.8599 | 0.8621 |
| 1.1 | 0.8643 | 0.8665 | 0.8686 | 0.8708 | 0.8729 | 0.8749 | 0.8770 | 0.8790 | 0.8810 | 0.8830 |
| 1.2 | 0.8849 | 0.8869 | 0.8888 | 0.8907 | 0.8925 | 0.8944 | 0.8962 | 0.8980 | 0.8997 | 0.9015 |
| 1.3 | 0.9032 | 0.9049 | 0.9066 | 0.9082 | 0.9099 | 0.9115 | 0.9131 | 0.9147 | 0.9162 | 0.9177 |
| 1.4 | 0.9192 | 0.9207 | 0.9222 | 0.9236 | 0.9251 | 0.9265 | 0.9279 | 0.9292 | 0.9306 | 0.9319 |
| 1.5 | 0.9332 | 0.9345 | 0.9357 | 0.9370 | 0.9382 | 0.9394 | 0.9406 | 0.9418 | 0.9429 | 0.9441 |
| 1.6 | 0.9452 | 0.9463 | 0.9474 | 0.9484 | 0.9495 | 0.9505 | 0.9515 | 0.9525 | 0.9535 | 0.9545 |
| 1.7 | 0.9554 | 0.9564 | 0.9573 | 0.9582 | 0.9591 | 0.9599 | 0.9608 | 0.9616 | 0.9625 | 0.9633 |
| 1.8 | 0.9641 | 0.9649 | 0.9656 | 0.9664 | 0.9671 | 0.9678 | 0.9686 | 0.9693 | 0.9699 | 0.9706 |
| 1.9 | 0.9713 | 0.9719 | 0.9726 | 0.9732 | 0.9738 | 0.9744 | 0.9750 | 0.9756 | 0.9761 | 0.9767 |
| 2.0 | 0.9772 | 0.9778 | 0.9783 | 0.9788 | 0.9793 | 0.9798 | 0.9803 | 0.9808 | 0.9812 | 0.9817 |
| 2.1 | 0.9821 | 0.9826 | 0.9830 | 0.9834 | 0.9838 | 0.9842 | 0.9846 | 0.9850 | 0.9854 | 0.9857 |
| 2.2 | 0.9861 | 0.9864 | 0.9868 | 0.9871 | 0.9875 | 0.9878 | 0.9881 | 0.9884 | 0.9887 | 0.9890 |
| 2.3 | 0.9893 | 0.9896 | 0.9898 | 0.9901 | 0.9904 | 0.9906 | 0.9909 | 0.9911 | 0.9913 | 0.9916 |
| 2.4 | 0.9918 | 0.9920 | 0.9922 | 0.9925 | 0.9927 | 0.9929 | 0.9931 | 0.9932 | 0.9934 | 0.9936 |
| 2.5 | 0.9938 | 0.9940 | 0.9941 | 0.9943 | 0.9945 | 0.9946 | 0.9948 | 0.9949 | 0.9951 | 0.9952 |

| $x$ | 0.00 | 0.01 | 0.02 | 0.03 | 0.04 | 0.05 | 0.06 | 0.07 | 0.08 | 0.09 |
|-----|------|------|------|------|------|------|------|------|------|------|
| 2.6 | 0.9953 | 0.9955 | 0.9956 | 0.9957 | 0.9959 | 0.9960 | 0.9961 | 0.9962 | 0.9963 | 0.9964 |
| 2.7 | 0.9965 | 0.9966 | 0.9967 | 0.9968 | 0.9969 | 0.9970 | 0.9971 | 0.9972 | 0.9973 | 0.9974 |
| 2.8 | 0.9974 | 0.9975 | 0.9976 | 0.9977 | 0.9977 | 0.9978 | 0.9979 | 0.9979 | 0.9980 | 0.9981 |
| 2.9 | 0.9981 | 0.9982 | 0.9982 | 0.9983 | 0.9984 | 0.9984 | 0.9985 | 0.9985 | 0.9986 | 0.9986 |
| 3.0 | 0.9987 | 0.9987 | 0.9987 | 0.9988 | 0.9988 | 0.9989 | 0.9989 | 0.9989 | 0.9990 | 0.9990 |
| 3.1 | 0.9990 | 0.9991 | 0.9991 | 0.9991 | 0.9992 | 0.9992 | 0.9992 | 0.9992 | 0.9993 | 0.9993 |
| 3.2 | 0.9993 | 0.9993 | 0.9994 | 0.9994 | 0.9994 | 0.9994 | 0.9994 | 0.9995 | 0.9995 | 0.9995 |
| 3.3 | 0.9995 | 0.9995 | 0.9995 | 0.9996 | 0.9996 | 0.9996 | 0.9996 | 0.9996 | 0.9996 | 0.9997 |
| 3.4 | 0.9997 | 0.9997 | 0.9997 | 0.9997 | 0.9997 | 0.9997 | 0.9997 | 0.9997 | 0.9997 | 0.9998 |
| 3.5 | 0.9998 | 0.9998 | 0.9998 | 0.9998 | 0.9998 | 0.9998 | 0.9998 | 0.9998 | 0.9998 | 0.9998 |
| 3.6 | 0.9998 | 0.9998 | 0.9999 | 0.9999 | 0.9999 | 0.9999 | 0.9999 | 0.9999 | 0.9999 | 0.9999 |
| 3.7 | 0.9999 | 0.9999 | 0.9999 | 0.9999 | 0.9999 | 0.9999 | 0.9999 | 0.9999 | 0.9999 | 0.9999 |
| $\Phi(4.0)=0.999\ 968\ 329$ | | | $\Phi(5.0)=0.999\ 999\ 713\ 3$ | | | | $\Phi(6.0)=0.999\ 999\ 999$ | | | |

# 附录三 t 分布表

$$P\{t(n) > t_\alpha(n)\} = \alpha$$

| $n$ | $\alpha = 0.25$ | 0.10 | 0.05 | 0.025 | 0.01 | 0.005 |
|---|---|---|---|---|---|---|
| 1 | 1.0000 | 3.0777 | 6.3138 | 12.7062 | 31.8205 | 63.6567 |
| 2 | 0.8165 | 1.8856 | 2.9200 | 4.3027 | 6.9646 | 9.9248 |
| 3 | 0.7649 | 1.6377 | 2.3534 | 3.1824 | 4.5407 | 5.8409 |
| 4 | 0.7407 | 1.5332 | 2.1318 | 2.7764 | 3.7469 | 4.6041 |
| 5 | 0.7267 | 1.4759 | 2.0150 | 2.5706 | 3.3649 | 4.0321 |
| 6 | 0.7176 | 1.4398 | 1.9432 | 2.4469 | 3.1427 | 3.7074 |
| 7 | 0.7111 | 1.4149 | 1.8946 | 2.3646 | 2.9980 | 3.4995 |
| 8 | 0.7064 | 1.3968 | 1.8595 | 2.3060 | 2.8965 | 3.3554 |
| 9 | 0.7027 | 1.3830 | 1.8331 | 2.2622 | 2.8214 | 3.2498 |
| 10 | 0.6998 | 1.3722 | 1.8125 | 2.2281 | 2.7638 | 3.1693 |
| 11 | 0.6974 | 1.3634 | 1.7959 | 2.2010 | 2.7181 | 3.1058 |
| 12 | 0.6955 | 1.3562 | 1.7823 | 2.1788 | 2.6810 | 3.0545 |
| 13 | 0.6938 | 1.3502 | 1.7709 | 2.1604 | 2.6503 | 3.0123 |
| 14 | 0.6924 | 1.3450 | 1.7613 | 2.1448 | 2.6245 | 2.9768 |
| 15 | 0.6912 | 1.3406 | 1.7531 | 2.1314 | 2.6025 | 2.9467 |
| 16 | 0.6901 | 1.3368 | 1.7459 | 2.1199 | 2.5835 | 2.9208 |
| 17 | 0.6892 | 1.3334 | 1.7396 | 2.1098 | 2.5669 | 2.8982 |
| 18 | 0.6884 | 1.3304 | 1.7341 | 2.1009 | 2.5524 | 2.8784 |
| 19 | 0.6876 | 1.3277 | 1.7291 | 2.0930 | 2.5395 | 2.8609 |
| 20 | 0.6870 | 1.3253 | 1.7247 | 2.0860 | 2.5280 | 2.8453 |
| 21 | 0.6864 | 1.3232 | 1.7207 | 2.0796 | 2.5176 | 2.8314 |
| 22 | 0.6858 | 1.3212 | 1.7171 | 2.0739 | 2.5083 | 2.8188 |
| 23 | 0.6853 | 1.3195 | 1.7139 | 2.0687 | 2.4999 | 2.8073 |
| 24 | 0.6848 | 1.3178 | 1.7109 | 2.0639 | 2.4922 | 2.7969 |
| 25 | 0.6844 | 1.3163 | 1.7081 | 2.0595 | 2.4851 | 2.7874 |
| 26 | 0.6840 | 1.3150 | 1.7056 | 2.0555 | 2.4786 | 2.7787 |
| 27 | 0.6837 | 1.3137 | 1.7033 | 2.0518 | 2.4727 | 2.7707 |
| 28 | 0.6834 | 1.3125 | 1.7011 | 2.0484 | 2.4671 | 2.7633 |

| $n$ | $\alpha=0.25$ | 0.10 | 0.05 | 0.025 | 0.01 | 0.005 |
|---|---|---|---|---|---|---|
| 29 | 0.6830 | 1.3114 | 1.6991 | 2.0452 | 2.4620 | 2.7564 |
| 30 | 0.6828 | 1.3104 | 1.6973 | 2.0423 | 2.4573 | 2.7500 |
| 31 | 0.6825 | 1.3095 | 1.6955 | 2.0395 | 2.4528 | 2.7440 |
| 32 | 0.6822 | 1.3086 | 1.6939 | 2.0369 | 2.4487 | 2.7385 |
| 33 | 0.6820 | 1.3077 | 1.6924 | 2.0345 | 2.4448 | 2.7333 |
| 34 | 0.6818 | 1.3070 | 1.6909 | 2.0322 | 2.4411 | 2.7284 |
| 35 | 0.6816 | 1.3062 | 1.6896 | 2.0301 | 2.4377 | 2.7238 |
| 36 | 0.6814 | 1.3055 | 1.6883 | 2.0281 | 2.4345 | 2.7195 |
| 37 | 0.6812 | 1.3049 | 1.6871 | 2.0262 | 2.4314 | 2.7154 |
| 38 | 0.6810 | 1.3042 | 1.6860 | 2.0244 | 2.4286 | 2.7116 |
| 39 | 0.6808 | 1.3036 | 1.6849 | 2.0227 | 2.4258 | 2.7079 |
| 40 | 0.6807 | 1.3031 | 1.6839 | 2.0211 | 2.4233 | 2.7045 |
| 41 | 0.6805 | 1.3025 | 1.6829 | 2.0195 | 2.4208 | 2.7012 |
| 42 | 0.6804 | 1.3020 | 1.6820 | 2.0181 | 2.4185 | 2.6981 |
| 43 | 0.6802 | 1.3016 | 1.6811 | 2.0167 | 2.4163 | 2.6951 |
| 44 | 0.6801 | 1.3011 | 1.6802 | 2.0154 | 2.4141 | 2.6923 |
| 45 | 0.6800 | 1.3006 | 1.6794 | 2.0141 | 2.4121 | 2.6896 |
| 46 | 0.6799 | 1.3002 | 1.6787 | 2.0129 | 2.4102 | 2.6870 |
| 47 | 0.6797 | 1.2998 | 1.6779 | 2.0117 | 2.4083 | 2.6846 |
| 48 | 0.6796 | 1.2994 | 1.6772 | 2.0106 | 2.4066 | 2.6822 |
| 49 | 0.6795 | 1.2991 | 1.6766 | 2.0096 | 2.4049 | 2.6800 |
| 50 | 0.6794 | 1.2987 | 1.6759 | 2.0086 | 2.4033 | 2.6778 |
| 51 | 0.6793 | 1.2984 | 1.6753 | 2.0076 | 2.4017 | 2.6757 |
| 52 | 0.6792 | 1.2980 | 1.6747 | 2.0066 | 2.4002 | 2.6737 |
| 53 | 0.6791 | 1.2977 | 1.6741 | 2.0057 | 2.3988 | 2.6718 |
| 54 | 0.6791 | 1.2974 | 1.6736 | 2.0049 | 2.3974 | 2.6700 |
| 55 | 0.6790 | 1.2971 | 1.6730 | 2.0040 | 2.3961 | 2.6682 |
| 56 | 0.6789 | 1.2969 | 1.6725 | 2.0032 | 2.3948 | 2.6665 |
| 57 | 0.6788 | 1.2966 | 1.6720 | 2.0025 | 2.3936 | 2.6649 |
| 58 | 0.6787 | 1.2963 | 1.6716 | 2.0017 | 2.3924 | 2.6633 |
| 59 | 0.6787 | 1.2961 | 1.6711 | 2.0010 | 2.3912 | 2.6618 |
| 60 | 0.6786 | 1.2958 | 1.6706 | 2.0003 | 2.3901 | 2.6603 |

# 附录四 $\chi^2$ 分布表

$$P\{\chi^2(n) > \chi^2_\alpha(n)\} = \alpha$$

| $n$ | 0.995 | 0.99 | 0.975 | 0.95 | 0.90 | 0.75 |
|---|---|---|---|---|---|---|
| 1 | — | — | 0.001 | 0.004 | 0.016 | 0.102 |
| 2 | 0.010 | 0.020 | 0.051 | 0.103 | 0.211 | 0.575 |
| 3 | 0.072 | 0.115 | 0.216 | 0.352 | 0.584 | 1.213 |
| 4 | 0.207 | 0.297 | 0.484 | 0.711 | 1.064 | 1.923 |
| 5 | 0.412 | 0.554 | 0.831 | 1.145 | 1.610 | 2.675 |
| 6 | 0.676 | 0.872 | 1.237 | 1.635 | 2.204 | 3.455 |
| 7 | 0.989 | 1.239 | 1.690 | 2.167 | 2.833 | 4.255 |
| 8 | 1.344 | 1.646 | 2.180 | 2.733 | 3.490 | 5.071 |
| 9 | 1.735 | 2.088 | 2.700 | 3.325 | 4.168 | 5.899 |
| 10 | 2.156 | 2.558 | 3.247 | 3.940 | 4.865 | 6.737 |
| 11 | 2.603 | 3.053 | 3.816 | 4.575 | 5.578 | 7.584 |
| 12 | 3.074 | 3.571 | 4.404 | 5.226 | 6.304 | 8.438 |
| 13 | 3.565 | 4.107 | 5.009 | 5.892 | 7.042 | 9.299 |
| 14 | 4.075 | 4.660 | 5.629 | 6.571 | 7.790 | 10.165 |
| 15 | 4.601 | 5.229 | 6.262 | 7.261 | 8.547 | 11.037 |
| 16 | 5.142 | 5.812 | 6.908 | 7.962 | 9.312 | 11.912 |
| 17 | 5.697 | 6.408 | 7.564 | 8.672 | 10.085 | 12.792 |
| 18 | 6.265 | 7.015 | 8.231 | 9.390 | 10.865 | 13.675 |
| 19 | 6.844 | 7.633 | 8.907 | 10.117 | 11.651 | 14.562 |
| 20 | 7.434 | 8.260 | 9.591 | 10.851 | 12.443 | 15.452 |
| 21 | 8.034 | 8.897 | 10.283 | 11.591 | 13.240 | 16.344 |
| 22 | 8.643 | 9.542 | 10.982 | 12.338 | 14.041 | 17.240 |
| 23 | 9.260 | 10.196 | 11.689 | 13.091 | 14.848 | 18.137 |
| 24 | 9.886 | 10.856 | 12.401 | 13.848 | 15.659 | 19.037 |
| 25 | 10.520 | 11.524 | 13.120 | 14.611 | 16.473 | 19.939 |
| 26 | 11.160 | 12.198 | 13.844 | 15.379 | 17.292 | 20.843 |
| 27 | 11.808 | 12.879 | 14.573 | 16.151 | 18.114 | 21.749 |
| 28 | 12.461 | 13.565 | 15.308 | 16.928 | 18.939 | 22.657 |

| $n$ | 0.995 | 0.99 | 0.975 | 0.95 | 0.90 | 0.75 |
|---|---|---|---|---|---|---|
| 29 | 13.121 | 14.256 | 16.047 | 17.708 | 19.768 | 23.567 |
| 30 | 13.787 | 14.953 | 16.791 | 18.493 | 20.599 | 24.478 |
| 31 | 14.458 | 15.655 | 17.539 | 19.281 | 21.434 | 25.390 |
| 32 | 15.134 | 16.362 | 18.291 | 20.072 | 22.271 | 26.304 |
| 33 | 15.815 | 17.074 | 19.047 | 20.867 | 23.110 | 27.219 |
| 34 | 16.501 | 17.789 | 19.806 | 21.664 | 23.952 | 28.136 |
| 35 | 17.192 | 18.509 | 20.569 | 22.465 | 24.797 | 29.054 |
| 36 | 17.887 | 19.233 | 21.336 | 23.269 | 25.643 | 29.973 |
| 37 | 18.586 | 19.960 | 22.106 | 24.075 | 26.492 | 30.893 |
| 38 | 19.289 | 20.691 | 22.878 | 24.884 | 27.343 | 31.815 |
| 39 | 19.996 | 21.426 | 23.654 | 25.695 | 28.196 | 32.737 |
| 40 | 20.707 | 22.164 | 24.433 | 26.509 | 29.051 | 33.660 |
| 41 | 21.421 | 22.906 | 25.215 | 27.326 | 29.907 | 34.585 |
| 42 | 22.138 | 23.650 | 25.999 | 28.144 | 30.765 | 35.510 |
| 43 | 22.859 | 24.398 | 26.785 | 28.965 | 31.625 | 36.436 |
| 44 | 23.584 | 25.148 | 27.575 | 29.787 | 32.487 | 37.363 |
| 45 | 24.311 | 25.901 | 28.366 | 30.612 | 33.350 | 38.291 |

$$P\{\chi^2(n) > \chi^2_\alpha(n)\} = \alpha$$

| $n$ | 0.25 | 0.1 | 0.05 | 0.025 | 0.01 | 0.005 |
|---|---|---|---|---|---|---|
| 1 | 1.323 | 2.706 | 3.841 | 5.024 | 6.635 | 7.879 |
| 2 | 2.773 | 4.605 | 5.991 | 7.378 | 9.210 | 10.597 |
| 3 | 4.108 | 6.251 | 7.815 | 9.348 | 11.345 | 12.838 |
| 4 | 5.385 | 7.779 | 9.488 | 11.143 | 13.277 | 14.860 |
| 5 | 6.626 | 9.236 | 11.070 | 12.833 | 15.086 | 16.750 |
| 6 | 7.841 | 10.645 | 12.592 | 14.449 | 16.812 | 18.548 |
| 7 | 9.037 | 12.017 | 14.067 | 16.013 | 18.475 | 20.278 |
| 8 | 10.219 | 13.362 | 15.507 | 17.535 | 20.090 | 21.955 |
| 9 | 11.389 | 14.684 | 16.919 | 19.023 | 21.666 | 23.589 |
| 10 | 12.549 | 15.987 | 18.307 | 20.483 | 23.209 | 25.188 |
| 11 | 13.701 | 17.275 | 19.675 | 21.920 | 24.725 | 26.757 |
| 12 | 14.845 | 18.549 | 21.026 | 23.337 | 26.217 | 28.300 |
| 13 | 15.984 | 19.812 | 22.362 | 24.736 | 27.688 | 29.819 |

续表

| $n$ | 0.25 | 0.1 | 0.05 | 0.025 | 0.01 | 0.005 |
|-----|------|-----|------|-------|------|-------|
| 14 | 17.117 | 21.064 | 23.685 | 26.119 | 29.141 | 31.319 |
| 15 | 18.245 | 22.307 | 24.996 | 27.488 | 30.578 | 32.801 |
| 16 | 19.369 | 23.542 | 26.296 | 28.845 | 32.000 | 34.267 |
| 17 | 20.489 | 24.769 | 27.587 | 30.191 | 33.409 | 35.718 |
| 18 | 21.605 | 25.989 | 28.869 | 31.526 | 34.805 | 37.156 |
| 19 | 22.718 | 27.204 | 30.144 | 32.852 | 36.191 | 38.582 |
| 20 | 23.828 | 28.412 | 31.410 | 34.170 | 37.566 | 39.997 |
| 21 | 24.935 | 29.615 | 32.671 | 35.479 | 38.932 | 41.401 |
| 22 | 26.039 | 30.813 | 33.924 | 36.781 | 40.289 | 42.796 |
| 23 | 27.141 | 32.007 | 35.172 | 38.076 | 41.638 | 44.181 |
| 24 | 28.241 | 33.196 | 36.415 | 39.364 | 42.980 | 45.559 |
| 25 | 29.339 | 34.382 | 37.652 | 40.646 | 44.314 | 46.928 |
| 26 | 30.435 | 35.563 | 38.885 | 41.923 | 45.642 | 48.290 |
| 27 | 31.528 | 36.741 | 40.113 | 43.195 | 46.963 | 49.645 |
| 28 | 32.620 | 37.916 | 41.337 | 44.461 | 48.278 | 50.993 |
| 29 | 33.711 | 39.087 | 42.557 | 45.722 | 49.588 | 52.336 |
| 30 | 34.800 | 40.256 | 43.773 | 46.979 | 50.892 | 53.672 |
| 31 | 35.887 | 41.422 | 44.985 | 48.232 | 52.191 | 55.003 |
| 32 | 36.973 | 42.585 | 46.194 | 49.480 | 53.486 | 56.328 |
| 33 | 38.058 | 43.745 | 47.400 | 50.725 | 54.776 | 57.648 |
| 34 | 39.141 | 44.903 | 48.602 | 51.966 | 56.061 | 58.964 |
| 35 | 40.223 | 46.059 | 49.802 | 53.203 | 57.342 | 60.275 |
| 36 | 41.304 | 47.212 | 50.998 | 54.437 | 58.619 | 61.581 |
| 37 | 42.383 | 48.363 | 52.192 | 55.668 | 59.893 | 62.883 |
| 38 | 43.462 | 49.513 | 53.384 | 56.896 | 61.162 | 64.181 |
| 39 | 44.539 | 50.660 | 54.572 | 58.120 | 62.428 | 65.476 |
| 40 | 45.616 | 51.805 | 55.758 | 59.342 | 63.691 | 66.766 |
| 41 | 46.692 | 52.949 | 56.942 | 60.561 | 64.950 | 68.053 |
| 42 | 47.766 | 54.090 | 58.124 | 61.777 | 66.206 | 69.336 |
| 43 | 48.840 | 55.230 | 59.304 | 62.990 | 67.459 | 70.616 |
| 44 | 49.913 | 56.369 | 60.481 | 64.201 | 68.710 | 71.893 |
| 45 | 50.985 | 57.505 | 61.656 | 65.410 | 69.957 | 73.166 |

# 附录五  F 分布表

$$P\{F(m, n) > f_\alpha(m, n)\} = \alpha$$
$$\alpha = 0.10$$

| m \ n | 1 | 2 | 3 | 4 | 5 | 6 | 7 | 8 | 9 | 10 | 12 | 15 | 20 | 24 | 30 | 40 | 60 | 120 | ∞ |
|---|---|---|---|---|---|---|---|---|---|---|---|---|---|---|---|---|---|---|---|
| 1 | 39.86 | 49.50 | 53.59 | 55.83 | 57.24 | 58.20 | 58.91 | 59.44 | 59.86 | 60.19 | 60.71 | 61.22 | 61.74 | 62.00 | 62.26 | 62.53 | 62.79 | 63.06 | 63.33 |
| 2 | 8.53 | 9.00 | 9.16 | 9.24 | 9.29 | 9.33 | 9.35 | 9.37 | 9.38 | 9.39 | 9.41 | 9.42 | 9.44 | 9.45 | 9.46 | 9.47 | 9.47 | 9.48 | 9.49 |
| 3 | 5.54 | 5.46 | 5.39 | 5.34 | 5.31 | 5.28 | 5.27 | 5.25 | 5.24 | 5.23 | 5.22 | 5.20 | 5.18 | 5.18 | 5.17 | 5.16 | 5.15 | 5.14 | 5.13 |
| 4 | 4.54 | 4.32 | 4.19 | 4.11 | 4.05 | 4.01 | 3.98 | 3.95 | 3.94 | 3.92 | 3.90 | 3.87 | 3.84 | 3.83 | 3.82 | 3.80 | 3.79 | 3.78 | 3.76 |
| 5 | 4.06 | 3.78 | 3.62 | 3.52 | 3.45 | 3.40 | 3.37 | 3.34 | 3.32 | 3.30 | 3.27 | 3.24 | 3.21 | 3.19 | 3.17 | 3.16 | 3.14 | 3.12 | 3.10 |
| 6 | 3.78 | 3.46 | 3.29 | 3.18 | 3.11 | 3.05 | 3.01 | 2.98 | 2.96 | 2.94 | 2.90 | 2.87 | 2.84 | 2.82 | 2.80 | 2.78 | 2.76 | 2.74 | 2.72 |
| 7 | 3.59 | 3.26 | 3.07 | 2.96 | 2.88 | 2.83 | 2.78 | 2.75 | 2.72 | 2.70 | 2.67 | 2.63 | 2.59 | 2.58 | 2.56 | 2.54 | 2.51 | 2.49 | 2.47 |
| 8 | 3.46 | 3.11 | 2.92 | 2.81 | 2.73 | 2.67 | 2.62 | 2.59 | 2.56 | 2.54 | 2.50 | 2.46 | 2.42 | 2.40 | 2.38 | 2.36 | 2.34 | 2.32 | 2.29 |
| 9 | 3.36 | 3.01 | 2.81 | 2.69 | 2.61 | 2.55 | 2.51 | 2.47 | 2.44 | 2.42 | 2.38 | 2.34 | 2.30 | 2.28 | 2.25 | 2.23 | 2.21 | 2.18 | 2.16 |
| 10 | 3.29 | 2.92 | 2.73 | 2.61 | 2.52 | 2.46 | 2.41 | 2.38 | 2.35 | 2.32 | 2.28 | 2.24 | 2.20 | 2.18 | 2.16 | 2.13 | 2.11 | 2.08 | 2.06 |
| 11 | 3.23 | 2.86 | 2.66 | 2.54 | 2.45 | 2.39 | 2.34 | 2.30 | 2.27 | 2.25 | 2.21 | 2.17 | 2.12 | 2.10 | 2.08 | 2.05 | 2.03 | 2.00 | 1.97 |
| 12 | 3.18 | 2.81 | 2.61 | 2.48 | 2.39 | 2.33 | 2.28 | 2.24 | 2.21 | 2.19 | 2.15 | 2.10 | 2.06 | 2.04 | 2.01 | 1.99 | 1.96 | 1.93 | 1.90 |
| 13 | 3.14 | 2.76 | 2.56 | 2.43 | 2.35 | 2.28 | 2.23 | 2.20 | 2.16 | 2.14 | 2.10 | 2.05 | 2.01 | 1.98 | 1.96 | 1.93 | 1.90 | 1.88 | 1.85 |
| 14 | 3.10 | 2.73 | 2.52 | 2.39 | 2.31 | 2.24 | 2.19 | 2.15 | 2.12 | 2.10 | 2.05 | 2.01 | 1.96 | 1.94 | 1.91 | 1.89 | 1.86 | 1.83 | 1.80 |
| 15 | 3.07 | 2.70 | 2.49 | 2.36 | 2.27 | 2.21 | 2.16 | 2.12 | 2.09 | 2.06 | 2.02 | 1.97 | 1.92 | 1.90 | 1.87 | 1.85 | 1.82 | 1.79 | 1.76 |
| 16 | 3.05 | 2.67 | 2.46 | 2.33 | 2.24 | 2.18 | 2.13 | 2.09 | 2.06 | 2.03 | 1.99 | 1.94 | 1.89 | 1.87 | 1.84 | 1.81 | 1.78 | 1.75 | 1.72 |
| 17 | 3.03 | 2.64 | 2.44 | 2.31 | 2.22 | 2.15 | 2.10 | 2.06 | 2.03 | 2.00 | 1.96 | 1.91 | 1.86 | 1.84 | 1.81 | 1.78 | 1.75 | 1.72 | 1.69 |
| 18 | 3.01 | 2.62 | 2.42 | 2.29 | 2.20 | 2.13 | 2.08 | 2.04 | 2.00 | 1.98 | 1.93 | 1.89 | 1.84 | 1.81 | 1.78 | 1.75 | 1.72 | 1.69 | 1.66 |
| 19 | 2.99 | 2.61 | 2.40 | 2.27 | 2.18 | 2.11 | 2.06 | 2.02 | 1.98 | 1.96 | 1.91 | 1.86 | 1.81 | 1.79 | 1.76 | 1.73 | 1.70 | 1.67 | 1.63 |
| 20 | 2.97 | 2.59 | 2.38 | 2.25 | 2.16 | 2.09 | 2.04 | 2.00 | 1.96 | 1.94 | 1.89 | 1.84 | 1.79 | 1.77 | 1.74 | 1.71 | 1.68 | 1.64 | 1.61 |
| 21 | 2.96 | 2.57 | 2.36 | 2.23 | 2.14 | 2.08 | 2.02 | 1.98 | 1.95 | 1.92 | 1.87 | 1.83 | 1.78 | 1.75 | 1.72 | 1.69 | 1.66 | 1.62 | 1.59 |
| 22 | 2.95 | 2.56 | 2.35 | 2.22 | 2.13 | 2.06 | 2.01 | 1.97 | 1.93 | 1.90 | 1.86 | 1.81 | 1.76 | 1.73 | 1.70 | 1.67 | 1.64 | 1.60 | 1.57 |
| 23 | 2.94 | 2.55 | 2.34 | 2.21 | 2.11 | 2.05 | 1.99 | 1.95 | 1.92 | 1.89 | 1.84 | 1.80 | 1.74 | 1.72 | 1.69 | 1.66 | 1.62 | 1.59 | 1.55 |
| 24 | 2.93 | 2.54 | 2.33 | 2.19 | 2.10 | 2.04 | 1.98 | 1.94 | 1.91 | 1.88 | 1.83 | 1.78 | 1.73 | 1.70 | 1.67 | 1.64 | 1.61 | 1.57 | 1.53 |
| 25 | 2.92 | 2.53 | 2.32 | 2.18 | 2.09 | 2.02 | 1.97 | 1.93 | 1.89 | 1.87 | 1.82 | 1.77 | 1.72 | 1.69 | 1.66 | 1.63 | 1.59 | 1.56 | 1.52 |
| 26 | 2.91 | 2.52 | 2.31 | 2.17 | 2.08 | 2.01 | 1.96 | 1.92 | 1.88 | 1.86 | 1.81 | 1.76 | 1.71 | 1.68 | 1.65 | 1.61 | 1.58 | 1.54 | 1.50 |
| 27 | 2.90 | 2.51 | 2.30 | 2.17 | 2.07 | 2.00 | 1.95 | 1.91 | 1.87 | 1.85 | 1.80 | 1.75 | 1.70 | 1.67 | 1.64 | 1.60 | 1.57 | 1.53 | 1.49 |
| 28 | 2.89 | 2.50 | 2.29 | 2.16 | 2.06 | 2.00 | 1.94 | 1.90 | 1.87 | 1.84 | 1.79 | 1.74 | 1.69 | 1.66 | 1.63 | 1.59 | 1.56 | 1.52 | 1.48 |
| 29 | 2.89 | 2.50 | 2.28 | 2.15 | 2.06 | 1.99 | 1.93 | 1.89 | 1.86 | 1.83 | 1.78 | 1.73 | 1.68 | 1.65 | 1.62 | 1.58 | 1.55 | 1.51 | 1.47 |

续表

| $\diagdown m$<br>$n$ | 1 | 2 | 3 | 4 | 5 | 6 | 7 | 8 | 9 | 10 | 12 | 15 | 20 | 24 | 30 | 40 | 60 | 120 | $\infty$ |
|---|---|---|---|---|---|---|---|---|---|---|---|---|---|---|---|---|---|---|---|
| 30 | 2.88 | 2.49 | 2.28 | 2.14 | 2.05 | 1.98 | 1.93 | 1.88 | 1.85 | 1.82 | 1.77 | 1.72 | 1.67 | 1.64 | 1.61 | 1.57 | 1.54 | 1.50 | 1.46 |
| 40 | 2.84 | 2.44 | 2.23 | 2.09 | 2.00 | 1.93 | 1.87 | 1.83 | 1.79 | 1.76 | 1.71 | 1.66 | 1.61 | 1.57 | 1.54 | 1.51 | 1.47 | 1.42 | 1.38 |
| 60 | 2.79 | 2.39 | 2.18 | 2.04 | 1.95 | 1.87 | 1.82 | 1.77 | 1.74 | 1.71 | 1.66 | 1.60 | 1.54 | 1.51 | 1.48 | 1.44 | 1.40 | 1.35 | 1.29 |
| 120 | 2.75 | 2.35 | 2.13 | 1.99 | 1.90 | 1.82 | 1.77 | 1.72 | 1.68 | 1.65 | 1.60 | 1.55 | 1.48 | 1.45 | 1.41 | 1.37 | 1.32 | 1.26 | 1.19 |
| $\infty$ | 2.71 | 2.30 | 2.08 | 1.94 | 1.85 | 1.77 | 1.72 | 1.67 | 1.63 | 1.60 | 1.55 | 1.49 | 1.42 | 1.38 | 1.34 | 1.30 | 1.24 | 1.17 | 1.00 |

$$\alpha = 0.05$$

| $\diagdown m$<br>$n$ | 1 | 2 | 3 | 4 | 5 | 6 | 7 | 8 | 9 | 10 | 12 | 15 | 20 | 24 | 30 | 40 | 60 | 120 | $\infty$ |
|---|---|---|---|---|---|---|---|---|---|---|---|---|---|---|---|---|---|---|---|
| 1 | 161.4 | 199.5 | 215.7 | 224.6 | 230.2 | 234.0 | 236.8 | 238.9 | 240.5 | 241.9 | 243.9 | 245.9 | 248.0 | 249.1 | 250.1 | 251.1 | 252.2 | 253.3 | 254.3 |
| 2 | 18.51 | 19.00 | 19.16 | 19.25 | 19.30 | 19.33 | 19.35 | 19.37 | 19.38 | 19.40 | 19.41 | 19.43 | 19.45 | 19.45 | 19.46 | 19.47 | 19.48 | 19.49 | 19.50 |
| 3 | 10.13 | 9.55 | 9.28 | 9.12 | 9.01 | 8.94 | 8.89 | 8.85 | 8.81 | 8.79 | 8.74 | 8.70 | 8.66 | 8.64 | 8.62 | 8.59 | 8.57 | 8.55 | 8.53 |
| 4 | 7.71 | 6.94 | 6.59 | 6.39 | 6.26 | 6.16 | 6.09 | 6.04 | 6.00 | 5.96 | 5.91 | 5.86 | 5.80 | 5.77 | 5.75 | 5.72 | 5.69 | 5.66 | 5.63 |
| 5 | 6.61 | 5.79 | 5.41 | 5.19 | 5.05 | 4.95 | 4.88 | 4.82 | 4.77 | 4.74 | 4.68 | 4.62 | 4.56 | 4.53 | 4.50 | 4.46 | 4.43 | 4.40 | 4.36 |
| 6 | 5.99 | 5.14 | 4.76 | 4.53 | 4.39 | 4.28 | 4.21 | 4.15 | 4.10 | 4.06 | 4.00 | 3.94 | 3.87 | 3.84 | 3.81 | 3.77 | 3.74 | 3.70 | 3.67 |
| 7 | 5.59 | 4.74 | 4.35 | 4.12 | 3.97 | 3.87 | 3.79 | 3.73 | 3.68 | 3.64 | 3.57 | 3.51 | 3.44 | 3.41 | 3.38 | 3.34 | 3.30 | 3.27 | 3.23 |
| 8 | 5.32 | 4.46 | 4.07 | 3.84 | 3.69 | 3.58 | 3.50 | 3.44 | 3.39 | 3.35 | 3.28 | 3.22 | 3.15 | 3.12 | 3.08 | 3.04 | 3.01 | 2.97 | 2.93 |
| 9 | 5.12 | 4.26 | 3.86 | 3.63 | 3.48 | 3.37 | 3.29 | 3.23 | 3.18 | 3.14 | 3.07 | 3.01 | 2.94 | 2.90 | 2.86 | 2.83 | 2.79 | 2.75 | 2.71 |
| 10 | 4.96 | 4.10 | 3.71 | 3.48 | 3.33 | 3.22 | 3.14 | 3.07 | 3.02 | 2.98 | 2.91 | 2.85 | 2.77 | 2.74 | 2.70 | 2.66 | 2.62 | 2.58 | 2.54 |
| 11 | 4.84 | 3.98 | 3.59 | 3.36 | 3.20 | 3.09 | 3.01 | 2.95 | 2.90 | 2.85 | 2.79 | 2.72 | 2.65 | 2.61 | 2.57 | 2.53 | 2.49 | 2.45 | 2.40 |
| 12 | 4.75 | 3.89 | 3.49 | 3.26 | 3.11 | 3.00 | 2.91 | 2.85 | 2.80 | 2.75 | 2.69 | 2.62 | 2.54 | 2.51 | 2.47 | 2.43 | 2.38 | 2.34 | 2.30 |
| 13 | 4.67 | 3.81 | 3.41 | 3.18 | 3.03 | 2.92 | 2.83 | 2.77 | 2.71 | 2.67 | 2.60 | 2.53 | 2.46 | 2.42 | 2.38 | 2.34 | 2.30 | 2.25 | 2.21 |
| 14 | 4.60 | 3.74 | 3.34 | 3.11 | 2.96 | 2.85 | 2.76 | 2.70 | 2.65 | 2.60 | 2.53 | 2.46 | 2.39 | 2.35 | 2.31 | 2.27 | 2.22 | 2.18 | 2.13 |
| 15 | 4.54 | 3.68 | 3.29 | 3.06 | 2.90 | 2.79 | 2.71 | 2.64 | 2.59 | 2.54 | 2.48 | 2.40 | 2.33 | 2.29 | 2.25 | 2.20 | 2.16 | 2.11 | 2.07 |
| 16 | 4.49 | 3.63 | 3.24 | 3.01 | 2.85 | 2.74 | 2.66 | 2.59 | 2.54 | 2.49 | 2.42 | 2.35 | 2.28 | 2.24 | 2.19 | 2.15 | 2.11 | 2.06 | 2.01 |
| 17 | 4.45 | 3.59 | 3.20 | 2.96 | 2.81 | 2.70 | 2.61 | 2.55 | 2.49 | 2.45 | 2.38 | 2.31 | 2.23 | 2.19 | 2.15 | 2.10 | 2.06 | 2.01 | 1.96 |
| 18 | 4.41 | 3.55 | 3.16 | 2.93 | 2.77 | 2.66 | 2.58 | 2.51 | 2.46 | 2.41 | 2.34 | 2.27 | 2.19 | 2.15 | 2.11 | 2.06 | 2.02 | 1.97 | 1.92 |
| 19 | 4.38 | 3.52 | 3.13 | 2.90 | 2.74 | 2.63 | 2.54 | 2.48 | 2.42 | 2.38 | 2.31 | 2.23 | 2.16 | 2.11 | 2.07 | 2.03 | 1.98 | 1.93 | 1.88 |
| 20 | 4.35 | 3.49 | 3.10 | 2.87 | 2.71 | 2.60 | 2.51 | 2.45 | 2.39 | 2.35 | 2.28 | 2.20 | 2.12 | 2.08 | 2.04 | 1.99 | 1.95 | 1.90 | 1.84 |
| 21 | 4.32 | 3.47 | 3.07 | 2.84 | 2.68 | 2.57 | 2.49 | 2.42 | 2.37 | 2.32 | 2.25 | 2.18 | 2.10 | 2.05 | 2.01 | 1.96 | 1.92 | 1.87 | 1.81 |
| 22 | 4.30 | 3.44 | 3.05 | 2.82 | 2.66 | 2.55 | 2.46 | 2.40 | 2.34 | 2.30 | 2.23 | 2.15 | 2.07 | 2.03 | 1.98 | 1.94 | 1.89 | 1.84 | 1.78 |
| 23 | 4.28 | 3.42 | 3.03 | 2.80 | 2.64 | 2.53 | 2.44 | 2.37 | 2.32 | 2.27 | 2.20 | 2.13 | 2.05 | 2.01 | 1.96 | 1.91 | 1.86 | 1.81 | 1.76 |
| 24 | 4.26 | 3.40 | 3.01 | 2.78 | 2.62 | 2.51 | 2.42 | 2.36 | 2.30 | 2.25 | 2.18 | 2.11 | 2.03 | 1.98 | 1.94 | 1.89 | 1.84 | 1.79 | 1.73 |
| 25 | 4.24 | 3.39 | 2.99 | 2.76 | 2.60 | 2.49 | 2.40 | 2.34 | 2.28 | 2.24 | 2.16 | 2.09 | 2.01 | 1.96 | 1.92 | 1.87 | 1.82 | 1.77 | 1.71 |
| 26 | 4.23 | 3.37 | 2.98 | 2.74 | 2.59 | 2.47 | 2.39 | 2.32 | 2.27 | 2.22 | 2.15 | 2.07 | 1.99 | 1.95 | 1.90 | 1.85 | 1.80 | 1.75 | 1.69 |
| 27 | 4.21 | 3.35 | 2.96 | 2.73 | 2.57 | 2.46 | 2.37 | 2.31 | 2.25 | 2.20 | 2.13 | 2.06 | 1.97 | 1.93 | 1.88 | 1.84 | 1.79 | 1.73 | 1.67 |
| 28 | 4.20 | 3.34 | 2.95 | 2.71 | 2.56 | 2.45 | 2.36 | 2.29 | 2.24 | 2.19 | 2.12 | 2.04 | 1.96 | 1.91 | 1.87 | 1.82 | 1.77 | 1.71 | 1.65 |

续表

| m / n | 1 | 2 | 3 | 4 | 5 | 6 | 7 | 8 | 9 | 10 | 12 | 15 | 20 | 24 | 30 | 40 | 60 | 120 | ∞ |
|---|---|---|---|---|---|---|---|---|---|---|---|---|---|---|---|---|---|---|---|
| 29 | 4.18 | 3.33 | 2.93 | 2.70 | 2.55 | 2.43 | 2.35 | 2.28 | 2.22 | 2.18 | 2.10 | 2.03 | 1.94 | 1.90 | 1.85 | 1.81 | 1.75 | 1.70 | 1.64 |
| 30 | 4.17 | 3.32 | 2.92 | 2.69 | 2.53 | 2.42 | 2.33 | 2.27 | 2.21 | 2.16 | 2.09 | 2.01 | 1.93 | 1.89 | 1.84 | 1.79 | 1.74 | 1.68 | 1.62 |
| 40 | 4.08 | 3.23 | 2.84 | 2.61 | 2.45 | 2.34 | 2.25 | 2.18 | 2.12 | 2.08 | 2.00 | 1.92 | 1.84 | 1.79 | 1.74 | 1.69 | 1.64 | 1.58 | 1.51 |
| 60 | 4.00 | 3.15 | 2.76 | 2.53 | 2.37 | 2.25 | 2.17 | 2.10 | 2.04 | 1.99 | 1.92 | 1.84 | 1.75 | 1.70 | 1.65 | 1.59 | 1.53 | 1.47 | 1.39 |
| 120 | 3.92 | 3.07 | 2.68 | 2.45 | 2.29 | 2.18 | 2.09 | 2.02 | 1.96 | 1.91 | 1.83 | 1.75 | 1.66 | 1.61 | 1.55 | 1.50 | 1.43 | 1.35 | 1.25 |
| ∞ | 3.84 | 3.00 | 2.60 | 2.37 | 2.21 | 2.10 | 2.01 | 1.94 | 1.88 | 1.83 | 1.75 | 1.67 | 1.57 | 1.52 | 1.46 | 1.39 | 1.32 | 1.22 | 1.00 |

$$\alpha = 0.025$$

| m / n | 1 | 2 | 3 | 4 | 5 | 6 | 7 | 8 | 9 | 10 | 12 | 15 | 20 | 24 | 30 | 40 | 60 | 120 | ∞ |
|---|---|---|---|---|---|---|---|---|---|---|---|---|---|---|---|---|---|---|---|
| 1 | 647.8 | 799.5 | 864.2 | 899.6 | 921.8 | 937.1 | 948.2 | 956.7 | 963.3 | 968.6 | 976.7 | 984.9 | 993.1 | 997.2 | 1001.4 | 1005.6 | 1009.8 | 1014.0 | 1018.3 |
| 2 | 38.51 | 39.00 | 39.17 | 39.25 | 39.30 | 39.33 | 39.36 | 39.37 | 39.39 | 39.40 | 39.41 | 39.43 | 39.45 | 39.46 | 39.46 | 39.47 | 39.48 | 39.49 | 39.50 |
| 3 | 17.44 | 16.04 | 15.44 | 15.10 | 14.88 | 14.73 | 14.62 | 14.54 | 14.47 | 14.42 | 14.34 | 14.25 | 14.17 | 14.12 | 14.08 | 14.04 | 13.99 | 13.95 | 13.90 |
| 4 | 12.22 | 10.65 | 9.98 | 9.60 | 9.36 | 9.20 | 9.07 | 8.98 | 8.90 | 8.84 | 8.75 | 8.66 | 8.56 | 8.51 | 8.46 | 8.41 | 8.36 | 8.31 | 8.26 |
| 5 | 10.01 | 8.43 | 7.76 | 7.39 | 7.15 | 6.98 | 6.85 | 6.76 | 6.68 | 6.62 | 6.52 | 6.43 | 6.33 | 6.28 | 6.23 | 6.18 | 6.12 | 6.07 | 6.02 |
| 6 | 8.81 | 7.26 | 6.60 | 6.23 | 5.99 | 5.82 | 5.70 | 5.60 | 5.52 | 5.46 | 5.37 | 5.27 | 5.17 | 5.12 | 5.07 | 5.01 | 4.96 | 4.90 | 4.85 |
| 7 | 8.07 | 6.54 | 5.89 | 5.52 | 5.29 | 5.12 | 4.99 | 4.90 | 4.82 | 4.76 | 4.67 | 4.57 | 4.47 | 4.41 | 4.36 | 4.31 | 4.25 | 4.20 | 4.14 |
| 8 | 7.57 | 6.06 | 5.42 | 5.05 | 4.82 | 4.65 | 4.53 | 4.43 | 4.36 | 4.30 | 4.20 | 4.10 | 4.00 | 3.95 | 3.89 | 3.84 | 3.78 | 3.73 | 3.67 |
| 9 | 7.21 | 5.71 | 5.08 | 4.72 | 4.48 | 4.32 | 4.20 | 4.10 | 4.03 | 3.96 | 3.87 | 3.77 | 3.67 | 3.61 | 3.56 | 3.51 | 3.45 | 3.39 | 3.33 |
| 10 | 6.94 | 5.46 | 4.83 | 4.47 | 4.24 | 4.07 | 3.95 | 3.85 | 3.78 | 3.72 | 3.62 | 3.52 | 3.42 | 3.37 | 3.31 | 3.26 | 3.20 | 3.14 | 3.08 |
| 11 | 6.72 | 5.26 | 4.63 | 4.28 | 4.04 | 3.88 | 3.76 | 3.66 | 3.59 | 3.53 | 3.43 | 3.33 | 3.23 | 3.17 | 3.12 | 3.06 | 3.00 | 2.94 | 2.88 |
| 12 | 6.55 | 5.10 | 4.47 | 4.12 | 3.89 | 3.73 | 3.61 | 3.51 | 3.44 | 3.37 | 3.28 | 3.18 | 3.07 | 3.02 | 2.96 | 2.91 | 2.85 | 2.79 | 2.72 |
| 13 | 6.41 | 4.97 | 4.35 | 4.00 | 3.77 | 3.60 | 3.48 | 3.39 | 3.31 | 3.25 | 3.15 | 3.05 | 2.95 | 2.89 | 2.84 | 2.78 | 2.72 | 2.66 | 2.60 |
| 14 | 6.30 | 4.86 | 4.24 | 3.89 | 3.66 | 3.50 | 3.38 | 3.29 | 3.21 | 3.15 | 3.05 | 2.95 | 2.84 | 2.79 | 2.73 | 2.67 | 2.61 | 2.55 | 2.49 |
| 15 | 6.20 | 4.77 | 4.15 | 3.80 | 3.58 | 3.41 | 3.29 | 3.20 | 3.12 | 3.06 | 2.96 | 2.86 | 2.76 | 2.70 | 2.64 | 2.59 | 2.52 | 2.46 | 2.40 |
| 16 | 6.12 | 4.69 | 4.08 | 3.73 | 3.50 | 3.34 | 3.22 | 3.12 | 3.05 | 2.99 | 2.89 | 2.79 | 2.68 | 2.63 | 2.57 | 2.51 | 2.45 | 2.38 | 2.32 |
| 17 | 6.04 | 4.62 | 4.01 | 3.66 | 3.44 | 3.28 | 3.16 | 3.06 | 2.98 | 2.92 | 2.82 | 2.72 | 2.62 | 2.56 | 2.50 | 2.44 | 2.38 | 2.32 | 2.25 |
| 18 | 5.98 | 4.56 | 3.95 | 3.61 | 3.38 | 3.22 | 3.10 | 3.01 | 2.93 | 2.87 | 2.77 | 2.67 | 2.56 | 2.50 | 2.44 | 2.38 | 2.32 | 2.26 | 2.19 |
| 19 | 5.92 | 4.51 | 3.90 | 3.56 | 3.33 | 3.17 | 3.05 | 2.96 | 2.88 | 2.82 | 2.72 | 2.62 | 2.51 | 2.45 | 2.39 | 2.33 | 2.27 | 2.20 | 2.13 |
| 20 | 5.87 | 4.46 | 3.86 | 3.51 | 3.29 | 3.13 | 3.01 | 2.91 | 2.84 | 2.77 | 2.68 | 2.57 | 2.46 | 2.41 | 2.35 | 2.29 | 2.22 | 2.16 | 2.09 |
| 21 | 5.83 | 4.42 | 3.82 | 3.48 | 3.25 | 3.09 | 2.97 | 2.87 | 2.80 | 2.73 | 2.64 | 2.53 | 2.42 | 2.37 | 2.31 | 2.25 | 2.18 | 2.11 | 2.04 |
| 22 | 5.79 | 4.38 | 3.78 | 3.44 | 3.22 | 3.05 | 2.93 | 2.84 | 2.76 | 2.70 | 2.60 | 2.50 | 2.39 | 2.33 | 2.27 | 2.21 | 2.14 | 2.08 | 2.00 |
| 23 | 5.75 | 4.35 | 3.75 | 3.41 | 3.18 | 3.02 | 2.90 | 2.81 | 2.73 | 2.67 | 2.57 | 2.47 | 2.36 | 2.30 | 2.24 | 2.18 | 2.11 | 2.04 | 1.97 |
| 24 | 5.72 | 4.32 | 3.72 | 3.38 | 3.15 | 2.99 | 2.87 | 2.78 | 2.70 | 2.64 | 2.54 | 2.44 | 2.33 | 2.27 | 2.21 | 2.15 | 2.08 | 2.01 | 1.94 |
| 25 | 5.69 | 4.29 | 3.69 | 3.35 | 3.13 | 2.97 | 2.85 | 2.75 | 2.68 | 2.61 | 2.51 | 2.41 | 2.30 | 2.24 | 2.18 | 2.12 | 2.05 | 1.98 | 1.91 |
| 26 | 5.66 | 4.27 | 3.67 | 3.33 | 3.10 | 2.94 | 2.82 | 2.73 | 2.65 | 2.59 | 2.49 | 2.39 | 2.28 | 2.22 | 2.16 | 2.09 | 2.03 | 1.95 | 1.88 |

续表

| n＼m | 1 | 2 | 3 | 4 | 5 | 6 | 7 | 8 | 9 | 10 | 12 | 15 | 20 | 24 | 30 | 40 | 60 | 120 | ∞ |
|---|---|---|---|---|---|---|---|---|---|---|---|---|---|---|---|---|---|---|---|
| 27 | 5.63 | 4.24 | 3.65 | 3.31 | 3.08 | 2.92 | 2.80 | 2.71 | 2.63 | 2.57 | 2.47 | 2.36 | 2.25 | 2.19 | 2.13 | 2.07 | 2.00 | 1.93 | 1.85 |
| 28 | 5.61 | 4.22 | 3.63 | 3.29 | 3.06 | 2.90 | 2.78 | 2.69 | 2.61 | 2.55 | 2.45 | 2.34 | 2.23 | 2.17 | 2.11 | 2.05 | 1.98 | 1.91 | 1.83 |
| 29 | 5.59 | 4.20 | 3.61 | 3.27 | 3.04 | 2.88 | 2.76 | 2.67 | 2.59 | 2.53 | 2.43 | 2.32 | 2.21 | 2.15 | 2.09 | 2.03 | 1.96 | 1.89 | 1.81 |
| 30 | 5.57 | 4.18 | 3.59 | 3.25 | 3.03 | 2.87 | 2.75 | 2.65 | 2.57 | 2.51 | 2.41 | 2.31 | 2.20 | 2.14 | 2.07 | 2.01 | 1.94 | 1.87 | 1.79 |
| 40 | 5.42 | 4.05 | 3.46 | 3.13 | 2.90 | 2.74 | 2.62 | 2.53 | 2.45 | 2.39 | 2.29 | 2.18 | 2.07 | 2.01 | 1.94 | 1.88 | 1.80 | 1.72 | 1.64 |
| 60 | 5.29 | 3.93 | 3.34 | 3.01 | 2.79 | 2.63 | 2.51 | 2.41 | 2.33 | 2.27 | 2.17 | 2.06 | 1.94 | 1.88 | 1.82 | 1.74 | 1.67 | 1.58 | 1.48 |
| 120 | 5.15 | 3.80 | 3.23 | 2.89 | 2.67 | 2.52 | 2.39 | 2.30 | 2.22 | 2.16 | 2.05 | 1.94 | 1.82 | 1.76 | 1.69 | 1.61 | 1.53 | 1.43 | 1.31 |
| ∞ | 5.02 | 3.69 | 3.12 | 2.79 | 2.57 | 2.41 | 2.29 | 2.19 | 2.11 | 2.05 | 1.94 | 1.83 | 1.71 | 1.64 | 1.57 | 1.48 | 1.39 | 1.27 | 1.00 |

$\alpha=0.01$

| n＼m | 1 | 2 | 3 | 4 | 5 | 6 | 7 | 8 | 9 | 10 | 12 | 15 | 20 | 24 | 30 | 40 | 60 | 120 | ∞ |
|---|---|---|---|---|---|---|---|---|---|---|---|---|---|---|---|---|---|---|---|
| 1 | 4052 | 5000 | 5403 | 5625 | 5764 | 5859 | 5928 | 5981 | 6022 | 6056 | 6106 | 6157 | 6209 | 6235 | 6261 | 6287 | 6313 | 6339 | 6366 |
| 2 | 98.50 | 99.00 | 99.17 | 99.25 | 99.30 | 99.33 | 99.36 | 99.37 | 99.39 | 99.40 | 99.42 | 99.43 | 99.45 | 99.46 | 99.47 | 99.47 | 99.48 | 99.49 | 99.50 |
| 3 | 34.12 | 30.82 | 29.46 | 28.71 | 28.24 | 27.91 | 27.67 | 27.49 | 27.35 | 27.23 | 27.05 | 26.87 | 26.69 | 26.60 | 26.50 | 26.41 | 26.32 | 26.22 | 26.13 |
| 4 | 21.20 | 18.00 | 16.69 | 15.98 | 15.52 | 15.21 | 14.98 | 14.80 | 14.66 | 14.55 | 14.37 | 14.20 | 14.02 | 13.93 | 13.84 | 13.75 | 13.65 | 13.56 | 13.46 |
| 5 | 16.26 | 13.27 | 12.06 | 11.39 | 10.97 | 10.67 | 10.46 | 10.29 | 10.16 | 10.05 | 9.89 | 9.72 | 9.55 | 9.47 | 9.38 | 9.29 | 9.20 | 9.11 | 9.02 |
| 6 | 13.75 | 10.92 | 9.78 | 9.15 | 8.75 | 8.47 | 8.26 | 8.10 | 7.98 | 7.87 | 7.72 | 7.56 | 7.40 | 7.31 | 7.23 | 7.14 | 7.06 | 6.97 | 6.88 |
| 7 | 12.25 | 9.55 | 8.45 | 7.85 | 7.46 | 7.19 | 6.99 | 6.84 | 6.72 | 6.62 | 6.47 | 6.31 | 6.16 | 6.07 | 5.99 | 5.91 | 5.82 | 5.74 | 5.65 |
| 8 | 11.26 | 8.65 | 7.59 | 7.01 | 6.63 | 6.37 | 6.18 | 6.03 | 5.91 | 5.81 | 5.67 | 5.52 | 5.36 | 5.28 | 5.20 | 5.12 | 5.03 | 4.95 | 4.86 |
| 9 | 10.56 | 8.02 | 6.99 | 6.42 | 6.06 | 5.80 | 5.61 | 5.47 | 5.35 | 5.26 | 5.11 | 4.96 | 4.81 | 4.73 | 4.65 | 4.57 | 4.48 | 4.40 | 4.31 |
| 10 | 10.04 | 7.56 | 6.55 | 5.99 | 5.64 | 5.39 | 5.20 | 5.06 | 4.94 | 4.85 | 4.71 | 4.56 | 4.41 | 4.33 | 4.25 | 4.17 | 4.08 | 4.00 | 3.91 |
| 11 | 9.65 | 7.21 | 6.22 | 5.67 | 5.32 | 5.07 | 4.89 | 4.74 | 4.63 | 4.54 | 4.40 | 4.25 | 4.10 | 4.02 | 3.94 | 3.86 | 3.78 | 3.69 | 3.60 |
| 12 | 9.33 | 6.93 | 5.95 | 5.41 | 5.06 | 4.82 | 4.64 | 4.50 | 4.39 | 4.30 | 4.16 | 4.01 | 3.86 | 3.78 | 3.70 | 3.62 | 3.54 | 3.45 | 3.36 |
| 13 | 9.07 | 6.70 | 5.74 | 5.21 | 4.86 | 4.62 | 4.44 | 4.30 | 4.19 | 4.10 | 3.96 | 3.82 | 3.66 | 3.59 | 3.51 | 3.43 | 3.34 | 3.25 | 3.17 |
| 14 | 8.86 | 6.51 | 5.56 | 5.04 | 4.69 | 4.46 | 4.28 | 4.14 | 4.03 | 3.94 | 3.80 | 3.66 | 3.51 | 3.43 | 3.35 | 3.27 | 3.18 | 3.09 | 3.00 |
| 15 | 8.68 | 6.36 | 5.42 | 4.89 | 4.56 | 4.32 | 4.14 | 4.00 | 3.89 | 3.80 | 3.67 | 3.52 | 3.37 | 3.29 | 3.21 | 3.13 | 3.05 | 2.96 | 2.87 |
| 16 | 8.53 | 6.23 | 5.29 | 4.77 | 4.44 | 4.20 | 4.03 | 3.89 | 3.78 | 3.69 | 3.55 | 3.41 | 3.26 | 3.18 | 3.10 | 3.02 | 2.93 | 2.84 | 2.75 |
| 17 | 8.40 | 6.11 | 5.18 | 4.67 | 4.34 | 4.10 | 3.93 | 3.79 | 3.68 | 3.59 | 3.46 | 3.31 | 3.16 | 3.08 | 3.00 | 2.92 | 2.83 | 2.75 | 2.65 |
| 18 | 8.29 | 6.01 | 5.09 | 4.58 | 4.25 | 4.01 | 3.84 | 3.71 | 3.60 | 3.51 | 3.37 | 3.23 | 3.08 | 3.00 | 2.92 | 2.84 | 2.75 | 2.66 | 2.57 |
| 19 | 8.18 | 5.93 | 5.01 | 4.50 | 4.17 | 3.94 | 3.77 | 3.63 | 3.52 | 3.43 | 3.30 | 3.15 | 3.00 | 2.92 | 2.84 | 2.76 | 2.67 | 2.58 | 2.49 |
| 20 | 8.10 | 5.85 | 4.94 | 4.43 | 4.10 | 3.87 | 3.70 | 3.56 | 3.46 | 3.37 | 3.23 | 3.09 | 2.94 | 2.86 | 2.78 | 2.69 | 2.61 | 2.52 | 2.42 |
| 21 | 8.02 | 5.78 | 4.87 | 4.37 | 4.04 | 3.81 | 3.64 | 3.51 | 3.40 | 3.31 | 3.17 | 3.03 | 2.88 | 2.80 | 2.72 | 2.64 | 2.55 | 2.46 | 2.36 |
| 22 | 7.95 | 5.72 | 4.82 | 4.31 | 3.99 | 3.76 | 3.59 | 3.45 | 3.35 | 3.26 | 3.12 | 2.98 | 2.83 | 2.75 | 2.67 | 2.58 | 2.50 | 2.40 | 2.31 |
| 23 | 7.88 | 5.66 | 4.76 | 4.26 | 3.94 | 3.71 | 3.54 | 3.41 | 3.30 | 3.21 | 3.07 | 2.93 | 2.78 | 2.70 | 2.62 | 2.54 | 2.45 | 2.35 | 2.26 |
| 24 | 7.82 | 5.61 | 4.72 | 4.22 | 3.90 | 3.67 | 3.50 | 3.36 | 3.26 | 3.17 | 3.03 | 2.89 | 2.74 | 2.66 | 2.58 | 2.49 | 2.40 | 2.31 | 2.21 |

| m / n | 1 | 2 | 3 | 4 | 5 | 6 | 7 | 8 | 9 | 10 | 12 | 15 | 20 | 24 | 30 | 40 | 60 | 120 | ∞ |
|---|---|---|---|---|---|---|---|---|---|---|---|---|---|---|---|---|---|---|---|
| 25 | 7.77 | 5.57 | 4.68 | 4.18 | 3.85 | 3.63 | 3.46 | 3.32 | 3.22 | 3.13 | 2.99 | 2.85 | 2.70 | 2.62 | 2.54 | 2.45 | 2.36 | 2.27 | 2.17 |
| 26 | 7.72 | 5.53 | 4.64 | 4.14 | 3.82 | 3.59 | 3.42 | 3.29 | 3.18 | 3.09 | 2.96 | 2.81 | 2.66 | 2.58 | 2.50 | 2.42 | 2.33 | 2.23 | 2.13 |
| 27 | 7.68 | 5.49 | 4.60 | 4.11 | 3.78 | 3.56 | 3.39 | 3.26 | 3.15 | 3.06 | 2.93 | 2.78 | 2.63 | 2.55 | 2.47 | 2.38 | 2.29 | 2.20 | 2.10 |
| 28 | 7.64 | 5.45 | 4.57 | 4.07 | 3.75 | 3.53 | 3.36 | 3.23 | 3.12 | 3.03 | 2.90 | 2.75 | 2.60 | 2.52 | 2.44 | 2.35 | 2.26 | 2.17 | 2.06 |
| 29 | 7.60 | 5.42 | 4.54 | 4.04 | 3.73 | 3.50 | 3.33 | 3.20 | 3.09 | 3.00 | 2.87 | 2.73 | 2.57 | 2.49 | 2.41 | 2.33 | 2.23 | 2.14 | 2.03 |
| 30 | 7.56 | 5.39 | 4.51 | 4.02 | 3.70 | 3.47 | 3.30 | 3.17 | 3.07 | 2.98 | 2.84 | 2.70 | 2.55 | 2.47 | 2.39 | 2.30 | 2.21 | 2.11 | 2.01 |
| 40 | 7.31 | 5.18 | 4.31 | 3.83 | 3.51 | 3.29 | 3.12 | 2.99 | 2.89 | 2.80 | 2.66 | 2.52 | 2.37 | 2.29 | 2.20 | 2.11 | 2.02 | 1.92 | 1.80 |
| 60 | 7.08 | 4.98 | 4.13 | 3.65 | 3.34 | 3.12 | 2.95 | 2.82 | 2.72 | 2.63 | 2.50 | 2.35 | 2.20 | 2.12 | 2.03 | 1.94 | 1.84 | 1.73 | 1.60 |
| 120 | 6.85 | 4.79 | 3.95 | 3.48 | 3.17 | 2.96 | 2.79 | 2.66 | 2.56 | 2.47 | 2.34 | 2.19 | 2.03 | 1.95 | 1.86 | 1.76 | 1.66 | 1.53 | 1.38 |
| ∞ | 6.63 | 4.61 | 3.78 | 3.32 | 3.02 | 2.80 | 2.64 | 2.51 | 2.41 | 2.32 | 2.18 | 2.04 | 1.88 | 1.79 | 1.70 | 1.59 | 1.47 | 1.32 | 1.00 |

$\alpha = 0.005$

| m / n | 1 | 2 | 3 | 4 | 5 | 6 | 7 | 8 | 9 | 10 | 12 | 15 | 20 | 24 | 30 | 40 | 60 | 120 | ∞ |
|---|---|---|---|---|---|---|---|---|---|---|---|---|---|---|---|---|---|---|---|
| 1 | 16211 | 20000 | 21615 | 22500 | 23056 | 23437 | 23715 | 23925 | 24091 | 24224 | 24426 | 24630 | 24836 | 24940 | 25044 | 25148 | 25253 | 25359 | 25464 |
| 2 | 198.5 | 199.0 | 199.2 | 199.2 | 199.3 | 199.3 | 199.4 | 199.4 | 199.4 | 199.4 | 199.4 | 199.4 | 199.4 | 199.5 | 199.5 | 199.5 | 199.5 | 199.5 | 199.5 |
| 3 | 55.55 | 49.80 | 47.47 | 46.19 | 45.39 | 44.84 | 44.43 | 44.13 | 43.88 | 43.69 | 43.39 | 43.08 | 42.78 | 42.62 | 42.47 | 42.31 | 42.15 | 41.99 | 41.83 |
| 4 | 31.33 | 26.28 | 24.26 | 23.15 | 22.46 | 21.97 | 21.62 | 21.35 | 21.14 | 20.97 | 20.70 | 20.44 | 20.17 | 20.03 | 19.89 | 19.75 | 19.61 | 19.47 | 19.32 |
| 5 | 22.78 | 18.31 | 16.53 | 15.56 | 14.94 | 14.51 | 14.20 | 13.96 | 13.77 | 13.62 | 13.38 | 13.15 | 12.90 | 12.78 | 12.66 | 12.53 | 12.40 | 12.27 | 12.14 |
| 6 | 18.63 | 14.54 | 12.92 | 12.03 | 11.46 | 11.07 | 10.79 | 10.57 | 10.39 | 10.25 | 10.03 | 9.81 | 9.59 | 9.47 | 9.36 | 9.24 | 9.12 | 9.00 | 8.88 |
| 7 | 16.24 | 12.40 | 10.88 | 10.05 | 9.52 | 9.16 | 8.89 | 8.68 | 8.51 | 8.38 | 8.18 | 7.97 | 7.75 | 7.64 | 7.53 | 7.42 | 7.31 | 7.19 | 7.08 |
| 8 | 14.69 | 11.04 | 9.60 | 8.81 | 8.30 | 7.95 | 7.69 | 7.50 | 7.34 | 7.21 | 7.01 | 6.81 | 6.61 | 6.50 | 6.40 | 6.29 | 6.18 | 6.06 | 5.95 |
| 9 | 13.61 | 10.11 | 8.72 | 7.96 | 7.47 | 7.13 | 6.88 | 6.69 | 6.54 | 6.42 | 6.23 | 6.03 | 5.83 | 5.73 | 5.62 | 5.52 | 5.41 | 5.30 | 5.19 |
| 10 | 12.83 | 9.43 | 8.08 | 7.34 | 6.87 | 6.54 | 6.30 | 6.12 | 5.97 | 5.85 | 5.66 | 5.47 | 5.27 | 5.17 | 5.07 | 4.97 | 4.86 | 4.75 | 4.64 |
| 11 | 12.23 | 8.91 | 7.60 | 6.88 | 6.42 | 6.10 | 5.86 | 5.68 | 5.54 | 5.42 | 5.24 | 5.05 | 4.86 | 4.76 | 4.65 | 4.55 | 4.45 | 4.34 | 4.23 |
| 12 | 11.75 | 8.51 | 7.23 | 6.52 | 6.07 | 5.76 | 5.52 | 5.35 | 5.20 | 5.09 | 4.91 | 4.72 | 4.53 | 4.43 | 4.33 | 4.23 | 4.12 | 4.01 | 3.90 |
| 13 | 11.37 | 8.19 | 6.93 | 6.23 | 5.79 | 5.48 | 5.25 | 5.08 | 4.94 | 4.82 | 4.64 | 4.46 | 4.27 | 4.17 | 4.07 | 3.97 | 3.87 | 3.76 | 3.65 |
| 14 | 11.06 | 7.92 | 6.68 | 6.00 | 5.56 | 5.26 | 5.03 | 4.86 | 4.72 | 4.60 | 4.43 | 4.25 | 4.06 | 3.96 | 3.86 | 3.76 | 3.66 | 3.55 | 3.44 |
| 15 | 10.80 | 7.70 | 6.48 | 5.80 | 5.37 | 5.07 | 4.85 | 4.67 | 4.54 | 4.42 | 4.25 | 4.07 | 3.88 | 3.79 | 3.69 | 3.58 | 3.48 | 3.37 | 3.26 |
| 16 | 10.58 | 7.51 | 6.30 | 5.64 | 5.21 | 4.91 | 4.69 | 4.52 | 4.38 | 4.27 | 4.10 | 3.92 | 3.73 | 3.64 | 3.54 | 3.44 | 3.33 | 3.22 | 3.11 |
| 17 | 10.38 | 7.35 | 6.16 | 5.50 | 5.07 | 4.78 | 4.56 | 4.39 | 4.25 | 4.14 | 3.97 | 3.79 | 3.61 | 3.51 | 3.41 | 3.31 | 3.21 | 3.10 | 2.98 |
| 18 | 10.22 | 7.21 | 6.03 | 5.37 | 4.96 | 4.66 | 4.44 | 4.28 | 4.14 | 4.03 | 3.86 | 3.68 | 3.50 | 3.40 | 3.30 | 3.20 | 3.10 | 2.99 | 2.87 |
| 19 | 10.07 | 7.09 | 5.92 | 5.27 | 4.85 | 4.56 | 4.34 | 4.18 | 4.04 | 3.93 | 3.76 | 3.59 | 3.40 | 3.31 | 3.21 | 3.11 | 3.00 | 2.89 | 2.78 |

续表

| $\frac{m}{n}$ | 1 | 2 | 3 | 4 | 5 | 6 | 7 | 8 | 9 | 10 | 12 | 15 | 20 | 24 | 30 | 40 | 60 | 120 | $\infty$ |
|---|---|---|---|---|---|---|---|---|---|---|---|---|---|---|---|---|---|---|---|
| 20 | 9.94 | 6.99 | 5.82 | 5.17 | 4.76 | 4.47 | 4.26 | 4.09 | 3.96 | 3.85 | 3.68 | 3.50 | 3.32 | 3.22 | 3.12 | 3.02 | 2.92 | 2.81 | 2.69 |
| 21 | 9.83 | 6.89 | 5.73 | 5.09 | 4.68 | 4.39 | 4.18 | 4.01 | 3.88 | 3.77 | 3.60 | 3.43 | 3.24 | 3.15 | 3.05 | 2.95 | 2.84 | 2.73 | 2.61 |
| 22 | 9.73 | 6.81 | 5.65 | 5.02 | 4.61 | 4.32 | 4.11 | 3.94 | 3.81 | 3.70 | 3.54 | 3.36 | 3.18 | 3.08 | 2.98 | 2.88 | 2.77 | 2.66 | 2.55 |
| 23 | 9.63 | 6.73 | 5.58 | 4.95 | 4.54 | 4.26 | 4.05 | 3.88 | 3.75 | 3.64 | 3.47 | 3.30 | 3.12 | 3.02 | 2.92 | 2.82 | 2.71 | 2.60 | 2.48 |
| 24 | 9.55 | 6.66 | 5.52 | 4.89 | 4.49 | 4.20 | 3.99 | 3.83 | 3.69 | 3.59 | 3.42 | 3.25 | 3.06 | 2.97 | 2.87 | 2.77 | 2.66 | 2.55 | 2.43 |
| 25 | 9.48 | 6.60 | 5.46 | 4.84 | 4.43 | 4.15 | 3.94 | 3.78 | 3.64 | 3.54 | 3.37 | 3.20 | 3.01 | 2.92 | 2.82 | 2.72 | 2.61 | 2.50 | 2.38 |
| 26 | 9.41 | 6.54 | 5.41 | 4.79 | 4.38 | 4.10 | 3.89 | 3.73 | 3.60 | 3.49 | 3.33 | 3.15 | 2.97 | 2.87 | 2.77 | 2.67 | 2.56 | 2.45 | 2.33 |
| 27 | 9.34 | 6.49 | 5.36 | 4.74 | 4.34 | 4.06 | 3.85 | 3.69 | 3.56 | 3.45 | 3.28 | 3.11 | 2.93 | 2.83 | 2.73 | 2.63 | 2.52 | 2.41 | 2.29 |
| 28 | 9.28 | 6.44 | 5.32 | 4.70 | 4.30 | 4.02 | 3.81 | 3.65 | 3.52 | 3.41 | 3.25 | 3.07 | 2.89 | 2.79 | 2.69 | 2.59 | 2.48 | 2.37 | 2.25 |
| 29 | 9.23 | 6.40 | 5.28 | 4.66 | 4.26 | 3.98 | 3.77 | 3.61 | 3.48 | 3.38 | 3.21 | 3.04 | 2.86 | 2.76 | 2.66 | 2.56 | 2.45 | 2.33 | 2.21 |
| 30 | 9.18 | 6.35 | 5.24 | 4.62 | 4.23 | 3.95 | 3.74 | 3.58 | 3.45 | 3.34 | 3.18 | 3.01 | 2.82 | 2.73 | 2.63 | 2.52 | 2.42 | 2.30 | 2.18 |
| 40 | 8.83 | 6.07 | 4.98 | 4.37 | 3.99 | 3.71 | 3.51 | 3.35 | 3.22 | 3.12 | 2.95 | 2.78 | 2.60 | 2.50 | 2.40 | 2.30 | 2.18 | 2.06 | 1.93 |
| 60 | 8.49 | 5.79 | 4.73 | 4.14 | 3.76 | 3.49 | 3.29 | 3.13 | 3.01 | 2.90 | 2.74 | 2.57 | 2.39 | 2.29 | 2.19 | 2.08 | 1.96 | 1.83 | 1.69 |
| 120 | 8.18 | 5.54 | 4.50 | 3.92 | 3.55 | 3.28 | 3.09 | 2.93 | 2.81 | 2.71 | 2.54 | 2.37 | 2.19 | 2.09 | 1.98 | 1.87 | 1.75 | 1.61 | 1.43 |
| $\infty$ | 7.88 | 5.30 | 4.28 | 3.72 | 3.35 | 3.09 | 2.90 | 2.74 | 2.62 | 2.52 | 2.36 | 2.19 | 2.00 | 1.90 | 1.79 | 1.67 | 1.53 | 1.36 | 1.00 |

# 附录六 相关系数检验临界值表

| 自由度 | 显著性水度 | | | 自由度 | 显著性水度 | | |
|---|---|---|---|---|---|---|---|
| $n-2$ | $\alpha=0.1$ | $\alpha=0.05$ | $\alpha=0.01$ | $n-2$ | $\alpha=0.1$ | $\alpha=0.05$ | $\alpha=0.01$ |
| 1 | 0.9877 | 0.9969 | 0.9999 | 28 | 0.3061 | 0.3610 | 0.4629 |
| 2 | 0.9000 | 0.9500 | 0.9900 | 29 | 0.3009 | 0.3551 | 0.4556 |
| 3 | 0.8054 | 0.8783 | 0.9587 | 30 | 0.2960 | 0.3494 | 0.4487 |
| 4 | 0.7293 | 0.8114 | 0.9172 | 31 | 0.2913 | 0.3440 | 0.4421 |
| 5 | 0.6694 | 0.7545 | 0.8745 | 32 | 0.2869 | 0.3388 | 0.4357 |
| 6 | 0.6215 | 0.7067 | 0.8343 | 33 | 0.2826 | 0.3338 | 0.4297 |
| 7 | 0.5822 | 0.6664 | 0.7977 | 34 | 0.2785 | 0.3291 | 0.4238 |
| 8 | 0.5494 | 0.6319 | 0.7646 | 35 | 0.2746 | 0.3246 | 0.4182 |
| 9 | 0.5214 | 0.6021 | 0.7348 | 36 | 0.2709 | 0.3202 | 0.4128 |
| 10 | 0.4973 | 0.5760 | 0.7079 | 37 | 0.2673 | 0.3160 | 0.4076 |
| 11 | 0.4762 | 0.5529 | 0.6835 | 38 | 0.2638 | 0.3120 | 0.4026 |
| 12 | 0.4575 | 0.5324 | 0.6614 | 39 | 0.2605 | 0.3081 | 0.3978 |
| 13 | 0.4409 | 0.5140 | 0.6411 | 40 | 0.2573 | 0.3044 | 0.3932 |
| 14 | 0.4259 | 0.4973 | 0.6226 | 41 | 0.2542 | 0.3008 | 0.3887 |
| 15 | 0.4124 | 0.4822 | 0.6055 | 42 | 0.2512 | 0.2973 | 0.3843 |
| 16 | 0.4000 | 0.4683 | 0.5897 | 43 | 0.2483 | 0.2940 | 0.3801 |
| 17 | 0.3887 | 0.4555 | 0.5751 | 44 | 0.2456 | 0.2907 | 0.3761 |
| 18 | 0.3783 | 0.4438 | 0.5614 | 45 | 0.2429 | 0.2876 | 0.3721 |
| 19 | 0.3687 | 0.4329 | 0.5487 | 46 | 0.2403 | 0.2845 | 0.3683 |
| 20 | 0.3598 | 0.4227 | 0.5368 | 47 | 0.2377 | 0.2816 | 0.3646 |
| 21 | 0.3515 | 0.4133 | 0.5256 | 48 | 0.2353 | 0.2787 | 0.3610 |
| 22 | 0.3438 | 0.4044 | 0.5151 | 49 | 0.2329 | 0.2759 | 0.3575 |
| 23 | 0.3365 | 0.3961 | 0.5052 | 50 | 0.2306 | 0.2732 | 0.3542 |
| 24 | 0.3297 | 0.3882 | 0.4958 | 51 | 0.2284 | 0.2706 | 0.3509 |
| 25 | 0.3233 | 0.3809 | 0.4869 | 52 | 0.2262 | 0.2681 | 0.3477 |
| 26 | 0.3172 | 0.3739 | 0.4785 | 53 | 0.2241 | 0.2656 | 0.3445 |
| 27 | 0.3115 | 0.3673 | 0.4705 | 54 | 0.2221 | 0.2632 | 0.3415 |

| 自由度 | 显著性水度 | | | 自由度 | 显著性水度 | | |
|---|---|---|---|---|---|---|---|
| $n-2$ | $\alpha=0.1$ | $\alpha=0.05$ | $\alpha=0.01$ | $n-2$ | $\alpha=0.1$ | $\alpha=0.05$ | $\alpha=0.01$ |
| 55 | 0.2201 | 0.2609 | 0.3385 | 68 | 0.1982 | 0.2352 | 0.3060 |
| 56 | 0.2181 | 0.2586 | 0.3357 | 69 | 0.1968 | 0.2335 | 0.3038 |
| 57 | 0.2162 | 0.2564 | 0.3328 | 70 | 0.1954 | 0.2319 | 0.3017 |
| 58 | 0.2144 | 0.2542 | 0.3301 | 71 | 0.1940 | 0.2303 | 0.2997 |
| 59 | 0.2126 | 0.2521 | 0.3274 | 72 | 0.1927 | 0.2287 | 0.2977 |
| 60 | 0.2108 | 0.2500 | 0.3248 | 73 | 0.1914 | 0.2272 | 0.2957 |
| 61 | 0.2091 | 0.2480 | 0.3223 | 74 | 0.1901 | 0.2257 | 0.2938 |
| 62 | 0.2075 | 0.2461 | 0.3198 | 75 | 0.1889 | 0.2242 | 0.2919 |
| 63 | 0.2058 | 0.2442 | 0.3174 | 76 | 0.1876 | 0.2227 | 0.2900 |
| 64 | 0.2042 | 0.2423 | 0.3150 | 77 | 0.1864 | 0.2213 | 0.2882 |
| 65 | 0.2027 | 0.2405 | 0.3126 | 78 | 0.1852 | 0.2199 | 0.2864 |
| 66 | 0.2012 | 0.2387 | 0.3104 | 79 | 0.1841 | 0.2185 | 0.2847 |
| 67 | 0.1997 | 0.2369 | 0.3081 | 80 | 0.1829 | 0.2172 | 0.2830 |

# 参考文献

[1] 同济大学应用数学系. 高等数学 [M]. 第五版. 北京：高等教育出版社，2002.

[2] 高职数学教材编写组. 高等数学 [M]. 北京：机械工业出版社，2003.

[3] 何鹏，徐晓静. 经济数学 [M]. 北京：北京理工大学出版社 2010.

[4] 田玉伟. 高等数学 [M]. 北京：北京理工大学出版社 2010.

[5] 朱宝彦，戚中. 高等数学 [M]. 北京：北京大学出版社 2007.

[6] 顾晓夏，钟强，郑燕华. 经济数学 [M]. 北京：北京理工大学出版社 2009.

[7] 廖毕文，蒋彦，孔凡田，李彦明. 高等数学 [M]. 北京：国防工业出版社 2007.

[8] 张志勇，杨祖樱，等. MATLAB 教程：R2011a [M]. 北京：北京航空航天大学出版社，2011.